黄河引黄灌溉大事记

黄河水利科学研究院　编

黄河水利出版社
·郑州·

内 容 提 要

本书以翔实的资料、朴实的文笔,较系统地记述了引黄灌溉工程的兴建、改造与管理的历史和现状,客观地反映了各个时期引黄灌溉的成就、经验和教训,对了解和研究引黄灌溉、促进引黄灌溉健康持续发展具有有益的借鉴作用。

本书可供流域规划和管理人员、灌区水利工程技术人员及水利高等院校师生学习、参考。

图书在版编目(CIP)数据

黄河引黄灌溉大事记/黄河水利科学研究院编. —郑州:黄河水
利出版社,2013.12
(黄河志)
ISBN 978 - 7 - 5509 - 0397 - 5

Ⅰ.①黄… Ⅱ.①黄… Ⅲ.①黄河 - 引水 - 灌溉管理 - 大事
记 Ⅳ.①S274②TV67

中国版本图书馆 CIP 数据核字(2012)第 313250 号

出 版 社:黄河水利出版社
　　　　地址:河南省郑州市顺河路黄委会综合楼 14 层　　邮政编码:450003
发行单位:黄河水利出版社
　　　　发行部电话:0371 - 66026940、66020550、66028024、66022620(传真)
　　　　E-mail:hhslcbs@ 126. com
承印单位:河南省瑞光印务股份有限公司
开本:787 mm × 1 092 mm　1/16
印张:34
字数:574 千字　　　　　　　　　　　印数:1—1 000
版次:2013 年 12 月第 1 版　　　　　　印次:2013 年 12 月第 1 次印刷
定价:98.00 元

黄河水利科学研究院
黄河引黄灌溉大事记编纂委员会

主　　任：郭国顺

副主任：时明立

委　　员：(按姓氏笔画排列)

马承新　牛　明　陈广宏　张会敏　苏运启

谷来勋　时明立　张晓宁　陈德兴　郭国顺

常书铭　管黎宏

黄河引黄灌溉大事记编纂人员

主　　编：陈上明

副主编：康望周　钟思励　姜丙洲

编　　辑：(按姓氏笔画排列)

王绒艳　杨亚军　张有俊　吴秀英　杨秀宾

金大川　宫永波　荆新爱　黄　明　渠性英

魏春志

序

黄河流域是中华民族的摇篮,也是我国农业灌溉的发源地。引黄灌溉具有悠久的历史。早在夏商时期,黄河流域的陕西彬县、旬邑就开始引水灌溉农田。西周时期,陕西长安修建用于蓄水灌溉的"滮池"已很有特色。战国时期,秦国修建的郑国渠享有盛名,与四川都江堰和广西灵渠并称为中国古代三大名渠。两汉时期,黄河流域作为全国政治、经济、文化中心,兴建了大量的农田灌溉工程,著名的汉渠即为代表性产物。到了北宋,较大规模的引黄放淤改土,把黄河水资源利用推向了一个新的阶段。纵观各个历史时期,引黄灌溉作为发展农业、改善民生的一项重要国策,不断向前发展。但由于社会制度和科技水平的局限,历史上的引黄灌溉工程规模小,设施简陋,且时兴时废,总体而言,黄河水资源开发利用长期处于较低的水平。

新中国成立以后,党和国家高度重视黄河治理开发,引黄灌溉事业进入崭新的历史时期。新中国成立伊始,1952 年人民胜利渠建成,拉开了黄河下游引黄灌溉的序幕,此后引黄灌区如雨后春笋般在下游两岸兴起。与此同时,上、中游引黄灌溉也得以快速发展,一处处自流灌溉、抽水灌区和大型高扬程灌区相继诞生。特别是 20 世纪 90 年代以来,全流域大规模实施了大型灌区节水配套改造工程,大大提高了水资源利用率。经过 60 多年的建设和运用,引黄灌溉取得了极其显著的经济效益和社会效益。但是,由于黄河问题的复杂性与人们对自然规律认识的局限性,在发展过程中,也出现过重灌轻排、土地盐碱化等深刻教训。

《黄河引黄灌溉大事记》以翔实的资料、清晰的脉络,系统记录了引黄灌溉的发展演变,反映了各个历史时期,特别是新中国成立后引黄灌溉的巨大成就和宝贵经验,对于了解和研究引黄灌溉发展史,光大成就,规避失误,促进引黄灌溉事业在新的历史条件下又好又快发展,是一件很有意义的事情。值此该书付梓之际,谨以此序,祝引黄灌溉事业继往开来,再创辉煌,让宝贵的黄河水资源更好地造福中华民族。

陈小江

2013 年 12 月 5 日

编 辑 说 明

一、《黄河引黄灌溉大事记》是《黄河志》丛书的组成部分。它遵循历史唯物主义的观点,按照实事求是的原则,记述自夏商时期以来至二十世纪末(2000年)有关黄河引黄灌溉的一些大事。本书力争较为全面地反映黄河引黄灌溉的历史与现状,较客观地总结经验与教训,充分发挥"存史、资治与教化"的作用,使广大读者从中对古今黄河引黄灌溉的成功经验与挫折教训,得到较为客观系统的了解,从而起到更好地为治黄和国家建设服务的作用。

二、《黄河引黄灌溉大事记》主要内容包括:

(1)与黄河引黄灌溉有关的重要法规、文件等;

(2)黄河引黄灌溉工程勘测、规划、设计、施工;

(3)与灌溉有关的重要会议的召开及会议的主要内容;

(4)黄河引黄灌溉工程管理,如水费征收、水量分配、管理体制改革等;

(5)国家领导人,水利部及省区领导人对黄河引黄灌溉的视察、指示、批示;

(6)国际友人、学者对黄河引黄灌溉的考察及建议;

(7)科技成果在黄河引黄灌溉中的应用、推广;

(8)与黄河引黄灌溉有关的其他大事(如引黄供水、水利工程失事、自然灾害等)。

三、为记述方便,《黄河引黄灌溉大事记》按历史纪元共分以下十个时期:

(1)夏商西周春秋战国时期;

(2)秦汉时期;

(3)魏晋南北朝时期;

(4)隋唐五代时期;

(5)北宋时期;

(6)金元时期;

(7)明代;

(8)清代;

（9）民国时期；

（10）中华人民共和国时期。

四、《黄河引黄灌溉大事记》资料来源：古代部分均在条目中注明出处，并对古地名进行了必要的注解；近代和当代部分多为档案资料和文件，有的查自《黄河志》有关卷目及沿黄各省区水利志或水利大事记，有的由各省区水利厅及有关灌区提供，编写过程中经过了多方考证及修订，故未再注明出处。

五、黄河水利委员会简称按水利部办公厅 1994 年 3 月 28 日印发的办秘〔1994〕33 号《黄河水利委员会职能配置、机构设置和人员编制方案》为界，之前称"黄委会"，之后称"黄委"。

六、本书计量单位以 1984 年国务院颁发的《中华人民共和国法定计量单位的规定》为准，其中千克、千米、平方千米、公顷仍采用现行报刊通用的公斤、公里、平方公里、亩。历史上使用的旧计量单位，则照实记载。

七、本书记年时间，中华人民共和国以前，一律用历代年号，并用括号注明公元纪年；中华人民共和国以后用公元纪年。

公元前和公元 1000 年以内的纪年冠以"公元前"或"公元"字样，公元 1000 年以后不加。

目　录

三、魏晋南北朝时期

四、隋唐五代时期

五、北宋时期

六、金元时期

七、明　　代

八、清　代

九、民国时期

民国2年(1913年)

民国4年(1915年)

民国5年(1916年)

民国6年(1917年)

民国8年(1919年)

民国9年(1920年)

民国 10 年(1921 年)

民国 11 年(1922 年)

民国 12 年(1923 年)

民国 13 年(1924 年)

民国 14 年(1925 年)

民国 15 年(1926 年)

民国 16 年(1927 年)

民国 17 年(1928 年)

民国 21 年(1932 年)

民国 22 年(1933 年)

民国 23 年(1934 年)

民国 24 年(1935 年)

民国 29 年(1940 年)

民国 30 年(1941 年)

民国 31 年(1942 年)

民国 32 年(1943 年)

十、中华人民共和国时期

1949 年

1950 年

1951 年

1952 年

1953 年

1954 年

1955 年

1960 年

1961 年

1962 年

1963 年

1964 年

1965 年

1966 年

1970 年

1972 年

1973 年

1974 年

1975 年

1976 年

44

1977 年

1978 年

1979 年

1980 年

1982 年

1983 年

1986 年

1989 年

58

1990 年

1991 年

1995 年

一 夏商西周春秋战国时期

（公元前 21 世纪～公元前 221 年）

夏商时期

豳一带引水灌田

夏商时期,后稷的曾孙公刘,率部族从邰(今陕西武功一带)迁到豳(今陕西彬县、旬邑一带),择地居住,引水灌田。《诗经·大雅·公刘》载:"笃公刘,既溥既长,既景乃冈,相其阴阳,观其流泉,其军三单,度其隰原,彻田为粮。"

西周时期

周原引泉灌田

周初,古公亶父(即周太王)率族人从豳迁移到周原(今陕西省岐山县周原),修池引泉灌田,发展农桑。《诗经·大雅·皇矣》载有"我泉我池,度其隰原,居岐之阳,在渭之将",反映了修池引泉灌溉的情况。

原隰既平,泉流既清

《诗经·小雅·黍苗》所记"原隰既平,泉流既清"。以此情况分析,西周时期在发展农业生产中,已能把一部分高地和下湿地进行平整,并且修了水源和渠道。

修建滮池

西周期间修建了滮池。《诗经·小雅·白华》篇载:"滮池北流,浸彼稻田。"滮池位于今陕西省长安县西北10公里滮水上游。

春秋战国时期

设立水利管理机构

《荀子·王制》记载,春秋战国时期,还专设管理水利的机构和官吏来确保农田水利的实施。如"司空"这个官职就管"修堤梁,通沟浍,行水潦,

4

安水臧，以时决塞"，做到"岁虽匈败水旱,使民有所耘艾"。

魏文侯二十五年（公元前421年）

修建引漳十二渠

漳河当时属黄河流域。魏文侯二十五年（公元前421年）西门豹为邺令（邺地在今河北省磁县、临漳一带），"发民凿十二渠，引河水灌民田，田皆溉"（《史记·滑稽列传》）。又据《吕氏春秋·乐成》和《汉书·沟洫志》记载，漳水十二渠是史起所开，但史起于魏襄王时任邺令，约晚于西门豹一百年上下，后有人认为"西门豹溉其前，史起灌其后"（左太冲《魏都赋》），两人都主持过开渠工作。引漳十二渠通水后，"亩收一钟"（《论衡·率性》），约合今每亩125公斤。

魏惠王十年（公元前360年）

开鸿沟运河

魏惠王十年，开始修建一条人工运河，叫鸿沟。"入河水于甫田，又为大沟而引甫水者也"（《水经·渠水注》），大约是从北面的黄河或荥泽引水入圃田泽（古大湖，在今河南省郑州与中牟之间），然后从圃田泽开大沟东至大梁（今开封）。这样，荥泽、圃田泽便成天然的蓄水库了。"水盛则北注，渠溢则南播"（《水经·渠水注》）。到魏惠王三十一年（公元前339年），又从大梁城开大沟向南折，通过颍水、涡河与淮河相连。据《史记·河渠书》记载："自是之后，荥阳下引河东南为鸿沟，以通宋、郑、陈、蔡、曹、卫与济、汝、淮、泗会……于齐，则通菑（淄）、济之间……此渠皆可行舟，有余则溉浸，百姓飨其利。至于所过，往往引其水益用，溉田畴之渠，以万亿计，然莫足数也。"上述情况不难看出，范围遍及河南、山东及安徽等省的鸿沟水系的形成，以两泽作为天然的调节水库，既可灌溉，又可行舟，还可起到为下游分减洪水的作用。

秦王政元年（公元前246年）

开郑国渠

战国末年,秦国逐渐强大,韩国怕秦国东伐,乃用"疲秦"之计,派水工郑国去劝说秦国办水利工程,企图让秦国把精力集中在国内而无暇东顾。秦国采纳了郑国的建议,于秦始皇元年凿泾水修渠,施工十多年,渠道建成。据《史记·河渠书》记载:"凿泾水自中山西邸瓠口为渠,并北山东注洛,三百余里,欲以溉田……渠就,用注填阏之水,溉泽卤之地四万余顷,收皆亩一钟（约合今125公斤）,于是关中为沃野,无凶年,秦以富强,卒并诸侯,因命曰郑国渠。"

二 秦汉时期

（公元前221年~公元220年）

秦始皇帝三十三年至三十六年
（公元前 214～前 211 年）

蒙恬发兵屯垦九原

《史记·秦始皇本纪》记载:始皇"使将军蒙恬发兵三十万人北击胡,略取河南地",后置九原郡,辖境相当于今内蒙古河套地区、包头市和黄河南岸的伊克昭盟全境。此为这一带最早进行移民屯垦和兴修水利的滥觞。

汉武帝元光六年（公元前 129 年）

开长安漕渠

西汉武帝元光六年开通的长安漕渠,是汉武帝根据大司农郑当时的建议,"令齐人水工徐伯表,悉发卒数万人穿漕渠,三岁而通。通以漕,大便利。其后漕稍多,而渠下之民颇得以溉田矣"(《史记·河渠书》)。

汉武帝元朔元年～四年
（公元前 128～前 125 年）

引汾灌溉

河东郡(辖境相当于今山西省沁水以西、霍山以南地区)太守番系建议:"穿渠引汾溉皮氏(古县名,治所在今山西省河津县西)、汾阴(古县名,即今山西省万荣县荣河镇)下,引河溉汾阴、蒲坂(古县名,治所在今山西省永济县境)下,度可得五千顷。……今溉田之,度可得谷二百万石以上。谷从渭上,与关中无异,而砥柱之东可无复漕。""天子以为然,发卒数万人作渠田。"(《史记·河渠书》)渠成之后,有所受益。数年之后,因黄河的移徙,引水困难,渠田废弃。

汉武帝元狩二年(公元前121年)

朔方至令居通渠

汉武帝向匈奴发起第二次大的河西战役,派霍去病两次出击,起居延泽(今内蒙古额济纳旗居延海)攻到祁连山,大破匈奴军。《史记·匈奴传》记载:"汉渡河,自朔方(郡名及县名,均为西汉元朔二年(公元前127年)设置,郡首在朔方——今内蒙古杭锦旗北,郡辖境相当于今内蒙古河套西北部及后套地区)以西至令居(今甘肃省永登县西北),往往通渠,置田官吏卒五六万人。"

元狩三年至元封六年(公元前120~前105年)

开龙首渠

庄熊罴以临晋县(今陕西省大荔县东南)百姓愿开渠引洛水灌田上奏朝廷。汉武帝采纳并征调一万余人,从征县(今陕西省澄城县西南)起开渠,横穿商颜山(今铁镰山)引洛水灌溉重泉县(今陕西省蒲城县东南)以东万余顷盐碱地。因"穿渠得龙骨,故名曰龙首渠"。该渠经十余年建成,但未发挥效益。"渠颇通,犹未得其饶"(《史记·河渠书》)。

元狩四年(公元前119年)

朔方兴修农田水利

汉武帝向匈奴发起第三次大的漠北战役,取得决定性胜利。《史记·匈奴传》记载:"是后匈奴远遁,而幕南无王庭。"这为西汉在朔方郡、五原郡(公元前127年置郡,治所在今包头市北)进一步屯垦开渠提供了安全的环境条件。所以,"朔方亦穿渠,作者数万人"(《史记·平准书》)。

汉武帝元鼎六年(公元前 111 年)

修建六辅渠

由左内史儿宽主持,在郑国渠上游高地兴建六条小渠,以灌溉郑国渠旁高仰之田(《汉书·沟洫志》)。据唐代颜师古对《汉书·儿宽传》注,六辅渠"于郑国渠上流南岸更开六道小渠,以辅助溉灌耳"。

汉武帝元封二年(公元前 109 年)

引河及川谷溉田

据《史记·河渠书》记载:堵塞黄河瓠子决口后,"自是之后,用事者争言水利。朔方、西河(郡名,治所在平定,即今内蒙古东胜县,辖境相当于今内蒙古伊克昭盟东部、山西省吕梁山、芦芽山以西、石楼以北及陕西省宜川以北黄河沿岸地带)、酒泉(今甘肃省河西走廊至酒泉一带)皆引河及川谷以溉田"。"……东海引巨定(泽名,在今山东省广饶县清水泊一带),泰山下引汶水,皆穿渠为溉田,各万余顷。"

汉武帝太始二年(公元前 95 年)

修建白渠

在赵中大夫白公建议下,"穿渠引泾水,首起谷口(今陕西省礼泉县东北),尾入栎阳(今陕西省高陵县),注渭中,袤二百里,溉田四千五百余顷,名曰白渠,民得其饶"。工程建成之后,效益相当大。曾有一首歌谣:"田于何所? 池阳(今陕西省泾阳县西北)、谷口。郑国在前,白渠起后。举臿为云,决渠为雨。泾水一石,其泥数斗。且溉且粪,长我禾黍。衣食京师,亿万之口。"(《汉书·沟洫志》)到了唐代,郑国渠和白渠统称郑白渠,郑白渠分为三条支渠,即太白渠、中白渠和南白渠,又称三白渠,唐永徽年间(公元650～655 年)灌溉面积曾达到一万多顷。

汉宣帝神爵元年(公元前61年)

赵充国在湟水流域屯田灌溉

据《资治通鉴·汉纪》记载:"四月,遣充国将之,以击西羌(对羌人的泛称,羌为古族名,主要分布在今甘肃、青海及四川一带),七月领兵先零在所,时羌降者万余人,充国度其败,欲屯田以待其敝,乃上屯田便宜十二事,帝纳之,留充国屯田湟中,计临羌(今青海省湟原县东南)东至浩亹(今甘肃省永登县西南),羌故田及公田可两千顷以上,留步兵万人,分屯要害处,冰解漕下,缮乡亭,浚沟渠,治湟峡以西道桥七十所,令可至鲜水左右。"

汉成帝绥和二年(公元前7年)

贾让提出冀州穿漕渠之策

据《汉书·沟洫志》记载:是年九月,贾让根据黎阳(今河南省浚县一带)黄河堤距仅"数百步",而且"百余里之间,河再西三东"的不利形势,提出治河上、中、下三策。他的中策是"多穿漕渠于冀州(州名,辖境相当于今河北省中南部、山东省西端及河南省北端)地,使民得以溉田,分杀水怒"。他认为这样可达到旱时引水灌田,洪涝时分流,有利于通漕航运的目的。不过,他的上、中、下策在当时均未能付诸实施。

汉平帝元始四年(公元4年)

张戎主张停止上、中游引水灌溉

大司马史(大司马的副职)张戎提出,为了有利黄河排沙,停止上、中游引水灌溉。他指出:"水性就下,行疾,则自刮除,成空而稍深。……今西方诸郡,以至京师东行,民皆引河、渭、山川水溉田。春夏干燥,少水时也,故使河流迟,贮淤而稍浅;雨多水暴至,则溢决。……可各顺从其性,毋复灌溉,则百川流行,水道自利,无溢决之害矣。"(《汉书·沟洫志》)

汉光武帝建武十一年（公元 35 年）

马援督开水渠劝民耕牧

马援任陇西（郡名,公元前 280 年置,治所在狄道,即今甘肃省临洮南）太守,受权处理羌人事务。有些朝臣认为破羌（今青海省乐都县东）等地远处边陲,时有战乱,主张废弃。马援认为:"破羌以西,城多完牢,易可依固,其田土肥壤,灌溉流通。如令羌在湟中,则为害不休,不可弃也。"光武帝从之。马援即奏请设置长吏,修缮城郭,建筑坞侯,开凿水渠,劝民耕牧,全郡人民得以安居乐业（《后汉书·马援列传》《青海历史纪要》）。

汉明帝永平十二年（公元 69 年）

王景治河修汴渠

河决魏郡（今河北省临漳县西南）后 60 余年间,河水不断南侵,以致"汴渠决败",兖、豫一带多被水患。据《后汉书·王景传》记载:"永平十二年,议修汴渠,乃引见（王）景,问以理水形便。景陈其利害,应对敏给,帝善之。又以尝修浚仪（渠）,功业有成。……夏,遂发卒数十万,遣景与王吴修渠筑堤,自荥阳东至千乘（郡名,其地大至为今山东高青县、滨州市滨城区、利津县、沾化县与桓台县）海口千余里。……明年夏,渠成。"据《后汉书·明帝纪》记载:"永平十三年夏四月,汴渠成。……今五土之宜,反其正色,滨渠下田,赋与贫人,无令豪右得固其利。"

汉安帝元初二年（公元 115 年）

安帝昭令通利水道溉田

据《后汉书·安帝纪》记载:安帝在元初二年（公元 115 年）又一次昭令:"三辅、河内（郡名,辖境相当于今河南省黄河以北、京广铁路以西地区）、河东（郡名,辖境相当于今山西省沁水以西、霍山以南地区）、上党（郡名,辖境大致相当于今山西省和顺、榆社以南,沁水流域以东地区）、赵国

（今冀南）、太原（郡名，治所在今太原市西南），各修理旧渠，通利水道，以溉公私田畴。"所谓三辅，即京兆（公元前104年置，辖境约相当于今陕西省秦岭以北、西安以东、渭河以南地区）、左冯翊（公元前104年置，辖境约相当于今陕西省渭河以北、泾河以东、洛河中下游地区）、右扶风（公元前104年置，辖境约相当于今陕西省秦岭以北、户县、咸阳、旬邑以西地区），均处于泾、洛、渭所在的关中平原，是当时农田灌溉工程较为集中的地方。太原、河东、上党、河内，各有汾河和沁河，在汾、沁河两岸，以往也修建了不少灌溉工程，这次又普遍得到了整修。次年春再次"整修太原旧沟渠，灌溉官私田"。

汉顺帝永建四年（公元129年）

安定、北地、上郡屯田灌溉

据《甘宁青史略》记载："尚书仆射虞诩上疏；安定、北地、上郡，山川险阨，沃野千里；土宜畜牧，水可溉漕；顷遭元元之灾，众羌内溃，郡县兵荒，二十余年。夫弃沃壤之饶，捐自然之财，不可谓利；离山河之阻，守无险之处，难以为固。宜开圣听，考行所长。书奏，帝昭复安定、北地、上郡还旧土。使郭璜督促，徙者各归旧县，缮城郭，置候驲，既而激河浚渠为屯田，省内郡费岁以亿计。遂令安定、北地、上郡及陇西、金城常储谷粟，令周数年。"

安定（郡名），辖境相当于今甘肃省景泰、靖远、会宁、平凉、泾川、镇原及宁夏中卫、中宁、同心、固原等县。

北地（郡名），辖境相当于今陕西省耀县、富平县。

上郡，辖境相当于今无定河流域及内蒙古鄂托克旗等地。

金城为当时郡名，郡治所在今甘肃永靖西北，辖境相当于今甘肃省兰州市以西，青海省青海湖以东的河、湟二流域和大通河下游地区。

汉灵帝光和五年（公元182年）

阳陵县修樊惠渠

泾河下游的阳陵县（古县名，今陕西省咸阳市东北），又出现了一处引泾工程，即樊惠渠。"流水门，通窬渎，洒之于畎亩。清流浸润，泥滂浮游，曩之卤田，化为甘壤。粳黍稼穑之所入，不可胜算"（《全上古三代秦汉三国六朝文》中《全后汉文》卷七十四）。这一工程既有引水口门，又有分水涵洞，还建有相应的田间工程。

三 魏晋南北朝时期

（公元 220~581 年）

魏文帝黄初六年（公元 225 年）

司马孚重整引沁灌区

魏文帝黄初六年（公元 225 年）前后，河内郡野王县（今河南省沁阳县）典农中郎将司马孚重整了汉代开发过的引沁灌区。据司马孚在上奏魏文帝表中称，他在奉诏兴修河内水利后，即巡视了沁河流域和灌溉情况："沁水源出铜鞮山，屈曲周迴水道九百里。自太行以西，王屋以东，层岩高峻，天时霖雨，众谷走水，小石漂迸，木门朽败，稻田泛滥，岁功不成。"而在旧堰五里之外，"方石可得数万余枚"，认为以"方石为门，天若旱，增堰进水；若天霖雨，则闭门断水，空渠衍涝，足以成河，云雨由人，经国之谋，暂劳永逸"。魏文帝批准了他的建议，"于是夹岸累石，结以为门，用代木枋门"。改进了灌溉设施，保证了农田灌溉的需要（《水经注》）。

魏明帝青龙元年（公元 233 年）

重修成国渠、筑临晋陂

据《晋书·食货志》记载：魏明帝青龙元年（公元 233 年）魏国在关中地区重修汉成国渠，自陈仓县（古县名，即今陕西省宝鸡市东）至槐里县（古县名，即今陕西省兴平县东南）引千水灌田。在临晋县（古县名，即今陕西省大荔县东南）筑临晋陂，引洛水灌田。两者合计"灌舄卤之地三千余顷，国以充实焉"。

魏齐王正始三年（公元 242 年）

黄河下游南岸引水灌田

在黄河下游南岸"穿广漕渠，引河入汴，溉东南诸陂"（《晋书·宣帝本纪》）。

正始四年(公元 243 年)

修淮阳、百尺二渠

在浚仪(古县名,治所在今河南省开封市)之南,"修淮阳、百尺二渠,上引河流,下通淮、颍,大治诸陂于颍南、颍北,穿渠三百余里,溉田两万顷。"黄淮之间"资食有储而无水害"(《晋书·食货志》)。

晋武帝咸宁四年(公元 278 年)

废魏时陂堨排涝

黄淮之间的魏时所修诸陂,由于修筑质量较差,加之咸宁年间连发大水,积涝成灾,引起了土壤盐碱化,排涝成了十分突出的问题。咸宁四年(公元 278 年),度支尚书杜预上疏提出把曹魏修的陂堨和雨水决溢形成的苇塘及马肠陂废掉,而将质量较高的汉代陂堨保留下来。对保留下来的陂堨,要列出项目上报,并让冬天换防的戍兵留一个月施工,予以维修养护。晋武帝批准了这一建议,黄淮之间的涝灾才逐步得到缓和(《晋书·食货志》)。

晋惠帝永宁元年(公元 301 年)

张轨兴修水利发展经济

据《甘肃历代名人传》记载:张轨,安定乌氏(今甘肃省平凉西北)人,是前凉的建立者。永宁初年,出任凉州刺史,他励精图治,注意改进农业技术,兴修水利,发展生产,繁荣经济。由于这样,前凉吸引着濒于战乱的各族人民纷纷前来避乱,使当时的河西成为比较安定、繁荣的地区。

前秦苻坚时期（公元 357～385 年）

整修郑白渠

宰相王猛主持整修秦汉时代的郑白渠，"发其王侯已下及豪富望室僮隶三万人，开泾水上源，凿山起堤，通渠引渎，以溉岗卤之田。及春而成，百姓赖其利"（《晋书·苻坚载记》）。

北魏登国元年至十年（公元 386～395 年）

五原屯田

道武帝拓跋珪即北魏皇位后，即"息众课农"（即务农息民的意思），在五原（今内蒙古河套至包头一带）实行屯田。登国九年（公元 394 年），道武帝北巡时，"使东平公元仪屯田于河北（河套之北）之五原，至于稒阳（古寨名，公元前 352 年筑，在今内蒙古固阳县附近）塞外"（《魏书·太祖道武帝纪》）。第二年，后燕慕容宝统兵八万攻魏寇五原，并"造船为济具"，要把魏在五原大约三万余家屯田所"收稷田百余万斛"运走（《资治通鉴》卷一百〇八），可见当时北魏在五原一带屯田和兴修水利的情况是可观的。

北魏太武帝太平真君五年（公元 444 年）

刁雍凿艾山渠

北魏太平真君五年（公元 444 年）薄骨律镇（属今宁夏吴忠市灵武）镇将刁雍凿艾山渠表曰："以今年四月未到镇，时已夏中，不及冬作，念彼农夫，虽复布野，官渠乏水，不得广殖。……夫欲育民丰国，事须大田，此土乏雨，正以引河为用，观旧渠堰，乃上古所制，非近代也，富平西南三十里有艾山，凿以通河……，今艾山北，河中有洲渚，水分为二，西河小狭，水广四十步。臣今求入来年正月，于河西高渠之北八里，分河之下五里，平地凿渠，广十五步，深五尺，筑其两岸，令高一丈。北行四十里，还入古高渠即循高渠而北，复八十里，合百二十里，大有良田。"朝廷采纳了他的建议，"计用四千人,四十日功,渠得成讫"。然而,"凿新渠口,河下五尺,水不得入"。于是刁雍又在小河修坝拦水,"小河之水尽入新渠,水则充足,溉官私田四万余顷,一旬之间,则水一遍,水凡四溉,谷得成实"。使这一干旱地区成为"官课常充,民亦富赡"(《魏书·刁雍传》)。

北魏孝文帝太和十二年(公元488年)

孝文帝昭通渠灌溉

五月,孝文帝"诏六镇、云中(今内蒙古托克托县东北)、河西及关内六郡各修水田,通渠溉灌"。第二年八月,又"诏诸州镇有水田之处各通灌溉,遣匠者所在指授"。以上六镇及云中绝大部分在今内蒙古自治区中西部辖境内,大体包括西至河套平原,东至卓资山黄河两岸及阴山南北地区,当时北魏政权对在这一带发展农田水利给予了极大关注(《魏书·高祖纪》)。

西魏文帝大统十三年(公元547年)

重开白渠溉田

正月,西魏在关中引泾河水重开白渠以溉田(《北史·西魏文帝纪》)。

大统十六年(公元550年)

修富平堰

因"泾、渭灌溉之处渠堰废弃,乃命贺兰祥造富平堰(位于今陕西省富平县南十公里),开渠引水,东注于洛。功用既毕,人获其利"(《北史·贺兰祥传》)。

北周武帝保定二年(公元562年)

蒲州、同州开渠溉田

"蒲州(州名,治所在今山西省永济市)开河渠,同州(州名,辖境相当于今陕西省大荔、合阳、韩城、登城、白水等)开龙首渠,以广灌溉"(《周书·武帝纪》)。

四 隋唐五代时期

（公元 581～960 年）

隋文帝开皇元年(公元 581 年)

杨尚希引潩水灌田

蒲州刺史杨尚希"引潩水,立堤防","开稻田数千顷"(《隋书·杨尚希传》)。

开皇二年(公元 582 年)

武功开普集渠

尚书李询与太仆元晖在武功(古县名,公元 574 年废武功郡置县,属扶风郡,治所在今武功镇)开普集渠,引渭水东流,经始平(旧县名,唐改为兴平县)入咸阳。可灌田七十余顷(《关中水利史话》)。

开皇四年(公元 584 年)

开广通渠

由于"渭川水力大小无常,流浅沙深",为发展漕运,隋文帝"命宇文恺率水工凿渠,引渭水,自大兴城(今陕西省西安)东至潼关三百余里,名曰广通渠。转运通利,关内赖之"(《隋书·食货志》)。此渠以发展漕运为主,沿渠(如今陕西省渭南市一带)民田亦得以灌溉。

开皇六年(公元 586 年)

晋阳县引晋水灌田

"在晋阳县(古县名,在今山西省)西南六里,引晋水灌稻田,周回四十里"(转引自《山西通志》第十卷《水利志》)。

开皇十六年（公元 596 年）

梁轨修古堆泉灌区

"临汾县令梁轨修古堆泉灌区,开渠十二条,灌田五百顷"（转引自《山西通志》第十卷《水利志》）。

唐高祖武德二年（公元 619 年）

引灌金氏陂

引白渠灌下邽（古县名,在今陕西省渭南市东北）金氏陂（金氏陂位于今陕西省渭南市临渭区下吉镇东南 20 公里,为汉昭帝时因金日磾有功赐其地而得名）（《太平寰宇记》）。

武德七年（公元 624 年）

韩城修龙门渠

关中旱,韩城县"治中（官名）云得臣自龙门引河灌田六千余顷"（《新唐书·地理志》）。据《渭南地区水利志》考证,认为此渠灌溉面积应为六十余顷。

唐太宗贞观元年（公元 627 年）

开挖南霍、广平等四渠

唐贞观元年（公元 627 年）,开挖南霍渠,引霍泉泉水,灌溉汾阳（古县名,治所在今山西省静乐县西）、赵城（古县名,在今山西省洪洞县赵城镇西南）两县十二村地七千九百亩。开挖北霍渠,引霍泉泉水,灌溉赵城县二十四村地三万四千亩。开挖润民渠,引三交河洪水,灌溉洪洞县万安镇杨家庄、韩家庄两村地两千七百亩。开挖广平渠,引大洪峪洪水,灌溉长命、郑家寨、沟北三村地两千亩(《洪洞县志》)。

贞观三年(公元 629 年)

文水县修栅城渠

文水县于县西北二十里修栅城渠,"民相率引文谷水,溉田数百顷"(《新唐书·地理志》)。

贞观七年(公元 633 年)

朔方县开延化渠

朔方县(今陕西省靖边县东北)"开延化渠,引乌水入库狄泽,溉田两百顷"(《新唐书·地理志》)。该渠开修时间,中华书局校点本《新唐书》为贞元七年(公元 791 年)。

唐高宗永徽六年(公元 655 年)

郑白渠拆除碾硙

雍州长史长孙祥呈奏朝廷,言富商大贾竞相在郑白渠私建碾硙牟利,影响灌溉用水。唐高宗李治遂"遣祥等分检渠上碾硙皆毁之"。唐玄宗开元元年(公元 713 年),亲王、公主等权贵之家又"皆旁渠立硙,潴竭争利"。京兆少尹李元纮再一次"敕吏尽毁之"。唐代宗大历十三年(公元 778 年),豪门势族私建碾硙之风又大增,唐代宗李豫下令废碾硙 80 余所(《通典·食货》、《旧唐书·郭援传》)。

唐玄宗开元二年(公元 714 年)

文水县开渠灌田

文水县于县东北开甘泉渠、荡沙渠、灵长渠、千亩渠,"俱引文谷水,传溉田数千顷"(《新唐书·地理志》)。

开元七年（公元 719 年）

同州引洛水及堰黄河溉田

同州刺史姜师度"于朝邑（旧县名，在今陕西省东部，1958 年并入今大荔县）、河西（在今合阳东）二县界，就古通灵陂择地引洛水及堰黄河溉之，以种稻田，凡二千余顷。内置屯十余所，收获万计"(《旧唐书·姜师度传》)。

唐代宗广德元年（公元 763 年）

怀州引丹水以溉田

"安史之乱"刚刚平定，怀州（州名，治所在今河南省沁阳县）刺史杨承仙就"浚决古沟，引丹水以溉田，田之汙莱遂为沃野"(《毗陵集·故怀州刺史太子少傅杨公遗爱碑》)。

唐代宗大历十三年（公元 778 年）

灵州塞三渠以扰屯田

虏酋马重英以四万骑寇灵州（相当于今宁夏中卫县、中宁县以北地区），塞汉、御史、尚书三渠以扰屯田，为朔方留后常谦光所逐(《新唐书·吐蕃传》)。

唐德宗建中三年（公元 782 年）

九原县浚陵阳渠以溉田

在九原县（今内蒙古五原境）有"陵阳渠，建中三年（公元 782 年）浚之以溉田，置屯"(《新唐书·地理志》)。

唐德宗贞元元年（公元 785 年）

韦武主持兴建引汾灌区

绛州（今山西省新绛县）刺史韦武主持兴建引汾灌区，灌田一万三千余顷。这是唐代北方三大灌区之一（《新唐书·地理志》）。

贞元四年（公元 788 年）

李元谅在良原、崇信一带开荒屯田

据《旧唐书·李元谅传》记载："李元谅，本姓安氏，其先安息人也（安息为亚洲西部古国，在伊朗高原东北部）。少从军，在潼关领军，众皆畏服。贞元三年，帝念其功劳，赐姓李氏，改名元谅。四年春，加陇右节度使，临洮军使，移镇良原（在今甘肃省灵台县西北 90 里有梁原，即所谓故城良原）……方数十里，皆为美田，劝军士垦艺，岁收粟菽数十万斛，生植之业，陶冶必备。"

另据《甘肃新通志》记载："纳水渠在崇信县北约一里，唐李元谅疏渠引纳水，莳荷畜鱼，民享其利。"

贞元十二年至十九年（公元 796～803 年）

九原县始开咸应、永靖二渠

在丰州九原县"有咸应、永靖二渠，贞元十二年至十九年刺史李景略开，溉田数百顷"（《新唐书·地理志》）。

唐宪宗元和中期（公元 814 年前后）

金河溉卤地数千顷

据《新唐书·列传》记载：元和中期（公元 814 年前后），振武（唐方镇名,唐肃宗乾元元年置,治所在单于都护府,即今内蒙古和林格尔西北)节度使高霞寓言:"浚金河,灌溉卤地数千顷。"金河即今大黑河。

元和十五年(公元 820 年)

李晟修复光禄渠

李晟子李听任灵州大都督府长使、灵盐节度使,修复废塞多年的光禄渠,引黄"灌地千余顷"(《旧唐书·李晟传》)。

唐穆宗长庆四年(公元 824 年)

回乐县开特进渠

在回乐县(古县名,在今宁夏吴忠市境内)开特进渠,"灌田六百余顷"(《新唐书·地理志》)。

唐敬宗宝历元年(公元 825 年)

崔弘礼治河内秦渠

宝历元年左右,河阳(今河南省孟州市)节度使崔弘礼"治河内秦渠,溉田千顷"(《新唐书·崔弘礼传》)。

唐文宗宝历元年(公元 826 年)

刘仁师据理恢复高陵县灌溉

郑白渠为历史上著名的大型灌区,在永徽年间能溉地一万多顷。经几度兴衰,至长庆年间,由于渠道上游泾阳县的权倖之家仗势在渠上任意筑堰拦水,霸占水源,发展私碨,使下游不能引水,造成"泾田独肥,他邑为枯"的局面,灌溉面积进一步缩小。宝历元年经高陵县令刘仁师据理力争,粉碎了泾阳豪门收买阴阳术师散布的"白渠下高祖故墅在焉,子孙当恭敬,不宜以畚锸近阡陌"的无知言论,才得以另更水道,建新堰,通新渠,使高陵县的灌溉事业得以恢复和继续,共修成中白、中南、高望、隅南四渠及一堰。因四渠为刘公所修,又称刘公四渠;刘籍彭城,堰曰彭城堰(《刘禹锡集·刘君遗爱碑》)。

唐文宗大和二年(公元 828 年)

朝廷令京兆府造水车

闰三月,朝廷曾"出水车样,令京兆府造水车,散给缘郑白渠百姓,以溉水田"(《旧唐书·文宗本纪》)。

大和七年(公元 833 年)

温造修枋口堰

河阳节度使温造"修枋口堰,役工四万,溉济源、河内(今河南省沁阳县)、温县、武德、武陟五县田五千余顷"(《旧唐书·文宗本纪》)。

五 北宋时期

（公元 960 ~ 1127 年）

宋太祖乾德年间(公元963～968年)

施继业整修三白渠

由节度判官施继业主持整修三白渠,率民用稍穰、笆篱、栈木等材料筑成临时性建筑物,"缘渠之民,颇获其利",但这种草木结构的堰体质量较差,"凡遇暴雨,山水暴至,则堰辄坏,至秋治堰,所用复取于民。民烦数役,终不能固"(《宋史·河渠志》)。

宋太宗淳化二年(公元991年)

杜思渊上书要求整修三白渠

秋,泾阳县民杜思渊向朝廷上书,要求整修三白渠。他详细说明了过去引泾水入白渠灌溉获丰收及目前石翣坏不能引水溉田后,建议按照古制把泾河里的石翣修复起来,"可得数十年不挠,所谓暂劳永逸矣"。朝廷批准了他的建议,令将作监丞周约己等人主持修石翣工程,后因用工太多,未能完成(《宋史·河渠志》)。

至道元年(公元995年)正月,度支判官梁鼎、陈尧叟又上书陈述郑白渠厉害,指出:郑、白两渠古代曾"溉田凡四万四千五百顷,今所存之不及两千顷,皆近代改修渠堰,浸瀸旧防,繇是灌溉之利,绝少于古矣"。为了改善这种情况,他们建议"遣使先诣三白渠行视,复修旧迹"。于是朝廷再派大理寺丞皇甫选、光禄寺丞何亮前往调查。皇甫选等人回朝廷后报告说:郑渠始修时,"泾河平浅,直入渠口。暨年代浸远,泾河陡深,水势渐下,与渠口相悬,水不能至。……三白渠溉泾阳、栎阳、高陵、云阳、三原、富平六县田三千八百五十余顷,此渠衣食之源也,望令增筑堤堰,以固护之。旧设节水斗门一百七十有六,皆坏,请悉缮完。渠口旧有六石门,谓之'洪门',今亦隤圮。若复议兴置,则其功甚大,且欲就近度其岸势,别开渠口,以通水道。岁令渠官行视,岸之缺薄,水之淤填,即时浚治,严豪民盗水之禁"。朝廷认为可行,交总监三白渠的孙冕依议施行,使这一灌溉工程得到了一定程度的修整和恢复(《宋史·河渠志》)。

宋太宗至道初年(公元995年)

杨琼导黄河溉田数千顷

杨琼为灵庆路(在今宁夏)副都部署,导黄河溉民田数千顷,"增户口,益课利,时号富强"(《宁夏新志》卷二,《宋史列传》第三十九)。

宋真宗咸平五年(1002年)

夏州筑堤引水溉田未成

夏州(属今宁夏)旱,保吉(继迁)令民筑堤防引河水以溉田,八月大雨,河防决,雨九昼夜不止,河水暴涨,防四决,蕃汉漂溺无数(《西夏书事》卷七)。

宋真宗景德三年(1006年)

尚宾整修三白渠

宋真宗景德三年(1006年)朝廷派太常博士尚宾整修三白渠。"工既毕而水利饶足,民获利数倍"(《宋史·河渠志》)。

宋真宗大中祥符元年(1008年)

洪洞县引洪安涧河水灌田

据《洪洞县志》记载:大中祥符元年(1008年)开挖要截渠,引洪安涧河水,灌溉洪洞涧桥村地六百亩。后来于宋仁宗天圣二年(1024年),开挖先济渠,引洪安涧河水,灌溉洪洞下鲁村地三百亩。天圣三年(1025年),开挖众议渠,引洪安涧河水,灌溉洪洞苏堡一村一千四百亩。天圣四年(1026年),开挖润源渠(又名八村渠),引洪安涧河水,灌溉洪洞蜀村、古县等八村地一万一千亩。

宋仁宗天圣六年（1028 年）

李同建议三白渠立约以限水

都官员外郎李同建议："永兴军泾阳县三白渠，节约水势，宜立约以限水，令同知泾阳县领三白渠事"（《玉海》卷二十二）。

宋仁宗景祐三年（1036 年）

王沿要求修复白渠

二月，陕西（宋至道十五路之一，治所在京兆府，即今陕西省西安市。辖境相当于今陕西和宁夏的长城以南，秦岭以北地区及山西西南部、河南北部、甘肃东南部地区，1072 年分为永兴军、秦凤二路，习惯上仍称二路为陕西路）都转运使王沿上奏朝廷："白渠自汉溉田四万顷，唐永徽中亦溉田万顷，今才及三千余顷。盖官司因循，浸至堙废，请调丁夫修复之。"不久，皇帝下诏"从沿请"，修复了堙废的灌渠（《续资治通鉴长篇》卷一百八十八）。

宋仁宗庆历二年（1042 年）

洪洞县开清泉渠

洪洞县开挖清泉渠，引五龙泉及洪安涧河水灌溉洪安、梗壁两村地一千二百亩（《洪洞县志》）。

庆历六年（1046 年）

洪洞县开小霍渠

洪洞县又开挖小霍渠（即今五一渠后垴），接北霍渠漏水，灌溉洪洞北官庄、贾村、苗村地一千五百亩（《洪洞县志》）。

庆历七年(1047 年)

叶清臣疏浚三白渠

叶清臣出知永兴军,对三白渠又进行了疏浚,"溉田逾六千顷"(《宋史·叶清臣传》)。

宋神宗熙宁二年(1069 年)

制定《农田利害条约》

北宋神宗年间,王安石入朝辅政,在宋神宗赵顼支持下,王安石大力推行新法,励精图治,对发展农业生产极为重视。熙宁二年制定了《农田利害条约》,颁发诸路(路为宋、金、元时期地方区划名):"凡有能知土地所宜种植之法,及修复陂湖河港,或原无陂塘、圩埠、沟洫而可以创修,或水利可及众而为人所擅有,或田去河港不远,为地界所隔,可以均济流通者;县有废田旷土,可纠合兴修,大川沟渎浅塞荒秽,合行浚导,及陂塘堰埭可以取水灌溉,若废坏可兴治者;各述所见,编为图籍,上之有司。其土田迫大川,数经水害,或地势汙下,雨潦所钟,要在修筑圩埠、堤防之类,以障水涝,或疏导沟洫、畎浍,以泄积水。县不能办,州为遣官,事关数州,具奏取旨。民修水利,许贷常平钱谷给用。"(《宋史·河渠志》)同时,派官员巡行天下,察看农田水利,并诏诸路设置农田水利官。由于采取了有效措施,很快形成了"四方争言农田水利,古陂废堰悉务兴复"的局面(《宋史·王安石传》)。几年之内,全国兴修水利田"府界及诸路凡一万七百九十三处,为田三十六万一千一百七十八顷有奇"(《宋史·食货志》)。

汴河两岸引河灌溉

秘书丞侯叔献上书说:汴河(唐代所开通济渠之东段,起自今河南荥阳,引黄河水经开封市、杞县、宁陵、夏邑、永城及安徽宿县、灵璧、泗县,到江苏注入淮河,为隋炀帝所开运河中最重要的一条)两岸沃壤千里,公私废田达两万余顷,多用为牧马之地。实际"计马而牧,不过用地之半",下余万余顷常为不耕之地。"观其地势,利于行水。欲于汴河两岸置斗门,泄其余水,分为支渠,及引京、索河并三十六陂,以灌溉田。"朝廷立即批准了这个意见,派侯叔献和著作佐郎杨汲共同主持这一工作(《宋史·河渠志》)。

熙宁三年(1070年)

侯叔献沿汴淤田

侯叔献、杨汲"并权都水监丞,提举沿汴(即汴河)淤田"。到熙宁四年,已取得较为显著的效果。这年三月,宋神宗赵顼和大臣们谈论淤田时,曾经指出:淤过的田地"土细如面","中人视麦者,言淤田甚佳"。熙宁六年夏,侯叔献引水淤开封府界闲田,甚至将汴水引干断流,公私船无法通行。当时虽引起反对,宋神宗不仅不予治罪,九月还赏赐侯叔献、杨汲淤田各十顷,十月又命"叔献理提点刑狱资序",以嘉奖他们主持"淤田之劳"(《宋史·河渠志》)。

熙宁五年(1072年)

侯叔献上奏指出大放淤的成效

北宋的大放淤涉及黄河下游、中游,包括京东、京西、河北、河东地区,面积之广不仅宋前所未有,宋以后也是罕见的,取得了相当显著的成效。据《续资治通鉴长篇》记载:都水监丞侯叔献等在熙宁五年二月的一次上奏中指出,淤出的官田,"赤淤地每亩价三贯至二贯五,花淤地价二贯五至二贯",有七十余户要求"依定价承买"。开封府界淤出的淤田,岁"增产数百万石"。

引漳、洺河淤地

闰七月,"程昉奏引漳、洺河淤地,凡二千四百余顷"。到熙宁六年八月,程昉又欲"引水淤漳旁地,王安石以为长利,须及冬乃可经画"(《宋史·河渠志》)。

宋神宗高度重视三白渠兴修

八月,宋神宗赵顼和王安石谈论农田水利时说:"三白渠为利尤大,兼有旧迹,自可极力兴修。"十一月,陕西提举常平杨蟠和泾阳知县侯可提出了一个开石渠的方案。宋神宗派都水监丞周良孺视察后,同意"自石门创口至三限口合入白渠",这样做"所溉田可及三万余顷"。当时宋神宗和王安石都很重视这一工程建设,王安石请宋神宗"捐常平息钱助民兴作",宋神宗表示:"纵用内帑钱,亦何惜也。"(《续资治通鉴长篇》)另外,资政殿学士侯蒙转引自《长安志图》内容所写的碑文中载有:"自仲山旁凿石渠,引泾水东南与小郑泉会,下流合白渠。"工程到熙宁八年春,"渠之已凿者十之三,当时以岁歉弛役",没有完成。

熙宁六年(1073 年)

诏兴水利

五月,宋神宗赵顼诏兴水利,凡创水砲碾硙有妨灌溉民田者,以违制论。

阳武县淤溉沙碱瘠薄田

十月,"阳武县民刑晏等三百六十四户言:田沙碱瘠薄,乞淤溉,候淤深一尺,计田输钱,以助兴修",皇帝下诏同意淤灌,并免予输钱。

次年十一月,知谏院邓润甫言:"淤田司引河水淤酸枣、阳武县田,已役夫四、五十万,后以地下难淤而止"(《宋史·河渠志》)。

熙宁七年(1074 年)

沧州引黄河水淤田种稻

"程昉言:沧州增修西流河堤,引黄河水淤田种稻,增灌塘泊,并深州开引滹沱水淤田。"(《宋史·河渠志》)

熙宁八年(1075 年)

熙州、通远军引水灌田

闰四月,提点秦凤等路刑狱郑民宪,请于熙州(今甘肃省临洮)南关以南,"开渠堰引洮水并东山,直北道下至北关。并自通远军(今甘肃省陇西境内)熟羊砦导渭水至军溉田"。诏民宪经度,如可作陂,即募京西江南陂匠以往(《宋史·河渠志》)。

渭水在陇西县西北,提点秦凤等路刑狱郑民宪,自通远军导渭水至军溉田。有头渠在县西十五里,二渠在县西教场,三渠在县西三里岳家墩,皆引渭水浇圃转磨,下流仍入渭(《甘宁青史略》)。

太原府修晋祠水利

七月,太原府"修晋祠水利,溉田六百余顷"(《宋史·河渠志》)。

张景温建议陈留等八县碱地淤灌

张景温建议:"陈留(今河南开封市东南)等八县碱地,可引黄、汴河水淤灌。"朝廷采纳了他的意见,"诏次年差夫兴办"(《宋史·河渠志》)。

熙宁十年(1077年)

沿汴淤田

六月,权领都水淤田程师孟,都水监丞耿琬"引河水淤京东、西沿汴田九千余顷",七月,前权提点开封府界刘淑"奏淤田八千七百余顷"(《宋史·河渠志》)。

次年二月,都大提举淤田司言:"京东、西淤官私瘠地五千八百余顷。"(《宋史·河渠志》)

宋徽宗大观二年(1108年)

修建丰利渠

到了大观年间,由于三白渠"堰与堤防圮坏,溉田之利名存而实废者十居八九",大观元年(1107年)秦凤路经略使穆京在出使陕西时,接受宣德郎范镐、承直郎穆卞关于开修洪口石渠的献议,上奏朝廷。朝廷批准了穆京的报告,令永兴军提举常平使者赵佺主持,对三白渠进行改建。工程从大观二年(1108年)九月起,到大观四年九月止,用了两年的时间。完工后,"溉泾阳、醴泉、高陵、栎阳、云阳、三原、富平七邑之田,总二万五千九十有三顷"。"上嘉之,诏赐名曰丰利渠"(《长安志图》、《侯蒙开渠纪略》)。

宋徽宗政和五年(1115年)

赵隆引宗河水灌田

西宁(州名,1104年设置,辖境相当于今青海省西宁市及大通、互助、湟中等县,1136年后属于西夏,元仍置州,明初改为卫,1724年升为府,并置西宁县,1944年设西宁市)知州赵隆主持引宗河(今湟水)灌溉西宁附近川地,增开水田数百顷(《宋会要辑稿·食货》)。

宋徽宗重和元年(1118年)

何灌引邈川水灌田

据《宋史·何灌传》记载:将军何灌引邈川水(今湟水),灌溉湟川闲田上千顷。其后,何灌曾向徽宗奏请获准,调迁内地人力修葺汉、唐故渠引水,使河湟已荒旷的土地恢复为灌溉便利的沃壤,"得善田二万六千顷,募士七千四百人"。《西宁府新志》亦有记载:何灌"引邈川水溉湟闲田千顷,湟人号广利渠";"人言:'汉金城、湟中,谷斛八钱。今西宁、湟、廓即其地也。汉、唐故渠尚可考,若开渠引水,使田不病旱,则人乐应募,而射士之额足矣。'从之,甫半岁,得善田二万六千顷。"

六 金元时期

（1127～1368 年）

金章宗明昌六年(1195年)

金章宗下诏全国兴水利

金章宗完颜璟诏:"县官任内有能兴水利田及百顷以上者,陞本等首注除。谋克所管屯田,能创增三十顷以上者,赏银绢二十两匹,其租税止从陆田。"泰和八年,完颜璟又令"诸路按察司规划水田"(《金史·食货志》)。

金宣宗兴定二年(1218年)

开挖通利渠

开挖通利渠(曾名阎张渠),引汾河水,灌溉临汾、洪洞、赵城三县十八村地二万一千六百亩(《洪洞县志》)。

兴定五年(1221年)

金宣宗主持"议兴水田"

在金宣宗完颜珣主持下"议兴水田",并规定"陕西除三白渠设官外,亦宜视例施行"(《金史·食货志》)。

元太宗十二年(1240年)

修复三白渠

蒙古人灭金以后,北方局势渐趋稳定,为了解决"赋税不足,军兴乏用"的迫切问题,太宗十二年(1240年)蒙古统治者窝阔台采纳了梁泰关于修复三白渠的建议,"令梁泰佩元降金牌,充宣差规措三白渠使,郭时中副之,直隶朝廷,置司于云阳县(今陕西省泾阳县境内)"。对三白渠进行了整修,使关中这一古老灌区得到了恢复(《元史·河渠志》)。

元世祖中统元年(1260年)

开丽泽渠

开挖丽泽渠,引汾河水,灌溉临汾、洪洞、赵城三县地四万亩(《洪洞县志》)。

忽必烈确定重农国策

元世祖忽必烈于中统元年(1260年)即位。当年他就诏告天下:"国以民为本,民以食为本,衣食以农为本。"确定了重农的国策,并"命各路宣抚司择通晓农事者,充随处劝农官"。以后,忽必烈又下令设置了劝农司、司农司等机构,专门主管农桑水利事业(《元史·食货志》)。

中统二年(1261年)

董文用开始督修水渠

元世祖忽必烈设立甘肃路总管府,董文用当时任西夏中兴等路行省,当地水利废弛,有渠和无渠差不多,董文用开始督修之(《甘宁青史略》)。

开广济渠

河渠提举王允中,大使杨端仁奉诏开沁河渠,"凡募夫千六百五十一人,内有相合为夫者,通计使水之家六千七百余户,一百三十余日工毕。所修石堰,长一百余步,阔三十余步,高一丈三尺,石斗门桥,高二丈,长十步,阔六步。渠四道,长阔不一,计六百七十七里,经济源、河内(今河南省沁阳县)、河阳(今河南省孟州市)、温、武陟等五县,村坊计四百六十三处。渠成甚益于民,名曰广济"(《元史·河渠志》)。

中统三年(1262年)

忽必烈召见著名水利专家郭守敬

忽必烈召见著名水利专家郭守敬。当时郭"面呈水利六事",其中有两条与黄河水系灌溉有关。一是“怀、孟沁河，虽浇灌，犹有漏堰余水，东与丹河余水相合。引东流，至武陟县北，合入御河，可灌田两千余顷”。二是“黄河自孟州西开引，少分一渠，经由新旧孟州间，顺河古岸下，至温县南复入大河，其间亦可灌田两千余顷”。忽必烈对郭守敬建议极表嘉许，立授郭提举诸路河渠，支持其大力进行工作，但以上两条意见均未实施(《元史·郭守敬传》)。

元世祖至元元年(1264 年)

郭守敬修复西夏古灌渠

郭守敬到达西夏，行视西夏河渠并进行修复，到至元三年五月，修复了当地废坏淤浅的古灌渠，计“古渠在中兴(今宁夏银川市附近)者，一名唐徕，其长四百里，一名汉延，长二百五十里，它州正渠十，皆长二百里，支渠大小六十八，灌田九万余顷”。并且“更立牐堰，皆复其旧”。使宁夏这个古老灌渠获得了新生(《元史·郭守敬传》)。

至元七年(1270 年)

忽必烈下令设立劝农司和司农司

二月，世祖忽必烈下令设立劝农司和司农司，专门主管农桑和水利事业。又颁农桑之制十四条，明确规定：“凡河渠之利，委本处正官一员，以时浚治。或民力不足者，提举河渠官相其轻重，官为导之。地高水不能上者，命造水车。贫不能造者，官具材木给之，俟秋成之后，验使水之家，俾均输其直。田无水者凿井，井深不能得水者，听种区田。其有水田者，不必区种。仍以区田之法，散诸农民。”(《元史·食货志》)

至元二十六年(1289 年)

宁夏路复立营田司

四月，复立营田司于宁夏路(1288 年设置路，辖境相当于今宁夏西北部黄河沿岸地区,1370 年改为府,1393 年改为卫,1724 年又改为府,1913 年废)(《元史·世祖本纪》)。

元成宗大德八年(1304 年)

陕西行中书省疏导引泾灌渠

大德八年(1304 年)因"泾水暴涨,毁堰塞渠,陕西行中书省命屯田府总管夹谷伯颜帖木儿及泾阳尹王琚疏导之。起泾阳、高陵、三原、栎阳用水人户及渭南、栎阳、泾阳三屯所人夫,共三千余人兴作,水通流如旧"。在这次整修中,还"编荆为囤,贮之以石,复填以草以土为堰",订立了"岁时葺理"的制度(《元史·河渠志》)。

元武宗至大元年(1308 年)

王琚建议丰利宋渠上更开石渠

监察御史王琚"建言于丰利宋渠(即泾渠)上更开石渠",从元仁宗延祐元年 1314 年开工,后元顺帝至元五年(1339 年)渠成。"长五十一丈,阔一丈五尺,深二丈。"引水渠道开成后,又对泾渠进行一番整修,并制定了一套管理制度(《长安图志》)。

至大二年(1309 年)

宁夏路立河渠司

八月,宁夏路立河渠司,管理屯田水利(《元史·武宗本纪》)。

元明宗至顺元年(1330 年)

洪洞县丽泽渠引水口因地震被毁而改址

因地震丽泽渠毁,引水口从卫店改为屈项村,引汾河水,灌溉洪洞、临汾二县地三万亩(《洪洞县志》)。

整修广济渠

中统二年修建的广济渠,经过六十余年,"因豪家截河起堰,立碾磨,壅遏水势,又经霖雨,渠口淤塞,堤堰颓圮"。至顺元年,根据怀庆路同知阿合马的意见,进行了一次大规模的整治(《元史·河渠志》)。

七 明 代

(1368～1644 年)

明太祖洪武三年（1370 年）

修筑汉唐旧渠

宁正授河州卫（治所设在今甘肃省临夏北）指挥使，兼领宁夏府事，其间修筑了汉唐旧渠，引河水溉田，开屯田数万顷，兵食饶足（《明史·宁正传》）。

洪武八年（1375 年）

浚泾阳洪渠堰

十月，泾阳洪渠堰岁久壅塞，不能灌溉，明太祖"命长兴侯耿炳文浚泾阳洪渠堰，溉泾阳、三原、醴泉、高陵、临潼田二百余里"（《明史·河渠志》）。

洪武二十七年（1394 年）

朱元璋遣使督修水利

洪武二十七年，朱元璋指示工部："陂塘湖堰可蓄泄以备旱涝者，皆因其地势修治之。"并遣使分赴各地"督修水利"。到二十八年冬，据各地上报，"凡开塘堰四万九千八百八十七处"（《明史·河渠志》）。

洪武三十一年（1398 年）

再浚泾阳洪渠堰

泾阳洪渠堰又坏，"复令耿炳文修治之，且浚渠一万三千多丈"。永乐三年（1405 年）、宣德二年（1427 年）、天顺五年（1461 年），又各对洪渠堰修治了一次（《明史·河渠志》）。

明成祖永乐年间（1403～1424年）

河州开漫湾水渠

漫湾水渠在河州西南,明代永乐年间由都督刘钧创修,知州陈文焯重修,灌田百余顷(《甘肃通志》卷十五)。

明宣宗宣德六年（1431年）

朝廷派官管理宁夏屯田水利

朝廷命罗汝敬督陕西布政使司屯田,时任陕西参政陈瑛说,宁夏、甘肃好地都被镇守官及各卫豪横官旗所占有,并不报官输租,而瘠薄之地则分于屯军,使得屯粮亏欠,军士困厄。朝廷据此令工部侍郎罗汝敬及陈瑛同往管理(《中国历史大事记编年》)。

根据罗汝敬所奏,设立宁夏、甘州二河渠提举司,配备提举各一员,官从五品;副提举各二员,官从六品;吏目各一员,官从九品。隶属于陕西布政司,专门掌管水利(《明宣宗章皇帝实录》)。

明英宗正统四年（1439年）

宁夏卫巡抚都御史金廉请求浚渠

宁夏卫巡抚都御史金廉言:"镇有五渠,资以引溉,今鸣沙洲七星、汉伯、石灰三渠久塞,请用夫四万疏浚,溉芜田千三百余顷。"得到允许,便发动四万民夫对渠道进行了疏浚(《明史·直省水利及金廉传》)。

正统年间（1436～1449年）

房贵创制挑车提水灌溉

正统年间,靖虏卫(今甘肃省靖远县)守备房贵开始创制挑车(相当于水车),用于提水灌溉农田。房贵祖籍安徽庐州(今安徽省合肥市),那里有挑车,因此房贵仿造用于靖虏卫。今县城北犹有房家车,兴堡子川电力提灌工程一泵房位于挑车梁,即房贵创制挑车之旧址(《靖远县新志》)。

明代宗景泰年间(1450～1456 年)

王珣修通济、陆田二渠

据《甘肃新通志》记载:明景泰年间,优羌县(今甘肃省甘谷县)知县王珣修建了通济渠,该渠自距县城西二十里的延泉铺,引渭水穿城区到东川后仍入于渭,灌地四十余里。由王珣创修的另一条渠叫陆田渠,也在距县城西二十里的地方,引渭水到邑北安元川,灌地二十余里,后来旧渠淤塞,直到清乾隆年间又予重新浚修。

明宪宗成化元年(1465 年)

项忠引泾灌溉未成

陕西布政使司巡抚督察院右副都御史项忠奉朝廷指令,组织泾阳、醴泉、三原、高陵、临潼五县民工,凿洞穿越小龙山、大龙山引泾灌溉,工程艰巨,未几,项忠还朝(《明史·河渠志》)。

成化元年至正德十二年(1465～1517 年)

修建通济渠

成化元年(1465 年)都御使项忠奉朝廷指令,组织泾阳、醴泉、三原、高陵、临潼五县民工,凿洞穿越小龙山、大龙山引泾灌溉,工程艰巨,未能完成而还朝。成化四年(1468 年),项忠西征途经陕西,命陕西官员对引泾灌溉未完工程继续督工修建,并命渠曰广惠渠。实际上,此时渠仍未全部开通。成化十二年(1476 年)右都御史余子俊巡抚陕西,继续开渠。次年余子俊改任兵部尚书,又未完工。成化十七年(1481 年)副都御史阮勤再次兴工修筑,直到成化十八年(1482 年)工程才全部完成,灌泾阳、醴泉、三原、高陵、临潼五县农田八千余顷。经过一段时间运行,项忠、余子俊、阮勤等人所修之渠遇夏秋洪水暴发,常常崩塌。正德十一年(1516年)四月,又由陕西巡抚萧翀"凿山为直渠,上接新渠,直沂广惠,下入丰利,为渠广一丈二尺,袤四十二丈,深二丈四尺",到正德十二年五月完工,取名通济渠(《泾渠志》)。

成化十九年(1483年)

河州修复老鸦山口古渠

老鸦山口水在河州西,自土门关至九眼泉有古渠,守备康永按人户编组,轮流灌溉,并开渠一百五十里,灌田千顷。经过多年运行,工程湮废。隆庆四年(1570年),参将张翼、知州聂守中,开渠疏通上下百十里,两岸共植树二千棵,后来渠坝又被冲坏。万历三十年(1602年),知州陈文焯开渠三十里,自焦家坝引水入九眼泉,恢复了以往的灌溉(《甘肃新通志》)。

成化二十年(1484年)

从石佛湾引黄河水溉田未成

石佛湾在兰州以西五十里,黄河经过此地,因北岸石矶所激,水势往南移动,有利于开渠引水,修渠道往东行,则西柳沟、西古城、钟家庄、瞿家营、陈官营、高家庄以至袖川上下五十里,约计千顷之地,均可得到灌溉。成化二十年巡抚余子俊欲开渠引水未能成功。弘治年间,抚按委指挥杨义又督役开渠,因当时有关部门不以民事为急务,遂废于半途(《甘肃通志稿》)。

成化二十一年(1485年)

平凉修利民渠

侍御史中丞郑时欲在平凉府(归属今甘肃省)兴修渠堰灌溉农田,佥事李经积极响应,毅然调役属工,疏通泉水灌溉蔬圃,而官民在利用泉水灌溉的同时,又继续分引泾水,修渠道共计六十二条,总长二百余里,灌溉农田三千余顷。工程始于三月,百日而告成。名曰利民渠(《甘宁青史略·摘录》)。

明孝宗弘治六年（1493 年）

整修广济渠

徐恪巡抚河南府时，接受河南参政朱瑄的建议，派朱瑄整修广济渠，"随宜宣通，置闸启闭，由是田得灌溉"（《怀庆府志》）。

弘治七年（1494 年）

宁夏卫浚渠、修渠各一条

根据巡抚都御史王珣的建议，宁夏卫疏浚了黄河两岸、贺兰山旁的一条古渠道，并定名靖虏渠，该渠"长三百余里，广二十余丈"。在金积山河口开了一条新渠，取名金积渠。二渠均因工程艰巨而未能按计划完成（《明史·河渠志》）。

明武宗正德十四年（1519 年）

兰州建溥惠渠

秋，丁俊知兰州，下车即询民瘼，他了解到发源于天都山的阿干河灌地几百顷，但该河绕过兰州西数里，即分为东渠和西渠，东渠多沙砾，西渠多冢穴，不能及时引水灌溉。"乃节公费，措材木为槽五十余，将布之于东、西二渠，以溥其惠。"次年八月，陕西右副都御史郑阳来到这里，知道此事后说："是州民少而务繁，恐为费支，而工未易就也。乃嘱陇右道，督文武诸官协处，力置工料为槽凡四十有四，是年九月诸公咸集临视，置槽于东西二渠者九十有二，余五十有二，储以备用。"经修建后渠道发挥了灌溉作用，取名为溥惠渠（《甘肃通志稿》）。

明世宗嘉靖十九年（1540 年）

西宁卫兴灌溉

王晷任西宁卫兵备副史。当年遇到大旱，王晷修缮城隍，兴办灌溉，并亲自监督察看，不怕辛苦疲劳（《西宁府新志》）。

嘉靖三十四年（1555 年）

华亭县开惠民渠

嘉靖三十四年（1555 年）华亭县县民赵浚谷创议开惠民渠，知县王官用仙姑山东麓的石料，堵住汭水，使其水流入渠道，灌西川田四五百亩，然后流至东郊灌地一百余亩。后经长久运用而损坏，但沿河居民仍有水磨之利（《甘肃新通志·风土调查录兼采访》）。

嘉靖四十一年（1562 年）

蜘蛛渠易名为美利渠

中丞毛鹏见黄河背北趋南，导致蜘蛛渠不能引水，于旧渠口之西六里处另外开新口，修建六孔进水闸和五孔减水闸各一座，又修新渠七里接入旧渠，整个工程月余告成，并将蜘蛛渠易名为美利渠（《中卫县志》）。

嘉靖年间（1522～1566 年）

通渭县重修甜水河

甜水河在通渭县（在甘肃省东部，宋代开始设置）县东七里，是一条引水入城的河，年份已久而被湮塞。明嘉靖中，筑堤数十丈，复引入城，由西北出城进行灌溉，民赖其利（《甘肃新通志》卷十）。

嘉靖四十五年（1566年）

段续在兰州创制天车提灌

段续在兰州黄河沿岸创制翻车（也称水车或天车），用于提水灌溉农田。当时有力自办，无力官贷，沿袖川上下五十余里，千余顷农田皆得自然之利（《皋兰县志》）。

段续是兰州市段家滩人，嘉靖二年（1523年）进士。曾任云南道御史，宦游西南各地，见当地用竹制筒车提水灌溉，其利甚大。于是用竹子做成筒车模型，带回家乡，经多次试验，改制成木制天车，天车直径十米至二十多米不等，提灌效益显著，于是沿河上下农民竞相仿制。据1944年8月甘肃水利林木公司统计，甘肃省黄河沿岸的永靖、皋兰、榆中、靖远、景泰五县安装水车达三百六十一辆，灌溉两岸农田近十万亩。原兰州广武门外水车园附近的水车，就是段续于1566年创制成功的，人称老虎车，水车园亦因水车而得名。

明穆宗隆庆二年（1568年）

纪诚整修引沁及引丹工程

怀庆知府纪诚，对引沁工程作了一次大的整修，"开创渠河六：在沁水曰通济河，曰广惠北河，曰广惠南河；在丹水曰广济河，曰普济河"（《怀庆府志》）。

隆庆六年（1572年）

宁夏卫汉、唐二坝易木为石

金事汪文辉将宁夏卫汉、唐二坝易木为石，坝之旁置减水闸凡十，中塘、底塘及东西厢各复以石，上跨以桥。此为宁夏以石建闸之始。此处汉坝即今汉延渠，唐坝即今唐徕渠（《朔方新志》卷四）。

明神宗万历十九年(1591 年)

秦汉二坝筑以石

尚宝丞、周弘礿言:"宁夏河东有秦汉二坝,请依河西汉唐坝筑以石,于渠外疏大渠一道,北达鸳鸯湖。"诏可(《明史·直省水利及周弘礿传》)。

万历二十八年(1600 年)

引沁灌区凿山为洞

引沁灌区以前都是采取土口引水,"土口易淤,下流淹没,利不敌害,旋兴旋废"。万历二十八年(1600 年),袁应泰出任河内令,当时旱灾严重,他在全境进行了广泛调查之后,认为要使灌区充分发挥作用,"广济非修石口不可",于是会同济源令史记言,发动两县上万民众,"循枋口之上凿山为洞,其极西穿渠曰广济,为河内民力所开,工最巨;次东曰永利,为济民所开;又次东曰利丰,乃古渠,而河内民重浚"。因枋口四面皆山,山大石多,施工非常艰巨。经过"三年如一日,众人如一心"的战斗,终于凿透石山,自北而南建成"长四十余丈、宽八丈"的输水洞。随后又以两年时间修砌桥闸,安装铁索滑车,疏通渠系,开挖排洪道,建成"延流两百余里","灌济、河、温、武四邑民田数千顷"的灌区(《怀庆府志》)。

万历三十三年(1605 年)

岳万阶修永济渠

万历三十三年(1605 年)六月,陇西副宪岳万阶始修永济渠,次年三月竣工,该渠引科羊河水,灌田十二顷(《甘肃新通志》)。

万历四十年(1612 年)

宁夏中卫通济渠延长四十里

通济渠在宁夏中卫(今宁夏中卫县)张恩堡,万历四十年(1612 年)付朝宇从张恩堡西南的三道湖开口引水并绕过张恩堡,往东流至高家嘴子入河,延长四十里,灌田二千四百二十亩(《朔方道志》卷六)。

万历四十二年(1614 年)

靖虏卫开丰泰渠

万历四十二年(1614 年),靖虏卫(今甘肃省靖远县)开丰泰渠。该渠在三角城一带,起自糜子滩上游,灌溉下滩田亩(《甘肃新通志》)。

由于三角城一带引水有渠,万历四十二年(1614 年)开始,不到两年就开水田二百六十五顷,旱田二千四百一十三顷(王之升《吕公开田记》)。

万历四十七年(1619 年)

吕恒开永兴、中和及永固三渠

永兴渠、中和渠、永固渠,均由监收厅吕恒于明万历四十七年(1619 年)所修建(《靖远县新志》)。

永兴渠起自四龙口上游引水,长三十里,灌溉北湾一带至天子豪农田六千四百一十亩。中和渠渠首在平滩堡,长六里,灌溉蒋家滩农田一千八百六十亩。永固渠起自碾子湾,长二十五里,灌溉糜子滩农田五千八百四十亩(《甘肃新通志》)。

万历年间（1573～1619 年）

宁远县修渠引水溉田

据《甘肃新通志》记载：明万历年间，宁远县（今甘肃省武山县）知县邹浩在县东修建了五条渠道，在县西修建了两条渠道。

明熹宗天启二年（1622 年）

张九德治理秦家渠和汉伯渠

天启二年（1622 年），河东道张九德于秦家渠（即今秦渠）首筑长堨（堤）数百丈，并于长堨下数里筑一猪嘴码头（挑水坝），免除了黄河水对渠首至坝关二十余里渠道的威胁。他同时针对汉伯渠（汉渠）尾水没有出路而导致大量农田受浸的情况，开芦洞（即清水沟洞）将尾水排入河中，芦洞长三十丈五尺，高、宽各三尺五寸。

天启七年（1627 年）

韩洪珍疏筑七星渠

韩洪珍任西路同知，七星渠已淤塞不能灌溉，加上山水自固原奔驰而下，使原有良田荒废。韩洪珍与守备王光先两人将疏筑办法上报巡抚焦馨。经商议后："以百户李国柱、刘宰分督之，而任韩洪珍综其事。"疏筑效益十分显著，"民夫则处于本堡者民自供给，借于外堡者，计日给廪，几用官帑二百余金，较始议省夫役三千余，省金钱一千余，辟荒埂万余顷，咸得耕获"（《西宁府志》卷十二、《朔方新志》卷四）。

八 清 代

（1644～1911 年）

清世祖顺治元年(1644 年)

洪洞县副霍渠被冲毁

洪洞县副霍渠被冲毁,康熙元年(1662 年),对之进行复修(《洪洞县水利志》)。

顺治十年(1653 年)

洪洞县重修清涧渠

洪洞县重修清涧渠(《洪洞县水利志》)。

顺治十六年(1659 年)

南力木在大通河源溉种

大通河源"其地可耕可牧,水草大善,夏凉冬温。……麦力干于此伐木陶瓦,大营室宫,让其长子南力木居之。招纳流亡,溉种深耕,为根本地"(《西宁府新志》)。

顺治年间(1644～1661 年)

甘肃崇信县引汭河开渠灌田

新柳滩在崇信县西北一里汭滨,其水自高而下,可开渠引用灌田。清顺治年间,知县武全文上自铜城,下至于家湾,在四十余里的范围内开挖陂塘,疏修水渠,教民众种稻(《甘肃新通志》)。

清圣祖康熙六年(1667年)

河州引大夏河水灌田

大夏河在河州南面,康熙六年(1667年),当地群众自西古城引水到十里屯,修渠灌田(《甘肃通志稿》)。

康熙二十五年(1686年)

平凉修普济渠

普济渠在平凉县东三十里,泾河以北。康熙二十五年(1686年),知府汪某和知县王某修建。渠道西从郭家园子引水,东到潘营城泄水入河,渠宽两米,渠长二十五里,灌溉哈家湾、军张庄、民张庄农田。同治十二年(1873年),总督左宗棠把已淤塞的渠道疏而通之,民间用其运磨,称之为头道磨渠。光绪三十四年(1908年),知府善昌重新疏浚,从马房庄引水到三十里铺泄水入河,长三十里,灌溉米家湾、二十里铺、东西甲家峪、三十里铺五庄之农田,易名为因利渠(《甘肃新通志》)。

康熙四十三年(1704年)

重修大夏河水利

监督同知郭朝佐,知州王全臣重修大夏河水利,并引水入城,又在西乡双城堡修了一条渠道,灌溉西川农田,在下西川修了两条渠道,灌溉东川农田。在南川修了两条渠道,灌溉南川农田。三川东西长六十里,南、北宽二十里(《甘肃新通志》)。

康熙四十五年(1706年)

中卫县扩整美利渠引水段

西路同知高士铎,扩整中卫县美利渠引水段,新渠比旧渠加深三尺,扩宽一丈,南岸修砌石,从此进水充畅,使以前五百余顷荒废地改造成稻田(《朔方道志》卷一)。

康熙四十七年(1708 年)

宁夏卫开大清渠

水利同知王全臣开宁夏卫大清渠,渠道引水口在宁夏右屯卫(1725 年改为宁朔县,1960 年撤销,分别划归青铜峡市及永宁县)大坝堡马关嵯,到宋澄堡归入唐渠,大清渠位于汉延渠及唐徕渠之间,灌溉二渠灌不到的高地,长七十二里,设置大小陡口一百二十九道,灌溉宁朔县六万六千亩农田。雍正十二年重修,乾隆四十二年又大修(《宁夏府志》卷八)。

开挖通利渠

平阳知府(平阳府治所在今山西省临汾西南,辖境大体上相当于今山西临汾、洪洞、浮山、霍县、汾西、安泽等市县地)秦公捐款购地,在安定、登临交接处置埝开挖通利渠。"水始得畅流,灌溉田地复旧"(《洪洞县水利志》)。

康熙五十二年(1713 年)

田呈瑞重视农田水利

康熙五十年(1711 年)田呈瑞任临洮驲传道。后两年遇灾荒歉收,他广泛采纳众人意见,凡靠河的地方,只要地形允许,则给予天车,扩大灌溉。兰州城西五十里石佛湾有渠但已淤积,他捐金开工,筹助经费,但因边界有事未能完成(《甘宁青史略》)。

康熙五十四年(1715 年)

静宁开渠引水灌田

知州黄廷钰在仁当、陲家二川,各开渠筑坝,引河水入渠,渠道由静宁(州名,今甘肃省静宁县)城西绕到南边流经十里左右泄水入河,灌溉农田数百顷,并在东川修建分渠,灌溉农田一百七十亩左右(《甘肃新通志兼采访》)。

康熙年间(1662～1722年)

漳县引漳水开渠灌田

清康熙时邑令白光辉在漳县城南盐井镇上川开了一条白公渠,由柴家沟引漳河水入渠,后来毁于洪水,于是接西川渠的水进行灌溉,几年之后渠口又被毁坏。民国9年(1920年)邑绅陈克忠等人在卢家川新开渠口,仍然被暴雨损坏。民国13年(1924年)邑令石作柱另外开渠口,由许家庙后面引水接于旧渠,灌溉农田一千余亩(《漳县志兼采访》)。

清世宗雍正三年(1725年)

狄道州引洮河水开渠灌田

狄道州(今甘肃临洮县)在城北六十里开洮河新渠,灌溉新店子农田一百顷。往北流二十里到达古城儿,灌溉农田二百顷。再往北的安家河、车家湾、水沟、灵石寺、八哈斯一带,都开有渠道进行灌田(《甘肃通志》卷十五)。

洪洞、赵城两县立分水方案

洪洞、赵城两县为争霍泉水而讼,平阳清军总捕刘登庸详细查勘渠情,提出分水方案,征得两县同意,跨流作桥,建亭其上,名曰"分水亭"。亭下设铁栅十洞,北七属北霍,南三属南霍,自后分水即均,争端亦息(《洪洞县水利志》)。

雍正四年(1726年)

通智等人开惠农渠

工部侍郎通智、宁夏道单畴书等奉旨开惠农渠,口初在宁朔(旧县名,在今宁夏中部,1960年撤销)余家嘴花家湾,并汉渠而北,至平罗县西河堡,归入西河,长二百里。又沿河筑堤埝,防止黄河泛滥,危害渠道。本年四月兴工,七年五月告竣,费帑银十六万两,乾隆三年经地震重修,乾隆十年,又改口于宁朔县林皋堡朱家河。乾隆三十九年因河流东注,又改口于汉坝堡刚家嘴,至平罗县尾闸入黄河,共长二百六十二里,有大小陡口一百三十六道,浇灌宁夏、平罗二县田四千五百二十九分半(每分六十亩)。乾隆四十二年重修(《宁夏府志》卷八)。

通智开昌润渠

惠农渠东南滩地广阔,土地肥沃,但渠水难以灌溉,黄河原有一条叫六羊河的支流流经此处,由于下游淤塞已不通流。雍正四年(1726年),通智循六羊河故迹,进行疏浚,沿六羊河布置灌区,引黄河水进行灌溉。渠修成后取名昌润渠,渠道设有进水闸、分水闸和退水闸,做到用水有闸分流,用不完的水能够泄出,并且还修有二十道支渠。地势高的地方设节制闸调节水位,保证灌溉,共计可灌农田一千余顷(《宁夏府志》卷八)。

雍正九年(1731年)

通智大修唐徕渠

侍郎通智大修唐徕渠,不但对渠道进行大量清淤,而且对过薄或高度不够的渠堤进行加厚加高,对太窄的渠段进行扩宽,同时将渠尾延伸至西河,使多余的水能退到西河,在正闸及西门桥柱上刻画水尺用以测量水位,在渠底布置十二块准底石,使以后疏浚时有一个标准。二月二十日开工,四月十四日竣工放水(《宁夏府志》卷二十六)。

雍正十二年(1734年)

纽廷彩建七星渠红柳沟石环洞

宁夏道观察使纽廷彩为了阻止山洪冲坏七星渠,在七星渠红柳沟修建石环洞,在上面架飞槽,使山洪能横跨渠道而过,用了三年时间修成,原来外逃的人又回到了家乡(《宁夏府志》卷十二)。

清高宗乾隆二年(1737年)

狄道县引洮河水灌田

洮河渠以洮河为水源引水灌田。其中,杨家庄渠引洮河水从潘家磨向北流二十里,灌溉农田两千亩。边、梁、孙三姓新渠距新添铺七里,从金家河向西北行二十里,灌溉农田三千亩。这些渠道均由狄道县知县郭士佺于乾隆二年修建(《甘肃新通志》)。

洮河新渠在新店子南一里左右,引洮河水从东岸古城石嘴往北二十里,灌溉农田六百余顷。洮河新渠之西北原有一条渠道叫何郑家渠,从税家湾往北流经三十里,灌溉农田二百顷。古城渠在县南约五里,引洮河水从水泉湾向北行十五里,灌溉农田一百顷。这些渠道均是狄道县知县郭士佺所修建(《狄道州志》)。

乾隆三年(1738年)

河州及宁定县广开水源灌田

河州(今甘肃省临夏县)在嘴头寨开渠灌溉农田二十余亩。银川河在河州西六十里,在北乡俺哥城开水门渠灌溉农田(银川河原属临夏县,1980年6月成立积石山县,银川河现属积石山县境)。河州东乡宏济桥修渠引洮水灌溉农田一万余亩。宁定县(今甘肃省广河县)开渠引广通河水灌溉定羌驿东西两川农田两万余亩(《甘肃新通志》)。

宁夏府地震毁三灌渠

十一月二十四日,宁夏府平罗、银川发生强烈地震,极震区死官民五万余人。"大清、唐、汉三渠及大小支渠摇塌震裂,使渠水不能通"(《中国地震目录》)。

乾隆五年(1740年)

王世雄捐修广济渠

伏羌县(今甘谷县)耆民王世雄于乾隆五年投资修建广济渠,广济渠在县西十五里的中川引水,环绕城东灌溉农田三十余里,后来年久壅塞。同治八年(1869年)进行了疏浚(《甘肃新通志》)。

乾隆六年(1741年)

秦安县开渠灌田

"北渠长十里有奇,乾隆六年,知县牛运震开浚。"并附记云:"秦安县多山无大川泽,陇水(即今葫芦河)从县东北来,经城之西南行,属于渭,其流浑浑荡荡,汕万山之膏以注洼谷,挹黄带淤,所谓一石之水,其泥数斗者也。是水浊且酸,行人弗食,然渠而引之以灌田,泄恶种美,虽泾渭之肥不能过也。……三月工竣,为渠长短九道。北自县界之安家川,南自王家峡循河而东西出,计灌田万六千亩。"(《甘肃新通志·空山堂文集》)

乾隆八年(1743年)

皋兰知县捐金修复石佛沟旧渠未成

皋兰县知县捐款修复石佛沟(今七里河区岘口子东山)原明代及前临洮道田呈瑞所修建的四十里长旧渠,但因施工中遇到流沙而未能完成(《兰州文史资料选辑·兰州大事记》)。

乾隆十一年(1746年)

王烜捐俸重修静宁县新渠

新渠在东川,乾隆十年七月,静宁山水暴发,渠道毁坏十分严重。次年知州王烜捐俸重新修建。"乃于故坝上流,立水牛,植桩木,割颓渠于下游,由州民李进国地内开渠 21 丈,杨林地内开渠 55 丈,广 8 尺,深丈余,入旧渠达南北两川,灌田十余顷。"工程动用 1000 余人,三月开工,用了 40 天时间工程告竣(《甘肃新通志》)。

平番县碱水河新渠竣工

四月,平番县(今甘肃省永登县)碱水河新渠竣工。乾隆十年(1745年)春,秦安知县牛运震调任平番知县,经过碱水河时,见农民正在疏浚田间小水沟准备播种庄稼,可望秋季获得丰收。唯独碱水河旧有碱柴井,距野狐城 10 多公里的渠道没有疏浚,难以灌溉。于是捐俸借粮,奖励渠夫将旧渠修理宽畅,竣工后名曰新渠。又劝百姓沿渠上下栽杨柳 300 余株,用于表道护渠(《甘宁青略史》)。

《西宁府新志》记述西宁府水利

七月,西宁府按察使司佥事杨应琚编修《西宁府新志》,翌年五月脱稿。书中记载西宁府所属西宁县有主渠 136 条,分支渠 317 条,共长 2429 里,灌地 82287 段,下籽量 6997 石;碾伯县有水渠 68 条,分支渠 166 条,共长942.5 里,灌地 45603 段,下籽量 2486 石;大通卫有水渠 4 条,分支渠 12 条,长 105 里,灌地 5747 段,下籽量 1516 石;贵德所有水渠 4 条,分支渠 40 条,灌地 4252 段,下籽量 697 石。西宁府共有主渠 212 条,分支渠 535 条,灌地137889 段,下籽量 11696 石。乾隆年间河湟地区约有耕地 468 万亩,其中水浇地 54 万亩。

乾隆十八年(1753 年)

程鹏远开田家嘴渠灌田

狄道(1738 年升为州,辖境仍相当于今甘肃省临洮县)知州程鹏远根据士民刘维灏等人请求兴修田家嘴渠。田家嘴渠引洮河水,自秦家河起穿越柳林沟向北流 10 里至新添铺,灌溉农田 2000 顷(《甘肃通志稿》)。

乾隆二十七年（1762 年）

宁远县开渠引渭水灌溉农田

宁远县（今甘肃省武山县）东川一带农田原靠水量本来就很少的庙峪沟灌溉，乾隆二十七年（1762 年）夏天，旱灾十分严重，沟水干涸，种不上庄稼。邑侯胡公采取官府出钱、民众出力的办法修渠，受到当地百姓热烈响应，不到一旬时间，修浚一条上至县城北门外、下至高家铺长 20 多里的渠道，引渭水灌溉农田几百顷，效益显著。胡公考虑到渠口易淤塞，又捐出薪俸，让民众利用秋收后空闲时间，在渠口易淤处进行了改建，到次年春天做到昼夜引水灌溉（《甘肃新通志》）。

乾隆三十年（1765 年）

昌润渠另开引水口

昌润渠与惠农渠同时开，原来接引惠农渠之水，后来一个引水口所引之水不能满足两条渠道灌溉需要，乾隆三十年（1765 年）昌润渠由宁夏县通吉堡溜山嘴子另辟引水口引水，到永屏堡泄入黄河，渠道长 136 里，灌溉平罗县 10.185 万亩农田（《宁夏府志》卷八）。

乾隆三十四年（1769 年）

循化厅立碑记述草滩坝工水渠修建过程

循化厅（1762 年设，1913 年改为县，即今青海省循化撒拉族自治县）同知张春芳撰文立碑，记述草滩坝工水渠修建过程，"循城之东有草滩数十顷，平坦旷野，属于撒喇之草滩坝工"，"戊子春，余甫莅兹土，睹斯地之荒芜"，"己丑春复来，度形势之高下，聚百姓而亲历指示，由西之街子工上游开浚，历锭匠之石头坡，盖旋山麓，越旧渠而至西沟，转折于沙坡岭脚，至乙先哈喇庄，及城之南，转东之达土门山下大路，计二十里，而屈曲一通渠，长倍之。择吉季春七日兴工。斯民咸踊跃，争先从事，越五日开成，丈得地约二十万弓,计亩则三十余顷"(《青海金石录》、《循化厅志》)。

根据《循化撒拉族自治县概况》记载:在撒拉族地区历史上还形成了一种名为"工"的行政区划单位,最早出现在清雍正八年的粮册上。

伏羌县开蒋家渠

蒋家渠起自刘家庄,止于回回沟,灌溉15里长度范围内的农田。由伏羌知县周铣新于乾隆三十四年(1769年)修建(《甘肃新通志》)。

乾隆三十一年至四十一年(1766~1776年)

毕沅开荒修渠

陕西巡抚毕沅,治赈募民,开垦兴平、盩厔(今陕西省周至县)、扶风、武功荒地,得田48顷,修浚泾阳龙洞渠等渠堰,并向朝廷奏谏道:"足民之要,农田为上,关右大川如泾、渭、灞、沪、沣、镐、潦、潏、洛、漆、沮、汧、汭诸水,流长源远,若能就地疏引筑堰开渠,以时蓄泄,自无水旱之虞。"(《清史稿·毕沅传》)

乾隆四十二年(1777年)

宁夏府大修诸渠

是年,宁夏府向国库借银八万五千两,大修唐徕、汉延、大清、惠农以及中卫县美利等渠道(《宁夏府志》卷二十)。

清文宗咸丰五年(1855年)

苏寨沟村民修筑沟门石渠

萨拉齐苏寨沟村民修筑沟门石渠。"傍山凿渠,引水达于高地。……凿渠时需钱三千多缗,而灌田达百余顷。"渠成之后又于当年秋在沟门立凿石渠碑记一通,记载了凿渠经过及使用规章。

咸丰年间(1851~1861年)

开挖刚济渠和永泉渠

这期间在萨拉齐厅(属今内蒙古)及归化城厅开了两道较大灌地渠道。一为地商贺清等集资在缠金地东面开挖的刚目河渠,后改为刚济渠;一为在土默特沙尔沁(属今内蒙古土默特左旗)开挖的永泉渠。

清穆宗同治六年(1867年)

河套开挖短辫子渠

是年,万得源商人张振达在河套东部开挖短辫子渠,即后来的通济渠。

同治十一年(1872年)

河套开挖长胜渠

是年,商人侯双珠、郑和等人共同开挖河套长胜渠。开挖期间曾邀请王同春为之勘测,历时7年开挖至东西槐木长52里。侯双珠病故后,由其侄子侯应奎继续向东北接挖,费时8年加长32里,其后至光绪二十三年(1897年)由商号德恒永自树林子接挖,经二小圪堵、二道堰子、宿亥淖入乌加河,长30里。侯应奎见渠道退水不畅,又自圪生壕下向东挖,至旧那林格尔河退水入乌梁素海,长28里。

同治十二年(1873年)

修建黄土拉亥河

是年,谷商杨廷栋承包达拉特旗乌兰卜尔(今黄济渠下游的团结乡一带)蒙旗土地,将黄羊木头南黄河汛期溢流形成的天然黄河水套加以疏浚,逐渐形成了黄土拉亥河,即后来的黄济渠。

同治十三年（1874 年）

狄道州岚关坪新渠竣工

5 月,狄道州岚关坪新渠竣工。工程于上年 6 月开工,每天出动军工 2000 余人。于漫坝河上游筑坝引水,到岚关坪穿洞入渠,经县城往北面,过东峪沟注入清水渠,渠道长 70 余里,另外开有支渠 18 条,水源充足,灌溉有序。

同治十年至十三年（1871～1874 年）

缠金渠功能衰减

同治十年年初,西北回民义军失败后有一马化龙残部逃到临河狼山一带,到处抢劫,致使农事渠工荒废。迨请军来剿,留兵驻缠金界狼山口子。不三年,钱粮都被搜刮一空,不少地商外逃,农户他迁,造成缠金渠功能衰退。

清德宗光绪元年（1875 年）

河套开挖塔布河渠

地商樊三喜、夏明堂、成顺长、高和娃和蒙古人吉尔古庆等组成五大股,在河套合作开挖塔布河渠,至光绪七年(1881 年)基本完成,灌地 1000 余顷。

光绪三年（1877 年）

《西宁府续志》续记青海水利

西宁府知府邓承伟设局邀集来维礼、杨方柯、莫自恕等编修《西宁府续志》,翌年脱稿,成书九卷。光绪八年(1882 年)又委张树滋增补校订,始定稿。书中续《西宁府新志》增记巴燕戎格厅有水渠 8 条,灌地 3061 段,下籽仓斗粮 674.39 石;循化厅有水渠 56 条,灌地 20912 段;丹噶尔厅有水渠 7 条,灌地 1779 段,下籽 1371.23 石。共增记水渠 71 条,灌地 25752 段。

光绪八年(1882年)

河套开挖同和渠

是年,地商王同春租沙忽儿庙地独自开挖同和渠,即义和渠。

光绪十二年(1886年)

赵城开二渠

赵城(旧县名,属今洪洞县境)瓦窑头等村开挖式好、两济二渠,拦河扎坝截流,与通利渠争水,致通利渠水不够用。两渠共灌地0.4万亩。

光绪十七年(1891年)

河套开挖永和渠

是年,地商王同春在河套集资开挖永和渠,即后来的沙河渠。

清水河厅发生引水纠纷

清水河厅(今内蒙古清水河县)祁家沟两村村民,因从兴隆渠引水灌溉发生矛盾而讼于官府,清水河厅通判马文骧断准两村分用此渠水,并刻石碑立于渠首,以让永久遵循。兴隆渠最早开自乾隆年间。该渠距县城南不远,由东南五里朱家山沟内引泉水入渠。沿南山西流与席麻沟引出之泉水汇合,流至祁家沟等村,渠长6里多,能灌溉农田3~4顷。

汾河制定筑堰引水规程

为了制止清源以下汾河每年筑堰纠纷,道署会同有关各县商议规定,凡筑堰者(拦河冬堰)必须呈请官厅批准,方可兴筑。按该年筑堰数目,分配135日之用水日程。本年按四堰平分水程,即:头堰广会堰,分水程44天;二堰天顺堰,分水程34天;三堰公议堰和和顺堰(因两堰原定为间年轮筑,本年两堰同时兴筑,故按一堰分水)分水程19天和18天,合计37天;四堰永济堰(永济堰分为上堰和下堰,上堰在苏家堡,下堰在南侯村)分水程 9 天和 11 天,合计 20 天。

光绪十八年(1892 年)

地商王同春以工代赈挖渠

归绥道七厅(属今内蒙古)及蒙旗灾害严重,全境赤地千里,死亡无数。九原聚有灾民 4 万~5 万人,地商王同春出赈粮 6000 石,以工代赈,组织他们挖渠自救。

同年,王同春集资两万余两,在前一年购买协成字号渠地的基础上,在天吉太桥一带开挖中和渠,即后来的丰济渠。

光绪元年至光绪十八年(1875~1892 年)

达拉特旗开挖丰济渠

是年,达拉特旗官府维谷出银 2000 两,自刚目河正北协成字号地域开挖小渠 1 条,灌协成字号已垦之荒地,渠长 12 里,此为丰济渠前身。

光绪二十一年(1895 年)

张汝梅主张设陕西水利总局

十月十六日,护理陕西巡抚张汝梅奏报,设陕西水利总局,委派明干之员管理局务。

光绪二十六年(1900 年)

归绥开成义利渠及和顺渠

归绥农民在小黑河上先后开成义利渠及和顺渠,灌地 4000 亩左右。

光绪二十七年(1901 年)

三道河一带教堂修渠租种

阿拉善亲王贡桑珠尔默特根据屈辱的《辛丑条约》,也传旨申饬阿拉善各地保教不力。此后不久三道河(今内蒙古磴口县)一带教堂租种地亩盛行,他们修渠引水,开田万顷,日益富饶。

李绍芬酌拟兴水章程

十一月二十六日,护理陕西巡抚李绍芬饬属劝办积谷,酌拟章程 12 条,筹办开渠兴修水利事宜。

光绪二十八年(1902 年)

贻谷到绥远督办垦务和官办水利

春,清朝廷派兵部左侍郎贻谷到绥远督办垦务和官办水利,他于当年春以垦务大臣衔佩戴"钦差印",到达绥远。

姚学镜任西盟垦务总局总办

九月,贻谷任命姚学镜为西盟垦务总局总办兼五原厅抚民同知。

姚学镜在协助贻谷办垦务期间,编写了《五原厅志稿》一书。其中设河渠一章,记载了河套从黄河直接开口的渠道有 35 条,并绘制了第一张河套渠系图。

西盟包括当时的伊克昭、乌兰察布两盟。西盟垦务局于 1912 年 6 月更名为西盟水利总局。

光绪二十九年(1903 年)

贻谷在河套一带责令渠道归官

四月,贻谷在对河套土地归官放垦后,立即责令各地商将渠道统统"报效"归官,仅付给少量补偿金。同年六月,王同春被迫第一次向垦务局上呈,把中和渠等两条干渠报效垦务局,不久将其他干渠相继全部报效。别的地商也按此办理。到1905年,八大干渠全部收归官办,并对各渠道进行了逐一修整。经贻谷多年经营,大开渠工,辟地千里收到一定效果。但民间开发河套的势头就此一落千丈。

光绪三十年(1904 年)

固定汾河八堰用水规程

汾河八堰用水规程出台。规程规定每年只看筑堰数目,即以此确定各堰用水天数。当年八堰齐筑,为汾河"八大冬堰"之始。同时规定八堰规程:①八堰中如决定修筑,须于霜降之后,呈报主管官厅立案,立冬以前动工,小雪以前完成。主管官厅于立冬前派员到河查明,逾限动工者,勒令停止。②八堰各按分定日程用水,上下堰接水时,官厅委员协同地方官监放,上堰不得强占下堰水程。③八堰以外不准再筑。④至清明节后三日,八堰水程日期完毕,上游泥渠始准开渠引水灌溉。⑤五里以内两堰不得并峙。⑥挑渠、筑堰、用水时,除铁锹外,不得携带武器。⑦用水以满一昼夜为一天,上下堰交接水程以黎明时为起点。⑧八堰用水时间,上游泥渠不准开口盗水。⑨清明节三天后,不得霸水不放,影响下游灵石县一带用水。

宁夏府开湛恩渠

宁夏知府赵维熙为解决族民生计,在靖益堡唐徕渠西塍开口引水,灌溉贺兰山下荒地万亩,取名湛恩渠。

光绪三十一年(1905 年)

杭锦、达拉特两旗地户将渠道交公

七月,杭锦、达拉特两旗地户将原有各渠报效归公,并将长胜渠更名为长济渠,缠金渠更名为永济渠。

光绪三十四年（1908 年）

皋兰县开渠引河水灌田未成

三月，陕甘总督令各州县振兴水利，派皋兰知县薛位为西固渠工总办。西固渠工位于皋兰西乡之西固城与西柳沟两处，从中间开渠引河水灌溉两岸农田，但未能成功。

宁夏府开天水渠

宁夏知府赵维熙接引汉渠退水开渠 1 条，长 36 里，灌田万余亩。因赵是天水郡人，故名天水渠。

贻谷和姚学镜被革职

四月，归化城副都统文哲珲以"败坏边局，欺蒙巧取，蒙民怨恨"等奏参贻谷，贻谷被革职。姚学镜是贻谷办理垦务的得力成员，所以他也因贻谷被参案而同时被革职。

达拉特旗引洪淤灌

是年，达拉特旗有个叫韩金马的在卜尔洞河下游引洪淤灌。经过十七年的努力，在原来开荒的 200 多亩沙荒地基础上淤灌出好地 3.95 万亩。此人系山西省人，于光绪十七年（1891 年）迁居到达拉特旗河神滩居住。

清溥仪宣统二年（1910 年）

皋兰县开新古渠未成

兰州道彭英甲计划从皋兰县西乡上村，引黄河水，灌新城、河口一带农田，名为新古渠，未能成功。

宣统三年（1911 年）

萨拉齐厅立碑重申遵守灌溉章程

六月，萨拉齐厅官府在万家沟立石碑一通，记载了部分村民在沟下游违禁偷开东渠酿成人命一案。并谕永闭该渠,不准再行偷开,让水往下游流,以供各村使用,并规定务各遵旧规,任水自流,上下轮流浇灌,再不准妄改章程,发生争夺之事。

河套水利章程得到批准

是年,由西盟垦务总局制定的河套水利章程得到审定批准。章程一是强调水资源为公共资源,不得为私人所占有;二是具体规定"租条"、"修渠"、"水利"和"经费"4项内容;三是强调了用水管理,如规定不准随意在渠中筑坝,水小时挨次轮灌,按青苗面积确定轮灌时间等。该章程于次年由西盟水利局颁布实施。

九 民国时期

(1912~1949 年)

民国 2 年（1913 年）

全国水利局成立

2 月，全国水利局成立。全国水利局设总裁、副总裁、视察、佥事、主事、技正、技士各官。任命张謇为全国水利局总裁，丁宝铨为副总裁。

地商王同春开东大渠

是年，王同春越河到达拉特旗，包租同兴东土地，于哈什拉川筑"活水坝"，引水开渠，渠名为东大渠，长 20 里，灌地 1.83 万亩。王同春的经验是："低打坝，深挖渠"。

民国 4 年（1915 年）

甘肃省靖远县修建北湾河工程未成

是年，黄河自兰州顺流而入靖远县，距县城 60 里为北湾，有李桐者，往来北湾，察看地形，并上书说："若在北湾河口筑石堤淤地，募民耕地，其利无穷。"即以李桐为河工委员，动工修建，因工程浩大，未能成功。

民国 5 年（1916 年）

设陕西水利分局

是年，设立全国水利局陕西水利分局，直属省长公署，主管全省水利行政及水利工务事宜，局址设于西安端履门东，主事者郭希仁。民国 6 年（1917 年）5 月 3 日，任命郭希仁为陕西水利分局局长。民国 16 年（1927 年）4 月 13 日更名为陕西省水利局，李仪祉任局长，属省建设厅领导。民国 25 年（1936 年），局址迁至今西安革命公园北侧，占地面积 28 亩余。

民国 6 年（1917 年）

陕西省龙洞渠被冲毁

9 月 4～5 日，泾水泛滥，冲毁陕西省龙洞渠倒流泉石堤、水磨桥北石栏杆、琼珠洞、打鼓洞、野狐哨眼等 5 处石堤，石沙淤泥壅塞渠道长 1800 余丈。10 月 30 日，陕西水利分局局长郭希仁赴龙洞渠复勘后，拟定治标治本办法，治标之法为责成泾阳、三原、高陵、醴泉 4 县知事按地亩等筹集工款，尽快修复龙洞渠冲淤处；治本之法仍为引泾恢复郑国渠之业。

河套灌区杨家河渠开工

秋，河套灌区农民杨满仓、杨米仓开挖的杨家河引黄灌溉渠开工。该渠道经王同春协助，用夜悬马灯定高低、借观星辰定方向等办法定出渠线，于民国 16 年建成，渠长 70 多公里，次年浇地 1300 顷。

陕西省龙洞渠设局总

11 月 27 日，陕西水利分局委任于天锡、姚秉圭为龙洞渠管理局正副局总，办理龙洞渠一切工程事项。

陕西水利分局发布龙洞渠栽树布告

11 月，陕西省省长公署准许陕西水利分局发布龙洞渠地首栽树布告。要求泾阳、三原、高陵、醴泉 4 县沿渠地首每丈栽树一株，一为护堤，二为成材变价修渠。

陕西省长武县绅民捐资修广仁渠

是年，陕西省长武县绅民胡蕴章捐款 1300 余元（银元），在泾河支流胡家河修建广仁渠，并得到陕西水利分局局长郭希仁协助。于民国 12 年（1923 年）建成，引鸭儿沟泉水灌地 360 余亩。

中卫县新南渠竣工

是年，中卫县（1933 年分设中卫、中宁两县，新南渠属中宁县）建成新南渠。该渠道由拔贡王光临倡导兴工修建。渠口设于南河子左岸，渠道长 6

公里。新中国成立后扩建并入七星渠,渠长 13.6 公里,灌田 2.2 万亩。

民国 8 年(1919 年)

青海省循化县加人村修木轮水车一架

是年,青海省循化县城关乡加人村修建木轮水车一架,从黄河岸边提水,提水流量约 0.02 立方米每秒,可灌溉 200 亩农田。至 1955 年停用。35 年间共大修 4 次,小修 1 次。

绥远特别区达拉特旗开挖公益渠引黄灌溉

是年,绥远特别区达拉特旗租种王爷土地的王齐小、王秉兆、金润秃等十余户农民合股开挖出公益渠引黄河水灌溉。该渠由乌兰计开口,经六分子、柳林圪梁等退入黄河,全长 30 余里,可灌中和西、四合壁、南伙房等处万余亩土地。

绥远特别区达拉特旗开挖二十二股渠

是年,绥远特别区达拉特旗农民高焕、石山、王板头等集资合股开挖引黄灌溉渠——二十二股渠。渠长 60 公里,其中 22 公里为人工开挖,余皆为利用沟壕修挖而成。此渠特聘王同春前来设计,李二为施工工头。该渠灌地万余亩。

山西省榆次县潇河天一渠竣工

是年,山西省榆次县潇河天一渠竣工。该工程为民办官助项目,由洪洞县籍留日生杨盘、王大焜等人设计,赵村阎范亭会同六堡镇官商贾继英等人倡办,由窑上、侯方、六堡、小赵等 6 村按地亩出工,阎锡山政权助银 8 万元,历时两年完成,浇地 2.2 万亩。

民国 9 年(1920 年)

绥远特别区归绥县二十家子村为复兴水利立碑

是年,绥远特别区归绥县(旧县名,在今内蒙古中部,1954 年撤销,并入土默特旗)城东郊二十家子村与美岱村因完结一项水利纠纷而立了一块石碑。碑名为"二十家子村复兴水利记",石碑立于该村一座古庙前。

民国 10 年(1921 年)

陕西省筹办引泾灌溉工程

秋,陕西靖国军总司令于右任、总指挥胡笠僧等倡议利用救灾余款,筹办引泾灌溉工程,并成立渭北水利委员会,李仲三为会长。民国 11 年(1922年)于三原设立渭北水利工程局,李仲三、柏厚福为正副总办,李仪祉任总工程师。

泾原道尹欧阳溥存请从平凉四十里铺开渠未成

是年,泾水由化平县(今宁夏泾源县)发源流入甘肃平凉县境。前代所开之渠,经同治兵焚后,大半淤塞。光绪末年,平凉知府觉罗善昌先后鸠工,从平凉东郭外 2 里左右开渠两道,至四十里铺止,民享其利。至是年泾原道尹欧阳溥存请从四十里铺开挖渠道至白水驲,扩大灌溉效益,省政府批令,就地筹款,但未成功。

民国 11 年(1922 年)

陕西水利分局勘测引泾工程

8 月 22 日,陕西水利分局组建测量队,分陆、水二队正式勘测泾河河谷、灌区地形,开展水文观测。民国 12 年(1923 年),李仪祉根据勘测资料,编写了《陕西渭北水利工程局引泾第一期报告书》,次年又完成《引泾第二期报告书》,对引泾灌溉渠首工程提出了甲、乙两种规划方案。

绥远特别区黄土拉亥河渠开挖成功

是年,绥远特别区黄土拉亥河渠开挖成功。该渠原系河套西部的一条天然河流,早在清同治十二年(1873 年)就由陕西商人杨氏在其下游引灌小片土地。但以后被天主教学所强行占有。至民国 7 年,外国神甫邓德超集资 10 万元进一步开挖黄土拉亥河渠。

绥远特别区三湖河开挖公济渠

是年,绥远特别区河套东部三湖河地区,由五大村地户申请,正式开挖公济渠,与其他先后开挖的西官渠、东大渠等均从三湖河上开口引水浇地。开挖公济渠共用工款 14 万元,大部分由灌水地户按地亩摊分,不足部分约 2 万元向银行贷款解决。

梅里乐、塔德调查引泾工程

是年,北平华洋义赈会派总干事梅里乐、总工程师塔德到陕西调查引泾灌溉工程。

民国 12 年(1923 年)

《调查河套报告书》正式出版发行

年终,《调查河套报告书》正式出版发行。该书为北京政府督办运河工程总局指派以冯际隆为首的调查团于民国 8 年(1919 年)调查,此后写成此调查报告。报告中记载了丰富的第一手水利调查资料和王同春开挖老郭渠的活动照片多幅。

李仪祉创办水利道路学校

是年,李仪祉创办陕西省水利道路工程专门学校(由水利道路技术传习所改组),民国 15 年(1926 年)并入国立西北大学。

民国 13 年(1924 年)

《绥远河套治要》成书

冬,周晋熙完成了《绥远河套治要》一书的撰写工作。该书对河套水利作了较多的叙述,尤其对八大干渠的沿革以及支渠的数量、名称、长度和灌溉面积均提供了不少史料。

陕西省引泾灌区地形图完成

是年,陕西省水利分局完成引泾灌区1:2万地形图,施测面积为896平方公里,该图1922年开始施测,是黄河流域省水利局最早测绘成的现代地形图。

民国 14 年(1925 年)

王同春任西北边防督办公署总参议

春,冯玉祥任命王同春为西北边防督办公署总参议,协助石友三督办河套水利。至6月,王同春因从事水利野外勘察染疾,病故于五原,终年74岁。

山西省兴建上靳机械提水泵站

是年,山西省建设厅以生产自救的方式,从法国购进立式锅驼机3台,在汾河下游临汾境内兴建了上靳机械提水泵站,可浇田千余亩。

张含英查勘黄河下游

是年,张含英应邀查勘黄河下游。他在查勘后提出下游险工堤段的埽工应改筑为石坝护岸,之后又提出试用虹吸管抽水灌溉农田和利用河水发电的倡议。

民国 15 年(1926 年)

绥远特别区杨家河灌区收归官有

9月,国民联军总司令冯玉祥下令将绥远特别区杨家河灌区除渠西部分杭锦旗蒙地外,其余土地一律收归官有放垦,并规定开渠的杨家可购买600顷,其余皆由当地农民分别购买耕种。

民国 16 年(1927 年)

汾河中游第一拦河坝工程开工

是年,由山西省建设厅筹办,在汾河中游清徐县长头村修建第一铁坝

（俗称铁板堰），3 年后建成。全坝共筑闸 11 孔，孔宽 6 米，筑闸墩 12 个，墩高 4.26 米，墩宽 1.82 米，全部工程采用水泥砂浆砌料石结构。工程可浇灌沿河 90 余村庄，约 20 万亩农田。运行 4 年后废弃。

民国 17 年（1928 年）

绥远省将河套官办渠道改归地方经理

2 月，绥远省（1928 年设省，辖今内蒙古乌兰察布盟、伊克昭盟、巴彦淖尔盟东部、呼和浩特市、包头市，1954 年撤销并入内蒙古）垦务总局召开水利会议，改变河套第二次官办渠道的体制，决定将所有渠道各归地方人民合组水利公社，自行经理，并由垦务总局及所在地方行政领导实行监督。不久，又将垦务总局内的水利科移驻五原，以便就近监督。

绥远省决定开挖民生渠

7 月，绥远省政府主席李培基主持开会，为缓解当时旱灾的严重局面，立即成立救灾赈务委员会，决定开挖民生渠，并当即选派建设厅技术人员前往镫口一带勘测渠道工程。

河南河务局举办机引灌溉工程

11 月，河南河务局根据第二集团军总司令冯玉祥的指令，由省政府拨款 1 万元购买发动机、抽水机，安装在开封柳园口、斜庙黄河大堤上，抽黄河水灌溉老君堂、孙庄一带耕地 5400 亩。此举是黄河上举办机引灌溉之始。

绥远省托克托县民利渠开工

冬，绥远省托克托县民利渠开工。因连年大旱，灾民待救甚急，地方人士决定以工代赈办这项工程。该渠从李三壕黄河上直接开口引水，南距县城 35 公里，有干渠长 35 公里，支渠数十道，第二年开始受益，计划灌地最多为 4000 顷。所需工程费 3.7 万元，分别由赈务会贷款和集股自筹解决。

甘肃省兰州建巨型天车

是年，甘肃省兰州城南郊区农民集资在举院后（今兰医二院附近）黄河边，建成巨型天车 3 台，轮径高达七八丈，架木槽跨越城墙，灌溉上下沟园田,为兰州天车中之最大者,当时甘肃省官钱局钞面以此为图案。

绥远省收回黄土拉亥河灌区

是年,绥远省黄土拉亥河灌区于光绪二十七年(1901 年)被外国天主教堂占据。当地政府在国民联军总司令冯玉祥将军的协助下,于本年从外国天主教堂收回。至民国 21 年(1932 年),灌溉面积扩大到1500 顷。民国 31 年(1942 年),黄土拉亥河改名为黄济渠。

绥远省成立大黑河水利公会

是年,绥远省成立大黑河水利公会,统一管理全流域的用水事宜。

河南省沁河及黄河两岸兴修灌溉工程

是年,据《华北水利月刊二卷五期 豫河务局十七年度工作概要》记载:"昔人沿河专重防患,而今则不独防水患,而尤在兴水利,计本年沁河两岸监修闸门 38 处,灌田二千余顷,并陆续于黄河两岸安设吸水机、虹吸管试验吸水办法,一方面灌溉堤树,一方面为人民灌田。"

民国 18 年(1929 年)

绥远省颁布《管理包西各渠水利暂行章程》等章则

1月,绥远省建设厅颁布 13 个章则,包括《管理包西各渠水利暂行章程》、《包西各渠水利管理局暂行章程》、《包西各渠水利管理局组织经费表》、《包西各渠水利公社通行章程》、《河渠管理章程》、《奖励兴办水利简章》、《包西各渠妨害水利惩治办法》、《包西各渠渠款保管简章》、《水利官员考绩条例》、《包西各渠设置苗圃办法》(附插枝造林办法)、《完成包西各渠水利贷款办法》、《完成包西各渠水利贷款合同》、《负责催还包西渠工借款办法》等。以后随着形势的发展,又颁布了《包西各渠丈清办法》。

王建章等人集资开挖民福渠

农历三月,绥远省达拉特旗王建章等集资开挖民福渠。由大树湾黄河开口,向东南流30 余公里,能浇灌秦家营等村土地百余顷。

绥远省包西水利会议召开

4月28日,绥远省政府建设厅第一次包西各渠水利会议(简称包西水利会议)在包头召开,参加会议的有包西各渠水利管理局正副局长、各干渠水利公社的负责人以及垦务机构的有关负责人。此次会议意在整顿后套及三湖河的水利,主要研究了改行官督民修的方针,全面贯彻新制定的水利法规,整顿健全水利机构、实行渠务专管,分配货款、确定当年水利工程4个方面的内容。这次会议促成了河套水利事业的发展。

河南河务局举办虹吸灌溉工程

6月12日,由河南河务局主办的郑上汛头堡虹吸引黄工程开工,至7月10日安装竣工,并开始吸水灌田。引水渠定名为"河平渠"。

绥远省民生渠开工

6月,绥远省政府用华洋义赈救灾总会所贷之款,以工代赈开工修建民生渠,华洋义赈救灾总会派美籍工程师塔德主持工程。该工程西从镫口引水,东至大黑河,干渠长72公里,当年完成50多公里。施工中美国著名记者埃德加·斯诺到工地采访,写出《拯救二十五万生灵》专题报道。

河南省开挖黄惠河未成

12月,河南省政府第84次会议通过开挖黄惠河工程计划。该工程拟引黄河水入惠济河,以恢复惠济河的通航与农田灌溉。于12月用征工义务劳动的方式动工开挖。但因计划不周,时作时废,拖延数年,终未实现。

青海省拟定各县兴修水利办法

是年,青海省民政厅拟定了《青海各县兴修水利办法8条》,主要内容有:各县要设水利局,由县长兼任局长;数镇数村联合举办的水利,应设水利分局,推举董事3人,督率办理;每年农隙时派夫修水利,不能出夫之户,出资代雇;对兴修水利、防御水灾成绩显著者和捐资或募集巨款补助水利工程者,由各县县长按国民政府的有关规定,查明呈请奖励;各县联合举办水利时,其经费由各县分筹,或数县协筹,但雇用工匠,均须酌给口粮,渠道占地,均应给价,并呈请豁免钱粮,以昭公允;水渠每年秋后必须修补,并由督修人员不时查勘,有无损坏之处,随时呈明县长核办。

绥远省成立包西各渠水利管理局

是年,绥远省成立包西各渠水利管理局,隶属于绥远省建设厅,由此改变了民国以来,绥远省灌区管理机构散乱、责任不专、灌溉事业日衰的局面,灌溉事业渐有起色。

绥远省义和等渠开挖退水渠

是年,绥远省秋后大雨5天,黄河河段决口,五原、临河等县被淹,义和渠首先开挖了退水渠,继后丰济渠、黄济渠、长济渠、通济渠、塔布渠、沙河渠也陆续开挖了退水渠。

民国 19 年(1930 年)

绥远省研究制定黑河 44 乡浇水章程

4月15日,为加强大黑河沿岸用水管理,避免发生用水纠纷,绥远省建设、民政两厅召集归绥、萨拉齐、托克托 3 县各乡代表会议,研究制定黑河44乡浇水章程,以资共同遵守。

绥远省萨拉齐县兴农渠开工

4月,绥远省萨拉齐县兴农渠开工。该渠由县西北之五当沟开口引水,向东南流。渠长11公里,宽1丈5尺,深5尺,可灌地300顷。工程费系由地方人士请省赈务会拨给的水利贷款3600元。

绥远省托克托县民阜渠开工

4月,绥远省托克托县民阜渠开工。工程费系向省赈务会领得的6000元水利贷款。该渠从黄河上直接开口引水,中与大黑河相交,修土坝以后,可灌地数十顷。

绥远省民生渠举行竣工典礼

6月22日,绥远省民生渠举行竣工典礼,当时开挖干渠70多公里,支渠完成7道。竣工典礼由义赈会民生渠工程处主持,与会人员有绥远省政府主席李培基、第七军军长傅作义和省府各厅厅长,还特邀了全国各地来宾,其中有新闻记者 40 多人,当时因黄河水位低,未能开闸放水。

绥远省归绥县民丰渠开工

9 月 26 日,绥远省归绥县民丰渠开工。渠口从小黑河上开口引水,距县城 15 公里,东起得胜营,西讫浑津桥,渠长 20 公里,有 7 道支渠,可灌地 1500 顷。该工程至 12 月竣工。请准工程费 6.2 万元,实支工程费 5.27 万元。

陕西省引泾一期工程开工

12 月 7 日,陕西省引泾一期工程在泾阳县筛珠洞举行开工典礼,典礼仪式由李仪祉主持。该工程由张家山筑坝引水,设计流量 19 立方米每秒,设计灌溉泾阳、三原、高陵、临潼、醴泉 5 县农田 60 万亩。一期工程于民国 21 年(1932 年)5 月 20 日建成,4 月 6 日省政府命名为"泾惠渠",6 月 20 日举行了放水典礼。民国 24 年 4 月全部竣工,共用款 167.5 万元。

内蒙古收回民复渠

是年,内蒙古安北县(1958 年并入乌拉特前旗)将民复渠(原名扒子补隆教堂渠,又名洋人渠)从外国人主持的教堂手中收回归公,并改叫民复渠。该渠曾因庚子教案发生抵归教堂,据《包临段经济调查报告》资料,民复渠始挖于光绪二十六年(1900 年),可灌田百顷。

青海省共和县修建黄河水车

是年,青海省共和县人李承基、赵廷选和袁安邦等在共和县下郭密席芨滩(今属贵德)开发土地 100 余亩,修造水车 1 架,费资 2000 余银元。这是共和县提取黄河水灌溉农田之始。

汾河下游建成 3 处扬水站

是年,山西省建设厅厅长倡议并筹资,继在临汾上靳兴建首处提水泵站之后,又在襄陵、降州、河津 3 县的汾河沿岸兴建机械扬水泵站各 1 处,共可灌溉农田数万亩。

民国 20 年(1931 年)

陕西省成立渭北水利工程委员会

是年,陕西省以建设厅厅长李仪祉及孙绍宗、李百龄等为委员和华洋义赈救灾总会水利专家塔德、安立森(挪威人)联合组成渭北水利工程委员会。自此,泾惠渠工程顺利进展。

民国 21 年(1932 年)

山东省查勘黄河沿岸沙碱地

秋,山东省建设厅派李象震、滑建山查勘山东黄河沿岸沙碱地,查勘后编制了山东黄河沿岸虹吸淤田工程初步计划调查表(共列 27 表),说明各处沙碱地的位置、面积、地势、成因、沿革、引河、泄水道、村庄、土地、工程费用、效益等项,并附各沙碱地略图 20 幅,统计全省沿黄两岸共有沙地116.24 万亩,盐碱地 48.54 万亩。

白树仁到陕西考察

11 月 5 日,美国华灾协会会长白树仁博士到陕西省考察水利情况及工赈效果,并参观泾惠渠工程。

五原、临河等地实行"绥西屯垦"

是年,太原绥靖公署主任阎锡山派军队到五原、临河等地实行"绥西屯垦"。在此后数年内大量开荒种地,并举办不少屯垦水利。如由水利技术人员王文景主持先后开挖了川惠渠、华惠渠、百川渠(新华渠),并改建乐善渠(西乐渠)等。阎锡山还对达拉特旗沿河地区也实行军垦,兴修水利。

绥远省临河县试建草闸

是年,绥远省屯垦队王文景在临河县永济二喜渡口处试建了一个草闸,这是在河套灌区创建草闸的开始。此后不断得到推广。草闸系一种柴土结构的水工建筑,就地取材,简便易行。草闸技术是现代科学技术和群众堰工经验相结合的产物,受到群众欢迎。

屯垦队进入河套兴修水利

是年,屯垦队进入绥远省河套垦区,当即进行水利建设工程的规划,到民国 24 年(1935 年),新挖和清淤较大的干支渠 30 余道,总长度达 410 余公里,总投资金额达银洋 7370 余元。

1931 年时任晋绥公署主任的阎锡山,与绥远省政府主席傅作义、陆军七十师师长王靖国和七十二师师长李舒民等人协商,从傅、王、李各部拨出部分兵力和省政府各机关、单位抽调有关技术人员组建若干屯垦队。

民国 22 年(1933 年)

山东省拟定《山东黄河沿岸虹吸淤田工程计划》

2 月,山东省建设厅拟定《山东黄河沿岸虹吸淤田工程计划》。拟先于历城王家梨行、齐河红庙、齐东马扎子、滨县尉家口、蒲台王旺庄 5 处试办。

李仪祉任黄河水利委员会委员长

4 月 20 日,国民政府特派李仪祉为黄河水利委员会委员长,王应榆为副委员长,并派沈怡、许心武、陈泮岭、李培基为委员,5 月 26 日派张含英为委员兼秘书长。6 月 28 日,国民政府制定《黄河水利委员会组织法》,规定黄河水利委员会直隶于国民政府,掌管黄河及渭、北洛河等支流一切兴利、防患、施工事务。7 月 29 日,任命沿河 9 省及江苏、安徽 2 省建设厅厅长为黄河水利委员会当然委员。

黄河水利委员会正式成立

5 月 23 日,以委员许心武为筹备主任,在南京筹备处进行筹建工作。至 8 月 10 日,黄河发生大洪水,下游堤防横遭决溢,灾情严重,筹备工作加速进行,8 月底筹备事竣。9 月 1 日,黄河水利委员会在南京正式成立,并于西安、开封设立办事处。

山西省汾河中游第三坝竣工

8 月,位于山西省汾河中游平遥县南良庄的第三拦河闸坝工程竣工。

全坝修筑闸门 11 孔,每孔宽 5.78 米,总宽 81.58 米,高 4.48 米,1936 年安装配套起闭机、钢轨、闸板等。全部工程耗资银洋 14 万元。

山东省王家梨行虹吸工程完工

11 月 18 日,山东省历城县王家梨行虹吸工程完工,引水流量 0.5 立方米每秒。本年山东省还有齐东(旧县名,1958 年撤销)、青城(旧县名,1948 年与高苑县合并为高青县)交界处马扎子,齐河红庙及蒲台(旧县名,1956 年并入博兴县)王旺庄 3 处虹吸工程开工,均于次年竣工。4 处虹吸工程共投资 3.1 万元,计划淤田 21.5 万亩。其中,马扎子一处工程,试水 10 日就淤地 1000 余亩,平均淤厚 7 厘米,将原来碱卤不毛之地变成沃壤。

王华棠、刘锡彤、吴树德等 3 人写出《黄河中游调查报告》

是年,华北水利委员会派出王华棠、刘锡彤、吴树德等 3 人对黄河中上游进行实地调查。他们对宁夏至绥远托克托县的河口镇进行调查,写出《黄河中游调查报告》。对宁绥灌溉面积的发展列有调查对比资料,并在报告中写道:"年来河套方面,农产极丰,徒以无处销售,竟致谷粮积久腐烂,至为可惜。如能利用水运,救晋陕之灾民,甚为功德,何可胜言。"

民国 23 年(1934 年)

陕西省成立泾惠渠管理局

1 月 1 日,经陕西省政府批准,渭北水利工程处改组为泾惠渠管理局,任命孙绍宗为局长,刘钟瑞为主任工程师,管理局驻泾阳县。

绥远省请求拨款完成民生渠工程

2~5 月,绥远省政府专门上报全国经济委员会,请求援助拨款,设法继续完成民生渠工程,发挥效益,全国经济委员会认为原有工程渠高水低,不能灌溉,乃于 5 月在萨拉齐县成立民生渠事务所,拟另谋改进方案,并委托来华北考察的苏联水利专家沃摩迪到民生渠调查。沃氏认为民生渠已经失败。

陕西省洛惠渠龙首坝开工

3月25日,陕西省洛惠渠龙首坝正式开工。4月,全国经济委员会常务委员宋子文到陕西视察时,应允由中央拨款兴修洛惠渠。至民国24年(1935年)10月大坝竣工。

青海省拟定开发水利计划

4月,青海省政府拟定开发省内水利计划,将全省分为黄河流域、长江流域、环湖(即青海湖)流域和柴达木流域4区,拟定计划整理建设,并决定先从黄河流域兴工,其余逐步推进。

刘景山等视察引洛工程

4月,全国经济委员会西北办事处主任刘景山偕同水利处顾问卜德利(荷兰籍)及技正朱光彩等到陕西省洛惠渠工地视察。

塔德两次勘测汾河

4月,华洋义赈救灾总会总工程师塔德(美籍)到汾河测量并查勘黄河,提出汾河上中下游及晋祠三泉修建蓄水库,浚直太原汾河及整理通利、襄陵、绛州、河津灌区和文峪河计划。

上年塔德曾至汾河查勘,建议在上游修建兰村峡、罗家曲、下静游三座拦河坝蓄洪、灌溉、发电。后经曹瑞芝会同汾河上游水利工程处总工程师谷口三郎(日本籍)及山西省建设厅的技术人员复查兰村峡坝址,认为建议合理,遂拟定实施计划大纲。

成立泾洛工程局

7月1日,全国经济委员会应西安绥靖公署主任杨虎城和陕西省政府主席邵力子的请求,成立全国经济委员会泾洛工程局,主办洛惠渠工程,兼办泾惠渠未完工程。局址设于大荔县城内。1938年1月改隶经济部,易名为经济部泾洛工程局。

李仪祉视察黄河上游

9月26日,黄河水利委员会委员长李仪祉,在兰州视察黄河铁桥上下河段及天车灌溉后,乘飞机抵银川。27~30日,在宁夏省建设厅厅长余介彝陪同下,视察了汉延、唐徕、秦、汉等渠口及青铜峡古城湾。10 月 2 日乘船下行,沿途视察石嘴山、磴口、三盛公等处黄河,4 日到达临河视察内蒙古河渠。

绥远省河套灌区渠道测量完成

10 月,绥远省建设厅聘请以冯鹤鸣为首的测量队对河套灌区渠道进行测量,于本月完成。主要是用现代科学测量仪器第一次全面测量渠道的纵横断面,并计算出需清淤的土方数量,绘制图表,最后写出《绥远河套干渠暨乌加河退水图表计划书》。

山东省申请用美国棉麦借款兴修水利

12 月 20 日,山东省建设厅将所拟《黄河沿岸虹吸淤田工程计划》、《整理运河工程计划》、《黄河与小清河联运工程计划》呈送全国经济委员会,三项工程共需款 1350 万元,申请用美国棉麦借款兴修水利。

全国经济委员会给甘肃及宁夏拨款兴修水利工程

是年,根据全国经济委员会水利处的计划,全国经济委员会拨水利经费 70 万元,分配给甘肃 50 万元、宁夏 20 万元用于兴修第一期水利工程。甘肃计修民生渠、永丰渠、达家川渠、红古城渠,宁夏修云亭渠。云亭渠是将惠农渠从渠口至龙门桥进水闸两岸各宽劈一丈八尺,作为惠、云二渠之引水总渠,北流至平罗县之通吉乡境内入黄河,全长约 60 公里,用军工开掘,历时 2 年,可灌地数万亩。

民国 24 年(1935 年)

国际联盟水利专家到陕西视察

1 月 13 日,国际联盟派水利专家沃摩迪、高德、尼霍夫及助手萨道立、赫志摩等一行在汴视察黄河水性及埽垛工程后,偕全国经济委员会水利处顾问卜德利,技士章骏骑、张心源、张炯等到陕西,征集陕西水利工程各项资料,视察泾惠渠、洛惠渠、引渭工程,26 日赴宝鸡峡视察拟建渭河水库工程。

陕西省成立农田水利委员会

1月27日,陕西省政府决定成立陕西省农田水利委员会,聘请省农、林、水各部门7位领导为专门委员。

甘肃省水渠设计测量队成立

1月,全国经济委员会水利处在兰州设立甘肃省水渠设计测量队,队长王仰曾。该队设计测量的有洮惠渠、新右渠等。

陕西省兴建渭惠渠

3月1日,陕西省渭惠渠工程处正式成立,省水利局局长李仪祉兼任处长,孙绍宗为总工程师,刘钟瑞为副总工程师。工程处向西安银行团贷款150万元,4月正式修建渭惠渠。该工程由眉县魏家堡引水,渠道长177.8公里,民国26年(1937年)12月全部完成,可灌眉县、扶风、武功、兴平、咸阳等县农田60万亩,共投资230万元。民国27年(1938年)1月,渭惠渠工程处改为渭惠渠管理局,局址设于兴平县。

青海省提出共和等4县兴修水利计划

4月,青海省建设厅呈请全国经济委员会准予拨款补助,开展本省水利建设,并提出了共和、湟源、都兰、同仁4县的具体计划。

《民国日报》一篇通讯批评民生渠工程失败

5月7日,《民国日报》刊载一篇通讯对内蒙古民生渠工程提出批评。文章对民生渠的失败"殊属不无遗憾,若以此百万元修理内蒙古河套各渠,则全河套从此可以复兴。惜当时无人计及于此"。

孙科视察洛惠渠工程

5月19日,全国经济委员会常务委员孙科率梁寒操、傅秉常等11人,视察洛惠渠工程。

黄河水利委员会改隶全国经济委员会

7月1日,国民政府修正公布《黄河水利委员会组织法》,规定黄河水利委员会隶属于全国经济委员会,掌理黄河及渭、北洛等支流一切兴利防患事务。

河南省建成黑岗口虹吸

10月20日,河南省黑岗口虹吸建成,举行放水典礼,安设虹吸管6条,管径0.6米。

甘肃省洮惠渠开工兴建

10月,甘肃省洮惠渠开工兴建。洮惠渠原名民生渠,民国22年冬,由邑绅刘笠天、杨明堂等倡议兴办,并转呈全国经济委员会拨款补助。民国24年元月,全国经济委员会组成甘肃省水渠设计测量队,到现场实测渠线,开展工作,同年4月完成设计。从临洮城南大户李家洮河右岸引水至城北二十里铺,干渠长28.3公里,设计流量2.5立方米每秒,设计灌溉面积2.8万亩。决定中央与地方合资兴办,渠名正式定为洮惠渠,民国27年(1938年)8月15日干渠竣工。工程总投资25.4万元。

青海省制定10县水利计划

是年,青海省民政厅制定了西宁、湟源、乐都、民和、互助、循化、大通、共和、同仁、化隆等10县兴修水利计划,共拟修水渠24条,水车2部。

安汉发表《青海水利灌溉调查》文章

是年,安汉在《新青海》杂志发表《青海水利灌溉调查》文章,记载当时青海西宁、湟源、乐都、民和、互助、循化、大通、共和、同仁、化隆等10县,有水地553680亩,牧区县、旗和地区有水地41800亩,合计约595480亩。

宁夏省惠民渠延长工程开工

是年,宁夏省陶乐县惠民渠延长工程开工。惠民渠开于民国5年(1916年),原名东渠,民国6年延伸扩建,定名惠民渠,至新中国成立时渠长30公里,灌地近万亩。

民国 25 年(1936 年)

绥远省民生渠口以上黄河扎结冰坝成灾

3月,黄河解冻开河,在民生渠口以上扎结冰坝。《大公报》报道说:

"民生渠口黄河塞石发生流弊,包伊交通断绝。"并说已连续 4 年黄河凌汛在此处扎结冰坝,泛滥成灾,不得不临时实行"炸河",以解危险。所以批评说:"绥西人民受民生渠此种'遗惠'不知何日始可幸免。"黄河塞石是因民生渠渠高水低不进水,义赈会民生渠工程处曾在渠口黄河两岸及河口大量抛石,企图抬高水位,以便引水灌溉。

绥远省电请复勘民生渠

春,绥远省政府以省主席傅作义的名义,再次电请全国经济委员会和华北水利委员会派员复勘民生渠,尽量挽救民生渠。

禹贡学会组团考察河套灌区

7 月,禹贡学会组织河套水利调查团,参加的学者有李荣芳、侯仁之、蒙思明、张维华、张玮英(女)5 人,前往河套灌区考察。前一年已有中央研究院社会科学研究所学者巫宝三等到五原考察。他们写的文章均在《禹贡》上发表。主要文章有《河套农垦水利开发的沿革》、《王同春生平事迹访问记》等。

民国 26 年(1937 年)

绥远省河套灌区地形图绘制完成

是年,屯垦队技术人员施测的五万分之一的河套灌区地形图绘制完成。另外,五原屯垦办事处还先一年组织灌区水文组,开始观测和收集后套西自乌拉河、东至乌梁素海、北至乌加河、南至黄河范围内各大河渠的水文资料。

民国 27 年(1938 年)

李仪祉病逝

3 月 8 日,是日上午 11 时 50 分,中国水利工程学会会长、陕西省水利局局长李仪祉病逝于西安,享年 57 岁。10 日,陕西省水利局隆重举行追悼大会,陕西省及西安市各界 300 余人参加。15 日陕西省政府举行公葬,遗体安葬于泾惠渠两仪闸畔仪祉墓园。

陕西省梅惠渠竣工

6月,陕西省梅惠渠工程完成。该工程由全国经济委员会投资,泾洛工程局主持修建,省水利局测量设计,民国 25 年(1936 年)10 月开工,从眉县斜峪关内鸡冠石处筑坝引石头河水,新开总干渠、北干渠、东干渠,并以原梅公旧渠为西干渠,设计灌溉眉县、岐山两县农田 13 万亩,引水流量 8 立方米每秒,干支渠长 21.87 公里,总投资 21 万元。

陕西省黑惠渠动工

9月,陕西省黑惠渠工程动工,民国 31 年(1942 年)4 月放水,12 月全部竣工。该渠从周至县黑峪口所筑之坝上游引黑河水,引水流量为 8.5 立方米每秒,干、支渠共长 55.7 公里,计划灌溉周至县农田 16 万亩。工程由经济部泾洛工程局主持兴修,民国 32 年(1943 年)1 月 1 日,由省水利局接管,3 月 1 日设立黑惠渠管理局,张光廷任局长。

民国 28 年(1939 年)

甘肃省湟惠渠开工兴建

3月,甘肃省湟惠渠开工。湟惠渠位于兰州市红古区,为无坝自流灌溉工程。渠线沿湟水北岸而行,西起河嘴飞石崖,自湟水左岸引水入渠,东至西固区吊庄,干渠全长 31.5 公里,设计流量 2.5 立方米每秒,设计有效灌溉面积 2.5 万亩,民国 31 年(1942 年)3 月建成、5 月通水,国民政府行政院院长翁文灏为工程题字纪念。

陕西省织女渠举行放水典礼

4月3日,陕西省织女渠于大五里沟村举行放水典礼。该渠系民国 26 年 8 月兴工,自榆林五里沟开渠引无定河水,设计流量 1 立方米每秒,至米脂县织女庙对岸开始灌溉榆林、米脂、绥德 3 县农田,民国 27 年 12 月 22 日竣工。放水后当年灌溉农田 9499 亩。

陕西省裴庄渠道竣工

4月29日,陕西省延安裴庄渠道竣工放水。该渠由陕甘宁边区政府建设厅派丁仲文勘测设计,刘忠义负责施工,渠道经庙嘴沟、磨家湾、枣园、侯家沟到杨家崖,全长 6 公里,可浇地 1400 亩。

宁夏省湛恩渠另开新口

春,宁夏省湛恩渠于原渠口下 5 里处另开新口,并将渠身宽劈深挖之,遂更名为新开渠,从此水流通畅,垦辟田亩,日见增加。

宁夏省汉延、惠农、大清 3 渠引水口上延合并

春,宁夏省汉延、惠农、大清 3 渠引水口上延合并。由于黄河主流逐渐东趋,西河水量日减,民国 27 年夏灌时,汉延、惠农、大清 3 渠引水困难,农田受旱,省建设厅厅长李翰园及时召集各渠局长和地方绅士,亲履各渠口勘察,采纳众意,决定将 3 大干渠口向上延伸,合并于西河口引水。民国 28 年春,3 渠合力卷埽封堵西河,清除多年淤积的卵石,修筑引水堰。

青海省报送兴修水利计划

7 月 5 日,青海省政府主席马步芳根据国民政府"兴修水利,以工代赈"的规定,向国民政府赈灾委员会报送了青海省西宁、大通、互助、乐都、门源、循化、共和、湟源、民和等县兴修水利计划,计渠道 15 条、水车 5 部,效益计灌溉面积 11.7 万亩,需投资 7.13 万元,以后还专文报送了贵德县的兴修水利计划,但均未得到答复。

甘肃省溥济渠开工

9 月,甘肃省临洮县溥济渠开工。溥济渠灌区位于县城以南洮河西岸。民国 21 年(1932 年)由地方人士史瑞新、赵重宜等倡议兴办,因经费困难而停止。民国 27 年(1938 年)冬,省建设厅组成溥济渠设计测量队,到现场实测渠线,从苟家滩常家窑洮河左岸引水入渠,至红道峪口退水入河,干渠长 19.3 公里,设计流量 3.5 立方米每秒,设计灌溉面积 3.5 万亩。民国 30 年(1941 年)8 月,由甘肃水利林牧公司接办,继续施工,民国 31 年(1942 年)5 月竣工通水,但因渠线滑坡而停水,继续整修,民国 33 年(1944 年)8 月,移交管理单位使用。

民国 29 年（1940 年）

绥远省河套水利设施遭日军严重破坏

1～2 月，日本侵略军从包头向河套地区大举进犯，先头部队到达二道桥、三道桥和三盛公一带，沿途对灌区水利设施进行了严重破坏，放大火烧毁了杨家河的一座柴土闸坝。

傅作义率部收复河套灌区

3 月 20 日，傅作义率部开展反击日寇的"绥西战役"，收复河套灌区。在作战中，傅作义采取"引水阻援"的战术，利用开河流凌期间，炸毁乌拉壕堤坝，以水灌丰济、皂火、义和、通济等干渠，阻击敌人，取得胜利。

陈嘉庚参观渭惠渠

3 月 20 日，南洋华侨筹赈祖国难民总会（简称南侨总会，成立于新加坡）主席陈嘉庚率南洋华侨 15 人参观陕西省渭惠渠。

民国 30 年（1941 年）

傅作义提出"治军与治水并重"的口号

年初，傅作义作为第八战区副司令长官和绥远省政府主席提出"治军与治水并重"的口号，着手进行军事水利建设，恢复与发展农业生产。副长官司令部成立了水利指挥部，由作战军事首长担任总指挥，由绥西水利局局长担任副总指挥。

甘肃省成立水利林牧公司

8 月 1 日，甘肃省水利林牧公司成立。该公司由甘肃省政府与中国银行合资组建，资本 1000 万元，其中甘肃省 300 万元，中国银行 700 万元。公司以办理农田水利为主要业务，森林畜牧为附属事业。推选宋子文、朱绍良、谷正伦、霍宝树、张心一等 15 人为公司董事，公推宋子文为董事长，霍宝树等 4 人为副董事长，聘沈怡为总经理。5 年共开渠 11 条，可灌溉 50 万亩土地,工作重点在甘肃省黄河流域。

陕西省实施工业用水简章

9 月 23 日,陕西省政府委员会通过《陕西省各渠工业用水简章》,令省水利局公布施行。

陕西省沣惠渠开工

9 月,陕西省沣惠渠灌溉工程开工,民国 36 年(1947 年)5 月竣工,于户县秦渡镇沣、涝二水汇流处筑坝,引沣河水,引水流量 11 立方米每秒,干支渠长 48.4 公里,设计灌溉长安、咸阳、户县农田 23 万亩。

山西省完成汾河调查报告

10 月,山西省经济建设委员会完成《山西省汾河河渠坝址、机械灌田、水文灾情、运输水泵调查报告》。该报告比较详细地叙述了汾河第一坝、第二坝、中游八大冬堰、下游通利渠及抽水灌溉情况、沿岸各县(镇)历年水灾和汾河运输沿革等。

王文景主持河套灌区水利的重建工作

年末,水利技术人员王文景,受傅作义邀请从四川返回主持河套灌区水利的重建工作,因抗战被遣散的原绥西水利局此时恢复建制,由王文景任局长。

民国 31 年(1942 年)

甘肃省永丰渠开工

1 月 10 日,甘肃省永丰渠开工。永丰渠引黄河水,渠口位于永靖县潘家水库,干渠长 35 公里,灌溉面积 2.3 万亩,于民国 32 年(1943 年)6 月通水,效益卓著。后因工款不继,民国 33 年秋一度停工。迨民国 34 年(1945 年)4 月复工,积极赶修,截至 12 月底,未完工程,剩余无多,民国 35 年(1946 年)洪水来临前全渠通水。

甘肃省靖丰渠开工

1 月,甘肃省靖丰渠开工兴建。据《甘肃水利林牧公司大事辑要初稿》

记载：靖丰渠位于靖远县北湾，北湾为黄河一河套，临河原有大堤一道，长约 20 公里，堤内接连五庄，有田 3 万余亩，筑有旧式土堤，以资灌溉。嗣以河堤失修，溃决削地，残余田庐，亦将尽付东流，公司办理本工程，研究设计，标本兼治，分为堤防、放淤、灌溉三部分，依次兴修，元月开工，先从复堤着手，次为放淤，民国 35 年（1946 年）5 月全部建成，渠道总长 75 公里，完成总工程量 115.3 万立方米，投入劳力 96.1 万工日，国家投资 1.53 亿元，灌地 3 万亩。

甘肃省永乐渠开工

1 月，甘肃省永乐渠开工，据《甘肃省水利林牧公司大事辑要初稿》记载：永乐渠引大夏河水，渠口位于永靖县向家漩，分为总干渠及东西干渠，共长 25 公里。总干渠及西干渠于民国 32 年（1943 年）5 月完工，放水灌溉，效益卓著。东干渠原定于民国 32 年（1943 年）12 月完工，后因工款不继而停工。

宁夏省黄河水枯影响灌溉

春灌期间，宁夏省黄河水枯，青铜峡最小流量 419 立方米每秒，枯水持续 27 天，造成灌区用水紧张。

甘肃省平丰渠筹备施工

春，甘肃省平丰渠筹备施工。平丰渠引泾河水，渠口在平凉县城以西的韩家沟，渠长 83 公里，可灌农田 8 万余亩，因陕西对水源发生异议，暂行停顿。同年 11 月，由陕西省政府指派水利局总工程师刘钟瑞，甘肃省政府指派甘肃省水利林牧公司协理郭则淑，会同行政院水利委员会技正蔡邦霖及泾洛工程局局长陆士基研究讨论，由中央拨款，在泾河上游修建水库，调节陕西泾惠渠及本渠水量，水源问题得以解决。后因物价高涨，工款无着，未能施工。

甘肃省汭丰渠开工兴建

5 月，甘肃省汭丰渠开工兴建。汭丰渠位于汭河下游，泾川县境汭河南岸，自泾川县百烟村引水入渠，至泾川县城合志沟退水入河，干渠长 13.1 公里，设计流量 1 立方米每秒，有各类建筑物 50 余座，设计灌溉面积 1 万亩，民国 33 年 4 月竣工。在合志沟西岸修建八角亭 1 座，内竖石碑，正面为孔祥熙题字《泽流亿载》，背面为省主席谷正伦撰写的《汭丰渠记》。全部工程完成土石方29.2万立方米，合计投资（法币）1040万元。

甘肃省兰丰渠开工修建

11月，甘肃省兰丰渠开工修建。兰丰渠西起皋兰县西乡之上碾村，东至东岗镇，中经兰州市南部，全长75公里，灌溉面积约13万亩，并可解决兰州城市供水。工程先从渠首引水。工程崔家崖防护工程着手修建，民国31年（1942年）及民国32年（1943年），投资达2200万元，至民国33年5月，因工款无着，暂行停办。

宁夏省曹家渠更名利民渠

是年，宁夏曹家渠渠口移到青沙窝，更名利民渠，渠道长20公里，灌地4000亩，利民渠开于清乾隆年间，原名五堆子渠，光绪十一年（1885年）渠口上移，渠身扩展后易名曹家渠。

绥远省颁布《兵工协助修渠办法》

是年，第一战区副长官司令部和绥远省政府颁布了兵工协助修渠办法，规定兵工食宿，概由部队自行筹备。

甘肃省永登河桥渠改建竣工通水

是年，甘肃省永登河桥渠改建竣工通水。该渠引大通河水，渠首位于连城上游500米处左岸，自明万历年间即开始引水灌田，干渠长20公里，后经不断改建整修。新中国成立后，逐步扩建完善，至1980年，干渠设计流量1.5立方米每秒，灌溉面积达1.14万亩，是兰州市15个万亩以上灌区之一。

民国32年（1943年）

熊斌强调兴修水利

1月1日，陕西省政府主席熊斌向全省公务员发表元旦训词，要求广兴农田水利，指出全省经济建设就自然环境而论，振兴水利实为因地制宜之先务。近10年来先后完成的泾、渭、梅、汉、褒、黑、织女各渠，连同旧有各县小型渠堰共灌田约 230 万亩,3 年之内必须将渭、沣、定、牧、云、宁、泔、清、涝、千、榆、耀 12 渠工程继续完成,同时兴修各县小型渠堰及池塘,普凿机井,使引水、蓄水、汲水 3 种功用各尽其利。

绥远省建立健全河套灌区各级水利机构

3 月,根据“新县制”及国民政府新公布的《中华民国水利法》,经绥远省政府批准,河套灌区各级水利机构正式建立健全起来,计成立有黄济、永济及复兴渠 3 个渠道管理局,米仓、晏江、五原、安北 4 个县水利管理局,9 个渠道管理所和 37 个支渠管理委员会。

绥远省河套灌区复兴渠开挖等 4 项工程开工

4 月 20 日,绥远省河套灌区开挖复兴渠、修建黄杨接口工程、修整乌拉河渠、修整杨家河等 4 项工程开工。

复兴渠初叫丰沙连环渠,因在丰济渠口以东合并 13 道小渠口下接沙河渠而得名。此系绥远省主席傅作义部动员 1.15 万名军工所开挖,又系在“五原战役”之后,故后更名为复兴渠。渠长 48 公里,挖土 200 多万立方米,设计流量 30 立方米每秒,灌溉面积由原来的 10 万亩增灌到 40 万亩。技术设计于前一年由黄河水利委员会批准。该工程获国民政府奖章。

黄杨接口工程是在杨家河高信圪旦开口,东北达黄羊木头南 2.5 公里左右接入黄土拉亥河渠,长约 10 公里,将杨家河多余的水量引到黄土拉亥河进行灌溉。工程由第一战区副长官司令部派 2500 人承担施工任务,6 月中旬竣工放水,共完成土方 31 万立方米,当年增加灌溉面积 10 万亩。

修整乌拉河渠除整修渠道本身及其建筑物外,并将该渠梢与杨家河的三淖河支渠接通。该工程由傅作义派出官兵 700 余人,奋战两个月竣工,共挖土方 11 万立方米。

修整杨家河工程包括修建束口草闸 7 座,退水草闸 3 座,头道桥、二道桥节制分水草闸各 1 座,加固渠背 3 段,浚挖退水渠以及调整渠系等,由民工及 300 名兵工承担施工任务,6 月上旬基本完成,共挖土方 23 万立方米,闸工剩余工程于次年全部竣工。

甘肃省登丰渠动工

4 月,甘肃省登丰渠动工兴建。登丰渠渠口在永登县连城镇官家大山下,渠长 8 公里,引大通河水灌地 4500 亩。7 月因工款不继,暂行停工,民国 34 年(1945 年)春复工,因土方较多,由甘肃省建设厅设立工程处办理,民国 35 年(1946 年)春竣工。投资 1970 万元。

绥远省举办小型农田水利贷款

春,绥远省政府在绥西北地区举办小型农田水利贷款,全河套灌区申请贷款的渠道共有 16 条,计贷款 60 万元。

甘肃省试制抽水机成功

春,甘肃省机器厂试制离心式抽水机,在兰州西郊土门墩附近,用电力抽水试验成功。该机水管直径 75 毫米,水头 30 米,需电力 7.5 马力,每小时出水量 35 吨,可灌地 300 余亩。后又试制较大的离心式抽水机,水管直径 150 毫米,水头 25 米,需动力 25 马力,每小时出水量 120 吨,可灌地 1000 余亩。

陕西省泔惠渠灌溉工程开工

5 月,陕西省泔惠渠灌溉工程开工,民国 33 年(1944 年)2 月竣工。该渠自礼泉县姚家沟引泔河水,干支渠长 5 公里,灌溉醴泉县泔河一带农田约 3000 亩。

日伪引黄济卫工程开工

6 月,日伪引黄济卫工程开工。日本帝国主义为掠夺中国资源,方便军事运输,由伪华北政务委员会建设总署水利局设计引黄济卫工程。该工程由北岸京汉铁路桥以西引黄河水,设计流量 40 立方米每秒,穿越黄河北堤,经张菜园沉沙后,沿京汉铁路输水至新乡,补充卫河水量,以扩大卫河航运能力,灌溉新乡一带农田 28 万亩。工程由伪河南总署开封工程处施工,至年底只将总干渠竣工,渠首闸用沉箱法施工遇流沙沉不下去而停工,次年 5 月在黄河滩上扒口试行放水。旋以日本帝国主义军事失利并投降,干渠建筑物及灌溉配套工程等均未及施工而中止。

陕西省涝惠渠灌溉工程开工

7 月,陕西省涝惠渠灌溉工程开工,民国 36 年(1947 年)9 月竣工放水,工程自户县涝峪口引涝河水,设计流量 5 立方米每秒,干支渠长 22 公里,计划灌溉户县农田 10 万亩。

施测后套万分之一地形图

夏,绥西水利局局长王文景出面邀请黄河水利委员会派出查勘队和第十四测量队到绥西施测后套万分之一的地形图,并写出《后套灌溉区查勘报告书》。

甘肃省天车发展到361架

8月,天车在甘肃省发展迅速,截至8月底,已发展到361架,共灌田96286亩,平均每架可灌267亩。为甘肃发展天车灌溉的鼎盛时期。

行政院颁布6惠渠灌溉管理规则

9月,国民政府行政院颁布《陕西省黑惠渠灌溉管理规则》。民国33年(1944年)4月,颁布《陕西省褒惠渠灌溉管理规则》,11月,又先后颁布《陕西省泾惠渠灌溉管理规则》、《陕西省渭惠渠灌溉管理规则》、《陕西省梅惠渠灌溉管理规则》、《陕西省汉惠渠灌溉管理规则》。

美国水利专家到陕西省考察

10月,美国水利专家巴里德考察黄河上游、渭河下游、嘉陵江航道整治等,并察看泾河水库坝址、洛惠渠五号洞施工技术和泾惠、渭惠、汉惠、褒惠、湑惠5渠的灌溉工程等。

民国33年(1944年)

青海省芳惠渠开工

9月16日,青海省芳惠渠正式开工。开工后,中间曾两度停工,至1947年8月下旬竣工,9月10日举行放水典礼。该工程当时受益面积1.3万亩,是青海省最大的水利工程。

青海省组建灌溉工程处并修建3项水利工程

是年,青海省政府拟定的年度施政计划与政绩比较表反映,水利方面有两项任务:一是组建灌溉工程处,工程处下设一科、二科和会计室,全年计划经费136.7万元;二是兴修平安镇、曹家堡、杨家寨3项水利工程,总投资

4213.4万元(平安渠1588万元,杨家寨渠984.4万元,曹家堡渠1641万元)。

黄河水利委员会派队测量青海省北川灌区

是年,黄河水利委员会派测量队对青海省北川渠灌溉工程进行初步测量。

民国34年(1945年)

宁夏工程总队成立

1月,黄河水利委员会为发展宁夏省引黄灌溉工程,在银川成立黄河水利委员会宁夏工程总队,总队长严恺。总队下设设计组、测绘组和三个分队。另设一水文总站,张定一任总站长。

内蒙古永济、丰济、长济3条干渠因黄河涨水相继告决

7月29日,黄河涨水,临河县城被淹。五原、临河一带因河水猛涨,永济、丰济、长济3条干渠告决,附近田禾全被淹没,人畜死伤甚惨。

黄河水利委员会测绘宁夏灌区地形图

是年,黄河水利委员会测绘宁夏灌区地形图,至1946年完成。绘制灌区万分之一地形图83幅,测图面积6631平方公里,还测量黄河大断面567个,渠道断面1337个,至此宁夏灌区有了精确的地形图。

民国35年(1946年)

山西省重新开启汾河三坝进行春灌

春,解放区山西省平遥地区民主政府铁北办事处重新启用封闭6年的汾河三坝,当年扩大春灌面积32万亩,有力地推动了当地的春耕生产。

山东省济南北园灌溉工程开工

5月19日,山东省济南北园灌溉工程开工。此前于4月份,山东省水

利局完成灌溉工程地形测量及工程设计。该工程先疏浚五龙潭、江家池及泉河等泉源工程,以增加灌溉水源,疏浚泉源工程于7月中旬完成。灌区干支渠土方工程于7月下旬开工,至11月2日完成,计土方11650立方米。兴修桥闸水门工程于11月21日开工,次年4月9日竣工,完成配水闸1座,干渠桥闸6座,支渠水门涵洞11座,支渠水口涵洞7座。全部工程共支工款3659万元,发放赈粮6.2万余公斤,救济难民28324名。竣工后在原有灌溉面积2500亩的基础上,约增加灌溉面积4000亩。

中美农业技术合作团到陕西省考察

8月,以美国加利福尼亚大学副校长赫济生为团长的中美农业技术合作团一行12人到陕西省考察农田水利。合作团认为,陕西农田水利事业,经李仪祉及全体水利工程人士的热心努力,有了长足进展,为全国之冠。

宁夏省羚羊寿渠、秦渠、汉延渠决口

9月15日,黄河青铜峡洪峰流量6230立方米每秒,是宁夏有水文记载以来最大的洪水,沿河两岸农田受淹面积20多万亩,卫宁灌区的羚羊寿渠,青铜峡灌区的秦渠、汉延渠均发生决口。

黄河治本研究团查勘宁夏、内蒙古引黄灌溉工程

11月初~14日,国民政府行政院水利委员会组织成立的以张含英为团长的黄河治本研究团,在查勘完毕宁夏引黄灌溉工程之后,又到河套灌区进行灌溉工程查勘,至月底返回南京。

河南省测量引黄灌区及导黄入卫总干渠

11月23日,河南省水利局组织测量队测量日本侵略军规划的引黄灌区及入卫总干渠。测量范围为黄河北岸,沿平汉铁路两侧的获嘉、新乡、汲县、延津等地。测量目的拟继续兴办该工程。测量于12月中旬结束。

陕西省洛惠渠五号隧洞穿通

11月26日,陕西省洛惠渠五号隧洞穿通。该洞因流沙涌泉,施工艰巨,险情不断,先后采取压气工作法、钢板洞壳推进法、试开明渠、工作井凿洞法施工。施工期间大荔、朝邑、蒲城民工2400余名协助开挖。施工期间正值日军沿陇海铁路西进的严重形势,全体员工仍坚守工地照常施工,经艰

苦努力五号隧洞终于穿通,蒋中正专谕"险工完成,民生乐利,至为嘉慰"。

宁夏工程总队改组为宁绥工程总队

12月,黄河水利委员会改组宁夏工程总队为宁绥工程总队,负责发展宁夏、绥远引黄灌溉,总队部设在包头,阎树楠任总队长。

美籍水利专家到陕西省勘测水库坝址

12月,全国经济委员会治黄顾问、美籍水利专家雷巴德中将、萨凡奇博士、葛娄冈工程师到陕西省,分赴禹门口、洛惠渠、泾惠渠、彬县亭口、宝鸡峡、渭惠渠各处勘选水库坝址。

青海省年度水利计划

是年,青海省政府本年度工作计划第九项,分令各县彻底调查水渠维修情况,如无力修筑或缺乏槽木者予以补助,安排工款100万元;第十项,续修曹家堡渠,与农林部商定,用水利贷款办理,解决资金不足问题。

绥远省制定《后套灌区初步整理工程计划概要》

是年,绥远省水利局制定《后套灌区初步整理工程计划概要》,铅印成册。该概要是以绥远省水利局局长王文景为首的工程技术人员,在绥西军事水利建设的基础上,吸收水利开发的历史经验和诸多治水专家的有益意见,逐步形成的治理河套灌区的建设方案。方案提出有名的四首制作为实施的第一步,然后在条件成熟时在三盛公开挖高水补济渠,实行一首制。

批准成立绥西水利建筑委员会

是年,绥远省政府在审批《后套灌溉区初步整理工程计划概要》时,批准成立绥西水利建筑委员会,作为实施工程建设的领导机构。

民国36年(1947年)6月4～9日,绥西水利建筑委员会第一次委员会议正式召开。由省水利局局长兼水利建筑委员会主任委员王文景主持,研究将《后套灌区初步整理工程计划概要》四首制中的一首闸黄杨闸列为第一期工程,决定进行紧急筹备并于7月份正式开工。

118

民国 36 年（1947 年）

陕西省整修龙渠

1 月 18 日，陕西省成立以建设厅厅长白荫元为主任委员的引水入城委员会。3 月 2 日龙渠整修工程开工，5 月 20 日竣工。共用以工代赈款 3.6 亿元。龙渠由长安县水磨村碌碡堰设闸引水，经杜城庵、沈家桥、丈八沟、南窑头、糜家桥等，至西城门口绕城墙北行，于玉祥门南入城，沿西五台北侧至洒金桥入暗渠而达莲湖，渠长 20.8 公里，水源以潏河为主，皂河副之，最大引水流量为 0.5 立方米每秒，除给西安城区补水外，还可灌溉农田 40 余顷。

美籍人塔德称：要使"民死渠"重为"民生渠"

10 月 31 日，《大公报》载："华洋义赈会设计民生渠之美籍人塔德博士，又重来绥中。……但其所设计之民生渠未能放水，有'民死渠'之称。他在绥称，决以余生为绥境努力，使'民死渠'重为'民生渠'。"

甘肃省靖乐渠开工兴建

10 月，甘肃省靖乐渠开工兴建。靖乐渠在靖远县城西北，于黄河南岸虎豹口引水入渠，干渠长 12 公里，修建倒虹吸跨祖厉河，然后进入灌区，灌溉面积 2.5 万亩。由甘肃省水利局工程师雒鸣岳主持设计与施工，民国 37 年（1948 年）8 月竣工通水。

陕西省洛惠渠举行放水典礼

12 月 12 日，陕西省洛惠渠举行放水典礼。该工程于民国 22 年（1933 年）勘测设计，民国 23 年（1934 年）3 月 25 日洛惠渠龙首坝开工，民国 26 年（1937 年）6 月主要工程完工，于民国 35 年（1946 年）11 月 26 日 5 号隧洞贯通（总长 3377 米）。民国 36 年（1947 年）9 月 9 日试水，12 月全部竣工，计划灌溉农田 50 余万亩。

两黄河视察团察看宁夏灌区

是年，由张含英率领的黄河视察团，乘汽车到宁夏，在建设厅厅长马如龙陪同下，视察了云亭渠口、惠农渠方家巷以上左岸刘家湾子的塌岸，西河口、唐徕渠口等,肯定了宁夏历史及今之水利成就,提出盐碱危害应注意观测地下水。同年秋天,另一个黄河视察团乘飞机到宁夏,同来的有美国工程师葛娄冈、萨凡奇,中国工程师黄育贤、严恺、谢家泽等,视察团视察青铜峡、西河、唐徕渠口等。

民国 37 年(1948 年)

青海省建设厅灌溉工程处改为水利局

2 月 1 日,根据行政院核准并颁发组织条例,青海省将原建设厅灌溉工程处扩大改组为水利局,任命韩起禄为局长。局下设两科:工务科和总务科。

《西北通讯》介绍青海水利工程情况

4 月 15 日,《西北通讯》二卷七期《从数字看青海》一文中反映青海几项水利工程概况,并列表介绍。大型水利有芳惠渠(互助县)、曲格河渠(贵德县)、唐乃亥渠(兴海县)和鲁仓渠(贵德县),小型水利有石头磊渡槽(原属湟中县、后属西宁县)、平安镇渠(平安县)、贵德县东河防汛工程、林泉庄渠(互助县)和双滩沟渠(乐都县),介绍内容包括工程概况、工费、受益和完工日期等。

青海省兴扩建阁公等 5 渠

4 月中旬,青海省阁公渠扩建工程开工。阁公渠原名北沟,在南禅寺下引南川河水,绕西宁西北城角,经香水园、晓泉、十里铺、曹家寨至乐家湾。因水源不足,此次改建在李家墩引取湟水,至西宁西北城角入北沟,加宽加深渠道,并延长至小峡西口之阳沟湾,灌东川农田林木,并供皮革厂用水,当年竣工。

4 月下旬,新建庆凯渠动工。渠道自乐都县大峡引湟水,经旱庄子、羊圈、杏园至青石崖,渠长 18 公里,可灌地数千亩,当年完成大部工程。

5 月 1 日,新建长胜渠开工。渠道由小寨引湟水,经阴山堂、彭家寨、杨家寨至南川河,可灌田 0.6 万亩,当年 8 月中旬竣工。同日,扩建礼让渠工程动工,礼让渠在巴浪堡渠增开水源,引至湟中县三其乡,改善灌溉面积 2 万余亩,当年 6 月底竣工。

5月上旬,新建平安渠开工。渠道由湟中县柳湾引湟水,经平安镇、东营子等地出大峡,可灌地1.9万亩。呈准水利部贷款240亿元,因贷款未到,省政府先筹款,即时开工。11月22日,省主席马步芳主持放水典礼。

河南省堵复引黄济卫进水口

8月21日,日伪统治时期在京汉铁路黄河桥附近开挖的引黄济卫进水口并未建控制闸,且曾一度放水。花园口堵口合龙后,铁桥附近水流北趋,渠道引溜泛滥,险象环生,且因进入汛期,水位上涨,串水湍急,时有夺溜之虞。黄河水利工程总局遂令河南修防处将渠口堵复,于8月21日由东向西进行堵筑,25日下午合龙,动用秸柳16.5万公斤。

绥远省讨论解决黄杨闸施工存在的问题

9月12日,绥远省水利局局长王文景主持,在陕坝召开了绥西水利建筑委员会第五次常务委员会,专门讨论解决黄杨闸施工存在的问题。该闸在前一年施工之后,遇到的困难很多,一是工程所用砂石料运输(船运)跟不上,有停工待料危险;二是基坑水太多,只有两部抽水机不能将水全部排除;三是施工经费拨不下来,民工工资发不了,招雇的民工有集体逃跑现象。后虽经努力,但仍因经费等问题而被迫停工。

民国38年(1949年)

山东省成立水利局

4月,山东省人民政府实业厅水利局成立,汪国栋任局长,张次宾、王志廉任副局长。

张耕野任泾惠渠管理局军事代表

5月17日,陕西省泾阳县解放,21日中国人民解放军第一野战军副司令员赵寿山视察泾惠渠管理局,勉励职工安心工作,正常生产。6月2日,中国人民解放军西安市军事管制委员会派农林处张耕野为泾惠渠管理局军事代表,负责接管工作。

绥远省向华北人民政府呈送水利计划

5月20日,绥远省向华北人民政府呈送报告,一方面报告本年度春耕生产情况,一方面请示解决当前生产中存在的问题。其中关于农田水利方面,提出"恢复各县旧有水渠等计划与预算,并请拨经费以及配备专业技术人员"。报告说:"水利方面,仅绥东各县已拟今年恢复与兴修之水渠有十七条。"

西安军管会接管水利机关

5月27日,中国人民解放军西安市军事管制委员会任命彭达为军事代表,接管黄河水利工程总局上游工程处、水文总站、水利部泾洛工程局和陕西省水利局等单位。接管工作迅速完成。

三大区联合治黄机构成立会议在济南召开

6月16日,经过半年筹备,华北、华东、中原三解放区联合性的治黄机构——黄河水利委员会成立会议在济南召开。委员会由9人组成,华北区推选的委员为王化云、张方、袁隆(因公事未出席),华东区的委员为江衍坤、钱正英、周保祺,中原区的委员为彭笑千、赵明甫、张慧僧(未出席)。会上一致推选王化云为主任,江衍坤、赵明甫为副主任,并举行了第一次委员会议,讨论了治黄方针和任务、黄委会的组织章程和驻地等。会议于20日结束。

山西省水利局成立

9月1日,山西省水利局成立,乔峰山任局长,李宝森任副局长,曹瑞芝任总工程师。局机关由太原市农业局,太行、太岳行署水利科抽调行政、技术干部组成。

绥远省责成王文景筹建水利局

9月19日,绥远省宣布和平起义,全省解放。人民政府责成王文景筹建省水利局。原省水利局于新中国成立前夕的3月份,随着原绥远省政府紧缩机构而被撤销,人员划归省建设厅,组建成水利科。

新中国成立前青海省灌溉工程

9月30日,中华人民共和国成立前,青海省共有大小水渠570条,灌溉面积74万多亩(其中保灌面积50万亩)。较大的水渠有9条,即芳惠渠(今和平渠)、平安渠、庆凯渠(今大峡渠)、长胜渠(今解放渠)、阁公渠(今人民渠)、鲁仓渠、礼让渠、唐乃亥渠、班珠哇渠,这些渠道共浇公有垦荒地6.6万亩,民间农田5万亩,总计11.6万亩。另有未建成的较大水渠深沟渠可灌农田0.6万亩。

宁夏省成立水利局并组织渠道秋修

9月23日,银川和平解放,宁夏省军事委员会设建设厅水利局,局长王茜,有职工17人。水利局成立后当即会同灌区各县水利科,组织渠道秋修,10月15日,王茜等检查各县渠道秋修工程。宁夏解放时,引黄灌区有大小干渠39条,灌溉面积192万亩,实灌面积不及此数。

黄杨闸工程被迫停工

秋,绥远省后套黄杨闸工程只在高信圪旦开挖两个基坑,"因经济力量不够,被迫停工"。

十 中华人民共和国时期

（1949 年 10 月 ~ 2000 年）

1949 年

中央人民政府政务院下设水利部

10 月 1 日　中华人民共和国成立。中央人民政府政务院下设水利部，主管全国水利工作，傅作义任部长，李葆华、张含英任副部长。

洛惠渠工程处成立

10 月 1 日　陕甘宁边区政府农业厅水利局洛惠渠工程处在西安正式成立，李奎顺任处长，工程处地址设于大荔县屈家港。10 月 11～15 日，在西安的职工连同公物分两批迁回大荔县。10 月 26 日，工程处召开成立大会，李奎顺报告改组经过及整体计划等，傅健传达农业厅水利局第一次水利行政会议精神。1950 年 6 月 5 日，成立民主管理组织洛惠渠灌溉委员会，由大荔县县长姚一徽任主任委员。1953 年 3 月 31 日，洛惠渠管理局成立，傅健任局长，灌区工作全面转入灌溉管理阶段。

洛惠渠灌区是民国时期修建的陕西省"关中八惠"之一，1934 年动工兴建，1947 年 12 月 12 日举行放水典礼。灌区位于关中平原东端黄河与北洛河交汇的三角地带，灌溉大荔、澄城、蒲城 3 县的农田。灌区范围内古代曾有西汉时龙首渠、三国时临晋陂、通灵陂等灌溉工程。至 2000 年，灌区设计灌溉面积 77.6 万亩，有效灌溉面积 74.3 万亩，当年实灌面积 68 万亩，设计流量 20 立方米每秒。灌区内有总干渠 1 条，长 21.4 公里；干渠 4 条，总长 105 公里；支渠 5 条，总长 130 公里；斗农渠 249 条，总长 1105 公里。灌区灌溉水利用系数 0.505。

黄委会查勘引黄灌溉济卫工程线路

11 月 1～18 日　黄委会派耿鸿枢、周相伦、孟宪奎会同平原省（1952 年 11 月撤销，分别划归河南、山东两省）水利局，沿京汉铁路两侧至卫河之滨，对计划修建的引黄灌溉济卫工程进行查勘，勘察后对现有建筑物的状况、灌溉效益和济卫通航前景提出了查勘报告，并建议成立灌区测量队，测绘万分之一地形图。

陕西省洛惠渠整修工程

11月6日 陕西省洛惠渠总干渠、支渠及五号洞整修全面动工,1950年春完成,4月10日试水,5月22日放水受益,当年灌溉面积10余万亩。1950年11月进行总干渠过沟渠段大填方培土加固,在张三沟等处共作土方15万立方米,在阳泉沟、石马沟修土坝堵沟口,引洛河高含沙水放淤,淤土高出原渠底1~2米,1951年在淤土上建成正规渠道。1952年底,洛惠渠工程建设基本结束,灌溉面积达40万亩。为减少渗漏损失,1951年11月,总干渠防渗衬砌工程开工,至1956年,砌石护坡折合单坡长度8207米,1964年又对苇子、合什、张三等沟新改渠道进行干砌片石护坡1731米,经防渗处理后,总干渠水量损失由40%减少到8%。

水利部召开全国各解放区水利联席会议

11月8~18日 水利部在北京召开全国各解放区联席会议,提出新中国成立初期水利建设的基本方针是:"防止水患,兴修水利,以达到大力发展生产的目的。"1950年水利工作的重点是:"在受洪水威胁的地区,应着重于防洪排水,在干旱地区,则应侧重开渠灌溉,以保证与增加农业生产。同时,应加强水利事业的调查研究工作,以打下今后长期水利建设的基础"。关于组织领导问题,拟先设黄河水利委员会、长江水利委员会、淮河水利工程总局。各省设水利局,各专区和各县设水利科(局)。

宁夏省惠农渠决口

11月18日 宁夏省青铜峡河西灌区惠农渠因冬灌时冰块阻塞,黎明时在黄渠桥北西堤决口,经7天抢修堵复,28日放水2小时后又决口,经再次抢修于12月1日中午堵复,2日放水冬灌。

1960年青铜峡截流后,经扩建的唐徕渠引水段形成的河西灌区总干渠,长8公里,由青铜峡枢纽1号发电机组尾水及灌溉洞供水,最大供水能力480立方米每秒;建有唐徕、汉延、大清、惠农及西干渠等5条干渠。排水有第一、第二、第三、第四、第五、大坝、丰登、中沟、永干沟、反帝、永二干沟、中干沟、银新、银东等14条干沟。

惠农渠始建于清雍正四年(1726年),新中国成立后,灌区得到迅速发展。1960年开始,惠农渠由青铜峡枢纽河西总干渠原唐徕渠三闸引水,流经青铜峡、永宁、银川、贺兰、平罗、石嘴山等6县(市),至惠农县尾闸乡入第五排水沟。2000 年灌区有效灌溉面积 120 万亩,当年实灌面积 120 万亩,设计流量 97 立方米每秒。灌区内有总干渠 1 条,长 139 公里;民生、昌滂、官四 3 条支干渠,总长 90 公里;有支渠 525 条,总长 1222 公里;斗农渠 9450 条,总长 6332 公里。

青海省勘测深沟渠

冬 青海省军政委员会农牧处派员首次勘测深沟渠灌溉工程。

1950 年秋,省农牧厅又派测量队测绘地形图,测定渠线及沿渠大、小沟道的纵、横断面和洪水流量等资料。同年冬,又派测量队进行详测,并编制了工程计划。

深沟渠位于青海省乐都县境内、湟水南岸,由高店子引湟水东行 6 公里过大峡开始灌田,经马哈拉堡、深沟村、深沟荒滩,至七里店子退水,全长 18.9 公里。灌溉面积 1 万亩(垦荒 0.4 万亩,旱田 0.6 万亩),渠首引水流量为 1 立方米每秒。全部工程费预算 37.95 亿元(旧人民币)。

1951 年 3 月初,青海省深沟渠工程处成立,4 月初全渠正式开工,并成立了工程管理委员会,10 月底完工。11 月 27 日,在乐都县深沟村举行落成典礼,青海省农林厅邀请省委、省政府、省财经委、民政厅、交通处、协商委员会、民族事务委员会、省银行、青海日报社等单位派员参加。12 月底,深沟渠水利管理委员会成立。1952 年 4 月,工程决算额总计 39.32 亿元(旧人民币)。

1991 年灌区进行了维修改造,改造并衬砌干渠 22.1 公里、支渠 17.27 公里。

2006 年渠道设计灌溉面积 1.4 万亩,有效灌溉面积 1.4 万亩,当年实灌面积 1.22 万亩,设计流量 1.5 立方米每秒。灌区内有干渠 1 条,长 22.1 公里;支渠 6 条,长 51 公里;斗渠 65 条,长 97.8 公里。灌区灌溉水利用系数 0.47。

宁夏省修复汉渠被破坏工程

是年 马鸿逵军马得贵部妄图阻止解放军,将宁夏省青铜峡河东灌区汉渠挖开缺口 32 道,并破坏桥梁 24 座。金积县(1960 年撤销,分别划归青铜峡市和吴忠市)军民合作,28 天即修复了被破坏的全部工程,汉渠得以及时冬灌。

河东灌区包括青铜峡市的青铜峡镇、峡口乡,吴忠市的吴忠、金积、九公里、东风、古城等 15 个乡镇及灵武县的城关、崇兴、新华桥、吴桐树、郝家桥等 12 个乡镇。据土壤普查资料,1985 年灌溉面积为 89 万亩。灌溉渠系设秦汉总干渠(接青铜峡 8 号发电机组尾水送至余家桥分水闸)及秦渠、汉渠、马莲渠、东干渠 4 条干渠。排水有山水沟、清水沟、南干沟、红卫沟、灵武东西排水沟及龙徐沟 6 条干沟。

汉渠又名汉伯渠,前身可能是光禄渠,《读史方舆纪要》说光禄渠始建于汉代。汉渠从秦汉总干渠分水闸引水。2000 年灌区有效灌溉面积 20 万亩,当年实灌面积 20 万亩,设计流量 41 立方米每秒。灌区内有干渠 1 条,长 44.3 公里;斗农渠 111 条,总长 363 公里。

1950 年

山西省颁发《山西省水利事业水费收支办法》

1 月 10 日　山西省水利局颁发《山西省水利事业水费收支办法》。规定各灌溉、排水、防洪等开支费用,原则上由受益村庄按其受益亩数多寡及受益次数,分清、洪水负担水费。负担标准应根据增产受益情况与群众负担能力适当确定。

青海省修复水渠工程处成立

1 月 12 日　青海省农牧厅修复水渠工程处成立,农牧厅厅长赵锦峰兼任处长。工程处会同各渠管理委员会对芳惠(今和平)、平安、长胜(今解放)等渠进行修复,并制定了《修复芳惠、平安、长胜等渠简则》。

宁夏省改革青铜峡河西灌区水利管理体制

1 月　宁夏省改青铜峡河西灌区以渠设局的管理体制为以县设局。在河西灌区各大干渠渠首所在地的宁朔县(1960 年撤销,分别划归青铜峡市和永宁县)小坝设中心水利局,管理各大干渠渠口工程和进水量,兼管宁朔县水利工作,同时取消了各渠的水利警察,改设渠道养护员。岁修、灌溉仍沿用旧制。

内蒙古大黑河灌区乾通渠开工

1 月　内蒙古自治区(1947 年 5 月 1 日成立,简称内蒙古)大黑河灌区乾通渠开工,3 月引水灌溉 0.4 万亩。以后经改扩建及配套,1975 年引水流量达 70 立方米每秒,设计灌溉呼和浩特市郊区 27 万亩农田,有效灌溉面积 11 万亩。灌区内有总干渠 1 条,长 6 公里;干渠 1 条,长 33 公里;支渠 43 条,总长 358 公里。干渠节制闸 8 座,支渠以上建筑物 11 座,机电井 590 眼,井渠双灌面积 6.9 万亩。

黄委会成立引黄灌溉济卫工程处

1 月　黄委会在平原省武陟县庙宫成立引黄灌溉济卫工程处,韩培诚、耿鸿枢兼任正副处长,领导规划设计、施工、管理、计划财务、科学试验等。5

月上旬接受苏联专家库拉依次夫的建议,以灌溉济卫的实际需要确定引水数量,不盲目按原日本人的计划引水。5 月下旬进行社会经济调查工作,7 月底完成设计计划,11 月 23 日向黄委会报送了施工计划书。工程计划主要内容是:引水闸址定在北岸京汉铁路桥以上 1500 米处,渠首闸 5 孔,每孔宽 3 米,进水深 2.15 米,钢筋混凝土结构,闸基下打钢板桩一周。渠首闸为清华大学教授张光斗领导学生设计,工程处负责施工。总干渠自渠首闸至新乡市东卫河边止,全长 52.7 公里,设计引水流量 40 立方米每秒,灌溉济卫各半。京汉铁路以西一个灌区,以东两个灌区,计划灌区面积 36 万亩,卫河增加水量后,新乡至天津可通航 200 吨汽船和 150 吨木船。计划工程费为小米 4382 万公斤。

山西省成立晋中汾河水利委员会

2 月 1 日 山西省晋中汾河水利委员会在平遥成立。山西省水利局副局长李宝森兼任主任,罗平任副主任。清源、交城、文水、平遥、祁县、介休 6 县县长为委员,委员会直属省水利局领导,统一管理汾河二坝至介休段的汾河水利灌溉事宜。

平原省成立广利渠灌溉管理局

2 月 5 日 平原省新乡地区行政公署副专员耿起昌在沁阳广济河局主持召开沁阳、济源、温县、孟县、武陟 5 县水利代表大会,宣布撤销原广济河局,成立平原省新乡行署广利渠灌溉管理局。1986 年划归焦作市管辖,更名为焦作市广利灌区管理局。

广利灌区即秦代创建的秦渠(又名枋口堰),因引水有 5 个口门,也叫五龙口。灌溉济源东北部、沁阳、温县、武陟和孟县北部一带。民国时期工程多遭破坏,仅灌溉 2 万余亩土地。

灌区从 1949 年开始进行了有计划的扩建改造。先后改建了渠首闸,并在沙沟兴建了第二渠首工程,开挖了总干和一、二、三、四干渠,调整并改善了 28 条支渠,疏浚了济河、猪龙河、蚰蜒河等排水体系,灌溉面积达 51 万亩。

1965 年在上游修建引沁济蟒工程后,广利灌区水源受到影响,经中共新乡地委决定,沁河水量七成归上游引沁灌区,三成归广利灌区,设计灌溉面积减至 18 万亩。

1991 年 10 月 12 日,灌区引沁补源工程开工,1997 年 12 月 31 日建成投入使用,总投资900万元,补源面积达到33万亩。2000年12月22日完成节水续建配套工程项目,总投资1002.48万元,其中中央财政预算内专项资金500万元,地方配套502.48万元。

1997年,灌区设计灌溉面积18万亩,有效灌溉面积14.3万亩,实灌面积18万亩,设计流量15立方米每秒;有总干渠1条,长29.1公里(衬砌3.88公里);干渠6条,长13.5公里(衬砌1.71公里);支渠18条,长96.85公里(衬砌61.4公里);斗农渠675条,长534公里(衬砌159公里)。干支渠建筑物424座,斗农渠建筑物1280座。灌区渠系水利用系数0.55。

绥远省上报后套灌区四首制进水闸第一期工程计划书

3月初　绥远省人民政府将上年12月份省水利局制定的《绥远省后套灌区四首制进水闸第一期工程计划书》(包括第一总干渠黄杨闸全部工程及第四总干渠引水工程)正式上报水利部。

内蒙古黄河解冻开河致使部分县市受淹

3月18日　内蒙古黄河解冻开河,磴口渡口堂一带扎结冰坝阻水,米仓县(1953年改为杭锦后旗)沿河一带被淹45公里,宽3~3.5公里;包头受灾群众704户,淹死2人,淹耕地3.3万亩;萨拉齐县(1958年撤销,划归土默特旗和包头市,1969年划归土默特旗的行政区域部分设置土默特右旗)受灾面积长200公里,宽15公里多,受灾人口在3万以上。黄河南岸达拉特旗受淹面积也纵横30公里。

宁夏省委指示各县(市)完成水利春修任务

3月25日　中共宁夏省委指示各县(市)委保证完成水利春修任务,各县水利春修投入民工2.4万余人。宁夏省政府主席潘自力、省委副书记朱敏、省军区副司令员黄罗斌等4月30日赴唐徕、大清、惠农、汉延渠等主要工地视察,在惠农渠方家巷工地与全体民工合影留念。到5月3日,完成春修工程2068处,土石方62.46万立方米,较原计划多119处,疏浚渠道土方173万立方米,石子6.6万立方米,工程量比上一年增多一倍,而用工却减少20%。

黄委会查勘宁、绥沿黄地区灌溉工程

3月31日~7月3日　黄委会派出以耿鸿枢为首的宁、绥灌溉工程查

勘组,会同中央人民政府水利部、西北军政委员会水利部和宁、绥两省水利局的干部,对宁、绥沿黄河已灌和可能灌溉的地区进行了查勘。查勘后对宁夏省的卫宁灌区和河东、河西灌区的渠首、渠道、退水系统的合并改造,对绥远省后套灌区的四首制最终改为一首制,在磴口至三盛公修建分水枢纽以及排水入黄等内容提出了查勘报告。

山东省綦家嘴引黄放淤给水工程动工兴建

3月　山东省利津县綦家嘴引黄放淤给水工程动工兴建,8月底竣工放水。该工程是在黄河大堤上建一引水涵洞(引水流量1立方米每秒),在大堤后修套堤,套堤上修一退水涵洞,利用大堤与套堤间洼地(面积53万平方米)放淤沉沙,改良涝洼盐碱地。套堤外挖引水渠,经利津、沾化两县于杨家庄子北入徒骇河,全长40公里,用以解决利津、沾化两县近20万人口饮水困难。

绥远省重新组建黄杨闸工程处

4月3日　绥远省人民政府重新组建省水利局黄杨闸工程处,筹备黄杨闸施工工作。截至4月23日,修建黄杨闸的水泥350吨,钢筋和铁制工具共70多吨,木材150立方米,由北京运抵包头。5月初黄杨闸正式开工。1951年1月水利部指派技术专员常驻工地帮助设计和施工。

布可夫视察山西省汾河、潇河工程

4月7~14日　苏联水利专家布可夫,由山西省水利局局长乔峰山、总工程师曹瑞芝、主任刘锡田陪同视察了山西省汾河一坝、忻定大渠、榆次天一渠、太原市兰村机械提水工程及潇河灌溉工程大坝坝址。

青海省举行解放渠放水典礼

7月10日　新中国建立后青海省修复的第一条渠道解放渠(即民国时期修建的长胜渠),经过四个多月修复,举行了放水典礼。省农牧厅厅长赵锦峰、省人民政府副秘书长马乐天到会庆贺并讲了话,修渠部队某部团长仇泰兴对在修建中群众的支援帮助表示感谢,并要求群众爱渠爱树,发展生产。修复工程耗用工程费(以小麦计)49.55万公斤,12月份通过省级验收。

2006年解放渠设计灌溉面积3万亩,有效灌溉面积3万亩,当年实灌面积 3 万亩,设计流量 3.5 立方米每秒。灌区内有干渠 1 条,长 42 公里;斗渠 43 条,长 60 公里。灌区灌溉水利用系数 0.48。

绥远省三湖河渠道管理委员会成立

7 月 12 日 绥远省人民政府通知包头县政府成立三湖河水利管理委员会,以加强对灌渠的管理。7 月 19 日,包头县政府报告省政府,该机构已成立,定名为"三湖河渠道管理委员会"。为加强包头市以西及三湖河灌区建设和管理,1951 年 4 月 15 日在三湖河渠道管理委员会的基础上成立包乌水利局。

三湖河灌区始建于清光绪年间,原为无坝引水自流灌溉,三湖河干渠至乌拉特前旗白彦花分水闸后,由公济、东大、公益 3 条干渠延伸至包头市九原区。1999 年改建为二级提水灌区,一级提水泵船 5 台(套),功率 625 千瓦,二级提水水泵 8 台(套),功率 790 千瓦,仍利用原渠系进行灌溉。灌区灌溉包头市郊区哈林格尔乡和哈林胡同镇农田 10 万亩。

2000 年灌区设计灌溉面积 10 万亩,有效灌溉面积 5 万亩,当年实灌面积 5 万亩,设计流量 9.2 立方米每秒;灌区内有干渠 3 条,长 50 公里;支渠 111 条,长 120 公里;排水干沟 1 条,长 19 公里;支渠 7 条,长 25 公里。灌溉水利用系数 0.46。

山西省村民私自挑堰造成重大损失

7 月 13 日 山西省清徐县同戈站村民私自挑开敦化堰,王家堡村民私自挑开潇河复兴堰,使蓄水下泄,淹没耕地 2000 余亩,60 多个村庄的 25 万亩耕地得不到灌溉,损失工程费 8 万余斤小米。事后,省、专署、县和河系水利委员会派干部调查核实情况后,将肇事者送法院审理,法院依法对肇事者主犯 1 人判处死刑,从犯 5 人判处有期徒刑。

宁夏省唐徕渠决口

7 月 20 日 是日夜 11 时,宁夏省青铜峡河西灌区唐徕渠因渠道养护不力,夜间上游斗口关闭,来水过大,在永宁县火石大弯道中部东岸(右岸)决口,省建设厅副厅长郝玉山,水利局局长张兴赶赴工地与技术人员商定,抛弃决口及旧渠弯道,采用以裁弯取顺筑新渠堤的修复方案,2000 余名军民奋战 11 天修复。

1962 年开始唐徕渠从青铜峡枢纽河西总干渠渠尾引水,流经青铜峡、永宁、银川、贺兰、平罗等县市,长 154.6 公里。2000 年灌区有效灌溉面积 120 万亩,当年灌溉面积 120 万亩,设计流量 152 立方米每秒。灌区除干渠外,有第二农场、良田、大新支干渠 3 条,总长 159 公里;支渠 558 条,总长 2232 公里;斗农渠 4464 条,总长 8928 公里。

西北军政委员会发布防止水利纠纷命令

8 月 16 日　西北军政委员会发布防止水利纠纷命令,要求各专员公署、县政府和县级以下行政人员要深入基层,随时检查,认真处理争水事件,预防村与村、乡与乡、县与县因争水而发生大规模群众冲突的可能。

宁夏省卫宁灌区扶农渠竣工

8 月 31 日　宁夏省扶农渠竣工。扶农渠从卫宁灌区美利渠迎水桥下的复盛闸开口引水,1949 年只挖了 10 公里土渠,未做建筑物,1950 年春续建,计渠长 21.5 公里,土方 19 万立方米,建筑物 13 座,用工 5.6 万工日,可灌地 1 万余亩。1966 年利用该渠上段(7.3 公里)改建成北干渠,北干渠长 39.8 公里,设计流量 15 立方米每秒,设计灌溉面积 6 万亩。

卫宁灌区是中卫、中宁 2 县独成体系的灌区。自 1978 年羚羊夹渠改由七星渠供水后灌区有美利、羚羊角、羚羊寿、跃进、七星 5 条主要灌溉渠道,引水能力 148 立方米每秒;排水有中卫灌区第一、二、三、四、五、六、七、八及中宁灌区南河子、北河子等 10 条干沟,排水能力 90 立方米每秒。1985 年灌溉面积 65.41 万亩。

美利渠原名蜘蛛渠,是中卫县黄河北岸的主干渠。1964 年建成渠首引水闸,以原美利渠上中段为总干渠,自沙坡头无坝引水。2000 年,灌区有效灌溉面积 28 万亩,当年实灌 28.22 万亩,设计流量 45 立方米每秒。灌区有总干渠 1 条,长 10 公里;干渠 8 条,总长 194 公里;支渠 581 条,总长 611 公里;斗农渠 5297 条,总长 2698 公里。

陕西省整顿泾惠渠夏灌用水秩序

8 月　陕西省泾惠渠灌区入夏以来百日无雨,棉花和秋作物亟待用水,用水秩序混乱,个别不法分子乘机闹事,挖渠霸水,砸毁斗门,殴打管理人员。灌区各县人民政府立即动员区、乡干部上渠维护用水秩序,对情节严重的 5 名首犯,逮捕法办,用水秩序迅速恢复正常。

山西省潇河灌溉工程动工

9月15日 山西省潇河灌溉工程正式动工兴建。翌年8月6~12日，山西省水利局召开潇河、滹沱河两大灌溉工程检查总结会，会议检查总结了施工进度、工程质量，对成绩进行了充分肯定。1951年11月7日，潇河大坝灌溉工程建成并开闸放水，大坝长347.2米，高3.0米，总宽27.5米，两端各建冲沙闸5孔，进水闸1座，设计灌溉面积33万亩。

宁夏省颁布水利费征收办法

10月27日 宁夏省人民政府颁发《1950年征收水利费暂行办法》，规定水利费实行统一收支。凡受渠水浇灌的地亩，不分地等、产量，统一规定每亩每年征收人民币2000元（合今币2角），人工半个；水刮子地，征工不征款；水费征收从11月10日开征，12月15日前结清；各县收到水利款，须按日送县金库保管，未设金库县份按周送交省水利局；开支时需经省水利局核准持票取款，各县局不得擅自动支。

青海省举行人民、和平、平安3渠修复工程落成典礼

10月 青海省农牧厅于5日、6日、14日先后在西宁市十里铺乡、互助县和平乡、湟中县平安镇举行人民（即民国时期修建的阁公渠）、和平（即民国时期修建的芳惠渠）、平安（民国时期修建）3渠修复工程落成典礼。该3渠1949年夏秋间遭数次洪水冲击，建筑物大部分被毁，后又遭人为破坏，致不能放水灌田。3渠共长69.5公里，共可灌地3.1万亩。修复工程中的运输和土方工程大部分由驻军生产部队担任。3渠修复工程耗用工程费（以小麦计）分别为36.55万公斤、21.75万公斤和25.35万公斤，均于12月份通过省级验收。

和平渠2006年设计灌溉面积1.32万亩，有效灌溉面积1.25万亩，当年实灌面积0.87万亩，设计流量2.2立方米每秒。灌区内有干渠1条，长26.5公里；支渠8条，长40公里；斗渠59条，长100公里。灌区灌溉水利用系数0.45。

平安渠2006年设计灌溉面积1.50万亩，有效灌溉面积1.58万亩，当年实灌面积1.1万亩，设计流量2.5立方米每秒。灌区内有干渠1条，长24公里；斗渠60条，长120公里。灌区灌溉水利用系数0.45。

青海省勘测北川渠

秋　青海省农牧厅测量队赴北川地区(大通县桥头镇至西宁市小桥尔)勘测北川渠灌溉工程,测绘了北川大车路以西地形图,测定了渠线,并测得沿渠线大小沟道的纵、横断面及洪水流量。随后按灌溉面积4.5万亩提出初步工程计划送审。同年冬,又派测量队进行详测,编制了详细的工程计划。

西北军政委员会推广新式水车

12月　西北军政委员会向西北各省区推广陕西省制造的新式水车。新式水车由陕西省水利局委托西安人民机器厂,按照从北京引进的解放式、轻三轮和小五轮3种水车样品进行仿制、改进和试验,取得成功后,很快投入了大批量生产。

甘肃省湟惠渠灌区开始整修渠道

是年　甘肃省湟惠渠灌区开始对渠道进行整修,至1952年,共完成整修任务40余处,共投资折合小麦169.5万公斤,使灌溉面积达到1.38万亩。

湟惠渠灌区于1939年开始修建,灌区1961年前隶属于永登县,1961年后隶属于兰州市红古区。2006年灌区设计灌溉面积3.99万亩,有效灌溉面积3.38万亩,当年实灌面积2.15万亩,输水干渠总长32公里,配水支渠总长120公里,灌溉水利用系数0.43。

内蒙古大黑河灌区下复兴渠筑拦河土坝引水

是年　内蒙古大黑河灌区下复兴渠在大黑河筑拦河土坝引水。后经改扩建,灌区有大黑河排洪拦河闸1座,设计引水流量25立方米每秒。引水渠1条,长0.8公里;干渠2条,总长25.5公里;支渠24条,总长49公里。灌区设计灌溉面积22.45万亩,有效灌溉面积4.5万亩。

1951 年

黄委会举行成立大会

1月7~9日 黄委会在河南省开封举行成立大会,并召开第一次委员会议。会议讨论通过了《1951年治黄工作的方针与任务》、《1951年水利事业计划的方案》、《黄河水利委员会暂行组织条例方案》等事宜。会议确定1951年农田水利方面主要是开展引黄济卫工程建设,规划宁绥灌溉工程,配合沿黄各省区抗旱发展农业生产。

华东军政委员会制发农田水利工程处理暂行办法

1月25日 华东军政委员会农村部制发《华东农田水利工程处理暂行办法》(以下简称《办法》)。《办法》共分6章21条,并附有单位工程计划书内容提纲、单位工程总结提纲和年度工作总结内容提纲等。《办法》规定:"各省区农林厅,应于每年7月前,将次年全辖区应兴办的农田水利工程,编制年度计划及年度概算工程费逐月分配表,送部审查汇呈中央批准。"还规定:"单位工程总价在20万斤大米以下者,由各省、区、市掌握进行;20万斤大米以上者报部;50万斤大米以上者报部呈转中央批准。"

甘肃省加强公营渠道管理

2月 甘肃省农林厅水利局除已设总务科、设计科、工务科外,又增设水政科,以便加强对已建成公营渠道的管理工作,并整理旧日水规,发挥灌溉效益。

宁绥灌溉工程筹备处成立

3月11日 黄委会派出古枫等赴绥远陕坝筹建宁绥灌溉工程处。4月15~19日,召开宁绥灌溉工程筹备处成立大会。参加会议的有:水利部、绥远水利局、绥西专区、灌区各县的代表及各渠管理处主任共50余人。会上由古枫报告了宁绥灌溉工程处的筹备工作和1951年工作计划方案。

山西省晋中汾河水利委员会召开第三次委员会

3月20~22日 山西省晋中汾河水利委员会召开第三次委员会。会议决定:①接通二坝东西两干渠。西干渠由进水口至利韧堰,全长 28.5 公里;东干渠由渠首到天顺堰,全长 36 公里。②取消广济、天顺两堰。③划分灌溉区。以堰为单位共划分为广惠、利韧、永济 3 个灌溉区,原广济堰及晋丰渠灌溉面积划入广惠区,原天顺堰灌溉面积划入利韧区。④废除封建水程,由汾河水利委员会统一调配用水。会后即停止了广济、天顺两堰的修筑,至此汾河"八大冬堰"由 1948 年的五堰又合并为三堰。东西干渠接通土方工程于 4 月 15 日开工,5 月 7 日基本完工,共完成土方 15.865 万立方米。

甘肃省溥济渠扩建工程处成立

3 月 30 日　甘肃省临洮县溥济渠扩建工程处成立,省水利局派郑载福同志任处长,对全部工程重新测量设计,并于 4 月 25 日开工,设计流量 3.2 立方米每秒,干渠长 31.7 公里,总投资 60 万元,灌地 3.2 万亩,于 1952 年 10 月竣工。1995 年临洮县三甲电站建成后,溥济渠渠首移到三甲库区左岸,干渠长度缩短至 28.78 公里。2006 年设计灌溉面积 5.1 万亩,有效灌溉面积 4.4 万亩,当年实灌面积 4.1 万亩。干渠长 28.78 公里,已衬砌 3.9 公里,支斗渠长 84.57 公里,已衬砌 7.62 公里。灌溉水利用系数 0.41。

青海省东垣渠工程开工

3 月　青海省东垣渠工程开工,并成立了东垣渠工程处。7 月 16 日成立了东垣渠工程管理委员会,协助并督促工程建设。主任委员由民和县县长兼任,副主任委员由工程处处长兼任,委员由灌区内区、乡干部及群众积极分子中推选。东垣渠由乐都县老鸦峡鹦鹉嘴引取湟水河水,设计流量 5 立方米每秒,灌溉民和县境内农田 3.33 万亩。计划干渠长 30.15 公里,支渠共长 23.8 公里,总投资 720.53 亿元(旧人民币)。1953 年完成东垣上滩以上工程,11 月 23 日举行放水典礼,青海省人民政府主席张仲良、省农林厅代厅长张效良、副厅长马兴泰等省有关部门领导人及民和县县长王宪、一万多农民参加了典礼。全部工程于 1955 年竣工。

2006 年东垣渠设计灌溉面积 3.78 万亩,有效灌溉面积 3.4 万亩,当年灌溉面积 3.4 万亩,设计流量 5 立方米每秒。灌区内有干渠 1 条,长 30.2 公里;支渠 3 条,长 24.2 公里;斗渠 50 条,长 60 公里。灌区灌溉水利用系数 0.46。

平原省引黄灌溉济卫一期工程开工

3月 平原省引黄灌溉济卫一期工程开工。工程项目包括渠首闸、总干渠、东一灌区和西灌区等。在此之前,1950年10月政务院批准了《引黄灌溉济卫工程计划》,1951年1月水利部部长傅作义、副部长张含英及苏联专家布可夫·沃洛宁,到新乡庙宫对渠首闸的施工准备工作进行了指导。

青海省北川渠开工

4月1日 青海省北川渠工程开工并成立北川渠工程处,共有干部36人,另设有工程管理委员会,协助工程处工作。委员会由所在县、区、乡干部、群众积极分子及工程处干部17人组成。北川渠于1950年勘测设计,在大通县桥头镇老爷山下建拦河坝引北川河水,设计引水流量7立方米每秒,灌溉大通县新城、黄家寨、景阳、清平、长宁、后子河及西宁市郊区二十里铺、马坊共8个乡,以及国营农场、机关的7万亩土地。施工期间曾于1952年7月17日发生小寨沟石拱涵洞口约2000立方米土体塌垮事故,死亡22人,有关领导和工地负责人分别受到行政和刑事处分。1952年年底基本竣工,两年共计完成干渠长34公里,斗渠36条。以后各年仍安排投资进行整修改建,至1981年6月"三查三定"时,渠首实际引水流量为5.24立方米每秒,实灌农田7.13万亩(自流灌溉5.98万亩,电力提灌1.15万亩),累计总投资611.53万元。

2006年北川渠设计灌溉面积7万亩,有效灌溉面积6.38万亩,当年实灌面积3.5万亩,设计流量7立方米每秒。灌区内有干渠1条,长34公里;支渠3条,长12公里;斗渠65条,长170公里。灌区灌溉水利用系数0.45。

水利部要求绥远省集中力量修理黄杨闸灌区

4月30日 中央人民政府水利部在批复《绥远省1951年水利工作的方针任务与计划及水利工作布置》中指出:"关于后套的灌溉将来要归结为一首制,在一首制灌溉系统未规划好之前,即进行建筑四首制第二闸(永济渠闸),二者将来不易完全结合,似欠妥慎,不如集中人力、物力和财力将黄杨闸(第一闸)灌区280万亩范围内的工程修理好,使本闸效益能提前充分发挥。"省水利局同意了水利部意见。

宁夏省青铜峡河西灌区第一排水沟开工

4月　宁夏省青铜峡河西灌区第一排水沟开工,干沟长15.8公里,排水能力19.6立方米每秒,由永宁县李俊堡西南连湖起,向东北穿汉延渠唐铎洞,过惠农渠倒虹洞入黄河,计划排水面积45万亩,1951年完成沟道大部土方及穿惠农渠和包兰公路的望洪钢筋混凝土倒虹洞和桥各一座,剩余工程1952年完成。

1955年续建干沟第一支沟时,将汉延渠涵洞以上改为1/5000,沟头降低1.23米,排水效果更为显著。

陕西省泾惠渠灌溉委员会成立

5月8日　陕西省成立陕西省泾惠渠灌溉委员会,同日召开第一次会议,参加会议的有陕西省水利局,咸阳、渭南专员公署,泾阳、高陵、临潼、礼泉等县人民政府,泾惠渠管理局,斗口农场等单位的负责人,并组成第一届灌溉委员会,委员共15人,推选咸阳专员公署专员白耀明为主任委员,泾阳县县长屈计君、泾惠渠管理局局长贾毓敏为副主任委员。

灌区位于渭河以北关中平原中部,由泾阳县张家山泾河峡谷筑坝引水,1978年已发展到灌溉泾阳、三原、高陵、临潼、阎良5县135万亩农田。至1995年,渠首设计引水流量50立方米每秒;全灌区共有干渠5条,长80.42公里,已衬砌67公里;支渠20条,长297.49公里,已衬砌78公里;斗渠527条,长1206公里,已衬砌630公里。配套机井1.4万眼;抽水站22处,装机容量1824千瓦。

绥远省颁布《绥远省灌溉管理试行办法》

5月11日　《绥远省灌溉管理试行办法》由省人民政府颁布施行。该办法4月18日经省人民政府第六十八次行政会议通过,共分总则、组织、水权、登记、引水和配水、水费、改善与养护、用地、奖惩及附则等9章50条。

山西省晋中汾河水利委员会清丈水地面积工作结束

6月3日　山西省晋中汾河水利委员会清丈水地面积工作结束。本年度清徐、交城、文水、祁县、平遥、介休、孝义、汾阳8县共有毛水地(即可灌溉面积)103.84万亩,除去荒碱、道堰、坟墓等地块,实有净水地面积93万亩。

山西省查勘规划汾河四坝渠首坝址等 17 项水利工程

7 月 4 日 山西省水利局总工程师曹瑞芝、主任工程师李连枝等开始到霍县、赵城、洪洞、临汾、汾城、曲沃、新绛等县查勘规划汾河四坝渠首坝址、东西干渠线路及通利渠、李村湾的汾河防洪护岸,广胜寺、龙子祠水力发电等 17 项水利工程。历经 25 天,提出了查勘报告。

农业部、水利部发出《关于灌溉管理的联合指示》

7 月 12 日 农业部、水利部发出《关于灌溉管理的联合指示》,要求各级水利部门必须建立灌溉管理机构或配备专职干部,已建立者应根据实际需要予以充实。各灌溉管理事业单位,必须订出工程养护办法及护渠公约,以保证建筑物、渠道经常在完整状态下安全而有效地供水。对用水程序及水量分配应根据各支斗渠灌溉面积及作物种类拟定合理的办法,经受益群众代表商讨修订执行,并制定水费征收办法,严格执行水费收支预决算制度。

宁夏省公布水利费征收办法

10 月 18 日 宁夏省政府以省办字第 403 号令,公布了《宁夏省水利费征收暂行办法(草案)》,规定凡是受渠水灌溉有一定收入的田地,不论土地好坏,不论公私经营,一律要交纳水利费,水利费暂定每年每亩征收黄米 2 公斤,照当地牌价折收人民币,并每亩计征人工半个,水刮子田和水车田只征工不征米。

宁夏省举行第一农场渠放水典礼

11 月 9 日 宁夏省第一农场渠放水典礼在渠首举行。第一农场渠开口于青铜峡河东灌区秦渠郭家桥,是年春由河东工程处开工兴建,当年 10 月底竣工,是新中国成立后宁夏省新开的第一条支干渠。2000 年灌区设计灌溉面积 17 万亩,有效灌溉面积 20 万亩,当年实灌面积 20 万亩,设计流量 18 立方米每秒,第一农场渠长 31.6 公里,有斗农渠 64 条,总长 84 公里。

内蒙古大黑河灌区兴建兴道渠

是年 内蒙古大黑河灌区兴建兴道渠。该渠是由灌区水委会向银行贷回 2 万公斤小米修建的,开挖干渠长 22 公里,当年受益。次年又向银行贷小米 0.65 万公斤,干渠延长至 30 公里。1954、1960、1967 年,因干渠渠口引水不顺,曾 3 次上移渠口位置,上移后的渠口位于大、小黑河汇合后的下游 1.75 公里处,可引用大、小黑河水灌溉。设计引水流量 15 立方米每秒。为引用沿山部分水源,并调蓄坡面水,建有小型水库 1 座。灌区属土默特左旗。设计灌溉面积 2 万亩,有效灌溉面积 1.44 万亩。有干渠 1 条,长 32 公里;支渠 2 条,共长 38 公里;渠道拦河滚水坝 1 座,退水闸、干渠节制闸、交叉建筑物等 16 座。

内蒙古兴建美岱沟灌区

是年 内蒙古在大清山南坡修建美岱沟灌区,灌区建有 11 座渠首进水闸,均从美岱沟引水,合计最大引洪流量 278.5 立方米每秒。灌区设计灌溉面积 9.6 万亩,有效灌溉面积 5.55 万亩;有干支渠 12 条。

美岱沟灌区属内蒙古土默川大青山南坡沿山灌区。大青山南坡沿山灌区自清代起就引支流清洪水灌溉,距今已有 200 余年历史。新中国成立以后,有计划地在沟内修建水库,在出峪口发展清洪水灌溉,规模逐渐扩大。沿山自东向西排列,主要灌区有 8 处,即哈拉沁灌区、乌素图水库灌区、五一水库灌区、红领巾水库灌区、万家沟灌区、美岱沟灌区、水涧沟水库灌区、五当沟灌区。

1952 年

黄杨闸、三湖河灌溉系统等列入绥远省当年重点工程

年初 绥远省人民政府水利局制定 1952 年的水利方针是以防旱灌溉为主,多办小型水利与岁修工程,做到当年受益。同时,加强防汛工作,防止水灾发生。列入当年灌溉的重点工程是:完成后套的黄杨闸、整修三湖河灌溉系统、续建集宁市民阜渠、兴修伊克昭盟引黄解放渠灌区、胜利渠灌区和民族团结渠灌区等项大型工程。

中央人民政府做出《关于 1952 年水利工作的决定》

3 月 21 日 中央人民政府政务院做出《关于 1952 年水利工作的决定》。确定从 1952 年起水利建设总的方向是由消极的除害转向积极的兴利。从而要求:一、继续加强防洪排水,减免水害,以保证农业生产;二、大力扩展灌溉面积,加强管理,改善用水,以防止旱灾并提高单位面积产量;三、重点疏浚内河,整理水道,发展航运,便利城乡物资交流;四、进一步加强流域性、长期性计划的准备工作,特别注意根治水患与灌溉、发电、航运的密切配合,以适应人民经济的需要;五、切实注意组织工作,健全领导,培养干部,以保证任务的顺利完成。

甘肃省新民渠改建工程开工

3 月 甘肃省临洮县新民渠改建工程开工,年底竣工。该渠位于县城以北八里铺至新添铺洮河右岸,引洮河水灌地 5000 多亩。因渠首枯水期进水不畅,又无闸室控制,灌溉无保证,群众迫切要求改建。改建工程将渠首上移 1 公里多,在魏家崖引水,将干渠延长至辛甸镇,长 24 公里,设计流量 1.5 立方米每秒,灌地 1.2 万亩。后因引水量不足,下游 4.6 公里干渠废弃,干渠长度减少为 19.4 公里。2006 年设计灌溉面积 1.2 万亩,有效灌溉面积 1.5 万亩,当年实灌面积 1.43 万亩,干渠长 19.4 公里,支斗渠长 110 公里,已衬砌 48.7 公里。灌溉水利用系数 0.41。

山西省进行汾河水库查勘及设计

3 月 山西省水利局总工程师曹瑞芝带领技术人员,对汾河上游的下

静游和罗家曲两处水库坝址进行查勘,初步认定静乐县下静游附近坝址。1953 年 2 月 12 日,山西省水利局向水利部呈报《汾河水库基本工程准备工作计划》,坝址初步确定为下静游村;同年开始具体规划工作,并提出古交水库坝址方案。1954 年,对三处水库坝址地质进行实地查勘,并提出进一步开展地质勘探的意见。1954 年底到 1955 年初,开展野外地质勘探工作。1956 年,苏联专家马舒柯夫、古里耶夫及索柯诺娃先后到现场查勘指导,认为下静游地质条件复杂,提出对罗家曲和下石家庄进行地质勘探。1957 年 4 月,苏联专家及国内专家对工地视察指导,彻底否定了下静游坝址,并建议在下石家庄坝址进行详细的地质测绘及钻探试验。1958 年 2 月 1 日,北京设计院向山西省委汇报,确定下石家庄为建库坝址。5 月 14 日,水电部水利工程建设总局主持审查汇报,同意设计组所选下石家庄坝址方案。6 月 20 日,水电部批准设计审查意见,9 月北京设计院完成设计,并派出设计代表进驻工地。

平原省人民胜利渠举行放水典礼

4 月 12 日　平原省引黄灌溉济卫第一期工程竣工,在平原省新乡地区武陟县秦厂渠首闸举行了放水典礼。参加典礼的有平原省政府罗玉川副主席,黄委会、山东省、河南省、平原省水利局及河务局等机关代表。罗玉川进行剪彩后闸门徐徐提起,黄河水进入总干渠,沿渠道两旁群众无不欢欣鼓舞。罗玉川提出:"把引黄灌溉济卫工程改为人民胜利渠吧!"群众欢呼赞成。"人民胜利渠"即由此得名。第一期工程设计灌溉面积 36 万亩,当年实灌面积达 28.4 万亩。

7 月 1 日至 12 月底,又完成了第二期工程:东二灌区、东三灌区、新磁灌区、小冀灌区及沉沙池扩建工程,至此,引黄灌溉济卫工程基本完成,共可浇地 72 万亩。

1997 年灌区设计灌溉面积 88.6 万亩,有效灌溉面积 65 万亩,实灌面积 60 万亩,设计流量 60 立方米每秒。灌区有总干渠 1 条,长 52.7 公里;干渠 5 条,长 91.2 公里;支渠 43 条,长 260.5 公里;斗农渠 2021 条,长 1293 公里;总干渠和干渠衬砌总长 36.6 公里;支渠衬砌 101.8 公里。干支渠建筑物 2102 座,斗农渠建筑物 2573 座,排水干沟 84.8 公里,排水支沟 265.7 公里,机井 4107 眼,井灌面积 20 万亩。灌区渠系水利用系数 0.51。

平原省查勘沁河及丹河有关灌溉工程

4月19日 平原省河务局组成查勘队，林华甫为队长，由涂兴文、牛静和及省水利局派员参加，共10余人，对沁河五龙口至河源长330公里的河线及丹河进行查勘。查勘队在野外工作54天，于6月12日结束，调查了下游沁丹灌溉面积、历史洪水，勘测两处干流水库坝址，即济源县河口村以上1公里处，可修坝80米高，河谷宽120米，约可蓄水1.7亿立方米；上游山西省阳城县南庄坝址，可修坝高80米，河谷宽100米，约可蓄水1.3亿立方米。两坝修建均可解决下游防洪和增加灌溉面积，对地质、地形、社经也作了调查。本次调查统计结果是沁河及丹河灌溉面积为68.65万亩。

内蒙古民族团结渠开工

4月21日 内蒙古民族团结渠开工。干渠西起包头市土默特右旗明沙淖乡五犋牛尧村，东至托克托县大黑河止，全长50公里，渠宽8米，工期60天，投资40万元。设计灌溉面积60万亩。

民族团结渠开通后，曾采用柴油机、木制船、水泥船等作为提水设备，灌溉效益低下。1996年，对灌区渠道扬水设备进行了改建。增加钢制泵船5艘，安装700－ZVB4.4型节能泵15台，提高了抽水能力。2000年灌区有总干渠、北扬干渠、南扬干渠、新干渠，干渠总长138公里。建有节制闸20处，桥涵33处，配套支渠126条，总长238.11公里，有效灌溉面积31.26万亩，保灌面积24.66万亩。

山西省汾河灌区一坝修建东、西干渠

春 山西省太原市政府决定废除汾河引水的泥渠，以上兰村滚水坝为渠首，修建东、西干渠。

汾河灌区位于汾河中游的太原盆地，灌溉太原市南郊区、北郊区和清徐、祁县、平遥、介休、交城、文水、汾阳9县(区)149.55万亩农田。汾河水库建成后由水库供水，经在汾河干流上修建的上兰村一坝、清徐县长头村二坝、平遥县南良庄三坝3座拦河工程拦蓄调节后，由各渠首引水输送到灌区进行灌溉。

2006年汾河灌区设计灌溉面积149.55万亩，有效灌溉面积131.81万亩，当年实灌面积44.5万亩，设计流量97立方米每秒。干渠5条，总长196.5公里；支渠20条，总长225.5公里；斗农渠2981条，总长3182公里。

灌区灌溉水利用系数 0.383。

内蒙古民利渠灌区开工

春 内蒙古民利渠灌区开工建设。该灌区西起党三尧乡温布壕村黄河左岸、东至托克托县柳林滩,干渠总长 31 公里,开挖支渠 156 条,建设桥涵建筑物 38 座,有效灌溉面积 5.6 万亩。1953 年春,该渠开通,自流引水灌溉。后由于黄河水位逐年下降,自流引水困难。1957 年改建为浮动泵船扬水。1997 年对渠首进行改造,增建钢质泵船一艘,安装 700 - ZVB4.4 型节能泵 4 台。

绥远省召开河套灌区黄杨闸工程竣工典礼大会

5 月 10 日 绥远省在河套灌区黄杨闸工地召开黄杨闸工程竣工典礼大会。参加大会的各方代表及群众共 1 万人。绥远省政府副主席奎璧参加盛典,作了重要讲话,并宣布黄杨闸改名解放闸,最后剪彩放水。该闸位于绥远省陕坝专区米仓县黄河西岸黄杨木头附近,于 1950 年 5 月开始施工,历时 2 年完成,施工人数最多近万人。这是矗立在河套灌区黄河边上第一座大型钢筋混凝土闸,系连接黄济、杨家河、乌拉河 3 大干渠的渠首工程。即先一步建成的四首制第一闸,共包括 7 孔进水闸,7 孔泄水闸,1 孔船闸,新开渠道 75 公里,引水流量 140 立方米每秒,泄水流量 500 立方米每秒,船闸可通过 30 吨船只。最大控制灌溉面积 280 万亩,国家贷款 306 万元,绥远省人民政府投资 28 万元。

河套灌区始于秦,新中国成立以后得到迅速发展。

2000 年灌区设计灌溉面积 1100 万亩,有效灌溉面积 871 万亩,当年实灌面积 871 万亩,设计流量 656 立方米每秒;有总干渠 1 条,长 180.85 公里;干渠 13 条,长 779.4 公里;分干渠 48 条,长 1069 公里;支渠 339 条,长 2189 公里;总干沟 1 条,干沟 12 条,支沟 372 条。灌溉水利用系数 0.36。

绥远省河套灌区水利岁修告竣

5 月中旬 绥远省河套灌区自 4 月中旬开工的 168 项水利工程基本完成。共计发动民工 49000 余人,完成土方 420 万立方米,超过新中国成立前任何一年完成的数量,比 1949 年绥远解放后两年所完成的总数还多 20%。另外,还做草闸 73 座,草土坝 380 座,保证了 352 万多亩土地的灌溉,比 1951 年扩大灌溉面积 58 万亩。

山西省批转河渠灌溉管理工作报告

6月6日 山西省人民政府批转《山西省河渠灌溉管理工作报告》。报告指出:河渠灌溉管理工作经两年来的努力,废除了封建水规,初步建立了民主、统一的合理灌溉制度。全省因加强管理,增加水地面积40万亩。其主要经验是:水利代表会是民主管理河渠灌溉的最好组织形式;废除封建水规,实行民主管理,改变分散经营的灌溉方式,是发挥河渠灌溉效能的有力措施;推行浅浇,进一步贯彻"经济用水",扩大了灌溉面积。

山东省决定兴办打渔张引黄灌溉工程

6月 山东省棉垦委员会成立,并决定兴办打渔张引黄灌溉工程。中央军委于1951年底决定在山东滨海广(饶)北地区开辟军垦区,由转业部队屯垦;1952年春,华东棉垦委员会亦决定开垦山东滨海荒地;山东省政府鉴于两者任务一致,遂决定将军垦与棉垦任务合并,于6月成立山东省棉垦委员会,统一领导山东东北部滨海荒地的开垦工作。随后,农建二师进驻广北地区屯垦。为解决垦区人畜用水和农业用水,乃决定兴办打渔张引黄灌溉工程。

宁夏省整修改建唐徕渠工程开工

8月5日 宁夏省唐徕渠上中段114公里的整修改建工程开工。本次整修改建工程动员民工、军工、劳改工1万人,到9月5日完成16处渠道裁弯取直,开挖土方110万立方米。9月10日到10月10日又动员1.5万人,完成渠道疏浚土方220万立方米。整修后渠首进水流量由58立方米每秒增加到90立方米每秒。10月5日放水冬灌,并开了庆功会。

内蒙古黄河南岸解放渠灌区工程竣工

8月5日 内蒙古黄河南岸灌区解放渠灌区工程竣工,共开挖干渠1条、支渠7条,建成闸桥多座,完成土方293万立方米,国家投资47亿元(旧人民币)。干渠从史三河头黄河上开口,引水流量10立方米每秒,灌地6万亩。该项工程是根据绥远省人民政府春季生产救灾保畜会议的具体部署而兴建的,在原二十二股渠的基础上,由省水利局第三测量队帮助测量设计,由伊克昭盟动员7700多名民工于3月3日开始施工。工程完工后改称解放渠灌区。

绥远省宣布民族团结渠放水成灾检查处理的决定

9月2日 绥远省人民政府发出通知,宣布民族团结渠放水成灾检查处理的决定。民族团结渠系公义、民利两渠合为一个灌溉区域,可灌 60 万亩土地,其中准格尔旗占 35 万亩,萨拉齐县、托克托县各占 10 余万亩。国家投资 40 亿元。地方动员 7000 名民工于 4 月 21 日开工至 7 月中旬竣工。但因准备工作不足和工程质量上的问题,强行放水后造成决口淹地和旗县之间捆打干部民工的严重事件。省政府对省水利局及地方有关领导人员进行了处分。

毛泽东主席视察黄河和人民胜利渠

10月29~31日 中共中央主席、中华人民共和国中央人民政府主席毛泽东,在公安部部长罗瑞卿、铁道部部长滕代远、第一机械工业部部长黄敬、中共中央办公厅主任杨尚昆等人的随同下,10 月 29 日下午抵达河南省兰封车站。30 日,在河南省委书记张玺、省人民政府主席吴芝圃、省军区司令员陈再道、黄委会主任王化云的陪同下,视察了兰封县(今兰考) 1855 年黄河决口改道处东坝头和杨庄,同当地农民进行交谈,询问土改后的生产、负担情况,向河南黄河河务局局长袁隆、段长伍俊华了解了治黄情况。在火车上听取了王化云关于治黄工作情况与治本规划的汇报,而后到开封北郊柳园口视察。31 日晨乘专列由开封开往郑州,行前嘱咐河南省和黄委会的领导人:"要把黄河的事情办好。"毛泽东主席抵达郑州京汉铁路黄河南岸时下车登上邙山,察看拟建的邙山水库坝址和黄河形势。然后乘专列到达黄河北岸,由平原省委书记潘复生、省人民政府主席晁哲甫、黄委会副主任赵明甫等陪同,视察新建的人民胜利渠渠首闸,并和其他领导同志一起将大闸门摇开,听说能引 40 个流量浇 40 万亩地时,手扶着启闭机摇把满意地说:"像这样的水闸一个县能有一个就好了。"还风趣地说渠灌是阵地战,井灌是游击战,形象地指出井渠结合的发展方向。毛主席看到大闸和启闭机都露天放置,指示要盖房子保护好,看到总干渠上的跌水时说:"应当利用水力发电、打米、照明。"看到干渠尾端注入卫河时高兴地说:"看到了小黄河,这样天津用水困难也好解决了。"

水利部关于加强冬季农田水利工作的指示

11月22日 水利部发出关于加强冬季农田水利工作的指示。指示中特别强调了北方各省春雨稀少,冬灌很重要,既能防止春旱,减轻虫害,又使农田解冻后土壤疏松,有助于小麦产量的提高。

山东省打渔张引黄灌溉工程局成立

12月 山东省打渔张引黄灌溉工程局成立。山东省棉垦委员会于9月完成并上报《山东省棉垦区打渔张引黄灌溉工程初步设计》。12月1日,水利部以农技字第28200号文转达中财委批示:同意兴办。随即组建山东省棉垦区打渔张引黄灌溉工程局,负责该项工程的设计与施工。1953年1月完成工程技术设计,并着手备料,计划1953年9月动工。

1953年冬,山东省棉垦区打渔张引黄灌溉工程局更名为山东省人民政府农林厅水利局打渔张引黄灌溉工程处,为农林厅直辖处,业务上由水利局代厅指导。

内蒙古兴建哈拉沁灌区

是年 内蒙古兴建哈拉沁灌区。该灌区位于大青山南坡沿山地带,设计灌溉面积4.6万亩,有效灌溉面积4万亩,其中井渠双灌面积0.7万亩,设计引(洪)水流量30立方米每秒。有干渠8条,长33公里;支渠104条,长159公里,支渠以上建筑物251座,机井67眼。

山西省南垣灌区跃进引水渠开工

是年 山西省南垣灌区跃进引水渠开工,1956年竣工。渠道长27公里,引水流量13.7立方米每秒;1978年东风引水渠建成,长18.73公里,引水流量4立方米每秒。至此,灌区共有2条引水渠,设计灌溉洪洞县曲亭、甘亭、淹底、冯张、苏堡、城关6个乡镇13.53万亩土地。灌区始建于1952年,有曲亭中型水库1座,主要水源为霍泉、洪安河和曲亭河,引水渠有东风渠和跃进渠。2006年灌区设计灌溉面积14.5万亩,有效灌溉面积12.32万亩,当年实灌面积10.29万亩,设计流量4立方米每秒。灌区内有11条干渠,总长103.9公里;670条斗农渠,总长384.5公里。灌区灌溉水利用系数0.4。

1953 年

苏联专家等考察陕西省泾惠渠灌区

1月上旬　农业部、水利部邀请苏联专家安东诺夫,河北、山西、河南 3 省农业、水利部门及陕西省有关部门共 40 余人,分成农业、水利、土壤 3 个组,到陕西省泾惠渠灌区重点考察棉花减产原因,通过调查,提出了相应的改进措施。

河南省丹东灌区渠首工程竣工

1月　河南省博爱县丹东灌区渠首工程竣工。丹东灌区始建于春秋时期,以后各朝代均有所发展。灌区由引丹河水和泉组水两部分水源组成。到 1949 年,灌溉面积达 16.9 万亩,其中有效灌溉面积 9.82 万亩。

灌区渠首位于丹河焦枝铁路桥上游,建有拦河闸和进水闸。1997 年灌区设计灌溉面积 16.91 万亩,有效灌溉面积 13.5 万亩。实灌面积 10.4 万亩,设计流量 15 立方米每秒。灌区内有干渠(含总干渠)63.2 公里(衬砌 27.8 公里),支渠 103 公里(衬砌 45.3 公里),斗农渠长 522 公里。干支渠建筑物 432 座,斗农渠建筑物 4720 座。灌区渠系水利用系数 0.55。

华北行政委员会颁布《华北区 1953 年农田水利工作方案》

2月27日　华北行政委员会颁布《华北区 1953 年农田水利工作方案》。确定华北区 1953 年农田水利建设的工作任务是继续发动群众,在组织起来的基础上,大力开发利用一切水源,广泛开展蓄水运动,巩固已有成绩,充分发挥已有水利设备的灌溉效能,以扩大灌溉面积,保证农业增产。应做好以下几项工作:①广泛发展群众性的蓄水运动。②充分开发地下水源,发展井水灌溉。③充分利用山洪放淤,以减少水患。④加强渠道灌溉管理。⑤大型灌溉工程必须严格遵守基本建设程序,健全施工机构,加强政治教育。

水利部召开全国农田水利会议

3月5日　水利部召开全国农田水利会议,着重研究 1953 年农田水利、灌溉管理与大型灌溉工程 3 个主要项目,明确规定:农田水利应成为目前与今后几年内各省水利工作的重点,并要求加强计划性、目的性,学习先进经验与反对官僚主义,贯彻群众路线。

苏联专家考察山东省打渔张灌区

3月12日　水利部灌溉总局刘学荣副局长陪同苏联专家沙巴耶夫、拉普图列夫到山东省打渔张灌区实地考察。专家认为打渔张灌区的设计,实际上是一个很复杂的土壤改良设计,应首先对有关土壤改良的问题进行详细调查研究加以确定,其次才是工程部分的设计。而现有的基本资料不足以作为设计的依据,渠首沉沙条件也不具备。专家建议进行一系列的勘测和试验研究工作,收集土壤、水文地质等基本资料,并建议渠首位置由打渔张上移至王旺庄险工河段,利用该处大片背河洼地做沉沙池,渠首上移还可以扩大灌溉区面积。还建议进行渠首建筑物的室内模拟试验。这些建议均被采纳。4月,遵照水利部指示,打渔张引黄灌溉工程停止施工备料,全面转入试验研究工作。6月,打渔张引黄灌溉工程局开始在打渔张灌区建立试验站,进行调查研究,为灌区开发收集基本资料。同月,又在渠首建立王旺庄水文试验站,进行黄河水文、泥沙测验;在支脉沟尾闾建立马家楼子潮位站,进行潮位、风向、风力等观测。8月,在小清河尾闾建立侯家辛庄潮位站,进行潮位等观测;在灌区中部北隋村建立地下水观测站,进行地下水位、水质等观测。9月,建立六户水利土壤改良试验站,进行灌溉、冲洗、排水及农业技术措施改良盐碱地的试验研究。

本年,还组织力量在灌区进行了地形测量、土壤调查、地质勘探、径流测验、社会经济调查等基本资料的收集工作,并由水利部西北水工试验所进行了渠首引水模型试验。经过3年试验研究,为灌区工程设计提供了科学依据。

山西省发放水利贷款解决灌溉工程资金不足问题

3月24日　山西省水利局、中国人民银行山西省分行发出联合通知,发放水利贷款461.8万元,主要解决中小型河渠灌溉工程、打井以及大型灌溉工程的资金不足问题。

绥远省河套灌区开展大规模的抗旱灌溉运动

5月10日~7月10日　黄河水位下降,绥远省河套十大干渠大都不能进水。在各级党委和政府的领导下,发动广大农民群众开展了大规模的抗旱灌溉运动。中央派出华北水利局局长何基沣、水利部灌溉总局局长张子

152

林和苏联专家拉普图列夫等人赴河套地区指导工作。按照苏联专家的建议,在黄杨闸与长塔引水渠口安装了导流船(利用木船改装),利用人工环流原理,扩大了引水量。

宁夏省大清渠并入唐徕渠

5月20日　宁夏省青铜峡河西灌区大清渠并入唐徕渠。大清渠原由黄河西河引水,进水保证率低,岁修费用大,故并入唐徕渠作为支干渠,在跃进桥以上建闸引水,开新渠6.2公里,1952年秋开工,1953年5月20日完成。大清渠原名贺兰渠,为清初宁夏道管竭忠据民所请创开,渠宽数尺,长10里,灌地数百亩。清康熙四十七年(1708年),宁夏水利同知王全臣鉴于唐徕、汉延二渠之间宜耕地尚多,遂将贺兰渠扩大延伸到宋澄堡,长达70余里,渠道上宽8丈,深5尺,灌陈俊等九堡地6.57万亩,命名大清渠。1977年,青铜峡市将大清渠口上延,又扩修原贴渠11公里作为大清渠上段,直接从河西总干渠建闸引水,成为独立干渠,由渠首管理处管理。2000年灌区有效灌溉面积10万亩,当年实灌面积10万亩,设计流量25立方米每秒。大清渠长25公里,122条支渠总长290公里。

宁夏省黄河枯水期抗旱灌溉

5月　黄河青铜峡流量在320立方米每秒上下,持续50天,6月19日黄河流量仅300立方米每秒,为近数十年所罕见,各大干渠引进水量都较往年减少三分之一或二分之一,陶乐县惠民、利民两渠不进水,时值夏灌,水荒严重。5月26日宁夏省委和省政府分别发出关于做好灌溉工作的紧急通知和动员令,6月8、9两日省水利局召开河西灌区各县(市)长及水利局局长紧急会议,除严格轮灌节约用水外,青铜峡的秦、汉、唐徕和中卫县美利等渠口,都采取了延伸引水埔,争取多引水的应急措施,秦渠又临时挖开了第三进水口,并采取了改稻种旱的农作措施,直到6月下旬,黄河水量增大,水荒始告解除。此次抗旱灌溉保证了1953年农作物获丰收。

宁夏省第二农场渠开工

6月5日　宁夏省青铜峡河西灌区第二农场渠开工。渠道从唐徕渠满达桥建闸引水,经贺兰县的习岗、金山乡,平罗县的下庙、崇岗、大武口乡,惠农县的燕子墩、西永固乡,尾水入第三排水沟。当年完成满达桥节制闸至分水闸20.4公里的渠道工程,其中有8公里为高填方,9月3日放水渗渠。

1954年8月完成20.4公里至61.6公里段渠道工程,并成立直属省水利局的管理处。1955年10月完成61.6公里至83公里段渠道工程,取代了原计划由惠农渠引水的第三农场渠。2000年灌区设计灌溉面积46万亩,有效灌溉面积28万亩,当年实灌面积28万亩,设计流量36立方米每秒。第二农场渠长80.6公里,有支渠143条,总长340.5公里;斗农渠715条,总长1072公里。

陕西省开始征收水费

6月11日 陕西省水利局通知:各渠管理局试行征收固定水费,按注册面积每亩收现金0.5万元(旧人民币),于每年夏收后交纳;厘定水费按三个单元计征:①冬春季浇一次或两次水者均为一单元,每亩收费0.4万元;②夏灌浇一次水者为一个单元,浇两次或两次以上者为另一个单元,每个单元收费0.45万元,全年每亩最高收费1.8万元;③工业用水每马力每月收费3万元。9月23日,陕西省政府颁发《陕西省地方国营渠道1953年水费厘定与征收办法》,要求泾惠、洛惠、渭惠、梅惠、黑惠、沣惠、涝惠、汉惠、褒惠、胥惠、冷惠等11渠按此办法执行。

洛惠渠秋季开始征收水费,其标准为:固定水费每亩0.4万元,厘定水费冬春灌0.3万元,夏灌一次0.4万元,全年每亩最高收费1.5万元。

山西省汾河灌区按不同季节征收水费

7月4日 山西省榆次专署决定:本年度汾河灌区按不同季节征收水费,冬水每亩5000元,春秋水每亩6000元,洪水每亩8000元,浇两水者每亩10000元(均为旧人民币)。

青海省召开灌溉管理工作联席会

8月10~13日 青海省农林厅召开全省公营渠道灌溉管理工作联席会议,到会的有人民、解放、平安、和平、深沟、北川6渠的管理人员9人,水利委员会代表8人。省农林厅副厅长郝仲升就灌溉管理和冬灌工作讲了话。会上各渠汇报了上半年工作,交流了经验,确定了下半年任务。

河南省人民胜利渠加固工程和沉沙池改建工程全部竣工

8月 河南省人民胜利渠加固工程和沉沙池改建工程全部竣工。经过两年多的施工,建成渠首闸、总干渠、西灌区、东一灌区、东二灌区、东三灌区、小冀灌区、新磁灌区和沉沙池等大小建筑物 1999 座,修筑斗渠以上渠道长达 4945 公里,可灌溉黄河北岸新乡、汲县、延津等县 72 万亩农田。8 月中旬,黄委会撤销了引黄灌溉济卫工程处,将引黄灌溉济卫工程全部移交给河南省人民政府管理。

傅作义作关于农田水利的工作报告

9 月 18 日　水利部部长傅作义在中央人民政府政务院第 186 次政务会议上作关于农田水利的工作报告。报告提出:1953 年及其后的农田水利工作方针,应该是开展群众性的各种小型水利工程,整顿已有水利设施,加强灌溉管理,发挥潜在力量,以扩大灌溉和排涝面积,增加粮食生产。至于新办的较大的灌溉工程,则应采取慎重态度,充分准备,稳步前进,择要举办。

山西省汾河灌区一坝东、西干渠扩建工程动工

9 月　山西省汾河灌区一坝东、西干渠扩建工程动工。东干渠由上兰村至杨家堡,长 16.8 公里;西干渠由杨村至段家村,长 17.2 公里。扩建工程于同年底竣工。12 月又将汾河一坝壅水坝改建为固定的重力式鱼嘴坝。

绥远省颁发《1953 年渠道水费征收办法》

10 月 14 日　绥远省人民政府颁发《1953 年渠道水费征收办法》,规定公家管理的绥西、三湖河、大黑河、民阜渠、胜利渠及民族团结渠等 6 个渠系,于当年要开征水费。其征收标准不得超过查田定产量的 5%,并随同农业税一同计征。

青海省兴修拦隆口灌溉工程

是年　青海省兴建湟中县拦隆口农田灌溉工程,在上五庄南门引西纳川水,干渠长 57.2 公里,设计灌溉面积 3.19 万亩(其中自流灌溉面积 2.80 万亩),国家投资 32 亿元(旧人民币),当年竣工。

2006 年拦隆口渠设计灌溉面积 3.6 万亩,有效灌溉面积 3.6 万亩,当年实灌面积 2.3 万亩,设计流量 2.6 立方米每秒。灌区内有干渠 1 条,长 25.5 公里;支渠 8 条,长 66.8 公里;斗渠 46 条,长 60 公里。灌区灌溉水利用系数 0.46。

宁夏省青铜峡河西灌区建成第二排水沟

是年 宁夏省青铜峡河西灌区第二排水沟建成。该工程于1952年春开工,并完成部分土方和主要建筑物,1953年全部完成。排水沟起自永宁县望远乡丰盈村西北,由银川市西南向东北直入黄河,沟长32.5公里,排水流量24.2立方米每秒,排水面积24万亩。上段由后来开挖的永清沟和永二干沟截去后,排水面积减为17万亩,有二一、二二等支斗沟79条,总长164公里。

宁夏省青铜峡河西灌区新建第三排水沟

是年 宁夏省青铜峡河西灌区新建第三排水沟,排水干沟起自银川西湖北端,东北行穿第二农场渠,平行包兰铁路,经常信堡西,过西大滩,到平罗县威镇堡穿长城,沿燕窝池东边缘到石嘴山入黄河,全长88.76公里,控制排水面积156.46万亩,设计排水量30.8立方米每秒。施工中使用劳改工和民工完成部分土方和主要建筑物,由于沟长水大,有些沟段遇到流沙,未能挖到设计底高程,这是河西灌区沟线最长、排水面积最大的一条沟,并兼泄唐徕渠以西山洪。后经多次扩宽挖深及清淤,排水沟长80公里,控制排水面积145万亩。三二支沟以下排水流量达70立方米每秒,有三一、三二、三三、三四等支斗沟47条,总长123公里。

绥远省三湖河灌区采取措施根治土地碱化

是年 绥远省三湖河灌区因无排水工程,地下水不能排泄,加之降水量增大,土地碱化现象日益严重,产量下降,甚至有些壕沟地不能长庄稼。为根治土地碱化,灌区采取了以下措施:①兴挖排水沟;②缩块平地,浅浇快轮;③施用农家肥去碱;④以水压碱。

大黑河水利管理局成立

是年 内蒙古大黑河水利管理局成立。1954年制定大黑河使水章程,统一管理有关大黑河(包括小黑河)流域渠道水利业务。大黑河灌区包括大黑河干流、小黑河、什拉乌素河、沙河、宝贝河水系的各个灌区,其中万亩以上灌区20处,设计灌溉面积104.4万亩,灌区引水渠道均为渍、洪水两用渠,一般配套到干、支、斗3级。灌区有主要渠道14条,形成14个分灌区。14条主要渠道分别为涌丰三和渠、同意民生渠、永顺渠、民主和顺渠、永济渠、上复兴渠、济通渠、万顺渠、六合渠、乾通渠、下复兴渠、兴道渠、东风渠及和合渠。

绥远省复兴渠凌汛决口

是年 《绥远省 1953 年春季凌汛总结报告》指出,本年的防凌工作取得了历史性的胜利。黄河方面没有一处决口。但是,对渠道防凌则重视不够,造成复兴渠扎结冰坝决口 19 处,淹没耕地 3793 亩,毁房 73 间,有 404 个蒙汉农牧民受灾。

1954 年

黄委会提出《黄河流域开发意见》

1月 黄委会在整编黄河流域基本资料的基础上,提出了《黄河流域开发意见》,主要内容是:宁夏黑山峡以上,以发电为主,结合灌溉、航运和畜牧;内蒙古清水河以上,以灌溉为主,结合航运、发电;河南孟津以上,以防洪、发电为重点,结合灌溉与航运;孟津以下,以灌溉为重点,结合航运和小型发电;各段都要结合工业用水。同时,选择了龙羊峡、龙口、三门峡3大水利枢纽工程,以控制调节各段干流水量。

陕西省进行泾惠渠灌区排水工程勘测设计

3月 陕西省水利局派出勘测设计队与泾惠渠管理局组成勘测规划组,对泾惠渠灌区泾永、雪河、仁村等积水地区进行勘测设计。勘测设计的指导思想是全面勘测,统一规划,分期实施。

1955年春季,泾惠渠管理局成立排水工程指挥部,动员4县民工参加,开挖泾永、雪河、仁村等排水干、支沟。至1962年,灌区初步形成6个排水系统,控制面积70万~80万亩。以后又经过3个阶段的实施,至1985年,共开挖干沟8条,支沟73条,分支沟116条,修建各类建筑物1453座,全灌区形成7个排水系统,控制面积103.31万亩。其中,泾永排水系统15.85万亩,雪河排水系统11.7万亩,仁村排水系统24.09万亩,陵雨排水系统12.64万亩,大寨排水系统6.54万亩,滩张排水系统12.36万亩,清河北排水系统20.13万亩。

山东省建成窝头寺虹吸管工程

3月 山东省打渔张引黄灌溉工程处在黄河下游窝头寺险工段建成虹吸管工程,3月底放水,经广蒲沟向东输水至六户村(农建二师驻地)和六户试验站一带,供垦区军民饮水及灌溉试验用水。

截至1958年,山东省共兴建虹吸引黄工程34处,共有虹吸管162条,设计引水流量160立方米每秒,设计灌溉面积560万亩,对促进农业生产发挥了重要作用。以后随着农业生产发展的需要,大都改为涵闸引水。

山东省打渔张灌区建立窝头寺沉沙试验站

4 月中旬　山东省打渔张引黄灌溉工程处建立窝头寺沉沙试验站,利用窝头寺虹吸引水工程和修建的沉沙池,进行沉沙条渠形式对比和沉沙效果测验,为灌区沉沙池设计提供资料。1956 年 8 月,窝头寺沉沙试验站与渠首王旺庄水文试验站合并为王旺庄水文泥沙试验站。1971 年 9 月撤销。

李葆华、张含英在宁夏座谈河套灌区改造和青铜峡大坝修建问题

4 月 21 日　水利部副部长李葆华、张含英率团到宁夏考察后,于当日在省政府召开座谈会,讨论宁夏河套灌区改造和青铜峡拦河大坝修建问题。考察团成员包括苏联专家高尔乃夫和国内多名专家。

青海省西宁市整修渠道

春　青海省西宁市动员劳力 1.34 万人,整修了 15 条民营渠道及 2 条国营渠道,并延长了解放渠,整修了人民渠铁骑沟渡槽,改善灌溉面积 3.5 万亩。

甘肃省兴隆渠灌区总干渠开工

5 月 1 日　甘肃省榆中县兴隆渠灌区总干渠开工,8 月 1 日竣工。渠道长 6.5 公里,全部采用混凝土衬砌。

灌区范围内从明代末年就开始引水灌溉。灌区至 1986 年建成总干渠、北干渠、南干渠、支渠及分支渠各 4 条。总干渠及北干渠总长 10.35 公里,采用混凝土衬砌,南干渠长 3 公里,为土渠,支渠及分支渠总长 31 公里,混凝土衬砌 23.58 公里。

1986 年以前,该区控制灌溉面积 4.5 万亩,有效灌溉面积 3.3 万亩。自三角城电灌工程建成以后,1986 年全县灌区进行调整,有效灌溉面积减至 1.56 万亩。2006 年灌区设计灌溉面积 3.5 万亩,有效灌溉面积 1.62 万亩,当年实灌面积 1.55 万亩,输水干渠总长 19.59 公里(衬砌 17.89 公里),配水支斗渠总长 33.35 公里(衬砌 31.04 公里),灌溉水利用系数 0.56。

唐徕渠出现严重冲刷

5 月 4 日　青铜峡河西灌区唐徕渠银川市西门旧桥段,因下游裁弯,初次放水,出现严重冲刷,加上公园渠口漏水,险情危急,惊动全城,经几昼夜

抢护,转危为安。

汉延渠决口

5月6日 是日夜青铜峡河西灌区汉延渠在掌政桥下、陈家弯东(右岸)因獾洞钻水而决口,冲坏掌政桥,淹地500余亩,决口后省水利局局长郑治华、永宁县县长郭怀仁等赴现场组织抢修,8日修复放水。

汉延渠又名汉源渠,习称汉渠,位于唐徕、惠农两渠之间,西汉时期已有此渠。汉延渠从河西总干渠8公里处的3号退水闸(原唐徕渠头闸)引水,受益范围为青铜峡、永宁、银川郊区、贺兰4县(市)。2000年灌区有效灌溉面积50万亩,当年实灌面积40万亩,设计流量80立方米每秒。除干渠1条长88公里外,有支渠259条,总长627.9公里。

内蒙古河套灌区完成各大引水渠口调整合并

5月 内蒙古河套灌区各大引水渠口的调整合并工作基本完成。这是根据1953年抗旱中大挖引水渠的经验而采取的有效措施。主要是将沿黄河10个大小引水口调整合并成解放闸、永济渠、丰复渠、义长渠4大引水口,与原来四首制基本相符。为实现这一要求,从1953年秋冬就开始酝酿讨论,测量查勘和进行施工准备。本年入春以来,即动员大量民工开始施工,至5月份共开挖引水工程土方100多万立方米,修建大型草闸4座。本月中旬开始利用新的引水系统进行引水和输水灌溉青苗,情况良好。

水利部和苏联专家检查河南省泥沙研究和引黄灌区泥沙测验工作

6月 水利部和苏联专家拉普图列夫到河南检查泥沙研究和引黄灌区泥沙测验工作,提出泥沙测验工作要统一管理。10月30日,河南省人民政府以(54)水工字第1145号函将引黄灌区渠道泥沙测验工作移交黄委会统一领导。

青海省颁布征收水费暂行办法

8月 青海省人民政府颁布《青海省国营渠道征收水费暂行办法》。

山西省建立汾河区域土壤改良试验站

10月10日 山西省晋中汾河区域土壤改良试验站在文水县谢家寨正式建立,在苏联专家活洛宁的直接指导下,计划通过水利、农业措施进行无排水洗碱试验,试验站人员由省、专两级抽调行政、技术干部30多人组成,试验地面积160亩,该站的试验成果为开发盐碱地工作提供了必要依据。同年,山西省还在潇河、汾河等历史较长的引水灌区和利民、霍泉等泉水灌区相继建试验基地,推广沟灌、畦灌、引洪淤灌等较先进的灌溉技术。

山东省利津县刘家夹河虹吸管工程开工

10月28日 山东省利津县刘家夹河虹吸管引黄给水工程开工,12月15日竣工。本工程主要是为解决沾化、利津、垦利3县15万人及省第一劳改农场的吃水困难,并进行农田灌溉,改良盐碱地。由沾化、利津、垦利3县及劳改农场调集1.2万人参加施工,完成土方53.5万立方米,工日11.36万个,投资27.7万元。

山西省灌溉管理会议召开

11月16日 山西省灌溉管理会议召开。会议研究总结了1954年的灌溉管理工作,重点讨论了进一步加强灌区管理,防止盐碱、冻害,实施合理用水、计划用水,保证灌区增产等问题,并研究制定了《河渠灌溉管理暂行办法》、《工程管理养护纲要》、《田面整理办法》等。

黄河规划委员会完成《黄河综合利用规划技术经济报告》

12月23日 黄河规划委员会编制的《黄河综合利用规划技术经济报告》(简称《报告》)完成。《报告》对黄河下游的防洪和开发流域内的灌溉、工业供水、发电、航运、水土保持等问题提出了规划方案,并提出了第一期工程开发项目。

甘肃省东河渠动工

12月 甘肃省定西县东河渠动工兴建,1956年底竣工。渠首引水口位于县城北郊五里铺东河与西河汇流处,河道枯水流量0.3立方米每秒,东河为苦水,西河为淡水,考虑到苦水、淡水混合利用和引洪灌溉,设计流量加大为4.5立方米每秒,干渠长16公里,灌地1万亩,是甘肃省新中国成立后在干旱地区最早修建的苦水洪水灌溉渠道。2006年设计灌溉面积1.41万亩,有效灌溉面积1.41万亩,当年实灌面积0.63万亩,干渠长30.9公里,已衬砌29.2公里;支斗渠长53公里,已衬砌1.85公里。灌溉水利用系数0.65。

唐徕渠冬灌试行计划用水

是年 青铜峡河西灌区唐徕渠冬灌试行计划用水。全渠分为宁朔、永宁、贺兰、平罗等4段,每段首设一个配水点,根据本段应用水量和向下段应交水量,按期留用及下交,各支斗渠按分配的水量和时间进行灌溉。

内蒙古大黑河灌区永顺渠建渠首进水草闸

是年 内蒙古大黑河灌区始建于清道光年间的永顺渠在沙梁村西南大黑河右岸建渠首进水草闸。1962年又将草闸改建成5孔浆砌石进水闸,1978~1985年又进行了灌区配套建设,渠首设计流量60立方米每秒,设计灌溉面积8.8万亩,实灌5万~9万亩。灌区内有总干渠1条,长4.6公里,南干渠长29.38公里,北干渠长25.6公里。

河南省人民胜利渠试行计划用水

是年 河南省人民胜利渠在东三干三支试行计划用水,取得显著成效。1955年在灌区13.5万亩农田推行计划用水,1957年扩大到62万亩,每亩用水量由1952年的406立方米减少到249.7立方米。

1955 年

青海省召开国营渠道灌溉工作会议

2 月上旬　青海省农林厅水利局召开国营渠道灌溉工作会议,8 个国营渠道派人参加会议。会议研究了灌溉管理问题,提出了灌区各村分段负责巡渠维护等办法。

水利部要求加强河套灌区盐碱土改良试验工作

3 月 2 日　水利部批复内蒙古水利局 1954 年 12 月 8 日的报告。批复指出:1955 年在河套灌区继续完成盐碱土改良试验工作意义很大,希望加强领导,认真做好。同时,希望积极进行大面积土壤调查、地下水动态观测以及收集现有群众抗碱斗争经验等资料。

山西省汾河三坝永济堰砍堰放水造成水损

3 月　山西汾河三坝永济堰完成春灌任务后砍堰放水,因水量大,堰体土质松,数十分钟就决口 120 余米,致使下游沿河防洪工程及十余处桥梁严重损坏。

竺可桢陪同苏联专家考察打渔张灌区

4 月 19～24 日　中国科学院副院长竺可桢陪同中科院首席顾问、苏联科学院通讯院士柯夫达等到山东省考察打渔张灌区。同来考察的还有中国专家熊毅、侯学煜、施雅风等。实地考察后,由副省长李澄之在济南主持召开座谈会。柯夫达代表考察团谈了以下结论性意见:"打渔张灌区地处黄河下游滨海地区,土壤含盐多为氯盐,容易冲洗,底土有透水沙层,排水效果好。通过冲洗排水改良土壤,灌区开发是有前途的,在技术上是可能的,在经济上也是合理的。几年来的试验研究工作,方向是正确的。得到的资料是宝贵的,不但对该地区开发有决定意义,同时尚有全国性意义。"

陕西省洛惠渠总干渠决口

4 月 20 日　陕西省洛惠渠灌区总干渠张三沟堵口处决口,即进行抢修,修复土方达 2 万立方米。7 月,张三沟放淤 6 次,历时 239 小时,引水含沙量 20% ~60%，沟底最深淤高 5.26 米，一般淤高 3～4 米，沉沙量 6.9 万立方米，以后逐年放淤填沟，1958 年 8 月 2 日，当水位升至渠底高程时，渠坝再次决口，带走库内泥沙 1.8 万立方米，经大荔、蒲城、登城 3 县民工抢修，12 月 28 日修复。

山西省霍泉灌区南干渠进行计划用水增产试验

4 月 为研究推广科学用水方法，山西省水利局在洪洞县霍泉灌区南干渠的支渠上进行计划用水增产试验，并派技术干部具体指导。

霍泉灌区在唐贞观年间即开发利用，灌区以霍泉为水源，霍泉位于洪洞县东北 15 公里的霍泉山脚下，是山西省著名的岩溶大泉之一，有大小泉眼 108 处，多年平均流量为 4.02 立方米每秒。灌区分为霍泉北干和霍泉南干两大片，除担负着洪洞县 10 余万亩水浇地的灌溉任务外，还担负着山西省焦化集团有限公司、临汾地区水泥厂、洪洞县化肥厂 3 个较大企业和洪洞县城生活用水的任务。2006 年灌区设计灌溉面积 10.81 万亩，有效灌溉面积 10.1 万亩，当年实灌面积 10.1 万亩，设计流量 5.5 立方米每秒。干渠 2 条，总长 21.7 公里；支渠 10 条，总长 56.5 公里；斗农渠 1507 条，总长 649 公里。灌区灌溉水利用系数 0.49。

内蒙古勘测民生渠

春 内蒙古镫口扬水灌区民生渠开始勘测工作，为该渠开工作准备。1956 年 8 月 2 日，成立民生渠施工委员会并开工，至 11 月 1 日竣工。工程主要包括：清淤原民生渠故道，使之与哈素海连通，以蓄灌溉余水；新开 9 条支渠和新修 15 座闸桥；对原有 5 座建筑物进行维修。1957 年春，民生渠恢复自流灌溉，春季浇地 5.5 万亩，秋季浇地 8.7 万亩。

镫口扬水灌区位于呼和浩特市和包头市之间，承担着呼和浩特市土默特左旗、托克托县和包头市土默特右旗、九原区 4 个旗（县、区）的灌溉任务，灌区有耕地 109 万余亩，2000 年有效灌溉面积 65 万亩。灌区主要工程由扬水站、总干渠、民生渠、跃进渠组成。扬水站分为上、下两个泵站，上泵站安装轴流泵 4 台，设计流量 20 立方米每秒；下泵站安装轴流泵 6 台，设计流量 36 立方米每秒。总干渠长 18.05 公里，民生渠长 52.6 公里，跃进渠长 59.85 公里，66 条支渠总长 319 公里。

青海省西宁市朝阳电灌站建成

6 月 18 日 青海省第一座电力抽水站——西宁市朝阳电灌站建成并

举行放水典礼。该站位于湟水北岸的北禅寺脚下,引用湟水支流北川河水,引水渠长 3 公里,可灌朝阳及中庄两个乡的荒废耕地 1000 亩。

王化云向毛泽东主席汇报人民胜利渠灌区防治盐碱化问题

6 月 22 日 黄委会主任王化云在河南省委北院二楼会客室,再次向毛泽东主席汇报黄河规划问题和在人民胜利渠灌区扩大排水工程防治盐碱化问题。

山东省打渔张引黄灌溉工程处进行工程初步设计

7 月 山东省水利厅打渔张引黄灌溉工程处根据 3 年试验研究资料,进行打渔张引黄灌溉工程初步设计,10 月完成上报。随又派员赴水利部北京勘测设计院,在苏联专家儒可夫、康德拉什克和中国专家陈之颙等指导下,编制完成第一期工程技术设计。

青海省金滩渠建成

10 月 1 日 青海省国营牧场第一条灌溉渠道——金滩渠建成并举行了放水典礼。该渠在海北藏族自治州海晏县境内,长 14 公里,可扩大利用草原 25 万多亩,并可解决 2 万多只羊的饮水困难,扩大耕地灌溉面积 5000 亩。

山西省汾河上的冬堰废止停用

11 月 山西省汾河中游第三拦河闸修复工程竣工,国家投资 67 万元。同时,停筑冬堰最后一堰——永济堰。至此,运行长达 50 年之久的汾河中游"八大冬堰"正式废止停用。

河南省花园口引黄淤灌干渠渠首闸及放淤工程开工

12 月 2 日 河南省花园口淤灌干渠渠首闸及放淤工程开工。该工程是淮河流域大型引黄工程的起始,由黄委会勘测设计院设计,河南省水利厅施工。设计闸门 3 孔,每孔高 1.8 米,宽 1.6 米,为箱式钢筋混凝土闸,正常引水流量 20 立方米每秒,最大引水流量 75 立方米每秒,设计灌溉面积 43 万亩。一期工程投资 253 万元,共完成土方 217 万立方米,砌石 2336 立方米,混凝土 712 立方米。二期工程于 1956 年 3 月动工,1957 年 3 月竣工,共完成土方 317 万立方米,砌石方 10.8 万立方米,混凝土方 666 立方米,投资

195 万元。1957 年 4 月,对因上年放淤而造成干渠出现的冲刷、堤防决口等进行修复,并修新月堤联合建筑物、大潭退水闸、干柴李放淤退水总闸,投资 60.5 万元。3 次投资总数为 508.5 万元。到 1961 年停灌前,累计灌溉面积 54 万亩。1964 年通过引黄种稻,恢复了灌溉,稻改面积逐年扩大。20 世纪中期,形成北依黄河,西起东风渠,东至中牟县,南至郑州市区和郑汴公路,总面积 226 平方公里,设计灌溉面积 26 万亩的大型灌区,即花园口灌区。

由于黄河河道淤积抬高,1980 年 9 月 18 日动工对渠首闸进行接长改建,1981 年 4 月 4 日竣工,投资 49.3 万元。

1997 年,花园口灌区有 3 个引水口门,灌区设计引水流量 46 立方米每秒,设计灌溉面积 24.17 万亩,有效灌溉面积 16 万亩,实灌面积 15 万亩。灌区内有总干渠 1 条,干渠 6 条,总长 70.64 公里(衬砌 40.41 公里);支渠 4 条,总长 21.3 公里;斗渠 209 条,总长 129 公里;农渠 89 条,总长 46.4 公里。灌区渠系水利用系数 0.55。

青海省东垣渠进行春小麦灌溉制度试验

是年　青海省民和县东垣渠管理处在一支渠一斗的 3 亩农田上与该土地主人合作进行了春小麦灌溉制度试验。通过一年的试验证明,新灌区需水量较大,一般年间灌溉 4 ~ 5 次,灌水定额 70 立方米左右,可获得较高产量。

甘肃省关川渠动工兴建

是年　甘肃省会宁县关川渠动工兴建。渠首引水枢纽设于会宁县头寨乡马家堡南 1 公里处,引关川河水,总干渠至头寨分为东西干渠,全长 34 公里,设计流量 1 立方米每秒,考虑到清洪两用,加大流量 10 立方米每秒,设计灌溉面积 3.5 万亩,1958 年建成,耗资 484.7 万元,由于上游定西县广开渠道,下游水量逐年减少,到 80 年代末期,有效灌溉面积约 1 万亩。

2006 年灌区设计灌溉面积 1.7 万亩,有效灌溉面积 0.95 万亩,当年实灌面积 0.9 万亩。干渠长 38 公里,已衬砌 0.45 公里;支斗渠长 107.5 公里。灌溉水利用系数 0.6。

1956 年

银川水利会议

2 月 27～30 日　银川水利会议召开。会议讨论安排了岁修和管理,调整水利费及征工定额,规定引黄灌区,旱作物田每亩每年征收水利费 0.5 元,水稻 0.7 元,无论水田旱田,1.5 亩征用人工 1 个。

甘肃省安同渠动工兴建

2 月　甘肃省平凉县安同渠动工兴建,干渠自安国乡油坊庄颉河左岸引水至虎山沟退水,渠长 16.5 公里。初建阶段由于资金困难,平凉县决定将安国乡境内西兰公路两侧栽植多年的左公柳砍伐下来,作为建筑材料,建成木制渡槽和桥梁等 20 余座建筑物,年底竣工。后经 60 年代和 80 年代改建加固,增设渠首进水闸,将木制建筑物全部改建为混凝土和砌石结构,渠道设计流量 1 立方米每秒,累计完成工程量 11.2 万立方米,投入劳力 10.7 万工日,国家投资 28 万元,灌区设计灌溉面积 1.0 万亩,有效灌溉面积0.87 万亩。

甘肃省北塬渠工程动工兴建

3 月 10 日　甘肃省临夏县北塬渠工程动工兴建。灌区位于临夏县东北部,大夏河左岸的北塬上面,是甘肃省第一条引水上塬的灌溉工程。渠首位于韩集乡场棚村,设溢流坝引水枢纽,总干渠长 28.5 公里,上段引水流量 8 立方米每秒,在 1.9 公里处给东西川灌区分水 3 立方米每秒,下段按 5 立方米每秒上塬,最初规划灌溉面积 9 万亩,1957 年 10 月竣工通水。经过多次加固改建,至 1984 年,灌溉面积达到 13.1 万亩,总干渠上建有渠道建筑物 113 座,提灌站 12 处,总干渠直接灌溉面积 2 万亩,其中提灌面积 1.7 万亩。东干渠长 6.17 公里,建筑物 35 座,设计流量 2 立方米每秒,设计灌溉面积3.7 万亩。两条支渠长 25 公里,支渠建筑物 146 座。西干渠长 6.58 公里,建筑物 18 座,设计流量 3 立方米每秒,设计灌溉面积 7.4 万亩,有支渠 2 条,分支渠 2 条,总长 33.16 公里,建筑物 229 座。从 1985 年开始,干渠进行彻底改建,规划灌溉面积达到 18 万亩,其中农田 15 万亩,林草地 3 万亩。2006 年,灌区设计灌溉面积 8.7 万亩,有效灌溉面积 7.23 万亩,当年实灌面积 7.34 万亩,干渠长 43.08 公里,全部衬砌,支斗渠长 229.3 公里,已衬砌 194.9 公里。灌溉水利用系数 0.62。该项工程由于管理工作成绩突出,工程效益显著,1978 年 3 月,在水电部召开的全国水利管理会议上被授予"全国水利管理先进单位"称号。

甘肃省东梁渠动工兴建

3 月　甘肃省武山县东梁渠动工兴建,灌区位于县城东南 15 公里,渭河南岸的东梁山上,引水口在聂河上游石家磨河道左岸薰儿崖下,干渠长 27 公里,设计流量 0.8 立方米每秒,傍山向北蜿蜒而行,通过长虫山、圣母林、阎王匾、鬼门关、黑沟湾、鞍子山、烂泥滩等 20 多处悬崖峭壁和险工地段,于柏家山进入灌区,工程确为艰巨,1957 年 6 月建成通水,是新中国成立后,甘肃省最早建成的引水上山渠道,当年上报灌地 4000 亩,一时轰动全国,各地都来参观学习,为后来的引洮上山也起到了一定的促进作用。由于当时设计和施工都非常简陋,通水不久,渠道渗漏和滑塌日益严重,从 1966 年开始整修改建,到 1984 年,衬砌干支渠 12 条,建成小提灌站 4 处,小抽水站 7 处,共耗资 147.31 万元,发展有效灌溉面积 8200 亩。2006 年灌区设计灌溉面积 1.55 万亩,有效灌溉面积 1.05 万亩,当年实灌面积 0.95 万亩。干渠长 36.6 公里,已衬砌 25.5 公里;支斗渠长 44.5 公里,已衬砌 12.1 公里。灌溉水利用系数 0.45。

河南省成立黄河淤灌工程办公室

3 月　为大力发展引黄淤灌事业,经河南省委研究决定,由省水利厅、黄委会、河南黄河河务局等单位抽调技术干部组成淤灌工程办公室,进行勘测设计,由河南黄河河务局领导、黄委会负责技术审批。到 9 月份,完成了曹岗、高村、赵口、黑岗口、小李庄、原武镇及五车口等 7 个放淤区的勘测工作;完成了曹岗虹吸放淤工程的设计;初步查勘了军张楼、习城集、霍寨、三义寨 4 个淤区。

山东省刘春家引黄灌区动工兴建

3 月　山东省刘春家引黄灌区动工兴建,1957 年 3 月建成开灌。渠首位于高青县田镇刘春家村东北,渠首安装虹吸管 16 条。

1960 年 3 月 7 日将渠首虹吸管改建为引黄闸工程动工,同年 6 月 1 日竣工放水。该闸系 4 孔钢筋混凝土箱式涵洞,设计引水流量 37.5 立方米每秒。灌区设计灌溉面积 32.7 万亩,有效灌溉面积 22.7 万亩。灌区有总干渠 2 条,长 37 公里;干渠 15 条,长 155.8 公里;支渠 20 条,长 69.7 公里;排水干沟 3 条,长 66 公里;干支渠沟建筑物 357 座。到 1990 年,累计投资 2997 万元,其中国家投资 2927 万元。1987 年 8 月,向灌区外输水补源工程开工,1989 年完成,工程补源受益面积 45 万亩。

山东省打渔张引黄灌溉工程动工兴建

4 月 2 日　山东省打渔张引黄灌溉工程动工兴建。该工程为国家第一个五年计划的重点项目,渠首引黄闸建于博兴县王旺庄,设计引水流量 120 立方米每秒,设计灌溉面积 324 万亩。由水利厅组建打渔张引黄灌溉工程指挥部组织惠民、胶州、昌潍、泰安 4 个专区 21 个县的民工 25 万余人施工。1956 年 11 月,引黄闸竣工放水,灌区工程于 1958 年 8 月竣工,当年灌溉夏秋作物 56 万亩,棉花 23 万亩,冬灌小麦 24 万亩。1962 年停灌,1965 年复灌。1981 年"三查三定"核实设计灌溉面积 169 万亩。1982 年在原引黄闸下游 44 米处建成设计流量 120 立方米每秒的新闸。1983 年,打渔张灌区大部分划归东营市,原打渔张位于滨州地区博兴县的一干渠成为独立灌区,灌溉面积 19.9 万亩。1966 年建成垦利县胜利引黄闸负责打渔张灌区原六干范围内的灌溉。到 1985 年,灌区内有总干渠 1 条,长 15 公里;干渠 8 条,总长 225 公里;支渠 294 条,总长 815 公里。1986 年 3 月建成曹店引黄闸,打渔张灌区五干渠单独成为曹店引黄灌区。1988 年打渔张灌区过清(小清河)补源工程动工,设计补源面积 24 万亩,1989 年东营市为了使打渔张灌区的四干渠和二干渠、三干渠下游变成独立灌区,在东营市境内新建麻湾引黄闸,设计引水流量 60 立方米每秒。同年,东营市在垦利县新建双河引黄闸,设计引水流量 30 立方米每秒,负责打渔张原七干渠和八干渠范围内的灌溉。到 1990 年,灌区设计灌溉面积 133.2 万亩,有效灌溉面积仅有 32.1 万亩。

银川实行计划用水集中轮灌

4 月 23 日　银川水利分局召开会议,根据黄河流量小并有继续下降的趋势,决定将水量按计划交各县实行集中轮灌。4 月 28 日,唐徕、汉延、惠农 3 条干渠同时提前开灌。由于严格执行计划用水,昼夜轮灌,顺利完成了夏灌任务。

钱正英偕同苏联专家到山东省位山查勘

4月 水利部副部长钱正英偕同苏联专家康德拉什克、尼古拉耶夫和北京勘测设计院总工程师崔宗培、江国栋到山东省位山查勘，选择黄河位山枢纽建坝地址。查勘后，向山东省领导提出，争取位山灌区提前开发，并指示省水利厅速建位山渠首水文试验站，收集与灌区开发有关的黄河水文泥沙资料。7月，山东省水利厅引黄灌溉工程局在黄河左岸位山险工段建立位山水文试验站，收集渠首黄河水文泥沙资料。8月又在德州东八里庄附近建立德州灌溉试验站，进行作物需水量、灌溉制度、潜水蒸发等项试验。秋末，又在禹城建立禹城水文地质测验站，进行位山灌区地下水观测及水文地质参数测定，为位山引黄灌溉开发和灌溉管理收集基本资料。

惠农渠灌区实现一首引水

春 青铜峡河西灌区惠农渠永昌闸至阮桥30余公里渠堤加高培厚工程完成，并把直接由黄河开口引水的永润、永惠、东官、西官4渠并入滂渠，延长滂渠13公里由惠农渠供水，从而使惠农渠灌区实现一首引水。

钱正英及苏联专家考察打渔张灌区

春 水利部副部长钱正英偕同苏联专家康德拉什克、尼古拉耶夫，由山东省水利厅副厅长张次宾陪同，实地考察山东省打渔张灌区并初审灌区工程设计，着重评审渠首位置和设计引水位指标。

内蒙古河套灌区沙壕渠计划用水一期改建工程完工放水

5月 内蒙古河套灌区沙壕渠计划用水一期改建工程完工放水，运转良好，计划用水试验顺利。这是为贯彻全国灌溉管理会议推行计划用水的要求，于1955年开始的试点。对试点地区的旧有渠系计划从1956年开始用两年时间改建完毕。改建渠系面积约5万亩。改建工程标准较一般农田水利规划为高，田间渠道大部废旧建新，新建斗、农、毛门500多座，经费由地方水费开支。河套行政区水利局将1956年沙壕渠计划用水工程改建及试行计划用水情况向自治区水利局作了报告。沙壕渠计划用水的经验，对指导全区改进灌溉管理起了重要作用。

内蒙古兴建公山壕黄河洪水灌区

5月　经自治区批准,内蒙古黄河南岸灌区在黄河右岸西起柳林圪梁,东至三丑圪堵的狭长地域内,由达拉特旗与包头市郊区联合兴建公山壕黄河洪水灌区。

工程于10月下旬竣工,参加民工6500人,开通干渠1条,长46.4公里;支渠10条,总长50.6公里;建成渠系建筑物13座,完成土方152万立方米,投资57万元。当年就利用新建渠系进行了秋灌。

该灌区工程由自治区水利勘测设计院设计,设计灌溉面积24万亩,为当时伊克昭盟最大的灌溉工程。

青海省东垣渠水电站动工

6月1日　青海省第一座为农村服务的小型水力发电站东垣渠水电站动工兴建,该站建于民和县东垣渠跌水上,12月建成。电站安装1台64千瓦发电机,解决了2700亩农田的提水灌溉和1000多农户的照明用电。

苏联专家考察打渔张灌区

6月14日　苏联专家儒可夫由水利部派员陪同,到山东省考察打渔张灌区渠系布置、施工和排水情况,对工程施工中的不足之处提出了改进意见,并建议六户试验站今后应转向为灌区灌溉管理服务,结合生产,在大田上进行盐碱地改良冲洗定额、排水工程规格布局以及灌溉制度等试验。

苏联水利考察团灌溉组考察泾惠渠

7月5日　苏联水利考察团灌溉组考察陕西省泾惠渠灌溉试验站、重点斗渠、渠首、社树分水闸、总干渠及和平农业生产合作社、雪河滩排水工程等,俄罗斯联邦共和国农场部水利局局长鲍罗达夫倩柯和阿塞拜疆加盟共和国水利部副部长依兹马依洛夫等谈了灌溉试验的超前性和进行大面积机耕试验等意见。

山东省建立白龙湾、张肖堂等7个引黄灌溉管理机构

8月23日　为加强引黄灌溉工程管理,经山东省人民委员会批准,惠民专区建立白龙湾引黄灌溉管理局、张肖堂引黄灌溉管理处、刘家夹河引黄灌溉管理处、沟阳家引黄灌溉管理处、刘春家引黄灌溉管理局、大道王引黄灌

溉管理处、路家庄引黄灌溉管理所,以上 7 个局、处、所编制定员共 428 人。

山西省检查汾河二、三坝西灌区的渠道建筑物

10 月 22 日　山西省监察厅、山西省水利局、榆次专署、汾河灌溉管理局抽调干部组成检查组赴榆次地区对汾河二、三坝西灌区的渠道建筑物进行检查,历时 25 天。检查结果表明:设计图纸技术数据与标准缺乏统一规定,施工计划不周,用料盲目,管理不善,损失浪费严重,工程质量不合格。

青海省盘道渠建成

11 月 10 日　青海省湟中县民营大型渠道——盘道渠竣工,并开始放水。该渠长 15 公里,流经东台、山甲、维新 3 个乡。渠线大部分在山坡上,可灌溉平旱地 1.7 万亩。工程 5 月份动工修建。1967 年 5 月改建,1968 年 11 月完成。引取盘道河水,设计流量 0.7 立方米每秒,干渠长 15.6 公里,支渠长 87 公里。灌区内建有水库 4 座,总库容 137 万立方米,涝池 46 个,蓄水 26 万立方米,共灌地 1.28 万亩,投资 173.5 万元。

2006 年盘道渠设计灌溉面积 4.79 万亩,有效灌溉面积 3.93 万亩,当年实灌面积 1.2 万亩,设计流量 1.2 立方米每秒。灌区内有总干渠 1 条,长 15.4 公里;干渠 3 条,长 33.6 公里;支渠 12 条,长 42.2 公里;斗渠 95 条,长 124 公里。灌区灌溉水利用系数 0.46。

内蒙古民生渠临时利用工程基本完成

11 月中旬　内蒙古萨拉齐镫口民生渠临时利用工程基本完成。国家共投资 20 万元,在水利厅第一工程队的指导和参与下动员数千民工上渠施工 3 个月,完成 200 万立方米土方渠道清淤,新开支渠 9 道,新建和整修桥闸 20 座,接通与哈素海的退水路线,保证了当年秋浇地 10 多万亩。临时利用已废弃的民生渠工程是根据一年来连续的春旱和群众要求而进行的,自治区水利厅首先编制出《民生渠临时灌溉工程设计说明书》,并于 4 月下旬专门召开利用民生渠灌溉会议,会议认为在统一规划未完成前,民生渠可以临时利用。

山西省汾河排灌工程存在设计错误

11 月 20 日　山西省监察厅对水利工程进行检查,发现汾河三工业区北排洪沟与西干渠、退水渠两个交叉涵洞及冶峪沟和西干渠、退水渠、灌溉

水渠交叉的 3 个涵洞工程设计存在错误,其中有 3 个涵洞需返工补救,其余 2 个工程质量不高,损失工程费用 3 万余元。省水利局转发了省监察厅的专题报告,要求全省各级水利部门所有工程技术人员展开讨论,吸取教训,引以为戒,并对有关设计人员给予行政处分。

陕西省洛惠渠东灌区排水工程开工

11 月 23 日　陕西省洛惠渠东灌区中干排水工程开工,动员民工 3017 名,当年用 35 天时间进行干沟开挖,1957 年春播后又动员 3432 名民工进行开挖,至 9 月 13 日共完成土方 59.9 万立方米,修建筑物 58 座,排水工程初战告捷。此后又进行了支沟和分毛沟的配套,截至 1962 年 9 月底,建成干沟一条,支沟 5 条,分毛沟 90 条,总长 188.04 公里,开挖土方 159.31 万立方米,工程控制面积 6.06 万亩。此后,又进行干沟拓宽、加深、延长和沟系配套工作。到 1967 年,总计完成干支沟拓宽加深延长 19.5 公里,分毛沟配套 124 条,长 18.18 公里,土方 286.1 万立方米,工程控制面积 17.9 万亩。

为解决盐池洼地区排水,1969 年正式开挖盐池洼干沟,1973 年竣工,干沟全长 12 公里,流量 11.8 立方米每秒,共完成土方 111.5 万立方米,修建干支沟建筑物 18 座。1976 年开始新修东干沟北石铁至盐池洼段及西干沟,到 1984 年,共完成土方 487.5 万立方米,建筑物 205 座。

洛惠渠东灌区排水工程历时 30 余年,共完成干沟 3 条,长 36.5 公里;支沟 10 条,长 64.5 公里;分毛沟 244 条,长 388 公里。共计完成土方 1183.4 万立方米,各类建筑物 929 座,控制面积 28 万亩。

山东省第一期虹吸引黄灌溉工程基本竣工

12 月 5 日　山东省举办的第一期虹吸引黄灌溉工程基本竣工。共计完成虹吸工程 24 处,安装虹吸管 117 条,完成各种建筑物 1450 座,完成渠系土方 2760 万立方米,部分尾工于 1957 年春施工完成。这 24 处虹吸工程是:菏泽地区的刘庄、苏泗庄、国那里;聊城地区的位山、艾山、官庄、南坦、王家窑、大王庙;济南市的北店子、曹家圈、老徐庄、小鲁庄、盖家沟;泰安地区的傅家庄、霍家淄;惠民地区的白龙湾、张肖堂、刘家夹河、路家庄、刘春家、大道王、沟阳家、佛头寺,24 处虹吸工程设计灌溉面积 300 万亩,竣工后当年放水浇麦 5 万余亩。

青海省哇洪渠开工

是年 青海省共和县哇洪渠开工兴建,1957 年竣工。哇洪渠在切吉乡哇洪河上拦河筑坝引水,设计流量 3 立方米每秒,干渠长 30.3 公里,支渠长 36 公里,灌溉农田面积 4.5 万亩,投资 42.31 万元。

2006 年哇洪渠设计灌溉面积 4 万亩,有效灌溉面积 4 万亩,当年实灌面积 2.1 万亩。灌区内有干渠 1 条,长 27 公里;支渠 5 条,长 36 公里;斗渠 165 条,长 280 公里。灌区灌溉水利用系数 0.43。

青铜峡河西灌区新建第四排水沟

是年 青铜峡河西灌区新建第四排水沟。该沟起自银川老城北的校场湖,上段利用旧北大沟,连通诸湖泊至李岗堡,穿南滩湖绕过汉延渠梢,至通伏堡穿惠农渠入黄河。跨越银川、贺兰、平罗三县(市),全长 43.73 公里,排水面积 34 万亩,其中湖泊荒滩 9.4 万亩,排水流量 15 立方米每秒,1956 年完成大部分土方及建筑物,1958 年全部竣工。后经多次改造及清淤,第四排水沟长 43.7 公里,排水流量 54.3 立方米每秒,控制面积为 101 万亩,有四一、四二、四三等支斗沟 55 条,总长 237 公里。四二干沟全长 53.75 公里,排水面积 69.8 万亩,在桩号 31＋805 处入第四排水沟。

整治唐徕渠新桥马家漫流段工程完工

是年 青铜峡河西灌区整治唐徕渠新桥马家漫流段工程完工,该段水流散漫,水面宽约 200 米,无正式渠身,左右摆动,历为险工,整治工程采用对头丁坝,缩窄渠身,规顺水流,并修建砌石陡坡一座,放水初出现严重冲刷,经抢护月余,丁坝间淤了泥土,渠槽形成,是一次治理宽浅渠身的成功实例。

卫宁灌区新建七星渠单、双阴洞沟渡槽

是年 卫宁灌区新建七星渠单、双阴洞沟渡槽。七星渠傍山而行,跨越较大山洪沟 10 余条,且多无过洪设施,每遇山洪暴发,决堤淹田,延误灌溉。1956 年开工修建跨山洪沟渡槽 3 处,其中单阴洞沟渡槽长 36.2 米,双阴洞沟渡槽长 38.2 米,为钢筋混凝土结构,渡槽及附属建筑物均于当年秋完成。红柳沟渡槽开始钻探地基,于 1957 年建成。

七星渠开创时代,见于文献记载者为元史及明史,具体年代不详。1972

年冬至 1978 年 4 月将渠首上延后，渠道从中卫县申家滩黄河南岸引水，向东流经中卫县永康乡、宣和乡过清水河，到中宁县过新田入黄河。2000 年灌区有效灌溉面积 92 万亩，当年实灌面积 92 万亩，设计流量 61 立方米每秒。灌区有总干渠 1 条，长 87.6 公里；干渠 1 条，长 33 公里；支渠 298 条，总长 591 公里。

内蒙古大黑河灌区济通渠修建进水草闸

是年　内蒙古大黑河灌区济通渠修建进水草闸，后改为木闸。济通渠前身为济生渠及人民联合渠。经过多次扩建，进水闸设计流量 18 立方米每秒，有干渠 2 条，总长 43.1 公里；支渠 27 条，总长 98 公里。干渠节制闸和分水闸 12 座，支渠以上建筑物 38 座。设计灌溉面积 5.9 万亩，有效灌溉面积 5.35 万亩。

陕西省渭惠渠渠首扩建工程开工

是年　陕西省渭惠渠渠首扩建工程开工，1957 年竣工，进水闸由 6 孔扩至 12 孔，引水流量由 30 立方米每秒增至 45 立方米每秒；冲刷闸由 2 孔扩至 5 孔，泄水流量增至 120 立方米每秒。

渭惠渠是继泾惠渠建成后"关中八惠"中的第二个较大工程，1935 年 4 月开工兴建，1937 年 12 月基本建成，经 1940 年清丈队清丈，实际注册灌溉面积 57.6 万亩。

渭惠渠渠首枢纽位于眉县，在渭河上筑坝引水。主要渠道按修建顺序分别为第一、二、三、四、五、六渠，第一渠（即总干渠）起自魏家堡，止于武功金铁寨分水闸，长 53 公里，渠首设计流量 30 立方米每秒，灌溉眉县、扶风、武功 3 县农田；第二渠金铁寨分水闸至西吴入第三渠，长 31.1 公里，设计流量 5.45 立方米每秒，灌溉武功、兴平 2 县农田；第三渠自金铁寨分水闸引水东行，至咸阳城西入渭，长 40.09 公里，设计流量 11.6 立方米每秒，灌溉兴平、咸阳 2 县农田；第四渠自第三渠周村分水闸引水东南行，至田阜村入渭，长 28.34 公里，设计流量 5.8 立方米每秒，灌溉兴平县农田；第五渠自第三渠西吴 14 号跌水上游设闸引水北穿陇海铁路，沿原边至茂陵灌溉兴平、咸阳 2 县农田；第六渠自第一渠杨陵 10 号跌水上游分水闸引水，北行至普集车站北设闸分南北 2 条支渠，干渠长 12.8 公里，设计流量 6 立方米每秒，南支渠长 6.2 公里，北支渠长 13.4 公里，分别退入第二渠，灌溉武功、兴平 2 县农田。1959 年 4 月，渭惠渠高原抽水灌溉工程建成，使灌区面积达到 153 万亩。1975 年 4 月并入宝鸡峡灌区。

1957 年

青海省诺木洪渠通过竣工验收

1 月 15 日　青海省海西州诺木洪渠通过竣工验收。该渠 1955 年查勘,1956 年施工,10 月底竣工,投资 240.1 万元,干渠长 38.35 公里,设计流量 6.13 立方米每秒,支渠长 44.7 公里,灌溉面积 8.35 万亩。

山西省汾河灌区实施轮灌和"三定"制度

2 月中旬　山西省汾河灌区开始实施轮灌和"三定"制度(定时、定亩、定质量),推广 1~3 亩或 3~5 亩的大畦灌溉,根除大田灌和倒田灌的大水漫灌旧习。

河南省黑岗口引黄闸开工

2 月 25 日　河南省黑岗口引黄闸开工,该闸位于黄河南岸的开封市郊西北 14 公里黄河大堤上。1 月,河南省人民委员会决定修建黑岗口引黄淤灌济惠工程,并成立了引黄淤灌济惠工程指挥部,黑岗口闸为该工程的渠首闸,闸型为钢筋混凝土箱式涵洞,共 5 孔,每孔高 2 米,宽 1.8 米,设计引水流量 50 立方米每秒,设计放淤面积 10 万亩,可灌面积 55 万亩,还为开封市工业及生活用水提供水源,退水入惠济河。该闸由黄委会勘测设计院设计,工程指挥部组织施工,河南黄河河务局派工程技术人员参加建设,于 7 月 20 日完工,共完成土方 5 万立方米,石方 2000 立方米,混凝土 1400 立方米,投资 44 万元。工程建成后,交黑岗口引黄蓄灌管理局管理,属省水利厅领导。

1997 年灌区设计流量 23 立方米每秒,设计灌溉面积 18.7 万亩,有效灌溉面积 12.5 万亩,实灌面积 15 万亩。灌区内有干渠 4 条,总长 55.5 公里;支渠长 92 公里;斗渠长 120 公里。干支渠建筑物 380 座,斗农渠建筑物 235 座。灌区渠系水利用系数 0.39。

邓小平视察汾西灌区

2 月 27 日　邓小平同志视察山西省汾西灌区的龙子祠泉源时说:"这里泉好,一是要用好、管好、开发建设好;二是要绿化好。"

汾西灌区位于临汾盆地,汾河下游西侧。灌区受益范围有洪洞、临汾和襄汾 3 个市县的 28 个乡镇。灌区内由北向南有 3 个渠首,1 座中型水库(七一水库),库容 5578 万立方米;6 座小型水库,总库容 1800 万立方米,水库均沿七一渠布置;60 余处小型扬水站,总装机容量 9190 千瓦。3 个渠首分别为:

七一渠首位于洪洞县杨癕庄村,为有坝取水,可取汾河来水和郭庄泉水,设计流量 28 立方米每秒。

通利渠首位于洪洞县汾河西岸好义村,取用汾河来水(有坝)和电站尾水,设计流量 6 立方米每秒。

龙子祠渠首位于临汾市的龙子祠,分 6 条干渠取用龙子祠泉水,设计流量 8.25 立方米每秒。

灌区除灌溉外,还向霍州电厂、临汾钢铁厂和临汾城区供水。

2006 年灌区设计灌溉面积 70.26 万亩,有效灌溉面积 50 万亩,当年实灌面积 32.5 万亩,设计流量 43.3 立方米每秒。干渠 12 条,总长 238.6 公里;支渠 45 条,总长 138.9 公里;斗农渠 2055 条,总长 1052.8 公里。灌区灌溉水利用系数 0.33。

甘肃省庆丰渠开工兴建

3 月　甘肃省泾川县庆丰渠开工兴建,干渠自何家坪泾河右岸引水至长武城,渠长 20 公里,设计流量 1.5 立方米每秒,年底竣工。后经 1967 年至 1987 年多次加固扩建,干渠长达 32 公里,渠首设计流量加大到 3 立方米每秒,国家累计投资 320 多万元,灌溉面积达 1.57 万亩。2003 年合并到泾庆灌区。

陕西省洛惠渠总干渠苇子沟淤高工程开工

4 月 1 日　陕西省洛惠渠总干渠苇子沟淤高工程开工,将过沟填方渠改成水库坝型,内坡改为 1:3,并作进水闸及清水溢流道,9 月 1 日结束,共碾压夯实土方 5.2 万立方米。1958 年 7 月进行两次放淤,引水流量 10 立方米每秒,含沙量 22%～45.7%,实淤泥沙 52 万立方米,高出渠底 1.4 米。从此渠水改为库内通过,至 1964 年,淤土层固结,整理成正规渠道。

除苇子沟外,总干渠尚有石马、阳泉、张三、合什 4 条大深沟均采用先淤高地面,再修建成正规渠道。

青海省解放渠扩建工程开工

4月5日 青海省解放渠扩建工程开始开挖土方,5月初建筑物全面施工。该渠在石灰沟口引湟水河水,干渠长40公里,支渠长30公里,设计引水流量2.4立方米每秒,灌溉面积3.13万亩,当年10月底基本竣工,工程投资241万元。1964年又修建了渠首枢纽工程,包括拦河坝、进水闸和冲沙闸。

三门峡水利枢纽工程隆重举行开工典礼

4月13日 三门峡水利枢纽开工典礼在鬼门岛上隆重举行,水利部部长傅作义参加了开工典礼。三门峡水利枢纽是治理黄河的重点工程,位于三门峡市高庙乡附近,河南省陕县与山西省平陆县交界处的黄河干流上,坝址以上控制流域面积68.8万平方公里,为全流域的91.4%。拦河坝为混凝土重力坝,最大坝高106米,主坝长713米,坝顶高程353米,总库容354.0亿立方米。枢纽负担的任务是防洪、灌溉和发电。每年5~6月可向下游补给工、农业用水10亿立方米,设计灌溉面积1200万亩,发电装机5台,25万千瓦,年发电量12000万千瓦时。

内蒙古河套灌区首次总体规划方案提出修建三盛公水利枢纽

4月 水利部北京勘测设计院完成内蒙古河套灌区的首次总体规划方案,提出名为《黄河流域内蒙古灌区规划报告(初稿)》(简称《五七规划》)。其中规划修建三盛公水利枢纽和开挖总干渠,实行一首制。该规划方案,经北京勘测设计院两年的工作,并经自治区水利厅、中共河套行政区(1958年撤销,并入巴彦淖尔盟)委员会以及当地水利部门的多次研究修改而确定下来的。

青海省丹阳渠整修工程竣工

5月4日 青海省民和县丹阳渠整修工程提前完成,完工的第四天开始放水,使2873亩麦苗及时浇上了水,1727亩包谷地也适时浇上了水。

全国盐渍土改良试验研究技术座谈会在京召开

6月 水利部、农业部、农垦部在北京联合主持召开全国盐渍土改良试验研究技术座谈会。参加会议的有中央及各省市农业、水利科研单位、高等院校的专家、教授及科技工作者 117 人。会后出版了《全国盐渍土改良试验研究技术座谈会汇刊》（共四集）。

全国农田水利工作会议在北京召开

8 月 16 日　全国农田水利工作会议在北京召开。参加会议的有各省、市、自治区水利厅（局）负责人及技术人员和有关重点县县长等 110 人。会议提出的农田水利的基本方针是：积极稳步，大量兴修，小型为主，中型为辅，必要的可能的兴修大型工程，兴修和管养并重，继续贯彻依靠群众，社办公助，全面规划，因地制宜，多种多样，做到少投资，收效快。内涝灾害和水土流失地区应分别把排水除涝、水土保持工作放在首位。会议于 8 月 29 日结束。

全国灌溉管理工作会议在西安召开

9 月 20 日　农业部、水利部在陕西省西安市召开全国灌溉管理工作会议，水利部副部长何基沣参加会议。会议期间代表们参观了陕西省泾惠渠灌区计划用水和科学管理情况。

山东省水利科学研究所正式成立

10 月 7 日　山东省水利科学研究所正式成立。8 月 11～15 日，北京水利科学研究院顾问苏联专家齐恰索夫到山东省打渔张灌区考察。考察后，专家对水利土壤改良试验研究工作提出许多具体建议，并向省领导建议及早建立省水利科学研究机构。该所由原省水利厅引黄灌溉工程局及其所属试验站改编组成，隶属省水利厅领导。编制名额为 303 人，当年年底实有 224 人，其中科技人员 156 人。所下设秘书科、人事科及水文泥沙、灌溉试验、盐土改良、洼地改造、水土保持 5 个研究室。此外，尚有综合调查队及王旺庄水文泥沙试验站、六户水利土壤改良试验站、郓城洼地改造试验站、宁阳井灌试验站、沂水水土保持试验站、德州灌溉试验站、禹城水文地质测验站。

水利部批准兴建三盛公水利枢纽

10 月　水利部以（57）水设字第 2734 号文批准兴建三盛公水利枢纽，并指定黄委会勘测规划设计院承担三盛公枢纽的设计任务；北岸总干渠及二闸、四闸分水枢纽的设计亦由黄委会勘测规划设计院负责。南岸总干渠、后套总排干沟以及其上建筑物等的设计,由自治区自行承担。

青海省黄丰渠动工

11 月 27 日　青海省循化撒拉族自治县黄丰渠动工兴建。该渠在查汗大寺引取黄河水,设计引水流量 6.5 立方米每秒,设计渠长 21.4 公里,可灌溉农田 2.3 万亩,几千名群众大干一冬春,于 1958 年 4 月 15 日,完成一期工程,改变了该县黄河沿岸地区的干旱面貌。这是青海省修建的第一条从黄河引水的自流灌溉渠道工程。1967 年 3 月黄丰渠二期扩建工程建成,并在干渠上修建了一座装机容量为 1000 千瓦的水电站,发展高台电力提灌,把一些干旱荒滩变为园田式的水浇地。

2006 年黄丰渠设计灌溉面积 3 万亩,有效灌溉面积 3 万亩,当年实灌面积 3 万亩,渠首设计流量 8 立方米每秒(含电站流量)。灌区内有干渠 1 条,长 22 公里;支渠 2 条,长 50.7 公里;斗渠 77 条,长 107.4 公里。灌区灌溉水利用系数 0.43。

河南省共产主义渠渠首闸开工

11 月 29 日　河南省引黄共产主义渠渠首闸开工,该闸共 6 孔,设计引水流量 280 立方米每秒,共产主义渠原设计贯穿河南、河北、山东,负担下游城市生活、航运用水和 1000 万亩耕地的灌溉任务。渠首闸于 1958 年 6 月 15 日竣工。1958 年 1 月由孟县、沁阳、温县、武陟、博爱、修武、获嘉、新乡等 8 县及河北有关地区民工共同开挖渠首至淇县小河口长 111.68 公里干渠土方工程,1958 年 7 月完成一期工程,1959 年 5 月 1 日剪彩放水。1959 年 12 月 20 日二期工程(淇县小河口起至浚县老观嘴村入卫河,全长 61 公里)开工,浚县、淇县、滑县、濮阳、内黄、南乐、清丰等 7 县 12 万民工参加施工,完成土方 3100 万立方米,1960 年 7 月竣工。从 1958 年 6 月渠首竣工至 1961 年 6 月停水,3 年共输水 85 亿立方米。恢复引黄灌溉后,对原规划进行修改,中间 4 孔闸门封堵,西孔引水 5 立方米每秒,东孔引水 25 立方米每秒,作为武嘉灌区渠首闸,灌溉武陟、获嘉、修武 3 县的 36 万亩耕地。

1997 年武嘉灌区设计灌溉面积 36 万亩,有效灌溉面积 20 万亩,实灌面积 16 万亩。有总干渠 1 条,长 25.2 公里;干渠 2 条,总长 55 公里;总干渠和干渠衬砌长 35.66 公里;支渠 37 条,总长 134 公里(衬砌 50.13 公里)。斗渠总长 435 公里,干支渠建筑物 1058 座,斗农渠建筑物 1576 座,排水干沟长 44.2 公里,支沟 115 公里,干支排水沟建筑物 22 座。灌区渠系水利用系数 0.38。

青海省加拉大渠改建竣工

11 月　青海省共和县加拉大渠改建工程竣工。加拉大渠在民国时期是恰卜恰河流域的主干渠道,控制灌溉面积 3000 余亩,实灌 1400 亩。1957 年改建为东西两条干渠,总长 20 余公里,扩大灌溉面积 4000 亩。1966 ~ 1969 年再次扩建,投资 55 万元,修成干砌石干渠 12 公里,埋设管道 7 公里,修支渠 13 公里,干渠引水流量 0.5 立方米每秒,加大流量 0.8 立方米每秒,灌溉面积达 1.15 万亩。

2006 年加拉大渠设计灌溉面积 2.5 万亩,有效灌溉面积 2.5 万亩,当年实灌面积 2 万亩。灌区内有干渠 1 条,长 41.6 公里;支渠 5 条,长 26.7 公里;斗渠 143 条,长 200 公里。灌区灌溉水利用系数 0.46。

甘肃省高崖水库开工

12 月 5 日　甘肃省高崖水库开工。水库位于榆中县城东南 50 公里,宛川河上游高崖大峡处,坝高 27 米,坝顶长 190 米,总库容 1034 万立方米,右岸设输水洞,宽 1.5 米,高 2 米,长 171.4 米,无溢洪设施,1958 年 8 月 8 日竣工。1974 年 4 月进行扩建加固,扩建项目包括:在右岸新开泄洪洞,内径 2 米,长 280.8 米;原输水洞进口改建及洞身补强;由于大坝沉陷 1.5 米,按原设计再加高 1.5 米,并用块石浆砌 1 米高的防浪墙,将原木结构人行桥改建为钢结构人行桥,于 1977 年完成扩建项目。共完成工程量 44 万立方米,投入劳力 106 万工日,总投资 85.9 万元,灌区自 1958 年开工兴建,灌溉高崖、甘草两乡耕地 1.12 万亩。到 1990 年灌溉面积达 1.15 万亩。2006 年设计灌溉面积 3 万亩,有效灌溉面积 1.16 万亩,当年实灌面积 0.3 万亩。灌区内有 2 条干渠,长 28.6 公里,已衬砌 27 公里,支斗渠长 62.74 公里,已衬砌 39.6 公里。灌溉水利用系数 0.53。

山西省要求建立健全灌溉管理机构

12 月 9 日　山西省人民委员会发出《关于征求建立与健全农业合作社营和社联营灌区灌溉管理组织机构意见的通知》,要求各市、县人委对社营或社联营的小灌区应加强领导,不论工程大小,一经完成,均应设立管理机构或确定专人管理。灌溉面积在一个社或一个农场范围内者,由社或农场选定专人进行管理,受益面积跨两社以上者,可成立联合机构。灌溉面积跨两个乡以上,农业社管理确有困难者,由县派出干部,合并组织统一管理。

在一社之内由社领导,有几个社联营者由乡领导。

全国洼改治涝会议召开

12月25日　水利部、农业部在河北省杨柳青召开洼改治涝会议。河北、河南、山东、山西、安徽、辽宁、吉林、黑龙江、天津等省市及淮阳、徐州、苏州、惠民等专署213名代表出席了会议。水利部副部长何基沣为大会领导小组组长。

会议总结了治涝工作的经验,并提出治涝工作方针:①全面规划,因地制宜,研究历史;②依靠群众,小型为主,大中小结合;③以蓄为主,以排为辅,蓄排兼施,上下兼顾;④适应、利用、限制、改造,变水患为水利;⑤水利、土壤改良、农作物改种结合;⑥治涝与灌溉结合,发展与巩固并重。

青海省河群水库开工

12月　青海省化隆县河群水库开工,1962年12月竣工。水库位于河群峡,拦河群河筑坝成库,控制流域面积257平方公里,坝高31米,坝长60米,土石混合坝,总库容465万立方米,设计灌溉面积2万亩,投资402.76万元。

2006年河群水库设计灌溉面积1.56万亩,有效灌溉面积1.7万亩,当年实灌面积1.56万亩,设计流量1.5立方米每秒。灌区内有干渠34条,长66.9公里;支渠161条,长143.2公里;斗渠38条,长50公里。灌区灌溉水利用系数0.34。

平罗县小新墩灌溉试验站成立

是年　平罗县小新墩灌溉试验站成立,该站任务是进行小麦和糜子灌溉制度与需水量试验,春小麦大田与小畦灌溉对比试验,土壤吸水速度测定和各种划畦筑埂方式试验。

汉渠向下延伸工程竣工

是年　吴忠市完成青铜峡河东灌区汉渠向下延伸工程,该工程从张家小闸向下延伸到东沟湾跨过山水沟,延长段叫青年渠。1958年灵武县又将青年渠与1957年沿东山缘开挖的东场渠相接,使汉渠水灌到了杜家滩。从张家小闸到杜家滩,共延长24公里。

河南省李村提灌站动工

是年 河南省荥阳县李村提灌站动工兴建,1960 年又进行了扩建。李村提灌站是河南省在黄河上修建的一座规模最大的中型电力提灌站,总扬程 70 米,提水能力 4 立方米每秒,设计灌溉面积 6 万亩。灌区内有干渠 3 条,总长 40 公里;支、斗渠 346 条,总长 107 公里;各类建筑物 1530 座。

山东省谢寨引黄灌区开工

是年 山东省谢寨引黄灌区开工兴建,1958 年 9 月建成开灌。渠首位于山东省东明县沙沃乡谢寨村。灌区工程由菏泽地区水利局设计,东明县水利局组织施工。1980 年 11 月改建引黄闸,设计引水流量 30 立方米每秒,控制灌溉面积 30 万亩,有效灌溉面积 12 万亩。1990 年山东省菏泽地区为改善东明县谢寨灌区供水和增加曹县、单县等县抗旱送水量,在谢寨闸附近又新建引黄闸,设计引水流量 50 立方米每秒,谢寨灌区变为两闸供水,设计引水能力达到 80 立方米每秒。到 1990 年,灌区有总干渠 1 条,长 18.0 公里;干渠 9 条,总长 114.8 公里;支渠 42 条,总长 98.0 公里。

1958 年

山东省转发大型灌区应即开征水费和停止补助的文件

1月21日 山东省人民委员会转发省水利厅《关于1957年新投入生产的各大型灌区应即开征水费和停止补助的请示》。省人民委员会要求各地做好宣传教育工作,并根据维护灌溉工程的需要,掌握多受益多负担,少受益少负担,不受益不负担的原则,结合各灌区具体情况,制定征收水费标准和管理办法。同时,应充分利用水利资源及灌区隙地,开展多种副业生产,增加收入弥补亏损,减少灌区群众负担。

国务院批转水利部《关于灌区水费征收和使用的几点意见的报告》

1月25日 国务院批转水利部《关于灌区水费征收和使用的几点意见的报告》(简称《报告》)。《报告》指出:国营及较大农业合作联营的灌区的用水单位都应该交纳水费,各级党政领导机关对水费征收应该重视和支持。水费征收标准除主要按工程维修养护、管理费用等项开支确定外,并根据灌区增产及群众负担能力适当积累资金。水费使用应以水利养水利为原则,专款专用,不作为地方财政收入。水费开支力求节约,各级领导应经常予以监督。

苏联专家考察山东省打渔张灌区和绣惠渠灌区

1月28日~2月5日 苏联专家巴宁,由山东省水利厅副厅长张缙等陪同,到山东省打渔张灌区和绣惠渠灌区考察。对防治灌区土壤次生盐渍化和改良盐碱地以及加强工程管理等问题发表了意见。提出加强排水、平整土地、合理灌溉、控制地下水位及井灌种稻等改良盐碱地的办法。

山西省小樊电灌站动工兴建

1月 山西省永济县小樊电灌站动工兴建,1959年12月建成投产,原为机灌站,1961年改为电灌站,该站以黄河为水源,24台机组,总装机容量8470千瓦,二级提水,总扬程72米,提水流量为5.4立方米每秒,共有引输水渠5条,总长14.2公里。设计灌溉面积17.32万亩,有效灌溉面积15.8万亩,受益范围包括永济县北部的张营、栲栳、青渠屯、赵柏4个乡66个行政村。在黄河未脱流前,一级站直接从黄河提水,后来黄河西移,改由尊村水源站(一级站)供水。1976年至1979年又兴建了永宁水源站。2001年小樊电灌站并入夹马口电灌站。

水利电力部成立

2月11日　水利部与电力工业部合并,成立水利电力部。

山东省马扎子引黄灌区动工兴建

2月　山东省马扎子引黄灌区动工兴建,同年6月引黄闸竣工放水,1962年停灌,1965年复灌。1984年在原引黄闸上游250米处建新引黄闸,该闸为钢筋混凝土压力式涵洞,共11孔,每孔净宽1.2米,设计引水27.8立方米每秒,设计灌溉面积32.7万亩,有效灌溉面积14.98万亩。灌区内有总干渠1条,长4.2公里;干渠4条,总长31.6公里;支渠10条,总长29.0公里。

水电部要求加强灌溉管理工作

3月2日　水电部召开电话会议。会上,水电部要求各地在兴修水利大跃进的基础上来一个灌溉管理大跃进,管好用好已有的7亿多亩灌溉设施,保证农业大丰收。

青海省勘测大通河总干渠

3月16日　青海省水利局派出由120人组成的勘测队赴海北自治州祁连县,对大通河总干渠进行勘测。

大通河总干渠计划沿大坂山由西向东延伸,渠线经过海拔3500米的高山峻岭,是引大济湟工程和五大干渠之首。

截至7月1日勘测队共完成:大通河流域干支流的水源勘察1163平方公里;在大通河干流上查勘了8座水库坝址;从瓜拉峡至武松他拉之间,全长约300公里的山岭地带,勘测了穿越大坂山的隧洞线路8条,并完成了瓦里干至铁买的渠道定线218公里。

河南省黄河渠灌区开工

3月16日　河南省黄河渠灌区开工兴建。黄河渠灌区是黄河滩区引黄灌区,渠首位于孟津县王良乡柿林村黄河右岸的蛤蟆滩上,干渠设计流量

15 立方米每秒,渠首进水闸设计流量44.3 立方米每秒,设计灌溉面积14.75万亩,其中孟津县 12.50 万亩,偃师县 2.25 万亩,自流灌溉 6.70 万亩,提水灌溉 8.05 万亩,另兼发电和养鱼。

1997 年灌区设计灌溉面积 14.75 万亩,有效灌溉面积 6.9 万亩,实灌面积 3.8 万亩。灌区有总干渠 1 条,长 2143 米(干砌石护砌,设计流量44.3立方米每秒);干渠 1 条,长 31 公里(护砌6.1 公里);支渠总长 60 公里(衬砌29公里)。干支渠建筑物 318 座,斗农渠建筑物 530 座。排水干沟 7.14 公里。灌区渠系水利用系数 0.35。

河南省三义寨人民跃进渠开工兴建

3 月 20 日 河南省兰考县三义寨人民跃进渠开工兴建。渠首闸位于兰考县黄河右岸东坝头以上三义寨附近。引水流量 520 立方米每秒,利用黄河故道水库群蓄洪 40 亿立方米,设计灌溉豫东和鲁西南沙碱旱地 1980万亩,初步开发 1400 万亩。豫、鲁 2 省联合建立了施工指挥部,菏泽、商丘、开封 3 专区分段施工,经过 4 个半月完成土方 1.5 亿立方米,砌石方 19 万立方米,开挖干渠 30 条,修建大型水闸 46 座,于 8 月 15 日竣工放水蓄灌。建成后效益多未实现,于 1961 年停灌,水库停蓄还耕。

1966~1969 年,兰考、民权两县恢复引黄灌溉,以抗旱放淤为主,1974年及 1990 年渠首闸两次改造,目前渠首闸过水能力 150 立方米每秒。

1992 年,河南省人民政府批准分两期实施新三义寨引黄工程。一期工程从三义寨闸引水 107 立方米每秒,其中兰杞干渠 36 立方米每秒,商丘总干渠 63 立方米每秒,兰考干渠 8 立方米每秒,灌溉面积 340 万亩,其中正常灌溉面积 118 万亩(开封市 67 万亩,商丘市 51 万亩),补源面积 222 万亩(开封市 59 万亩,商丘市 163 万亩)。一期工程包括三义寨引水闸前引水渠 0.8 公里,总干渠 0.75 公里,商丘总干渠 35.87 公里,东分干渠 8.28 公里,兰考干渠 5.85 公里,沉沙条渠 8.98 公里,各类建筑物 82 座。一期工程1992 年 11 月开始实施,1994 年实现简易通水。二期工程(三义寨引黄供水南线工程)将开发商丘的南分干渠灌溉系统,主要为南分干渠 6.5 公里,沉沙池及退水渠 20 公里,输水渠道 64.5 公里,建筑物 175 座,引水流量 35 立方米每秒,补源面积 196 万亩。

1997 年灌区设计灌溉面积 344.1 万亩,有效灌溉面积 65 万亩,实灌面积 100 万亩,设计引水流量 107 立方米每秒。灌区内有黄河故道林七、吴屯、郑阁、石庄、王安庄 5 座串联梯级水库,正常兴利库容 1.067 亿立方米,干渠总长 592.84 公里,支渠总长 732.55 公里,斗渠总长 476.8 公里。干支渠建筑物 821 座,斗农渠建筑物 4788 座。排水干沟 413.7 公里,支沟 2085.5 公里。灌区渠系水利用系数 0.36。

陕西省洛惠渠发出做好灌溉管理工作的倡议

3 月　陕西省洛惠渠灌区首先向陕西省各灌区,继而与泾惠灌区、渭惠灌区联名向全国各兄弟灌区发出做好灌溉管理工作的倡议,得到兄弟灌区的响应。

卫宁灌区跃进渠开工

4 月 5 日　卫宁灌区跃进渠开工。跃进渠是中宁县黄河南岸的主要干渠,由中卫县孟家河沟开口,引黄河水傍河依山到青铜峡市广武乡旋风槽村入黄河,渠长 85 公里。1959 年 9 月渠首进水闸开工,1960 年 4 月 3 日竣工,设计最大引水流量 49 立方米每秒,正常引水流量 30 立方米每秒。

2000 年灌区设计灌溉面积 15 万亩,有效灌溉面积 15 万亩,当年实灌面积 13.4 万亩,设计流量 28 立方米每秒;有干渠 1 条,长 88 公里。

钱正英就兴建位山枢纽工程等问题到山东考察

4 月 9 日　水电部副部长钱正英等就黄河下游治理规划及兴建位山枢纽工程问题到山东省考察,山东省水利厅副厅长江国栋等参加。15 日,钱正英向中共山东省委负责人谭启龙、赵健民、王卓如等汇报考察情况及意见。

中苏合作研究项目协调会在北京召开

4 月 18～19 日　中苏合作项目"黄河中下游灌溉、排水及盐渍土改良的研究"协调会议在北京召开,会议由北京水利科学研究院、中国农业科学研究院、中国科学院土壤研究所、中国科学院土壤队共同主持,参加会议的有水电部、农业部及有关省水利研究单位的代表。水电部冯仲云副部长和北京水利科学研究院顾问、苏联专家齐恰索夫出席了会议。

该项目是 1957 年中国访苏科学技术代表团在苏联商定的中苏合作重大研究项目之一,这次会议主要是协调、组织、推动这一研究项目的进行。

山东省太行堤平原水库动工

4月中旬 山东省动工兴建太行堤平原水库,8月21日开始蓄水。该水库位于曹县境内废黄河与太行堤之间的洼碱地带,自西北向东南成斜长带形,全长75公里,平均宽3.5公里,总面积247.7平方公里,自上而下由白茅、魏湾、刘同集、万楼、土山集、仲堤圈、望鲁集7个水库串联而成。各库间均筑有格堤,各格堤间用连通沟连接,在连通沟上建闸控制,以调节各库水位,并在水库北堤上建放水闸6座,供给灌区用水。设计蓄水量为9.47亿立方米,设计灌溉面积650万亩。该水库的引水工程——三义寨引黄闸及闸后人民跃进渠于8月15日竣工放水,引黄河水送入太行堤水库,太行堤水库8月21日开始蓄水。建库工程共迁移村庄323个,移民23841户、95885人,做土方3943万立方米,建筑物103座,国家投资1193.5万元。1960年水库废除,停蓄还耕,灌区封闸平渠,移民陆续返库定居。

陕西省联合检查泾、洛、渭3个灌区经营管理和工作情况

4月27日~5月12日 陕西省水利厅和农林水利工会,组织泾、洛、渭、梅、涝、沣等管理局,武功、大荔、朝邑、三原4县农林水牧局等共18人,联合检查泾、洛、渭3个灌区的12个管理站、7个乡和14个农业生产合作社及部分小型水库、水能利用工厂和扬水站等经营管理和工作情况。

河南省大功引黄蓄灌渠工程开工

4月27日 河南省大功引黄蓄灌渠工程开工。渠首闸位于封丘县荆隆公社大功村,该闸共3孔,钢筋混凝土结构,每孔宽10米,过闸流量280立方米每秒,最大引水流量350立方米每秒。4月27日开工挖基,9月25日建成并提闸放水,10月全部竣工。共投资402.3万元。灌区规划设12条干渠,1万余座建筑物,蓄水库60余座,可蓄水19亿~24亿立方米,设计灌溉农田1010万亩,其中河南710万亩,山东300万亩。出动25万民工,施工3个月,开挖161公里的总干渠,完成土方2.5亿立方米,1959年4月竣工,该总干渠当时被中共河南省委命名为"红旗渠"。开灌后,因涝灾加重,于1962年停灌,1973年复灌,设计灌溉面积由1010万亩改为30.9万亩。

为了加快引黄灌溉步伐,河南省委、省政府决定恢复大功总干渠封丘县至滑县城八一闸渠段,开展新大功灌区建设。新大功灌区近期工程自封丘

县东大功引水,设计引水流量70立方米每秒,设计灌溉及补源面积245.27万亩,其中正常灌溉61.10万亩(封丘县),补源灌溉面积184.17万亩(长垣县44.00万亩,滑县140.17万亩)。远期工程拟在封丘县曹岗建闸引水,渠道设计流量120立方米每秒,控制灌溉及补源面积414万亩,涉及封丘、长垣、滑县、内黄、浚县、濮阳、清丰、南乐等县。

新大功灌区1992年冬开工建设,1994年总干渠实现简易通水。灌区分为新乡市及安阳市两部分。

1997年新乡市设计灌溉面积105.10万亩,有效灌溉面积16万亩,实灌面积16万亩,设计流量70立方米每秒,设计干渠总长180.56公里,支渠总长344.67公里。1997年安阳市设计灌溉面积140.17万亩,有效灌溉面积111.7万亩;设计流量70立方米每秒;设计干渠总长274.83公里,实有干渠总长250.45公里;设计支渠总长418.64公里,实有支渠总长136公里;设计斗农渠长度762公里;设计干支渠建筑物937座,实有155座;设计斗农渠建筑物1024座。

内蒙古民生渠灌域跃进干渠开挖完工

4月底 内蒙古镫口扬水灌区民生渠灌域跃进干渠开挖完工。该渠长近60公里,开挖土方310万立方米,萨拉齐县人民政府发动万余人于3月份开始施工,历时50多天完成,并于5月开始灌溉。该渠的开挖系根据自治区水利厅勘测设计院于2月份编制完成的《民生渠电力灌溉及自流灌溉扩建工程说明书》进行的,灌溉面积为23万亩(电力扬灌8万亩,自流灌溉15万亩)。扬水站建在民生渠口东侧,以浇灌口部高地。跃进渠于民生渠18公里处接口。

内蒙古昌汉白扬水灌区动工

4月 内蒙古动工兴建黄河南岸灌区昌汉白扬水灌区。该灌区位于杭锦旗巴拉贡镇辖区,总土地面积4.12万亩。该工程由旗政府主持施工。开挖引水渠230米,干渠6.7公里,开挖支渠3条共8公里。安装70马力柴油机1台,混流泵1台,水源取自黄河。1967年2月该灌区扩建,完成进水闸、引水渠、泵房、前后池、输电线路等工程。投资35万元,控制面积3万亩。至1977年,总干渠至17公里处的黄河两岸,群众自建小泵站34处,净扬程8~13米,装机总容量1166千瓦,抽水能力4.2立方米每秒,灌溉面积7020亩。

唐徕渠修建引水口潜水坝

春 青铜峡河西灌区唐徕渠修建引水口潜水坝工程。工程位于引水口以下100米处,是一座横跨黄河的块石铅丝笼潜水坝。坝宽45米、高2.5米、长120米,使青铜峡黄河流量在300~500立方米每秒时,渠口进水量较前增加一倍以上。

山东省位山引黄灌溉工程动工兴建

5月1日 山东省位山引黄灌溉工程动工兴建。该工程为黄河位山枢纽一期工程。菏泽、聊城、泰安、济宁4个专区40个县的60余万民工参加施工。引黄闸10孔,设计引水流量780立方米每秒,计划灌溉东阿、齐河、禹城、茌平等县农田700万亩。10月1日,引黄闸、沉沙池及部分灌溉渠道建成,举行了3万多人参加的放水典礼,副省长张竹生代表省委、省人民委员会到会祝贺。1959年开灌,1962年3月关闸停灌,废渠还耕。1970年3月复灌,陆续整修改建渠系,改建渠首闸为8孔,每孔净宽7.7米,设计引水流量240立方米每秒。复灌后,设计灌溉面积432万亩,有效灌溉面积260万亩。为适应引黄济津,1981年三干渠按修正设计进行开挖,扩大灌溉面积156万亩,扣除东阿县郭口灌区建成分出去的面积,位山灌区灌溉面积达到516万亩。

2000年灌区设计灌溉面积540万亩,有效灌溉面积510万亩,当年实灌面积430万亩,设计流量240立方米每秒。灌区有总干渠1条,长30公里(全部衬砌);干渠3条,长244公里(衬砌29.2公里);支渠385条,长2100公里;斗渠以上建筑物5000座。灌区渠系水利用系数0.61。

河南省东风渠渠首引黄闸开工

5月5日 河南省东风渠渠首引黄闸开工。该闸位于郑州市北郊岗李村黄河南岸大堤上,东风渠渠首闸由河南省水利厅勘测设计院设计,河南省岗李引黄灌溉工程指挥部施工,闸和全部混凝土工程由中南第四建筑公司承包。该闸为钢筋混凝土结构,开敞式,共5孔,每孔高5米,宽10米,钢质弧形闸门,设计流量300立方米每秒,设计灌溉郑州市及开封、许昌两地区的806万亩土地,并可供应郑州市工业用水。9月11日建成放水。共完成土方22万立方米,石方3万立方米,混凝土1.2万立方米。1959年11月14日,省人民委员会决定成立东风渠灌溉管理局,下设花园口、中牟、扶沟三个分局和一个渠首管理段。1963 年花园口枢纽破坝废除后,该闸随之停灌。

陕西省渭惠渠高原抽水灌溉工程举行开工典礼

5 月 12 日　陕西省人民委员会在咸阳举行有两万多人参加的渭惠渠高原抽水灌溉工程(简称渭高抽)开工典礼。1959 年 4 月竣工。渭高抽从渭惠渠第一渠(即总干渠)16.9 公里处引水,引水渠全长 105 公里,设计流量 25.3 立方米每秒。全灌区建有 17 座大、中型抽水站,计有支渠 24 条,斗渠 570 条,退水渠 9 条,各类建筑物 5500 余座,灌溉扶风、武功、兴平、咸阳、礼泉、泾阳、高陵 7 县市的 96 万亩耕地,使渭惠渠控制面积达到 153 万亩。

山东省黄前水库动工

5 月　山东省动工兴建黄前水库,1960 年基本建成并拦洪蓄水。该水库位于泰安县麻塔公社黄前村北、大汶河支流石汶河上游,原为大型水库,"三查三定"后降为中型水库。控制流域面积 292 平方公里,总库容 8248 万立方米,兴利库容 5913 万立方米。水库灌区工程于 1960 年 8 月开工至 1961 年 3 月建成开灌,渠首设计流量 15 立方米每秒,设计灌溉面积 11.50 万亩,有效灌溉面积 7.00 万亩。灌区内有总干渠 1 条,长 5.12 公里;干渠 3 条,总长 50.90 公里;支渠 10 条,总长 38.4 公里。西干渠穿过泰安城北,枯水季节可补给泰安市内河流、湖泊水源。

山西省汾河灌区调整水费征收标准

6 月 8 日　山西省汾河灌区调整水费征收标准:秋水浇一次每亩 0.6 元,二次每亩 0.8 元,加春水浇一次每亩 1.0 元;春水浇一次每亩 0.6 元,二次每亩 0.8 元,加夏水浇一次每亩 1.3 元;冬水浇一次每亩 0.4 元,加次不加费,加春水浇一次每亩 1.0 元,加夏水浇一次每亩 1.2 元;夏水浇一次每亩 0.8 元,二次每亩 1.3 元。

甘肃省引洮上山工程开工

6 月 17 日　引洮上山工程经中共甘肃省党代会提出后,仅用一个多月的草测规划和三个多月的准备,于本日仓促开工。

该工程原计划自洮河上游岷县古城修建一座水库(坝高 42 米,库容 3 亿立方米),引水上山,经会宁县华家岭等分水岭,过宁夏的西吉到甘肃庆阳的董志塬,总干渠长1400公里,14条干渠总长2500公里,引水流量150~170立方米每秒,每年引水总量28亿立方米,总干渠跨过大小河谷沟涧800余处,绕过和深劈崇山峻岭200余座。总工程量20多亿立方米,混凝土和砌石270万立方米,拟灌溉甘肃的定西、平凉、庆阳、天水及宁夏的西海固等地区耕地1500万~2000万亩。

该工程在当时"大跃进"浮夸风影响下,严重脱离实际,经过三年艰苦挣扎,完成土石方1.6亿立方米,投入劳力6000多万工日(不包括后方支援工日),使用国家投资1.6亿元,耗费大量水泥、钢材、木材,死亡民工2418人,伤残民工400人,结果一亩地未浇,不得不于1961年6月下马停建。

河南省渠村引黄灌区开工

6月　河南省濮阳市渠村引黄灌区开工兴建。灌区范围涉及濮阳县和滑县的15个乡镇,由于最初运用不当,造成土地严重盐碱化,1962年停灌,1965年复灌,1979年12月建成引水流量100立方米每秒的渠村引黄闸。

1997年灌区设计灌溉面积74.55万亩,有效灌溉面积33.55万亩,实灌面积41.7万亩。另有补源灌溉面积60万亩,设计流量100立方米每秒。灌区内有干渠总长84.1公里(衬砌16.7公里),支渠总长130.0公里(衬砌7.7公里),斗渠总长590.2公里。干支渠建筑物800座,斗农渠建筑物2701座,排水干沟总长135.2公里,支沟29.76公里,干支排水沟建筑物249座,斗农排水沟建筑物1143座。渠系水利用系数0.47。

山西省委研究汾河水库兴建问题

7月7日　山西省委召开紧急会议研究汾河水库兴建问题,会议由山西省委第一书记陶鲁笳主持。会议决定动工兴建汾河水库,采取机械施工,并决定成立汾河水库工程委员会。

青海省引大济湟水利工程筹备处成立

7月23日　青海省成立青海省引大济湟水利工程筹备处。9月初,筹备处撤销,成立青海省水电厅引大工程局,王樗任局长,刘志庭任副局长。

河南省成立东坝头引黄蓄灌管理局

8月11日　河南省豫人字第110号文批准,成立河南省东坝头引黄蓄灌管理局。该局属省河务局领导,负责兰考县境内渠首闸、总干渠控制工程的管理养护和山东、河南两省三个专署的配水工作,下设茨蓬、青龙岗、张庄三个管理段,编制共59人。

青铜峡水利枢纽开工

8月25日　青铜峡水利枢纽工程举行开工典礼,26日破土动工。青铜峡枢纽位于青铜峡市黄河干流上,为黄河综合利用规划选定的第一期工程之一,属于以灌溉为主结合发电、防凌的综合利用工程。拦河坝总长591.75米,最大坝高42.7米,总库容7.35亿立方米,设计灌溉面积582万亩,电站装机容量27.2万千瓦,年发电量13.5亿千瓦时。设计单位1956年至1958年为北京勘测设计院,1958年以后为西北勘测设计院,由黄河青铜峡工程局负责施工。

青海省引大济湟一期工程开工

8月　青海省引大济湟工程一期工程(以总干渠为主,包括19座隧洞)正式动工,计划1960年完成。二期工程(包括吴松他拉水库和全部干渠工程)计划1959年开工,1960年完成。

引大济湟工程由三大施工项目组成:一、吴松他拉水库;二、总干渠(包括19座隧洞,全长27.68公里,其中大坂山隧洞长14.8公里);三、干渠等全部工程可扩大灌溉面积600万亩,利用落差发电,可装机36万千瓦。第一期工程全部工程量为挖填土方1404万立方米,开挖石方290万立方米,砌石方104万立方米,浇筑混凝土14万立方米,共需劳动力1400万工日,除劳力、工具及一般工程材料由公社负担外,还需国家投资补助9500万元。开工后,首先开凿大坂山主隧洞,由隧洞进口、出口及偏洞同时开挖,至1959年9月,终因工程艰巨、投资额大、施工条件不具备而被迫停建,仅完成隧洞进出口各数米,9个偏洞各100米,耗用投资600余万元。

山东省韩墩引黄灌溉工程开工

9月1日　山东省滨县韩墩引黄灌溉工程开工。该工程原是按灌、排、航、电相结合综合规划的大型盐碱地改良工程。由淄博专区水利建设指挥部设计,省水利建设安装队和滨县、沾化县水利局施工。至1959年3月25日,完成渠首闸、总干引水闸、沉沙条渠、总干渠上段工程及部分渠系配套工程后放水开灌。渠首引黄闸设计流量240立方米每秒,控制灌溉面积400万亩。1962年停灌,1968年复灌,核实设计灌溉面积75万亩,有效灌溉面积 19.85 万亩。1982 年 10 月 30 日在老闸下游 500 米处建成新闸并堵废老闸,新闸为钢筋混凝土 6 孔箱式涵洞,设计流量 60 立方米每秒。该灌区1988 年列入世界银行贷款工程项目。

2000 年灌区设计灌溉面积 96 万亩,有效灌溉面积 40 万亩,当年实灌面积 95 万亩。渠首设计流量 60 立方米每秒。灌区有总干渠 1 条,长 29公里(全部衬砌);干渠 4 条,总长 134 公里;支渠 64 条,总长 243 公里,支渠以上建筑物 441 座。排水总干沟 1 条,长 71.4 公里;干沟 11 条,长 285.4公里;支沟 26 条,长 148 公里,支沟以上建筑物 151 座。灌区灌溉水利用系数 0.46。

水电部召开全国中型水利水电工程建设经验交流会

9 月 5~15 日　水电部在河南省郑州市召开全国中型水利水电工程建设经验交流会,会议肯定了"边勘测、边设计、边施工"的三边做法,水电部副部长钱正英作了会议总结。

甘肃省巴家嘴水库动工兴建

9 月 19 日　甘肃省庆阳县巴家嘴水库动工兴建。该水库位于泾河支流的蒲河中游,初建坝高 58 米,总库容 2.57 亿立方米。水库的主要任务是拦泥,其次是灌溉和发电,1962 年 7 月竣工。1964 年 12 月,在国务院总理周恩来主持召开的治黄会议上,巴家嘴水库被正式列为全国 12 座重点拦泥试验水库之一。经 1965 年、1973 年、1980 年对大坝进行多次加高和灌浆加固,坝高达 74 米,总库容 4.95 亿立方米。

刘家峡、盐锅峡两座水利枢纽开工

9 月 27 日　刘家峡、盐锅峡两座水利枢纽开工。刘家峡水利枢纽位于甘肃省永靖县黄河干流刘家峡峡谷下段红柳沟,坝址以上流域面积 17.3 万平方公里,年总径流量 263 亿立方米,最大坝高 147 米,总库容 57 亿立方米,于 1975 年 5 月建成,是黄河上游大型发电、灌溉、防洪、防凌调节水库,装机容量 122.5 万千瓦,年发电量 57 亿千瓦时,灌溉面积 1580 万亩。

盐锅峡水利枢纽位于甘肃省永靖县刘家峡下游,坝高 55 米,总库容 2.2亿立方米,于 1961 年 11 月建成,装机容量 35.2 万千瓦,年发电量 22.8 亿千瓦时,灌溉下游 4.5 万亩耕地。

两项工程均由水电部西北设计院设计,水电部第四工程局施工。

194

山东省刘庄引黄灌溉工程动工兴建

10 月 6 日 山东省菏泽县刘庄引黄灌溉工程动工兴建,1959 年 5 月建成开灌。灌区设计灌溉面积 24 万亩;有效灌溉面积 16 万亩,另外还担负着向下游县送水抗旱的任务。

2000 年灌区设计灌溉面积 67.52 万亩,有效灌溉面积 52.43 万亩,当年实灌面积 52.43 万亩,设计流量 80 立方米每秒。灌区有总干渠 2 条,长 24.4 公里(衬砌 10.6 公里);干渠 3 条,长 50.7 公里;支渠 30 条,长 124 公里;斗渠 134 条,长 551 公里;斗渠以上建筑物 601 座。排水系统有排水总干沟 4 条,长 159 公里;干沟 16 条,长 122 公里;支沟 19 条,长 99 公里;斗沟 98 条,长 268 公里;斗沟以上建筑物 382 座。灌区灌溉水利用系数 0.4。

山西省引黄入晋工程线路查勘

10 月 10 日 山西省和水电部联合组成山西省引黄查勘队。查勘队由水电部北京勘测设计院和山西省农业厅、交通厅、地质厅、电力工业厅等单位的各类专业技术人员 34 人组成。由吴恒安、朱映带队,从 10 月 18 日至 12 月 17 日,进行从内蒙古清水河县至山西省运城地区的引黄入晋工程线路查勘,行程 3000 余公里,编制出《关于引黄入晋工程报告》初稿。

内蒙古黄河北岸总干渠巴彦淖尔盟段开工

11 月 15 日 内蒙古黄河北岸总干渠巴彦淖尔盟段开工,总干渠上接三盛公水利枢纽北岸进水闸,1960 年 4 月 29 日渠首至三湖河口总长 206 公里全部完工并通水。总干渠及灌区工程由北京水利勘测设计院、黄委会勘测规划设计院和内蒙古水利勘测设计院于春季完成设计。总干渠按一首制规划,从三盛公水利枢纽开口引水,直穿巴彦淖尔盟河套平原,再伸向包头市以东土默特旗,全长 400 多公里,其中巴彦淖尔盟段长 178 公里。

山西省汾河水库开工

11 月 25 日 山西省汾河水库举行开工典礼,副省长兼汾河水库工程委员会主任刘开基参加典礼并讲话。该水库位于山西省静乐县下石家庄(今属娄烦县)汾河干流上,是一座以防洪、灌溉、工业用水为主,结合发电和养殖综合利用的大型水利工程。

甘肃省东峡水库动工兴建

11 月　甘肃省静宁县东峡水库动工兴建。该水库位于静宁县城东北 4 公里,南河干流的东峡上峡口。初建坝高 29 米,总库容 3600 万立方米,至 1960 年底建成蓄水。自 1963 年 8 月开始,经过四次改建加固,至 1988 年底,大坝加高至 41.34 米,总库容达到 8600 万立方米(淤积库容已达 4170 万立方米),并在左坝肩新建泄洪洞和溢洪道,使水库的防洪标准由百年一遇提高到千年一遇,坝后新建电站一座,装机容量 150 千瓦。改建加固后,在蓄清排浑的运用方式中,较好地解决了排沙与灌溉的矛盾,1986 年获甘肃省科技进步二等奖。四次改建扩建共完成总工程量 143.6 万立方米,投入劳力 214 万工日,总投资 1042 万元,灌溉面积达到 3.53 万亩。

灌区范围内自明成化年间就修建有兴陇渠,1950 年至 1957 年先后修建了中渠、北渠、南渠和解放渠 4 条自流引水灌溉干渠,灌溉面积达 1.98 万亩。到 1988 年底,修建支渠 161 条,新建和改建各类建筑物 1362 座,又先后修建了提灌站 8 处,灌溉面积发展到 3.53 万亩。

2006 年灌区设计灌溉面积 3.32 万亩,有效灌溉面积 3.36 万亩,当年实灌 3.06 万亩,干渠总长 34.89 公里,已衬砌 29.24 公里,支斗渠总长 88.11 公里,已衬砌 59.41 公里。灌溉水利用系数 0.6。

陕西省宝鸡峡引渭灌溉工程举行开工典礼

12 月 20 日　陕西省宝鸡峡引渭灌溉工程在宝鸡县太寅村举行开工典礼,省长赵寿山出席并作动员讲话。该工程由陕西省水利厅勘测设计院勘测设计,陕西省渭河工程局负责施工,动员 12 个县 7 万多民工组成 10 个指挥部分片分段包干,到 1962 年春停建时,国家投资 6570 万元,共计完成土方 3378 万立方米,砌石 13.3 万立方米,混凝土 5.1 万立方米。渠首大坝、隧洞、金陵河渡槽、沣水倒虹及 4 座渠库大坝等重点建筑物,已分别完成大部或全部,完成土方占总土石方量的 40%。1969 年 3 月工程恢复施工,1971 年 7 月通水。

内蒙古大黑河灌区涌丰渠与三和渠合并

是年　内蒙古大黑河灌区涌丰渠与三和渠合并,改称涌丰三和渠。涌丰渠始建于清顺治年间,三和渠始建于清嘉庆年间,两渠合并后,1965 年至 1974 年将原渠系建筑物全部扩建,并对灌区逐年进行配套。灌区进水闸设计流量 30 立方米每秒,有总干渠 1 条,长 7.5 公里,干渠 8 条,总长 81 公里,支渠 30 条,总长 45 公里,机电井 254 眼(其中深井 52 眼)。灌区设计灌溉面积 7 万亩,有效灌溉面积 6.65 万亩,井渠双灌面积 4.96 万亩。

内蒙古大黑河灌区改建永济渠渠首

是年 内蒙古大黑河灌区改建始于 1921 年的永济渠渠首。1968 年又对其进行扩建,并将原直接从大黑河引水的和顺、三合、利民、通顺、民富 5 条渠道并入永济渠。灌区设计引水流量 35 立方米每秒,设计灌溉面积 7.2 万亩,有效灌溉面积 4 万亩,井渠双灌面积 4.3 万亩。有总干渠 1 条,长 10 公里;干渠 4 条,总长 50 公里;支渠 48 条,总长 146 公里;支渠以上建筑物 32 座,机电井 478 眼。

内蒙古兴建乌素图水库

是年 内蒙古在呼和浩特市郊区乌素图沟内修建乌素图水库,1975 年兴建灌区,设计灌溉面积 3.02 万亩,有效灌溉面积 1.18 万亩,均可井渠双溉。有总干渠 2 条,长 5.2 公里;干渠 9 条,长 27 公里;支渠 29 条,长 24 公里;机井 100 眼。

内蒙古修建水涧沟水库

是年 内蒙古在水涧沟峪口以上 10 公里修建水涧沟水库,总库容 646 万立方米,利用水库蓄水进行灌溉,建有干支渠 22 条,支渠以上建筑物 89 座。设计灌溉面积 6.5 万亩,有效灌溉面积 6.84 万亩。该灌区位于大青山南坡沿山地带。

尉氏县东西三干渠灌区建成

是年 河南省尉氏县东西三干渠灌区建成。该灌区是河南省水利厅对贾鲁河阶梯开发规划中确定的东风灌区组成部分,设计灌溉面积 28 万亩。灌区内有东三总干渠,长 20 公里;东三南干渠,长 29.3 公里;东三北干渠,长 19.4 公里;西三干渠,长 36.6 公里。共建成各类干渠建筑物 43 座,支渠建筑物 143 座,斗渠建筑物 500 座。

1959 年

山西省成立引黄领导小组

1月　山西省委听取了引黄入晋查勘队汇报。根据引黄入晋查勘结果,确定引黄干渠选在浑河引水线,原则上不去晋南。引水规模初定为100立方米每秒。山西省委同时决定成立引黄领导小组,由山西省省委书记王谦任组长,山西省副省长刘开基、山西省水利局局长乔峰山任副组长。具体工作由水电部北京水利勘测设计院和山西省有关各厅局抽调干部组成引黄规划队负责承办。

黄委会报送河南黄河开发意见

2月18日　中共黄委会党组向中共河南省委报送了《关于河南黄河干支流枢纽工程的开发意见》(简称《意见》)。《意见》提出:拟在1961年前后同时修建任家堆、小浪底、西霞院、桃花峪、岗李、柳园口、东坝头、故县、陆浑、五龙口等10座枢纽工程,以解决三门峡至秦厂间可能出现的千年一遇69.2亿立方米洪水问题,结束黄河下游的洪水威胁,并调节水量防止河床下切,保证河南黄河两岸5540万亩土地不同季节的灌溉引水。同时,还可以获得装机容量272.1万千瓦的电力,年发电量111.22亿千瓦时,建议有计划地建立施工队伍,采取大流水作业与交插施工的方式,多快好省地完成施工任务。

河南省故县水库开工兴建

2月　河南省故县水库开工兴建。水库位于洛宁县故县村附近,是洛河干流唯一的大型水库。坝址以上控制流域面积5370平方公里,是以防洪为主、兼顾兴利的大型水库。由故县水库工程指挥部组织施工。设计选用堆石塑性斜墙坝型,采用定向爆破施工方法。于1959年10月在第六坝线的下游附近左岸试放一炮,用炸药23吨,炸虚方3.7万立方米落入河床。后因经济困难,缩短基建战线,于1960年秋停工缓建,1977年冬季水电部列为部属工程项目,1978年4月恢复施工,1991年2月10日下闸蓄水。水库建成后,灌溉方面可以改善滩地52万亩,发展高低灌溉50万亩。

全国灌溉管理工作会议在北京召开

3月上旬　农业部在北京市召开全国灌溉管理工作会议。会议要求各地加强灌溉管理工作。充分发挥农田水利工程的效益,利用好一切水源,更好地为农业的更大丰收和林、牧、副、渔等各方面服务。

会议认为:根据适应公社,有利生产,专业机构与群众组织结合和精简节约的原则,当前改善灌溉管理的紧急任务是迅速建立健全各级灌溉管理组织机构,加强对工程设施的管理和养护。会议强调指出,推行计划用水,合理使用水利资源,是社会主义农业有计划生产的一项重要措施。会议要求各地发动群众,革新灌溉技术,向灌溉田园化的目标进军。

黄委会召开冀、豫、鲁3省用水协作会议

3月20日　黄委会在河南省郑州市召开冀、豫、鲁3省用水协作会议。会议对黄河水资源及三省灌溉用水情况进行了分析,最后提出1959年下游枯水季节用水初步意见,即按秦厂流量以2:2:1的比例由河南、山东、河北3省分别引用,并在黄委会内设立3省配水协作小组,组长由黄委会杨庆安担任,山东省代表梁宗久等,河南省代表高名揆等,河北省代表刘全等任协作小组成员,协作小组于1960年10月停止工作。

水电部召开位山枢纽规划现场会

3月26日　水电部专家工作组在山东省位山工程局召开位山枢纽规划现场会。出席会议的有专家工作组组长、北京水利水电科学研究院副院长张子林,黄河勘测设计院副院长韩培诚,苏联专家考尔涅夫、卡道姆斯基、布列索夫斯基,山东省水利厅、位山工程局等有关部门负责人及工程设计人员50余人。会议对位山枢纽布置提出了3个方案,建议进行此三方案的模型试验后再作论证。对京杭运河穿黄问题,认为在枢纽上平交穿黄较好,穿黄闸设在国那里和林楼。会议要求对以上方案进行模型试验后于8月1日前提出正式报告。4月6日张子林和布列索夫斯基到山东省检查了规划设计工作。

苏联专家视察汾河水库工地

4月上旬　水电部水工总局、水电科学院,北京水利勘测设计院有关领导陪同苏联土工专家西曼邱克到山西省汾河水库工地视察。建议用15秒

内特快剪试验,进行坝坡稳定分析。同时,建议水中填土在灌水前加碾压,提高初期填筑干容重,控制含水量。

4月14日,苏联专家考尔涅夫、波洛沃依、卡里曼诺夫到山西省汾河水库视察,对水库工程的坝体设计、水中倒土、施工质量以及临时溢洪道等方面提出许多重要建议。

河南省三义寨人民跃进渠等渠首工程通过验收

4月11~29日 黄委会、河南黄河河务局、水利厅、监察厅、基本建设委员会等有关单位共同组成闸门验收委员会,到现场对人民跃进渠、东风渠、红旗渠、共产主义渠等6处引黄渠首工程进行了验收。验收结果,同意这些涵闸交付使用。由于在"大跃进"形势下,采用边勘测、边设计、边施工的方式修建,速度较快,存在一些设计不周、施工粗糙、不好管理等问题,如在验收中发现:东风渠渠首闸静水池底板出现裂缝和管涌;红旗渠渠首闸闸底板混凝土标号较设计降低23%,闸门安装不良漏水严重;人民跃进渠渠首闸发生严重震动;共产主义渠渠首闸东干渠底板出现裂缝管涌,冒水带沙;大部分闸门没有启闭机房,缺乏机电设备等。验收委员会对此提出了处理意见。

山东省陈垓引黄灌溉工程开工

春 山东省梁山县陈垓引黄灌溉工程开工,11月底建成开灌。引黄闸为3孔钢筋混凝土箱式涵洞,设计引水流量30立方米每秒,设计灌溉面积25万亩,有效灌溉面积19万亩。1977年3月21日动工改建引黄闸,7月24日竣工。改建共投入工日1.8万个,投资57.26万元。灌区从1988年开始承担向南四湖补水任务。到1990年,灌区有总干渠2条,总长14.5公里;干渠15条,总长130.3公里;支渠162条,总长311.0公里。

张含英同苏联专家审查宝鸡峡工程及冯家山水库工程设计

5月 水电部副部长张含英同苏联专家考尔涅夫、布热津斯基赫等专家学者到陕西审查宝鸡峡工程及冯家山水库工程设计。同时,考察了宝鸡峡总干渠沣水倒虹和信邑沟水库大坝。

山东省苏泗庄引黄灌区动工兴建

5月 山东省鄄城县苏泗庄引黄灌区动工兴建,1960年5月开灌。渠首位于山东省鄄城县临卜镇苏泗庄黄河大堤上,引黄闸为钢筋混凝土箱式涵洞,后因防洪标准低作废,于1978年新建6孔钢筋混凝土箱式涵闸,设计引水流量42立方米每秒。灌区工程由菏泽地区水利局设计,鄄城县水利局施工。设计灌溉面积41.8万亩,有效灌溉面积24万亩,灌区于1962年停灌,1965年复灌。

1988年12月22日,山东省水利厅以(88)鲁水勘字第51号文,核定设计灌溉面积60万亩,其中自流灌溉区45万亩,提水灌溉区15万亩,并担负向菏泽电厂送水和本县10万亩引黄补源用水任务,核定方案概算为1878.97万元。到1999年,设计灌溉面积60万亩,有效灌溉面积45万亩,设计流量50立方米每秒;有总干渠9条,总长94.89公里;干渠13条,总长159.75公里;支渠67条,总长123.75公里;斗渠以上建筑物576座。排水总干沟3条,长71.5公里;干沟11条,长102公里。灌溉水利用系数0.39。

内蒙古三盛公水利枢纽工程开工

6月3日 地处内蒙古西部河套灌区上游的三盛公黄河水利枢纽工程正式开工兴建。该枢纽是以灌溉为主兼顾发电的大型水利工程。设计灌溉面积为1160万亩,枢纽主要建筑物有拦河闸、北岸总干渠进水闸、南岸进水闸、沈乌渠进水闸、库区围堤、左右岸导流堤、电站等。拦河闸右侧有2100米长、8米高的拦河土坝与之连接。需完成土石方400万立方米,总投资约为5100万元。该工程由黄委会勘测规划设计院设计,三盛公工程局施工,计划于两年内完成。1961年5月13日按期截流成功,并开闸放水灌溉,结束了河套灌区无坝引水的历史。

山东省韩墩灌区总干渠决口

8月4日 山东省惠民县韩墩灌区阎家乡大赵村(现属滨县)擅自扒开引黄总干渠放水浇地,造成宽36米、最深处3.5米的重大决口事故,决口持续8天被堵复,总出水量1382万立方米,淹没土地9000亩,造成6700亩耕地绝收,减产粮食47.25万公斤。

陕西省洛惠渠东三支渠段长蔚章保出席国庆10周年大会

9月28日 陕西省洛惠渠东三支渠段长蔚章保应党和国家领导人毛泽东、刘少奇、宋庆龄、董必武、朱德、周恩来之邀,在北京人民大会堂出席庆祝中华人民共和国成立10周年大会,10月1日在天安门观礼台观看阅兵式及群众庆祝游行。

河南省伊东渠灌区扩建工程开工

9月　河南省伊东渠扩建工程开工,将引水口向上移到伊川草店村现渠首处,把干渠向东延伸到陶花店水库。1960年5月竣工,完成土石方324万立方米,投资160万元。扩建后,干渠全长31.5公里,渠底宽由原来的3米扩为:渠首段10~12米,以下至渠尾8~5米。1962年10月、11月,洛阳专署水利局先后向河南省水利厅报送了《伊东渠续建工程设计任务书》和《伊东渠续建工程扩大初步设计》,规划灌区灌溉面积13.93万亩,其中自流9.67万亩,提灌4.26万亩,先后由河南省计委(62)计基字第241号和河南省水利厅(63)水院35号文分别批复。从1962年11月开始,分三期施工,至1966年底全部完成。1989年11月25日开始对伊东渠支渠防渗配套及加固,1990年4月竣工。

灌区在伊河建有拦河坝、进水闸和退水闸。1997年设计引水流量11.7立方米每秒,设计灌溉面积10.8万亩,有效灌溉面积6.95万亩,实灌面积4.5万亩,受益范围包括洛阳市和偃师市共6个乡镇。灌区内有干渠长31.5公里(衬砌10.5公里),支渠总长127公里(衬砌95公里),斗渠总长260公里。干、支渠建筑物1044座,斗、农渠建筑物2481座。灌区渠系水利用系数0.58。

陕西省新桥水库竣工

10月1日　陕西省新桥水库竣工。水库位于靖边县东坑乡新桥村附近无定河上源红柳河上,控制流域面积1332平方公里。水库于1958年9月1日开工,总库容2亿立方米。水库由大坝、输水洞和引洪渠组成。大坝为均质土坝,拦河主坝最高坝高47.1米,坝长380米。输水洞位于右岸,为2米×2米砖涵,顶为半圆拱形,设计引水流量5.4立方米每秒,最大引水流量10立方米每秒。引洪渠进口在右岸坝前250米处,底宽25米,边坡1:2,无闸门控制,渠长2.5公里,引水流量100立方米每秒。原计划灌溉面积36万亩,后因水源不足调整为16万亩,1966年灌溉面积只有2.7万亩,1975年水库已近涸竭,灌溉基本停止。原有的2亿立方米库容已淤积1.56亿立方米。

河南省彭楼引黄闸动工

10月1日　河南省彭楼引黄闸(原归属山东省)动工,1960年竣工。

开闸后常年引水,土壤次生盐碱发展到 17.5 万亩,1962 年被迫停灌。1965
年以少面积种稻放淤,改良沿黄低洼涝碱为主,恢复引黄灌溉,1971 年后又
扩大到以灌溉旱作物为主,结合局部种稻。

1997 年彭楼引黄灌区渠首闸设计流量 50 立方米每秒,设计灌溉面积
20 万亩,有效灌溉面积 21.8 万亩,实灌面积 17.8 万亩。灌区有总干渠 1
条,长 2.4 公里;辛杨、濮东、濮西干渠 3 条,总长 48.55 公里;支渠 34 条,总
长 98.73 公里;斗渠 133 条,总长 106.7 公里;排水干沟有濮城、凌花店、总
干排、杨集沟 4 条,总长 61.63 公里;支沟 25 条,总长 84.89 公里。干支渠
建筑物 101 座,斗农渠建筑物 1041 座,干支沟建筑物 99 座,斗农沟建筑物
763 座。灌区渠系水利用系数 0.45。

山东省簸箕李引黄灌溉工程动工兴建

10 月 13 日 山东省惠民县簸箕李引黄灌溉工程动工兴建,1960 年 4
月建成开灌。1962 年停灌,1966 年 5 月复灌。1976 年改建引黄闸,新闸为
钢筋混凝土 6 孔涵洞,设计流量 75 立方米每秒,老闸废弃。灌区工程由惠
民地区水利局设计,惠民、阳信、无棣 3 个受益县施工,设计灌溉面积 110 万
亩,有效灌溉面积 60 万亩,可灌溉惠民、阳信、无棣 3 县部分农田并解决无
棣县沿海 8 万余人、万余头牲畜饮用水困难,该灌区 1989 年列入世界银行
贷款项目。

2000 年灌区设计灌溉面积 163.5 万亩,有效灌溉面积 75 万亩,当年实
灌面积 168.86 万亩,设计流量 60 立方米每秒。灌区有总干渠 2 条,长
37.65 公里;干渠 2 条,长 95 公里;支渠 144 条,长 927.5 公里;斗渠以上建
筑物 574 座;排水总干沟 5 条,长 324.3 公里;干沟 28 条,长 158.7 公里;支
沟 39 条,长 436.5 公里;斗沟以上建筑物 303 座。灌区灌溉水利用系数
0.58。

山西省文峪河水库动工兴建

10 月 25 日 山西省文峪河水库动工兴建,1970 年 6 月竣工。水库位
于文水县北峪口村,文峪河出山口处。水库控制流域面积 1876 平方公里,
是一座以防洪为主,结合灌溉、发电、养鱼等综合利用的大型水利工程。

水库枢纽包括大坝、溢洪道、隧洞及水电站。水库大坝为水中填土均质
坝,坝高 55.8 米,坝顶长 720 米,总库容 1.05 亿立方米,兴利库容 6700 立
方米。溢洪道位于大坝左岸,岸边开敞式,宽 24 米,全长 680 米,最大泄流

量为1097立方米每秒。泄洪(输水)隧洞长550米,洞径5米,最大泄流量290立方米每秒。水电站为坝后引水式,在隧洞411.1米处分出直径为2.5米支洞,总装机容量2×1250千瓦,多年平均发电量507万千瓦时。

文峪河灌区位于晋中盆地西南部,包括交城、文水、汾阳、孝义、平遥、介休6县191个自然村,受益面积51.2万亩。灌区主要以文峪河水库为水源,另有区间水和地下水为补充水源。

2006年灌区有效灌溉面积49.6万亩,当年实灌面积15.42万亩,设计流量44.7立方米每秒。总干渠2条,总长30.2公里;干渠3条,总长60.8公里;支渠30条,总长142.9公里;斗农渠98条,总长1095.7公里。灌区灌溉水利用系数0.32。

山西省浍河水库竣工

10月 山西省浍河水库竣工,该工程1958年3月开工。水库位于曲沃县城东10公里史村镇南浍河干流中段,控制面积1301平方公里,占全流域面积的63%,总库容7517万立方米。水库大坝高31米,为碾压式均质土坝。溢洪道位于大坝左岸,为敞开式梯形明渠,长860.4米,最大泄流量630立方米每秒。泄洪洞位于大坝右端,为6米×6米无压洞,长326.7米,最大泄流量346立方米每秒。灌溉输水涵洞,最大过流量21立方米每秒,设计灌溉面积16万亩。2006年设计灌溉面积12.4万亩,有效灌溉面积11.65万亩,当年实灌面积3.62万亩,设计流量3.6立方米每秒。干渠长33.6公里;支渠9条,总长44.4公里;斗农渠1336条,总长549.1公里。灌区灌溉水利用系数0.44。

山东省八里庙引河灌区兴建

10月 山东省动工兴建八里庙引河灌区,1969年10月建成,1970年4月开灌。该灌区渠首位于阳谷县十五里园公社八里庙,以金堤河为引用水源。渠首引水闸为3孔箱式涵洞,设计引水流量6立方米每秒,正常实引流量4立方米每秒,设计灌溉面积10万亩,有效灌溉面积2.59万亩。1987年改建后归属陶城铺引黄灌区。

宁夏举行青铜峡河西灌区西干渠开工典礼

11月1日 宁夏(1958年10月25日宁夏省改为宁夏回族自治区,以下简称宁夏)青铜峡河西灌区西干渠开工典礼在宁化桥工地举行,自治区党委书记李景林作了动员报告。为争取在 1960 年"五一"放水灌溉，一期工程采取缩小断面，在一个冬春内，先挖成输水量 20～30 立方米每秒、长 91.7 公里的简易渠道。简易渠道于 1960 年 4 月底基本完成。西干渠由河西总干渠引水，经青铜峡、永宁、银川、贺兰 4 县市于平罗县下庙乡尾水入第二农场渠。2000 年灌区设计灌溉面积 60 万亩，有效灌溉面积 43.7 万亩，当年实灌面积 56 万亩，设计流量 70 立方米每秒。西干渠长 112.7 公里，有支渠 162 条，总长 560 公里。

河南省花园口枢纽工程举行开工典礼

11 月 29 日　河南省黄河花园口枢纽工程举行开工典礼。中共河南省委第一书记吴芝圃到会讲话。花园口枢纽位于郑州市北郊花园口岗李村东风渠首下游。该枢纽工程的任务是抬高黄河水位，防止河床下切，保证北岸共产主义渠、人民胜利渠和南岸东风渠 3 灌区 2500 万亩农田的灌溉引水，并供给天津工业用水，保证京广铁路黄河大桥的安全。主要建筑物有拦河坝、溢洪堰、泄洪闸、防护堤和电站（计划装机 10 万千瓦）。该工程由黄委会勘测规划设计院设计，由河南省花园口枢纽工程指挥部施工。当时采用流行的边勘测、边设计、边施工的方法进行。1960 年 6 月建成，共计挖土方 855.54 万立方米，投资 5085.9 万元，1961 年 12 月交付使用。

河南省窄口水库开工兴建

11 月　河南省开工兴建窄口水库。该水库位于灵宝县南 21 公里长桥村，黄河支流宏农涧河上。兴建目标是以灌溉为主，结合防洪和发电。坝址以上控制流域面积 903 平方公里。水库按百年一遇洪水设计，千年一遇洪水校核，总库容 1.85 亿立方米，属县办省助工程。1960 年 9 月因国民经济困难停工缓建，至 1968 年 11 月复工，1983 年全部建成。

窄口灌区供水工程按建设时间划分主要由涧河老灌区工程、总干渠上段工程和一、二期工程组成。涧河老灌区工程包括跃进渠、太平渠，建设于 20 世纪 50 年代。总干渠上段工程是从窄口水库至武家山段，长 16.349 公里，建设于 20 世纪 70 年代。一期工程包括总干渠武家山至麻子峪段，长 6.634 公里；一干渠武家山至雷家沟，长 16.305 公里；二干渠巴娄至大字营，长 14.139 公里，于 1989 年 10 月动工，至 1995 年 10 月竣工。二期工程包括总干渠麻子峪至王家垴段，长 9.907 公里；三干渠王家垴至下庙底，长

8.507公里;四干渠王家埝至营田水库,长23.4公里,于1996年10月开工建设。

1997年灌区设计灌溉面积31.78万亩,有效灌溉面积20.65万亩,实灌面积5.5万亩,设计流量13.4立方米每秒。灌区内有干渠总长62.5公里,支渠总长86公里,干支渠建筑物410座,干支排水沟建筑物15座。

山东省汶口拦河坝动工

11月 山东省动工兴建汶口拦河坝,该坝位于大汶口镇东南,牟汶河与柴汶河汇合处,拦河坝由南、北溢流坝和中间挡水坝组成,全长692米,其中溢流坝坝长582米,坝高5.4米,为砌石重力坝。北坝由泰安县修建,1960年10月竣工。南坝由宁阳县组织施工,1967年建成。并先后在拦河坝两端各建水电站1座,北站名"汶口水电站",装机4台,装机总容量575千瓦;南站名"茶棚水电站",装机2台,装机总容量175千瓦。1963年10月修建南、北两灌区,1965年10月建成开灌,设计灌溉面积10万亩,有效灌溉面积2.5万亩。

山东省雪野水库动工兴建

11月 山东省动工兴建雪野水库,1960年6月完成第1期工程,1965年10月至1966年10月完成续建工作。该水库位于莱芜县城北上游公社冬暖村、大汶河支流瀛汶河上,是以防洪灌溉为主的大型水库。水库灌区工程于1960年10月开工,1964年建成开灌,灌区渠首为雪野水库西放水洞,正常引水流量17立方米每秒,设计灌溉面积20.0万亩,有效灌溉面积12.50万亩。灌区内有总干渠3.1公里,东干渠31.7公里,西干渠27.0公里,支渠9条长37.0公里,斗渠23条,农渠33条。

内蒙古成立黄河南岸总干渠施工指挥部

12月 中共内蒙古伊克昭盟委员会作出决定,成立黄河南岸总干渠施工指挥部,负责组织南岸总干渠的施工事宜。开挖南岸总干渠是《黄河流域内蒙古灌区规划报告》的重要组成部分,从三盛公水利枢纽右侧建闸引水,沿黄河南岸布设总干渠长521.5公里,引水至达拉特旗四合兴,设计灌溉面积133万亩。总干渠自1959年12月动工,于1965年与羊肠灌区接通,将原分布在黄河南岸的巴拉亥、建设、解放、胜利、羊肠等主要自成体系灌区归属南岸总干渠供水。但由于沿黄各支流对总干渠的冲淘严重,总干渠被迫缩短,至1985年,总干渠长230公里,位居下游的达拉特旗仅剩中和西乡和乌兰乡的一个大队受益。原设计干渠进水闸流量75立方米每秒,1985年干渠输水流量减至35立方米每秒。

河南省陆浑水库开工兴建

12月 河南省陆浑水库开工兴建。陆浑水库位于河南嵩县伊河中游,距洛阳60公里,控制流域面积3492平方公里,占伊河总流域面积的57.9%,主要建筑物有大坝、溢洪道、输水洞、灌溉洞、渠首、电站等,水库以防洪为主,并兼顾发电、供水、灌溉。总库容为11.8亿立方米,1965年8月建成。

1970年兴建灌区工程,1997年灌区设计灌溉面积134万亩,有效灌溉面积51万亩,实灌面积26.5万亩,设计流量77立方米每秒,受益范围包括嵩县、伊川、汝州、偃师、汝阳、巩县、荥阳7个县(市)。灌区内有干渠总长211公里(衬砌84.7公里),支渠总长208.6公里(衬砌166.1公里),干支渠建筑物892座,斗农渠建筑物2723座。

内蒙古大黑河灌区东风渠动工

是年 内蒙古大黑河灌区东风渠动工兴建。至1961年停建。1971年复工,于1974年完工放水。其间完成渠首进水闸1座、开挖总干渠15公里和3条干渠,总长22公里。渠首工程因1975年和1979年大黑河两次洪水而被冲毁后又重建。1984年再次扩建渠首拦河坝、冲沙闸和进退水闸,进水闸设计流量为50立方米每秒。灌区属呼和浩特市郊区,设计灌溉面积15万亩,有效灌溉面积6万亩。有总干渠1条,长15公里;北干渠1条,长14.3公里;南干渠1条,长10.5公里;中干渠1条,长7公里;支渠26条,总长92公里。支渠以上建筑物110座,机电井140眼。井渠双灌面积1.8万亩。

河南省满庄灌区建成开灌

是年 河南省台前县满庄灌区建成开灌。1976年4月,黄委会以黄革河字(76)第17号文批准废除老满庄闸,改建刘楼闸。1983年12月24日,黄委会以黄工字(83)第89号文批准动工兴建,于1984年6月竣工。

　　1997 年灌区设计灌溉面积 13.47 万亩,有效灌溉面积 4.63 万亩,实际灌溉面积 4.63 万亩,设计流量 10 立方米每秒。灌区有干渠 2 条,总长 10.16公里;支渠 11 条,总长 58.69 公里;斗渠总长 88.20 公里;干支渠建筑物 260 座,斗支渠建筑物 196 座,排水方面有排水干沟 9 公里,支沟 4.18 公里。灌区渠系水利用系数 0.40。

1960 年

宁夏召开 1960 年灌区春季水利会议

2 月 4 日　宁夏召开 1960 年灌区春季水利会议,历时 7 天,于 2 月 11 日结束。会议决定:①组织 5 万人 40 天,整修河西灌区第三、四、五排水沟,河东灌区的龙徐沟、东西排水沟和卫宁灌区的北沙沟、南河子沟等 11 条干沟,13 条支干沟及 1393 条支斗沟。新修干沟 4 条,支干沟 2 条,支斗沟 738 条,各种建筑物 1000 余座,共计土方 1179 万立方米。②做好渠道春修工程。③继续修建园田,要求年内各灌区完成每人一亩园田的任务。自治区党委书记马玉槐、人委副主席郝玉山在会上作了重要指示。

内蒙古红领巾水库基本竣工

2 月 6 日　内蒙古红领巾水库基本竣工。水库位于土默特旗(今土默特左旗境内)大青山水磨沟山口,由土坝、溢洪道、泄水洞组成。土坝为黏土心墙砂壳坝,坝高 41.2 米,坝长 238 米。总库容为 1660 万立方米,可灌溉农田 12 万亩。水库工程由自治区水利勘测设计院设计,水利厅工程队参与施工指导,由旗政府组织民工于 1958 年 5 月开工兴建。在施工中,呼和浩特市和土默特旗广大中小学生前去参加义务劳动并捐款 28 万元资助水库建设,故将原水磨沟水库改名为红领巾水库。灌区有总干渠 1 条,长 0.9 公里,设计流量 30 立方米每秒;干渠 4 条,长 56.3 公里;支渠 13 条,长 140 公里。支渠以上建筑物 39 座。

山西省上报引黄入晋工程的意见

2 月 8 日　山西省计委提出《山西省关于引黄入晋工程的意见》(简称《意见》),并上报国家计委及华北协作区。《意见》除北引黄仍由万家寨水库引水外,又提出了从黄河龙门水库引水解决晋南盆地农田灌溉和临汾、侯马、运城 3 市的工业用水的规划。南北引黄全部工程投资 7.36 亿元,预计 1962 年开工,1969 年竣工。

全国灌溉管理工作会议召开

2 月中旬　农业部在四川省成都市召开全国灌溉管理工作会议。会议研究了灌溉管理方针和发挥工程效益的措施,总结交流了"大跃进"以来的高额丰产灌溉经验,研究制订了1960年灌溉管理工作计划及三年远景规划以及灌区的综合利用等问题。

陕西省交口抽渭灌溉工程开工

2月23日　陕西省交口抽渭灌溉工程开工。工程建设分为初建工程、扩建和田间工程、排水工程3个阶段。1966年9月完成初建工程,1970年3月完成扩建工程,并于4月1日由省、地两级在渠首召开扩建工程竣工庆祝大会,1974年基本完成田间工程和排水工程建设。

灌区由渠首枢纽、抽水站、电网、渠系、排水等工程组成,8级抽水灌溉,累计扬程86.25米,建有抽水站28处,安装机组108台,总装机容量24967千瓦。灌区设计灌溉西安、渭南两市的临潼、蒲城、大荔、渭南、富平、阎良6县区农田118万亩。

2000年灌区设计灌溉面积126.2万亩,有效灌溉面积113万亩,当年实灌面积94万亩,设计流量37立方米每秒。灌区有总干渠1条,长36.2公里;干渠4条,总长55.7公里;支渠34条,总长250.5公里;斗农渠5445条,总长2948公里。灌区灌溉水利用系数0.52。

山东省黄河泺口枢纽工程动工兴建

2月25日　山东省黄河泺口枢纽工程动工兴建,上午举行开工典礼,中共山东省委书记邓辰西、副省长李澄之、济南市委书记处书记秦和珍等参加。

该枢纽工程是黄河综合规划预定的梯级开发工程之一。主要任务是壅高水位,以满足济南市至王旺庄之间两岸2650万亩农田灌溉用水,并照顾济南市工业用水需要。工程项目包括拦河坝、拦河闸、泄洪闸、两岸引黄闸、电站、船闸及相应的引河开挖与河道整治工程。工程开工后,完成土方733万立方米,混凝土、石方35万立方米,共完成投资1508万元,由于该工程属于边勘测、边设计、边施工的仓促上马工程,加上国民经济困难,1961年未列入国家计划,1962年定为停建项目,共耗资1900余万元。

冀、豫、鲁3省继续举行灌区用水协商会议

2月25日　关于黄河下游枯水季节冀、豫、鲁3省灌区用水问题,在河南省郑州市继续协商。会议由黄委会主任王化云主持,会议就当年枯水季

节 3 省用水量分配比例达成协议,按 2∶2∶1 分配给河南、山东、河北 3 省,并决定由黄河水利委员会主持,3 省派代表组成配水协作小组,协作小组的任务是,负责提供黄河水情预报,收集和交流各省灌区需水情况,制定配水计划,并在特殊情况下协商解决调剂各省的用水。关于黄河下游枯水季节河南、山东、河北 3 省灌区用水问题此前已在北京进行过研究,但未定下来。

刘少奇视察三门峡水利枢纽工程

4 月 23 日　中华人民共和国主席刘少奇在河南省委书记杨蔚屏、赵文甫陪同下视察三门峡水利枢纽工程,接见了帮助建设三门峡工程的苏联专家,并指示:这样大的工程要培养和训练一些技术人员,培训技术人员也是一个重要任务。

由于三门峡工程是黄河干流上修建的第一座拦河控制性枢纽工程,在国内外影响很大,国家领导人都非常关心这项工程,并相继到此进行工作视察。1 月 12 日全国人大常委会副委员长班禅额尔德尼·确吉坚赞和全国政治协商会议副主席帕巴拉·格烈朗杰视察。3 月 23 日全国人大常委会副委员长罗荣桓、国务院副总理聂荣臻视察。5 月 22～23 日国家副主席董必武视察并题词。10 月 24 日国务院副总理陈云视察。1961 年 3 月 2 日中共中央总书记邓小平视察。3 月 27 日全国人大常委会委员长朱德视察。1962 年 4 月 4 日,国务院副总理李富春视察。

陕西省水利厅派人援助蒙古人民共和国水利建设

4 月　水利部组织援助蒙古人民共和国水利管理专家组,陕西省水利厅任命洛惠渠灌区管理局张建丰为组长,选调泾惠渠曹惠群、李文学、张天甫,洛惠渠潘喜成、赵新喜、刘炳生及渭惠渠等单位共 9 人组成专家组,到蒙古人民共和国进行水利援建,指导灌溉用水,传授灌溉技术,1961 年底回国。

《全国农业发展纲要》要求大兴小型水利工程和小河治理

4 月　第二届全国人民代表大会第二次会议通过《全国农业发展纲要》(简称《纲要》)。《纲要》要求:"水利事业的发展,应当以修建中小型水利工程为主,同时修建必要的可能的大型水利工程。小型水利工程,小河的治理,都由地方和农业合作社负责,应有计划地尽可能大量进行。"

水电部检查黄河下游冀、豫、鲁 3 省配水协议执行情况

5 月 7 日 水电部派出检查组会同黄委会召开会议,对黄河下游冀、豫、鲁 3 省配水协议执行情况进行检查。会议由水电部司长刘德润和黄委会主任王化云主持,冀、豫、鲁 3 省水利厅及漳卫南运河管理局负责人参加了会议。经检查认为,3 个月以来,3 省配水协议执行情况基本上是好的,对 3 省农业抗旱、保证丰收起着很大的作用。这是一项新的工作,还缺乏经验,在抗旱用水比较紧张的时候,3 省在执行协议规定的引水量方面是不平衡的。会议对用水量执行不平衡问题协商了解决的办法。

山东省明确灌区管理人员的配备标准

5 月 9 日 山东省人民委员会批转水利厅《关于建立健全大中型水利工程管理机构问题的报告》。灌区管理人员的配备标准是:1 万～10 万亩的灌区,每万亩配 3～5 人;10 万～30 万亩的灌区,每万亩配 1.5～2.5 人;30 万～50 万亩的灌区,每万亩配 1.5 人;50 万～100 万亩的灌区,每万亩配 1～1.5 人;100 万～300 万亩的灌区,每万亩配 1 人。

胡耀邦视察山西省洪山灌区新东干渠

5 月 11 日 共青团中央第一书记胡耀邦视察了山西省洪山灌区新东干渠。

洪山灌区位于晋中盆地南端介休市境内,是一个有上千年水利文明史的自流灌区。灌区内有耕地 15.8 万亩,人口 13 万。灌区主要水源是洪山泉和槐柳泉的泉水,其次是井水,另有少量引洪淤灌,有效灌溉面积 10.7 万亩。灌区内有小型水库 5 座,可蓄水 290 万立方米。灌区除灌溉外还担负着介休市城区和乡镇工厂、企业生产用水和 15 万人生活用水。2006 年灌区设计灌溉面积 12.1 万亩,有效灌溉面积 11.82 万亩,当年实灌面积 0.2 万亩,设计流量 1 立方米每秒。总干渠 3 条,总长 1.7 公里;干渠 8 条,总长 51.8 公里;支渠 24 条,总长 52.4 公里;斗农渠 1175 条,总长 348.4 公里。灌区灌溉水利用系数 0.75。

山西省夹马口电灌站一期工程竣工

7 月 26 日 山西省第一座引黄提水灌溉工程——临猗县夹马口电灌站一期工程竣工。夹马口电灌站 3 级提水,总扬程 109 米,装机 16 台,总容

量 10030 千瓦。其中一级站扬程 70 米,设计输水管道 5 根,10 台机组,装机容量 7800 千瓦,设计流量 9.5 立方米每秒。一期工程包括 6 台机组,3 根管道及渠首建筑物等枢纽工程以及干渠开挖,输配水建筑物等。

中央重新制定小型为主,配套为主,社队自办为主的水利工作方针

7 月 在五省一市(河南、山东、河北、江苏、安徽五省及北京市)平原水利会议上,周恩来总理提出了"蓄泄结合,排灌兼施,因地制宜,全面规划"的指示,中央重新制定了"小型为主,配套为主,社队自办为主"的水利工作方针。

山东省卧虎山水库竣工

7 月 位于山东省济南市历城县仲宫公社黄河水系玉符河上游的卧虎山水库竣工。该水库是以防洪、灌溉为主综合利用的大型水库。控制流域面积 557 万平方公里,总库容 1.1 亿立方米,设计灌溉面积 8.3 万亩。

山西省文峪河水库工程发生事故

8 月 7 日 山西省文峪河水库在紧张施工中大坝发生严重滑坡事故,死亡 73 人,重伤 12 人。大坝滑坡的主要原因是在抢拦洪、赶速度的情况下,质量控制不严,大坝局部含水量太高,干容重过低,致使滑坡处形成软弱层带。

内蒙古召开灌区土壤盐碱化防治现场会议

8 月 15~23 日 内蒙古灌区土壤盐碱化防治现场会议在五原县召开。水利厅副厅长王筱瑚主持会议,听取了中共五原县委书记孟春来关于防治土壤盐碱化的经验介绍,并到该县几个先进典型现场参观。会议统计全区各灌区耕地中的盐碱化面积达 649 万亩,都是因灌水不合理而引起的土壤次生盐碱化。代表们表示:要运用五原县改良盐碱地的经验,努力防治盐碱化。

甘肃省三角城电力提灌工程开工

9 月 4 日 甘肃省三角城电力提灌工程开工。三角城电力提灌工程是甘肃省兴建的第一座 10 万亩以上的高扬程电灌工程,位于兰州以东 20 公里。灌区东起甘草店镇果园村,西到来紫堡,南接榆中县和石头沟,北跨宛

川河右岸。原设计流量 3.78 立方米每秒,分 11 级提水,总扬程 457 米,灌溉面积 22.6 万亩。因处于经济困难时期,1961 年元月被迫停工。

三门峡水利枢纽蓄水运用

9 月 14 日 18 时三门峡水利枢纽关闭施工导流底孔,正式蓄水运用。坝前水位一天之内升高 3.5 米,库区呈现了一个平静的人工湖。

三门峡水库自开始蓄水后,水库积淤比原设计快得多,致使黄河潼关河床严重淤积,渭河河口形成"拦门沙",加之淤积末端迅速上延,严重危及西安、关中平原和渭河下游的工农业生产安全,1962 年 3 月 19 日国务院决定水库运用方式由"蓄水拦沙"改为"防洪排沙"(后改称"滞洪排沙")。

宁夏唐徕渠决口

9 月 17 日 宁夏青铜峡河西灌区唐徕渠行水期间,银川市水电局在唐徕渠西门桥上游右岸修建斗门,由于措施不当,下午 1 时左右决口,水淹银川市西街,全城轰动,当即在上游扒开西堤泄水入湖,减少决口流向城内的水量,并紧急动员抢修,15 天后修复放水,这是一次人为事故,银川市水电局局长哈万里等人因此受到法律制裁。

宁夏青铜峡河西灌区西干渠扩整工程开工

10 月 10 日 宁夏青铜峡河西灌区西干渠扩整工程开工,参加施工的有灌区 10 个县(市)民工及浙江支边青年共 1.3 万余人,采取包任务、包质量、包投资、包完成时间的大包干方式,把土方工程包给各县(市),于当年 12 月 21 日完成,1961 年春,完成建筑物修建。

内蒙古五一水库竣工

是年 内蒙古大青山南坡五一水库竣工。五一水库灌区原名白石头沟灌区,建水库后更名为五一水库灌区。水库大坝高 31 米,总库容 250 万立方米。灌区设计灌溉面积 1.3 万亩,有效灌溉面积 1.3 万亩。灌区有总干渠 1 条,长 0.2 公里;干渠 2 条,长 15 公里;支渠 11 条,长 55 公里。支渠以上建筑物 5 座。

河南省兴建王集引黄闸

是年 河南省兴建王集引黄闸,1987 年进行改建,改建后的引黄闸设计流量 30 立方米每秒。王集灌区涉及台前县马楼、后方、孙口、城关镇 4 个乡镇。

1997 年灌区设计灌溉面积 10.35 万亩,实际灌溉面积 5.5 万亩。灌区有王集、幸福 2 条干渠,总长 21.82 公里;支渠 8 条,总长 37.06 公里;斗渠总长 155.90 公里。干支渠建筑物 109 座,斗农渠建筑物 97 座;排水沟总长 19.10 公里,其中干沟长 7.8 公里,支沟长 11.3 公里;干支排建筑物 45 座;斗农排建筑物 6 座。灌区渠系水利用系数 0.4。

1961 年

宁夏召开引黄灌区春工岁修和灌溉管理工作会议

1 月 16~23 日　宁夏引黄灌区春工岁修和灌溉管理工作会议在银川召开,安排了 1961 年的春修工程,并制定了渠(沟)管理养护制度。

水电部召开冀、鲁、豫 3 省引黄春灌会议

1 月 20~23 日　水电部在河南省郑州市召开冀、鲁、豫 3 省引黄春灌会议,农业部,冀、鲁、豫 3 省水利厅、黄委会、三门峡工程管理局、漳卫南运河工程管理局等单位参加。会议对引黄春灌中的放水、分水、协作及管理等问题进行了具体协商,制定了有关规约。水电部副部长钱正英作了会议总结。

河南省考察引黄灌区土壤次生盐碱化问题

3 月中旬~30 日　中共河南省委书记吴芝圃指派省人民委员会副秘书长魏维良、省农委张天一、省水利厅李培林等人,赴豫东考察引黄灌区土壤次生盐碱化问题。在所写的考察报告中提出:要恢复自然流势,拆除阻水工程,打开排水出路,完善灌排配套,安排灌蓄相结合的原则,重新进行水利规划。当前要成立除涝治碱专门机构,治理危害严重的河流和安排打井灌溉,以保证农业增产。

河南省成立花园口枢纽工程灌溉管理分局

3 月 27 日　根据河南省人民委员会指示,经水利厅决定,撤销花园口淤灌管理局,成立河南省东风渠灌溉管理局花园口枢纽工程灌溉管理分局,与郑州黄河修防处合并办公,负责黄河防洪和花园口枢纽工程、郑州境内东风渠输水总干渠、淤灌总干渠的管理养护工作,以及郑州、中牟地区的灌溉管理指导工作。

李葆华、钱正英到打渔张引黄灌区视察

3 月　中共华东局第三书记李葆华、水电部副部长钱正英,由中共山东省委书记周兴、省水利厅厅长江国栋陪同,到打渔张引黄灌区视察,着重考察了灌区土壤次生盐渍化问题。

山西省汾河水库投入运用

5月15日　山西省汾河水库建成并投入运用。水库主要任务是防洪、灌溉、供给工业和城市生活用水,兼顾发电和养鱼,系多年调节综合利用的大型水利枢纽。枢纽工程主要由大坝、溢洪道、输水隧洞、泄洪排沙隧洞和水电站5部分组成。大坝为水中填土均质坝,原设计坝高60米,总库容7亿立方米,1978年对水库进行加固改造,大坝加高1.4米,总库容增至7.21亿立方米,其中调洪库容1.18亿立方米,兴利库容2.58亿立方米,淤积库容3.45亿立方米。溢洪道位于大坝右岸,总长345米,最大泄流量1034立方米每秒。输水隧洞长598米,最大泄流量142立方米每秒。泄洪排沙洞位于大坝右岸,为压力隧洞,洞径8米,洞长1231.27米,设计最大泄流量785立方米每秒。水电站为坝后引水式季节性电站,装机容量2×6500千瓦,设计发电流量29.5立方米每秒。水库设计灌溉面积149.55万亩。

山西省水利厅提出盐碱地改良意见

6月1日　山西省水利厅发出《山西省盐碱地改良意见》指出:全省各平川地区,特别是几个大灌区,近几年盐碱地有所发展,到1960年已由1954年的190万亩发展到470.6万亩。其发展原因主要是大水漫灌、平地水库回水漏水渗漏影响、水质不良以及任意发展稻田、耕作粗放等。今后对盐碱地的防治应当贯彻"以防为主,防治并重,以水为主,综合治理"的方针,根据各地不同情况和盐碱地的不同性质,因地制宜,综合规划,治标与治本相结合,当前与长远相结合,水利措施与农业措施相结合,努力做到有灌有排,计划用水,科学灌溉。

水电部提出解决冀、鲁、豫3省边境地区水利问题的初步意见

6月7日　水电部党组向中共中央提出《关于解决冀、鲁、豫3省边境地区水利问题的初步意见》(简称《意见》)。水电部党组在《意见》中对冀、鲁、豫3省边境地区存在的蓄与泄、灌与排等6个方面的矛盾,提出了11条原则意见。中共中央6月19日批准了这个报告。

河南省盐碱地改良工作组赴豫北调查

6月9～27日　河南省人民委员会豫北水利盐碱地改良工作组22人(组长为省农委主任张方),在豫北平原进行调查研究,7月3～21日开会研

究,编写报告。7月14日向副省长王维群、水电部副部长钱正英汇报豫北平原灾害情况及治理意见,并研究引黄是否停灌问题。

宁夏青铜峡河西灌区西干渠口唐徕渠潜坝被迫开口

6月18日 宁夏误将青铜峡枢纽河西渠首电站尾水高程1138米用在3公里以下西干渠渠首,故偏高0.3米,影响电站导墙施工期的安全并妨碍唐徕渠进水,不得不将位于西干渠口的唐徕渠潜坝西头炸开10米宽一个缺口,东头炸开4~5米宽一个缺口,以增加唐徕渠进水量。同时,在全灌期设人驻守连续抛块石、铅丝笼,防止决口扩大,以维持西干渠进水量。

山东省防治盐碱土技术座谈会在济南召开

6月26日 山东省水利、农业两厅在济南召开防治盐碱土技术座谈会。参加会议的有中央和省直有关单位、大专院校及惠民、聊城、德州、菏泽、济宁、昌潍、泰安7个地区和19个重点县的代表、改碱劳模等。省水利厅厅长江国栋、中国科学院土壤研究所所长熊毅、中国农科院农田灌溉研究所所长粟宗嵩分别作了有关盐渍化防治问题的报告。通过座谈讨论,会议提出了"山东省防碱改碱技术措施要点"。

青海省曲沟水电站建成

7月1日 青海省第一座从黄河干流利用渠道引水的水力发电站——青海省曲沟水电站建成并正式发电。电站位于海南藏族自治州共和县境内的曲沟下加什达,1958年6月开始兴建,是青海省第一座自己设计施工的较大的水电站。动力渠长6公里,装机容量1250千瓦,年发电量568万千瓦时,通过35公里长的35千伏高压输电线路向海南州及共和县首府所在地恰卜恰地区及附近的龙羊峡公社、国营农场等单位送电,解决了工矿企业的动力用电及城镇农村的照明用电,另外还利用动力渠的水自流和电力提水灌溉农田2万多亩。

曲沟电站建成后移交海南藏族自治州管理,运行正常达20年,由于曲沟电站建于龙羊峡水库淹没区,在建设龙羊峡水库时,于1980年拆除。

农业部召开4省1市灌区岁修清淤座谈会

7月11日 农业部农田水利局召开晋、冀、鲁、豫4省及北京市灌区岁修清淤座谈会议。会议肯定了新中国成立以来,特别是1958年以后的几年农田水利建设成绩,提出了存在的问题和解决意见。

刘建勋提出治理涝碱指导性意见

7月22日 中共河南省委第一书记刘建勋在研究座谈平原地区涝碱灾害时指出,现在平原地区涝碱灾害问题那么普遍、那么严重,这不是具体工作问题,而是方针问题,并提出"平原地区应该以排为主、排灌滞兼施","中央'以蓄为主'提法未改变之前,河南的'以排为主'对外不提","要拆除阻水工程、恢复自然流势,暂停引黄"等指导性意见。

河南省引黄灌区泥沙防治研究工作会议在郑州召开

7月24日 河南省引黄灌区泥沙防治研究工作会议在郑州召开,会议对1961年上半年工作进行了总结,并安排了1961年下半年任务。上半年的主要成绩是:①各重点灌区普遍开展了泥沙观测;②进行了三义寨人民跃进渠总干渠及黑岗口、惠北灌区的查勘工作,并按以往的资料作了初步分析研究,提出了初步报告;③进行了浚深器、胶泥抗冲性能试验,以保证引水为主的局部河道整治模型的试验工作;④查勘了孟津至辛寨一段河道情况,进行了三门峡水库下泄清水的原型试验;⑤对花园口枢纽工程管理运用进行了查勘和资料收集工作,并分析研究了三门峡水库蓄水后,下游出现的新情况和1961年防汛措施;⑥对共产主义渠、人民胜利渠和红旗渠做了调查,提出了引水河段整治的初步规划意见。会议26日结束。

河南省水利工作会议召开

10月28日~11月10日 河南省召开水利工作会议。会议是在河南省委第一书记刘建勋指导下召开的。出席会议的有各专、市、县、各大型水库、灌溉管理局、黄河各修防处(段)、水利施工总队共527人。副省长王维群在28日的预备会上指出这次会议主要解决以下几个问题:一是统一思想认识,确定今后水利工作方针;二是安排今冬明春水利工程;三是今后水利工程管理的问题。会议期间安排了河南省1961年冬季和1962年春季水利建设计划,讨论了《河南省水利工作暂行条例(草稿)》,提出了加强管理的各项制度和方法:①《河南省灌溉管理工作暂行办法(草案)》;②《河南省基本建设管理暂行办法(草稿)》;③《河道工程管理暂行办法(草稿)》;④《水利基本建设财务管理办法(草稿)》;⑤《河南省大中型基本建设动员民工各项补助标准(草稿)》;⑥《河南省水利系统退赔工作意见(草稿)》;⑦《关于水库普查工作方案(草稿)》等。王维群在会议总结中提出,在平原地区以除涝制碱为中心,排灌滞兼施,要以"小型为主,群众自办为主,整修配套为主"。要采取废除平原水库、拆除阻水工程、恢复自然流势、扒开排水出路、扒除部分危险水库等重大措施,做到次年停止盐碱化发展,在三四年内把涝灾、盐碱化缩小到1957年的程度。

内蒙古三盛公枢纽主体工程基本建成

10月 位于内蒙古自治区巴彦淖尔盟磴口县境黄河干流的三盛公水利枢纽主体工程基本建成。三盛公水利枢纽控制流域面积31.4万平方公里,总库容0.8亿立方米,以灌溉为主。工程由黄委会勘测规划设计院设计,内蒙古自治区黄河工程局负责施工。

主体工程包括拦河闸、拦河土坝、两岸进水闸和导流堤、电站、跌水、沈乌干渠进水闸及下游左岸防洪堤、库区围堤等。1962年三盛公水利枢纽全面竣工,从而结束了河套灌区无坝无控制的引水局面。

山西省土壤改良及灌溉方法学术讨论会召开

10月 山西省科委、科协、水利学会在文水县联合召开了土壤改良及灌溉方法学术讨论会,对造成盐碱地的原因、防治盐碱的有效措施及易碱地区如何灌溉等问题进行了研讨。

1962年3月13日 山西省水利厅发出《关于积极开展盐碱地防治工作的通知》,要求各专、市、县水利局,各大中型灌区积极进行灌区的清淤整修配套工作,加强用水管理,对盐碱地发展有影响的平地水库、鱼池、稻田等要澄清利害程度,分别予以改建、废弃或加强管理,做好排退水规划,有计划、有步骤地分期分批进行治理。

内蒙古大黑河灌区和顺渠与民主渠合并

是年 内蒙古大黑河灌区始建于清光绪二十六年(1900年)的和顺渠与始建于民国19年(1930年)的民主渠合并称民主和顺渠。1970年在渠首修建浆砌石拦河滚水坝,1980年建成冲沙闸,并续建滚水坝消力池。灌区设计流量20立方米每秒,设计灌溉面积4.5万亩,有干渠2条,长16公里;支渠12条,长44.5公里。支渠以上建筑物27座,机电井189眼。

1962 年

河南省引黄渠首闸移交给河南河务局管理

2 月 10～17 日　根据河南省人民委员会的指示,在郑州召开了引黄渠首闸交接会议。会议决定将花园口枢纽及共产主义渠、人民胜利渠、东风渠、花园口、黑岗口、红旗渠、人民跃进渠、南小堤、渠村、黄砦等 10 个渠首闸交由河南河务局统一管理。各渠首闸灌溉引水计划仍由河南省水利厅提出。

河南省召开除涝治碱会议

2 月 17～22 日　河南省人民委员会召开除涝治碱会议。新中国成立以后,河南对豫北、豫东平原地区的涝碱进行了治理和改造,灾害大为减轻。但自 1958 年起,由于执行"以蓄为主"的治水方针,到处打围、打坝,修建平原水库,开挖坑塘渠道,抬高路基,进行引黄大水漫灌,致使地下水位抬高,涝碱灾害加重。上述地区的涝灾面积由 1955 年 500 万亩发展到 1960 年的 900 万亩。盐碱地由 1958 年的 629 万亩发展到 1961 年的 1134 万亩,造成粮食减产。为改变这一情况,会议确定,平原地区治水应以除涝治碱为中心,排灌滞兼施。会议制定了豫北、豫东平原地区 1962 年春除涝治碱工程方案。方案提出除涝治碱要统一规划、因地制宜、综合治理,合理安排"三水"(涝水、地下水、客水)的出路。采取水利措施与农业措施相结合,科学技术与老农经验相结合,国家举办与发动群众相结合的有效办法。主要措施是,拆除边界围、边界堤、边界渠和拦河坝,废除害多利少的平原水库和坑塘,疏浚灾害严重的河道,恢复排水系统,扩大排水能力,降低地下水位,积极恢复和发展井泉灌溉,减轻盐碱灾害。

华北平原地区预防和改良盐碱地学术讨论会议召开

2 月 22 日　中国水利学会在山东省济南市召开华北平原地区预防和改良盐碱地学术讨论会议。会议由中国水利学会理事长张含英主持,著名专家熊毅、粟宗嵩等出席,研讨了华北平原土壤次生盐碱化的原因及其与灌溉的关系;预防和改良次生盐碱地的根本措施和当前措施;地下水临界深度的含义及确定方法;预防和改良盐碱地对排水的要求与标准。

黄委会调查豫、鲁两省引黄灌区土壤次生盐碱化状况

3月5日　为了掌握豫、鲁两省引黄灌区自1958年以来,由于大引大灌,有灌无排而使大片的土地发生盐碱化的状况,黄委会对两省引黄灌区进行调查,调查资料显示,截至1961年底,黄河下游引黄灌区次生盐碱化面积达911.82万亩,其中河南省为519.88万亩,山东省为391.94万亩。

决定停止黄河下游引黄灌溉

3月12～17日　国务院副总理谭震林,中南局书记金明实地视察了冀、豫、鲁3省边界水利问题,17日谭震林副总理在范县主持召开3省及有关地区负责人会议,研究引黄灌溉和解决3省边界水利问题。参加这次会议的有国家计委主任陈正人、水电部副部长钱正英、黄委会副主任韩培诚、河北省委书记刘子厚、河南省委书记刘建勋、山东省委书记周兴等。谭震林副总理在会议上指出:"三年引黄造成了一灌、二堵、三淤、四涝、五碱化的结果。……在冀、豫、鲁3省范围内占地1000万亩,碱地2000万亩;造成严重灾害。"根据当前次生盐碱化严重影响农业生产的情况,会议决定:

(1)由于引黄灌溉大水漫灌,有灌无排,引起大面积土壤盐碱化,根本措施是停止引黄灌溉,不经水电部批准不准开闸。

(2)必须把阻水工程彻底拆除,恢复水的自然流势。

(3)积极采取排水措施,降低地下水位。

会议经有关地区的要求,确定保留河南省的人民胜利渠灌区和山东省的打渔张灌区,但要控制引水。

此次还查勘了安阳、清丰、南乐及大名等县冀、豫、鲁3省接壤处,并就边界地区排水问题及漳、卫两河防洪问题达成协议。

内蒙古镫口灌区哈素海电力扬水站一期工程建成

3月25日　内蒙古镫口扬水灌区哈素海电力扬水站一期工程建成,并开始扬水运转,灌溉耕地13万亩。该工程应当地群众迫切要求,由自治区水利勘测设计院设计,于1958年动工,中间因困难几停几上,由于领导重视和群众支持,历经4年,终于建成。扬水站由厂房、渠道、输变电线路工程3部分组成,共开挖引水、输水渠道31.6公里,架设10千伏高压输电线路15公里,还完成其他土建及机电设施多处,国家共投资93万元。

山东省召开平原地区排涝改碱会议

4月9日 山东省水利厅召开平原地区排涝改碱会议。会议根据范县会议精神对停止引黄灌溉后应采取的措施及排涝、改碱、抗旱等问题进行了讨论研究,会议决定:停止引黄灌溉后,除打渔张、位山、刘庄北干渠、济平灌区、沟阳家虹吸灌区渠道保留外,其他不再利用的各级渠道应废渠还耕;工程废除后腾出的土地原则上应分给生产队耕种;引黄涵闸保留,交山东河务局管理,其他渠道建筑物可以废除;东平湖、太行堤、金堤河水库保留用于滞洪,其他平原水库原则上一律废除;平原排水河道阻水工程应一律拆除或改建;充分利用现有水井和提水工具,解决抗旱灌溉。

宁夏汉延、惠农二渠分别改从唐徕渠引水工程竣工

4月20日 宁夏青铜峡河西灌区汉延、惠农二渠分别改从唐徕渠首段引水的河渠分家工程竣工,使二渠变无坝引水为有坝引水,既提高了供水保证率,又节省了每年渠首岁修工料。该工程1961年冬开工。

山东省张秋引河灌区动工兴建

4月 山东省张秋引河灌区动工兴建,1963年3月开灌。该灌区渠首位于阳谷县张秋,以金堤河为引用水源。渠首引水闸共2孔,设计引水流量5.9立方米每秒,设计灌溉面积14.45万亩,有效灌溉面积9.74万亩。1987年改建后归属陶城铺引黄灌区。

黄委会发布《关于黄河下游引黄涵闸工程在暂停使用期间的管理意见》

5月17日 为了保证黄河下游引黄涵闸在暂停使用期间完整与安全,黄委会颁发了《关于黄河下游引黄涵闸工程在暂停使用期间的管理意见》,提出了引黄涵闸管理的原则性意见、注意事项及职责范围:①原有的涵闸管理组织可适当缩小,但不能撤销,应保留满足管理任务的人员;②管理单位在涵闸工程暂停使用期间的任务是负责保证工程的完整及安全,其具体工作是经常性的观测、检查、养护、保卫等,仍须按照以往制度照常执行,要特别注意汛期的防守、抢险工作;③不经过原决定停用机关的批准,任何人不得擅自启闸引水;④涵闸工程的机械、仪器、备用件等设备,应妥善保护,防止损坏;⑤对工程进行一次全面检查,作出鉴定,提出在暂停使用期间需要特别注意的问题的处理措施,对存在的重大问题早日进行处理,以保工程安全。

黄委会同意三义寨人民跃进渠管理局撤销

6月25日　黄委会批复河南河务局(62)河人字第59号《关于撤销三义寨人民跃进渠管理局建制的报告》(简称《报告》)。《报告》称:根据范县引黄会议及河南省除涝治碱会议精神,在近三五年内停止使用人民跃进渠。今春该渠一、二、三蓄水灌区已废渠还耕,为此,该局应予撤销。管理局撤销后,成立三义寨人民跃进渠管理所(后改为管理段),编制6人,负责管理养护渠首闸,归兰考修防段编制。多余的30名职工,本着从哪里来到哪里去的原则处理。

内蒙古大力压缩河套灌区水稻种植面积

6月　内蒙古巴彦淖尔盟党政领导部门决定从本年起大力压缩河套灌区水稻种植面积。因为1958～1960年大种水稻(最高达90万亩),致使地下水位上升,土壤盐碱化,粮食产量下降,群众生活陷入困境。1961年群众自行弃种水稻,约减至50万亩,经1962年有计划地压缩,水稻种植面积减少到5万亩左右。

山西省潇河灌溉工程被冲毁

7月15日　山西省榆次潇河洪峰流量1700立方米每秒,潇河灌溉工程滚水坝顶水深1.24米,过水两小时后,滚水坝被冲毁120米,大坝南端冲刷闸的导流墙与上游底板亦被冲毁。经检查,冲毁的主要原因是管理人员思想麻痹。早在1961年就发现大坝第4至第6段发生沉陷,1962年又发现坝身漏水及渗水孔冒水等现象,未引起足够重视。几年来对渠首工程缺乏维修养护,汛期对大坝可能出险的情况估计不足,忽视防汛准备工作,报汛不及时,致使大坝被冲毁。

内蒙古成立民生渠管理所

7月　内蒙古撤销镫口扬水灌区黄河灌域管理局,设立管理民生渠与跃进渠的民生渠管理所。黄河灌域管理局是镫口扬水灌区1958合并民生渠、跃进渠、团结渠、民利渠管理机构而成立的。

陕西省泾惠渠进行灌区排水系统改善设计

7月　陕西省泾惠渠管理局在省水电勘测设计院协助下进行灌区排水

系统改善设计,提高排水系统标准,改善设计于 1963 年 1 月完成。随后土方工程以县为单位,分别成立指挥部进行开挖,建筑物由管理局负责施工,1966 年底按计划完成施工任务。

泾惠渠排水工程建设总的可以划分为四个阶段,本次施工为第二个阶段。第一阶段为 1954 年至 1962 年,初步形成了雪河、泾永等 6 个排水系统。第三阶段为 1975 年至 1978 年,全灌区 7 个排水系统全部完成。第四阶段从 1980 年开始,主要是进行局部改善和建筑物配套。

通过 4 个阶段的实施,全灌区形成了泾永、雪河、仁村、陵雨、大寨、滩张、清河北 7 大排水系统。至 1985 年底,共开挖干沟 8 条,总长 135.1 公里;支沟 73 条,长 400.7 公里;分沟 116 条,长 201.7 公里。修建各类建筑物 1453 座,控制排水面积 103.32 万亩。

内蒙古制定加强引黄灌区盐碱土防治工作意见

8 月 6 日　内蒙古水电厅制定出《关于加强当前黄灌区盐碱土防治工作意见》(简称《意见》)。《意见》指出:从 1959 年以来,对引黄灌区防碱抗碱工作有些放松。水利上忙于兴修工程而忽视灌溉管理,大水漫灌现象有所抬头。加之部分地区堵塞退水排水出路,盲目发展水稻,致使土壤盐碱化有所发展,因此特制定综合防盐碱化方案,以调动各方面的力量,向盐碱化作斗争,争取尽快扭转当前农业生产下降的局面。

宁夏召开灌区土壤盐渍化防治座谈会

8 月 13 日　宁夏科协、水电学会、农学会联合召开灌区土壤盐渍化防治座谈会,就灌区土壤盐渍化的发生发展以及防治改良措施进行了讨论。认为应本着"全面规划、综合治理"的方针,采取综合试验站与专业试验站、全面试验与分区试验、定位观测与全面调查相结合的工作方法,继续试验。

宁夏公布引黄灌区水利管理试行办法

9 月上旬　宁夏人民委员会第二十四次行政会议通过并公布《宁夏回族自治区引黄灌区水利管理试行办法》(简称《办法》)。《办法》共 6 章 37 条,对引黄灌区组织管理、用水管理、工程管理、水费征收及奖惩等方面均作了具体规定。

宁夏惠农渠扩整工程开工

10 月下旬 宁夏青铜峡河西灌区惠农渠扩整工程开工。工程包括：加高培厚龙门桥至阮桥 98.87 公里渠堤，平均加高 0.6 米，新建桥和渡槽 8 座，翻修改换斗门 300 多座。1963 年春工程全部完成，渠道输水能力增加 10 立方米每秒。

陕西省洛惠渠灌区进行渠道防渗试验

10 月 陕西省洛惠渠灌区在东干渠汉村段开始进行 300 米混凝土预制块防渗试验，继而在总干渠蔡村段现浇混凝土渠槽 900 米，效果均良好。其中蔡村高填方段坡脚下原有渗泉，衬砌后明显减少。1967 年又在东干渠西渠头退水道以下作 500 米塑料布防渗试验，因渠底塑料布上铺的 0.3 米土层过水后变成稀泥，致使边坡混凝土块下滑而失败。1980 年又在洛西干渠 13+734～14+534 破坏严重的阴坡进行喷射混凝土衬砌试验，衬砌高度 1.87 米，板厚 8 厘米，采用了五种不同板型进行试验，经检测，喷射混凝土抗压强度比人工现浇混凝土高约 1.5 倍，较预制板高约 3 倍，其造价比人工现浇和预制块分别高 5% 和 8% 左右。

内蒙古修改灌区水费征收办法

秋 根据人民公社化新情况，内蒙古修改灌区水费征收办法。办法规定：人民公社内的生产大队或生产队、农场、牧场、林场以及交通部门等为用水单位，凡在灌区用水浇地者均应交纳水费。征费标准，按自流和提水灌溉不同情况，以浇水亩次多少分别征收 0.2～1.2 元，力求做到以水养水，合理负担，以收抵支，略有节余。征收办法仍由当地财粮部门负责代收。集体经营灌区水费由人民公社自行收取。

青海省东滩渠开工

11 月 5 日 青海省化隆县东滩渠开工。该工程位于化隆县甘都公社巴燕河下游，为河群水库的配套工程，1963 年 12 月 5 日全部竣工。共完成渠道 6.24 公里，引水枢纽 1 座，公路桥 3 座，跌水 4 座，涵洞 9 座，钢筋混凝土渡槽 2 座，退水闸 1 座。完成工程量：土方 19.2 万立方米，砌石 2026 立方米，钢筋混凝土及混凝土 158 立方米。耗用水泥 225 吨，木材 75 立方米，钢材 23 吨。工程实际财务支出 30.17 万元。

水电部对内蒙古黄河灌区的规划方案提出要求

冬　全国水利会议期间,水电部提出:为了适应国民经济的发展和水利建设的要求,内蒙古黄河灌区的规划方案需要进一步修改,特别要增设支渠以下的田间工程规划。

1963 年 3 月,全国水利工程勘测设计会议期间,水电部规划司对内蒙古黄河灌区规划方案的修正提出了以下具体要求:要很好地确定引黄渠道方案,提出灌区分期开发意见和现有灌区改善方案,研究土壤盐碱化规律及防治措施,合理安排灌排渠系布局,对灌区地下水的利用也要提出意见。以上规划任务要求内蒙古水电厅 1964 年完成,并提出正式规划报告。

1963 年

山东省颁发《关于进一步贯彻灌区收取水费的规定》

1 月 20 日 山东省水利厅、财政厅联合颁发《关于进一步贯彻灌区收取水费的规定》(简称《规定》)。《规定》要点如下:农田灌溉用水收费标准应根据供水保证程度、用水增产情况、群众负担能力等确定,一般以不超过增产部分的 20% 或总产值的 5% 为宜。可按水量或按亩计算,分春、秋两次收费,由管理部门自收或由当地财政、粮食部门代收。对厂矿、电站、城市生活、交通和渔业等用水单位,收费标准及办法由管理部门与用水单位协商议定,报县(市)人委审批,报省备案。水费应专款专用,只准用于灌区渠道、建筑物的岁修以及管理人员经费开支,不准用于非水利事业开支。灌区水费及副业生产收入,不纳入各级财政预算,由灌溉管理部门专户存储,年终节余,下年度可继续使用。

陕西省洛惠渠灌区成立排碱指挥部,开展盐渍化防治试验

2 月 13 日 陕西省洛惠渠灌区成立排碱指挥部,开工的排水干沟、支沟、分支沟、毛沟共 78 条,年内完成土泥方 44.2 万立方米,完成建筑物 53 座。

5 月,陕西省成立关中盐渍化防治综合试验中心领导小组,加强对盐碱地改良的试验及指导,洛惠渠灌区是盐碱地改良区榜样之一。西北水科所于当年 10 月在大荔县埝桥乡雷甫村进行竖井排水试验;1964 年至 1965 年陕西工业大学水利系又在许庄镇上吕村南进行单井和群井的竖井排水试验。

根据抽水试验资料分析,井深 15 米与井深 8.5 米的浅井比较,出水量大 3 倍,最大影响半径大 1 倍,排水面积大 7 至 10 倍;井深 25 米时穿透第二隔水层,排水效果不显著。因此,建议井深 15 米左右为宜,最深不超过第二透水层。井深 15 米时,以防为主的地区,井距 400 米为宜,单井控制面积 190 亩;在盐碱化地区,井距 300 米为宜,单井控制面积 106 亩。

山西省颁布水库、灌区灌溉管理和工程管理工作试行办法

3 月 1 日 山西省人民委员会颁发《山西省水库、灌区灌溉管理和工程管理工作试行办法》,对管理工作的任务、管理体制和组织机构、用水管理、

工程管理等均作出明确规定,共 9 章 54 条。

青海省大峡渠和深沟渠改建工程开工

3 月中旬 青海省大峡渠和深沟渠改建工程开工。

大峡渠始建于 1948 年,原名庆凯渠,1950 年更名大峡渠,全长 18 公里,流量 0.3 立方米每秒,年久失修,不能利用。这次改建后流量达 1.0 立方米每秒,改善灌溉面积 8660 亩。深沟渠 1951 年兴建,全长 18.9 公里,流量 1.0 立方米每秒,由于洪水侵袭,渠道遭到破坏,经改建流量增加到 1.5 立方米每秒,干渠延长到 22.1 公里,并修建了电灌站 8 处,灌溉面积扩大到 1.4 万亩。

2006 年大峡渠设计灌溉面积 3.9 万亩,有效灌溉面积 4.1 万亩,当年实灌面积 2.5 万亩,设计流量 3.6 立方米每秒。灌区内有干渠 1 条,长 57 公里;支渠 18 条,长 180 公里;斗渠 80 条,长 120 公里。灌区灌溉水利用系数 0.45。

青海省国寺营渠竣工

3 月 青海省湟中县国寺营渠竣工。该渠于 1961 年 12 月开工,引湟水(西川河)水,设计引水流量 2.3 立方米每秒,设计灌溉面积 1.4 万亩,投资 106 万元。1969 年将原来的 14 公里干渠延长到 20 公里,灌溉面积扩大到 1.9 万亩。1971 年,在旱灾严重的情况下,由于加强了灌区管理,灌溉面积达到 2.1 万亩。1981 年灌溉面积达到 2.5 万亩。1984 年干渠长达 25 公里。

2006 年国寺营渠设计灌溉面积 2.72 万亩,有效灌溉面积 2.72 万亩,当年实灌面积 2.36 万亩,设计流量 2.5 立方米每秒。灌区内有干渠 1 条,长 25 公里;支渠 7 条,长 29 公里;斗渠 165 条,长 182 公里。灌区灌溉水利用系数 0.5。

山西省发出《关于绿化灌区的联合通知》

4 月 8 日 山西省水利厅、林业厅发出《关于绿化灌区的联合通知》,要求各级水利、林业部门把绿化灌区作为当年绿化运动的重要内容。

内蒙古召开引黄灌区水量调配委员会会议

4 月 25~27 日 内蒙古引黄灌区水量调配委员会会议在内蒙古巴彦高勒市(今磴口县三盛公镇)巴彦淖尔盟宾馆召开,研究引黄灌区的水量调配工作。水电厅厅长周北峰主持会议,有巴彦淖尔盟公署副署长李桂芳及包头、乌拉特前旗、乌梁素海管理局以及伊克昭盟水利部门的负责人等与会。会议确定的配水原则是:保证包钢用水,优先满足农田灌水需要,林牧渔业用水要在丰水期。还确定 1963 年北总干渠用水量不超过 40 亿立方米,南干渠不超过 1.2 亿立方米,沈乌干渠(即第一干渠)不超过 2.6 亿立方米,巴彦淖尔盟和包头的分水比例是 82% 与 18%。

青海省宝库渠开工

4 月　青海省大通县宝库渠开工,12 月竣工,该渠引宝库河水,干渠长 18 公里,设计流量 3 立方米每秒,支渠长 36 公里,灌溉农田 2.85 万亩,总投资 48.9 万元。

1991 年 9 月 27 日,宝库渠灌区改建工程开工,1992 年 10 月竣工,本次改建工程建成引水枢纽 1 座,衬砌干渠 10.14 公里,改建建筑物 264 座,埋设混凝土排水管道 2.23 公里。

2006 年宝库渠设计灌溉面积 2.75 万亩,有效灌溉面积 2.2 万亩,当年实灌面积 2.16 万亩,设计流量 3.4 立方米每秒。灌区内有干渠 1 条,长 11 公里;支渠 7 条,长 48 公里;斗渠 55 条,长 124 公里。灌区灌溉水利用系数 0.47。

黄委会系统开始接管黄河下游引黄涵闸

4 月　黄委会系统开始接管黄河下游引黄涵闸。1962 年 3 月 17 日黄委会以〔1962〕黄工字 18 号文向水电部报告:"为了确保防洪安全,黄河下游引黄涵闸应有统一的领导机构,特别是近年好多涵闸已停止使用,更应统一领导,不然很可能因放松和忽视工程管理养护,而造成不应有的损失。"水电部同意黄委会意见。截至 1964 年 8 月,山东省除少数虹吸工程尚未办完交接手续外,其余应接管的工程均已全部接管;河南省除人民胜利渠、共产主义渠和红旗渠 3 个引黄闸及 1 座虹吸尚未移交外,其余已全部交接完毕。

内蒙古黄河南岸灌区兴建牧业灌区

春　内蒙古黄河南岸灌区兴建牧业灌区。该灌区位于黄河南岸总干渠右侧,杭锦旗呼和木独境内,总土地面积 41.28 万亩。在总干渠沙壕处修建临时性进水草闸,引水灌溉草场 1 万亩。1964 年又延长引水渠,灌溉草场 4

万亩;牧业干渠进水闸与总干渠 22 公里枢纽闸于 1964 年同时建成,设计引水流量 22.5 立方米每秒,工程控制面积 28.92 万亩,当年灌溉草场 10 万亩。1966 年春,又开挖牧业干渠 17 公里。1983～1994 年国家投资 55 万元,对牧业干渠扩建,延长干渠 30 公里,输水能力达 8 立方米每秒,开挖支渠 4 条,共长 32.8 公里,每年可灌草场 5 万亩。

山西省要求及时制止灌区毁林开荒破坏水利工程等事件

6 月 14 日　山西省人民委员会批转山西省水利厅《关于部分地区开荒毁林破坏水利和水土保持工程情况的报告》指出:忻县、临县和汾河、文峪河、潇河及大同市御河灌区毁林开荒,破坏水利工程和水土保持工程的情况是十分严重的,给农业生产带来很大损失。要求各地立即进行检查处理,对有意破坏水利工程、林木的查清责任,谁毁谁修,谁毁谁赔。

关于建立国家土壤改良综合试验站的决定

6 月 28 日　水电部以(63)水电技字第 146 号文(急件),向河南省水利厅、新乡专署水利局发送《关于在河南新乡人民胜利渠灌区建立国家土壤改良综合试验站的决定》。

文件提出:根据中共中央和国务院联合召开的全国农业科学技术工作会议上制定的"土壤盐碱化防治工作方案"中提出的建立国家土壤改良综合试验的建议,并经国务院农林办公室和国家科委 123 号文批准,我部决定在河南新乡人民胜利局灌区建立国家土壤改良综合试验站(即旱涝碱综合试验站)。该站由我部水利水电科学研究院领导,并受你厅、局指导。

文件还明确了本年编制暂定 65 人(其中技术干部 24 人,行政干部 5 人,观测化验人员及工人等 36 人)。试验研究费用由水电部专项经费解决,试验研究工程费用除河南省水利厅已列 25 万元外,由河南省水利厅在今、明年工程费内解决。试验站人员住房问题,暂不修建,请新乡专署暂时协助调剂解决。

本文抄报国家科委,国务院农业办公室。抄送河南省科委,新乡专员公署,水利水电科学研究院。

水电部要求水利水电科学研究院立即开展土壤改良综合试验站筹备工作

7 月 11 日　水电部以(63)水电技字第 165 号文(急件),指示水利水电科学研究院立即开展土壤改良综合试验站筹备工作,制定工作计划,编制当年的基建投资计划和事业费预算,并提出 1964 年基建投资和事业费的建议数额,尽快报部。

8 月 5 日,水利水电科学研究院以(63)院办研字第 691 号文,向水电部报送了建站的计划方案。计划方案就建站的目的和任务,设站地点、组织机构和筹建工作,人员编制、科研设备的发展数字和房屋建筑面积计划,经费预算四个方面提出的具体意见。

河南省爆破废除花园口枢纽

7 月 17 日　河南省爆破废除花园口枢纽。三门峡水库于 1962 年改为滞洪排沙运用方式后,黄河下游河道恢复淤积,花园口枢纽系低水头壅水工程,工程效益不仅未能全部发挥,河道排洪能力反而受到严重影响,淤积日渐加重。加之工程建成后,管理单位几易隶属,管理运用不善,致使泄洪闸下游的斜坡段、消力池、混凝土沉排及防冲槽均出现严重损毁。本年 5 月提出破除拦河大坝的工程计划,经水电部和河南省委批准,7 月 17 日花园口枢纽拦河坝被爆破废除,黄河逐渐恢复自然流势。

关于水利土壤改良试验站筹建工作问题的会议纪要

8 月 3 日　水电部副部长冯仲云召开会议,听取了水利水电科学研究院院长张子林关于建立试验站近期安排、规划意见及待解决问题的汇报。参加会议的有技术委员会副主任袁子钧、处长梁益华、规划局处长朱承中、水利水电科学研究院水利所所长邸殿标及黄荣翰工程师等。通过讨论,根据冯副部长指示决定下列有关事宜:

(1)机构定名为"水利电力部豫北水利土壤改良试验站"。

(2)任务范围:试验站任务包括灌溉、排水、平原水文和除涝、防治土壤盐碱化及渠系泥沙等方面。试验站并应成为水利水电科学研究院水利研究所有关专题(即渠系水工建筑物、渠道防渗、灌水技术、灌溉制度、喷灌以及水利土壤改良基本理论,如地下水动态、水盐运动等)野外观测试验的基地。目前试验站主要面向豫北地区的有关问题,今后并将在冀、鲁、豫适当地区设立若干分站,由试验站负责业务指导。站本部及分站均由水利水电科学研究院负责领导。

(3)基建设备与经费:同意 1963 年急需的 8.2 万元在水电部基建经费及科研补助费用内调剂解决,1964 年安排试验工程费 100 万元。试验站应有 500~700 亩的试验土地,拟请地方调拨解决。暂借一部分房屋解决办公室及居住问题,争取 1964 年建立固定站址。农具及牲口由水电部农场内调剂解决,汽车列专项报部,考虑调拨。

另外,对干部问题及试验站业务发展问题亦作了安排。此纪要发送至国务院农林办公室、国家科委、水电部各领导及司局、水利水电科学研究院。

全国灌溉管理、排灌机械管理工作会议召开

8 月 26 日　农业部召开全国灌溉管理、排灌机械管理工作会议,国务院副总理谭震林、农业部部长廖鲁言参加会议并作了重要指示。会议讨论了灌溉管理和排灌机械管理问题,研究制定了灌区清查整顿、水利管理、灌溉计划用水、水利经费管理使用、水费征收等方面的办法和条例。

山西省灌溉管理工作会议召开

10 月 12 日　山西省水利厅召开山西省灌溉管理工作会议。会议讨论了中央提出的依靠群众集中力量打歼灭战,继续整顿两年,使现有水利设施充分发挥效用的方针和省委提出的把抗旱工作做在冬春的指示,研究了灌区清查整顿方案,制定了冬春灌溉与渠道整修计划。会议强调要改进工作作风,奋发图强,勤俭经营,确保每个灌区达到高额丰产、自给有余。

破除山东省黄河位山枢纽拦河坝

11 月 20 日~12 月 5 日　破除山东省黄河位山枢纽拦河坝工程于 11 月 20 日开工,12 月 5 日第一、二拦河坝先后被破除,黄河恢复从原河道下泄。东平湖水库也随之改为新老湖二级运用。1958 年 11 月 4 日开工的位山枢纽二期工程兴建了拦河闸、东平湖水库出水闸等;1959 年 10 月 15 日开工的第三期工程兴建了拦河截流大坝、防沙闸、船闸及 3 座进湖闸等。由于原规划设计过分乐观地估计了黄河防洪问题,泄洪流量偏小,不能处理黄河可能发生的特大洪水,尤其是枢纽以上壅水,造成回水区河道的严重淤积,降低了河道的行洪能力,增大了位山以上堤段的防洪负担。为了防洪安全,最后确定对大坝进行爆破。

水电部水利水电科学研究院向豫北水利土壤改良试验站颁发印章

12 月 4 日　水电部水利水电科学研究院以(63)院办秘字第 1237 号文,向豫北水利土壤改良试验站发送关于颁发印章的信。信的正文为:兹颁发你站铜质印章一枚,文曰"水利电力部豫北水利土壤改良试验站"。自发

到之日起,即可正式启用,并希将启用之印模报水利电力部和我院备案。

关于建立治理黄淮海旱、涝、碱科研中心的意见的通知

12 月 6 日　中华人民共和国国家科学技术委员会和中华人民共和国水电部,以(63—12)科联五范字第 1263 号和(63)水电技字第 327 号文,向中共华北局科委,中共华东局科委,中共中南局科委,河北、山东、河南、江苏、安徽、北京省(市)科委及水利厅(局),水利水电科学研究院,中国农业科学院,中国科学院南京土壤所寄送"建立综合治理黄淮海平原旱、涝、碱灾害科研中心的意见"的通知。

通知对治理黄淮海平原旱、涝、碱灾害的重要性及建立综合治理黄淮海平原旱、涝、碱灾害科研中心的必要性作了概述后,明确该中心筹备工作以水电部为主负责提出初步方案。

水电部根据上述精神,就建立该科研中心提出了初步意见。初步意见提出以水电部豫北水利土壤改良试验站为综合治理试验研究基地;各省、市水利部门选择 1～2 个代表性最大的典型,建立综合性试验站作为本地区综合治理的试验基地和科学研究中心;水电部豫北水利土壤改良试验站对各省、市中心试验站应密切联系,互相交流资料,并负责必要的技术指导。成立黄淮海平原综合治理研究领导小组及其组织成立的黄淮海平原综合治理研究学术委员会。另外,为促进科研工作顺利开展,初步意见还就编制和经费、科研队伍培养、仪器设备、技术情报资料交流四个方面提出了意见。

宁夏卫宁灌区羚羊寿渠渠首上延工程开工

冬　宁夏卫宁灌区羚羊寿渠渠首上延 14 公里工程开工,次年春竣工。渠首进水闸 3 孔,孔宽 2 米,高 5.7 米,设计流量 7 立方米每秒。1977 年,南山台子扬水工程兴建,对羚羊寿渠刘家湾以上渠段扩建裁顺,为南山台子扬水工程供水 6.65 立方米每秒。

明代已有羚羊寿渠,名羚羊渠,创修年代不详。2000 年,灌区有效面积 9 万亩,当年实灌面积 12.7 万亩,设计流量 13 立方米每秒。有干渠 1 条,长 31.8 公里;支渠 67 条,长 165 公里;斗农渠 561 条,长 477 公里。

甘肃省贯彻水费征收制度

是年　甘肃省第 53 次省长办公会议通过了《关于坚决贯彻水费征收制度的意见》(简称《意见》),从 1964 年开始执行,《意见》中指出:除受灾

严重减免公粮和没有灌溉效益的防洪拦泥水库国家给以适当补助外,凡已投入灌溉3年以上的老灌区,过去曾达到自给自足的,国家一律不补贴。各灌区征收的水费85%以上应用于本灌区,作为岁修养护和管理经费开支,上交县水利部门的不能超过15%。

宁夏砌护青铜峡河西灌区唐徕渠

是年 宁夏对青铜峡河西灌区唐徕渠的永宁县杨显桥上下、银川市杨家湾子和贺兰县老洼墩等处险工段进行砌护,当年砌护长7394米,基础与堤坡分别采用块石及混凝土板衬砌,同时在银川市保伏桥上下全断面防渗砌护433米。

宁夏新建美利渠首工程开工

是年 宁夏卫宁灌区新建美利渠首工程开工。渠首工程包括宽3米、高3.8米进水闸4孔,宽3米、高4.3米退水闸2孔,于1964年春季建成。建成后设计进水流量40立方米每秒,最大退水能力为80立方米每秒,从而改变了美利渠无闸控制引水的状况。

宁夏青铜峡河西灌区修建西干渠滞洪区

是年 宁夏修建青铜峡河西灌区西干渠滞洪区,计大坝沟、大沟、马圈沟、磨石沟、横沟、二旗沟、银川新市区第四滞洪区、石嘴山高庙湖等8处,以减少沿途20余条(处)山洪沟道对西干渠的危害,8处滞洪区总库容1657万立方米,控制入洪面积250平方公里。

内蒙古大黑河灌区兴建和合渠

是年 内蒙古大黑河灌区兴建和合渠。灌区于1974年建渠首进水闸,设计流量13.5立方米每秒。灌区位于呼和浩特市郊区,设计灌溉面积2.5万亩,有效灌溉面积2.1万亩。灌区有总干渠1条长18公里;干渠13条总长50公里;支渠51条,总长51公里。机电井33眼,渠井双灌面积0.7万亩。

内蒙古大黑河灌区六合渠、小永顺渠、三合渠合并

是年 内蒙古大黑河灌区六合渠、小永顺渠、三合渠合并,仍称六合渠,在渠首修建6孔进水闸,设计引水流量30立方米每秒。1971年,在渠首进

水闸前大黑河河道内改建为滚水坝及4孔进水闸。灌区位于土默特左旗，设计灌溉面积5万亩，有效灌溉面积4.76万亩。灌区有总干渠1条，长7.4公里；南北干渠2条，长33.1公里；支渠45条，总长13.5公里。

内蒙古大黑河灌区上复兴渠修建渠首工程

是年　内蒙古大黑河灌区始建于1925年的上复兴渠修建引水鱼嘴、进水闸、冲沙闸、分水闸等渠首建筑物。进水闸设计流量22立方米每秒，设计灌溉面积2.3万亩，有效灌溉面积1.0万亩，井渠双灌面积1.0万亩。灌区有总干渠1条，长15公里；干渠11条，总长21公里；支渠34条，总长33公里。机电井86眼。

内蒙古大黑河灌区同意渠与民生渠合并

是年　内蒙古大黑河灌区清乾隆年间建成的同意渠与1930年建成的民生渠合并，改称同意民生渠。经1964年和1967年两次扩建，并在渠首修建了4孔进水闸和3孔退水闸，引水流量18立方米每秒，设计灌溉面积3.3万亩，有效灌溉面积1.9万亩，井渠双灌面积1.0万亩。灌区内有干渠1条，长27公里；支渠10余条，总长约110公里。干渠分水闸2座，节制闸5座，机电井34眼。

1964 年

山西省水利厅强调水费征收

1 月 10 日　山西省水利厅在向山西省人民委员会呈送的《关于山西省灌区水费征收、管理和使用意见的报告》中提出：山西省 120 个万亩以上自流灌区 1962 年应征水费 275 万元，实收回 179 万元，74 个灌区历年拖欠水费 204 万元。另外，还有 22 个灌区根本不收水费。报告要求所有国家管理的灌区一律征收水费。对拖欠水费除按规定减免外，一定要分期收回。

青海省水利局接管小峡渠

1 月 31 日　青海省人民委员会批复湟中县人民委员会：小峡渠系 1963 年国家基本建设工程之一，渠道全长 22.89 公里，渠系主要建筑物 85 座，可灌溉面积 9164 亩。由于两市、县受益，工程设施复杂，管理技术性较强，根据中央关于《加强水利管理工作的十条意见》精神，同意由省水利局接管。

综合治理黄淮海平原旱涝碱灾害研究中心筹建座谈会召开

2 月 4~7 日　国家科委和水电部在北京召开综合治理黄淮海平原旱涝碱灾害研究中心筹建座谈会。这次会议是根据中共中央、国务院批转谭震林、聂荣臻《关于全国农业科学技术会议的报告》中所提出的"在黄淮海平原中，选定适当地址，建立试验研究中心，以解决河北、山东、河南、皖北、苏北等省区的旱涝碱综合治理和全面发展生产的科学技术问题"的精神召开的。在座谈会上草拟了"建立综合治理黄淮海平原旱涝碱灾害研究中心方案"，包括研究中心的任务、组织领导、近期工作安排、建议等 4 个方面。

河南省要求沿黄闸门按计划引水

3 月 19 日　河南省水利厅与河务局发出《关于引黄涵闸有关用水和闸门启闭的联合通知》（简称《通知》）。《通知》指出：目前有的专、县要求利用黄河涵闸工程引水放淤，为了确保黄河堤防安全，大力减少地方水利纠纷，合理、科学地利用黄河水，经研究确定，今后各地凡需引黄河水放淤、灌溉和供城市工业用水者，应编造年度、季度用水计划，报省水利厅批准，闸门启闭由河南河务局根据批准文件，通知各涵闸管理单位按计划供水，未经省批准用水计划的,各引黄涵闸管理单位不得擅自开闸放水。

青海省高庙电站开工

3月　青海省乐都县高庙电站开工。高庙电站位于乐都县湟水河北岸,从湟水河引水,引水渠长2.4公里,流量5立方米每秒,有效水头10.5米,装机2×200千瓦,投资124万元,1964年11月竣工。电力供大峡至老鸦峡间湟水河谷内的高台地1.08万亩的提水灌溉和高庙等生产、生活用电。利用引水渠还可扩大灌溉面积2500亩,改善灌溉面积3200亩。

青海省茫拉渠改建工程开工

3月　青海省贵南县茫拉渠改建工程开工。茫拉渠位于鲁仓滩,引茫拉河水,引水流量2.1~2.6立方米每秒,干渠长41.8公里,改建工程投资98万元。扩大灌溉面积2万亩,改善灌溉面积1万亩。11月竣工。茫拉渠始建于1953年9月,年底竣工,灌溉贵南县农场、茫拉沟五村及同德娄瓦台农场的土地。1954年1月14日,经省财经委批复农林厅,同意设茫拉渠管理机构,并交由海南藏族自治州人民政府管理。

2006年茫拉渠设计灌溉面积3万亩,有效灌溉面积1.85万亩,当年实灌面积1.2万亩,设计流量1.8立方米每秒。灌区内有干渠2条,长69公里;支渠3条,长18.4公里;斗渠123条,长148.1公里。灌区灌溉水利用系数0.47。

青海省景阳川水利工程开工

4月4日　青海省大通县景阳川水利工程开工。景阳川水利工程包括景阳水库、引水渠、苏家堡涝池、灌区配套工程、水轮泵站等5个项目。水库坝高31米,库容197万立方米(死库容10万立方米,有效库容187万立方米),引水渠长4.7公里,涝池坝高11米,库容46万立方米,干支渠长13公里,3台水轮泵两级提水,灌溉面积1.4万亩,投资295万元。1965年8月竣工,同月27日大通县人民委员会批准成立大通县景阳水库管理所。

2006年景阳川水利工程设计灌溉面积1.43万亩,有效灌溉面积1.6万亩,当年实灌面积0.92万亩,设计流量1立方米每秒。灌区内有干渠1条,长6公里;支渠9条,长50公里;斗渠55条,长60.3公里。灌区灌溉水利用系数0.43。

邓小平、彭真到三盛公水利枢纽视察

4月8日 中共中央总书记、副总理邓小平和中共中央政治局委员、中共北京市委第一书记、北京市市长彭真，乘专列由兰州途经内蒙古巴彦高勒车站下车，由中共内蒙古第一书记、自治区主席乌兰夫陪同，到黄河三盛公水利枢纽视察。

陕西省泾惠渠灌区实行按量计收水费

4月中旬 陕西省泾惠渠灌区根据灌区灌溉委员会第39次扩大会议决定，实行按用水量计收水费，并制定了收费标准和计收办法。经过各管理站的积极准备，当年夏灌中，全灌区实行按量计费的斗渠共168条，面积41.18万亩，分别占全灌区的37%和34.6%。

宁夏汉渠中段改道工程竣工

4月 宁夏青铜峡河东灌区汉渠中段由高闸到张家小闸12公里改道工程竣工。该工程于1963年10月开工，共开挖土方23.29万立方米，修建桥涵等建筑物22座。工程完成后输水能力由10立方米每秒增到16.5立方米每秒，扩大自流灌溉面积2.2万亩，并为金银滩和高糜子湾两处扬水灌溉提供了水源。

内蒙古控制灌水量防治河套灌区土壤盐碱化

5月11日 内蒙古人民委员会电复巴彦淖尔盟公署，为节约用水，防治河套灌区土壤盐碱化，规定该盟全年灌溉用黄河水量不得超过34亿立方米。

黄委会颁发《关于黄河下游引黄涵闸和虹吸工程引水审批办法(试行)》

6月8日 黄委会颁发《关于黄河下游引黄涵闸和虹吸工程引水审批办法(试行)》(简称《办法》)。《办法》要求：

一、已停用的引黄涵闸，如需恢复使用，使用单位应向涵闸管理机构提交经上级地方政府批准的恢复使用方案和用水计划，经黄河河务局审查并转报黄委会同意后，方准动用。

二、已停止使用的虹吸工程，如需动用时，应由使用单位向虹吸工程管理机构提出申请书，报黄河河务局同意后，方准动用，并报黄委会备查。

三、经批准动用的涵闸和虹吸工程,引水应用时,均应按照引黄涵闸和虹吸工程的规定执行。

山西省潇河大坝修复工程验收

7月21日 山西省潇河大坝修复工程验收。潇河滚水大坝于1962年7月15日溃决,1963年11月动工复修,1964年6月底竣工。

青海省恢复国营灌区水费征收标准

8月9日 青海省人民委员会批准省水利局、财政厅关于恢复国营灌区水费征收标准的报告。

青海省国营灌区水费征收标准,1959年以前按省人委颁发的水费征收办法执行,即每亩征收固定水费1公斤小麦,灌溉水费5公斤小麦,共6公斤小麦,均折合人民币交纳。1959年后,生产队收入减少,交纳水费有困难,经省农林厅呈报省人委核减征收,粮食作物每亩0.6元,蔬菜作物每亩1.0元,每年所亏由国家农田水利事业费补贴。1964年,农村生产基本恢复,灌区面貌改观。同时,遵照农业部、财政部关于农田水利事业费不能继续用于原有渠道,必须依靠水费"以灌区养灌区"的指示精神,将水费原则上恢复到原来标准。农业用水按实灌面积:粮食作物每亩征收小麦5公斤,蔬菜每亩征收小麦7.5公斤,均折合人民币交纳;不负责巡渠的用水单位交巡渠费每亩0.6元。

青海省湟中县团结渠竣工

11月10日 青海省湟中县团结渠竣工。该渠于1963年4月4日开始施工。渠道在湟中县扎麻隆从湟水(西川河)引水,于西宁市大堡子公社宋家寨退水,全长27.5公里,跨越湟中及西宁两县、市3个公社。设计灌溉面积2.4万亩,实灌1.8万亩。引水流量2.4立方米每秒。该渠是在民营灌区基础上由国家投资96万元改建而成的。灌区管理经费从1969年起自给有余。

2006年,湟中县团结渠设计灌溉面积1.96万亩,有效灌溉面积1.96万亩,当年实灌面积1.7万亩,设计流量2.4立方米每秒。灌区内有干渠1条,长27.5公里;支渠7条,长46公里;斗渠98条,长156.8公里。灌区灌溉水利用系数0.43。

青海省洪水坪渠竣工

11月30日 青海省洪水坪渠灌溉工程竣工。该工程位于乐都县洪水坪公社,引虎狼沟水,3月开工。

全渠共完成大小建筑物44座,土方23.56万立方米,砌石2477立方米,混凝土101立方米。耗用劳力9.88万工日,水泥223吨,钢材52吨,木材13立方米。建成渠道长度8.3公里,实际完成投资33.97万元。工程共扩大灌溉面积2194亩,改善灌溉面积654亩。

2006年洪水坪灌区设计灌溉面积3.5万亩,有效灌溉面积1.6万亩,当年实灌面积0.9万亩,设计流量1.75立方米每秒。灌区内有干渠1条,长12.4公里;支渠16条,长23公里;斗渠29条,长50公里。灌区灌溉水利用系数0.46。

内蒙古提出黄河灌区修正规划

11月 内蒙古水利勘测设计院提出了《黄河内蒙古灌区修正规划》(简称"六四规划"),对北京水利设计院原提出的"五七规划"作了修正补充,主要是变一首制为二首制,即在包头昭君坟增建黄河第二引水枢纽;多利用旧渠系(主要是干、分干),进行裁弯取直;增加排水系统;否定总干渠通航。另外,对乌梁素海的水位、利用以及二首制所负担的灌溉面积等都有所规定。

陕西省洛惠渠灌区试行定额灌水

12月 陕西省洛惠渠灌区116条斗渠推广东干三支十一斗大平细整、工程配套、计划用水的先进经验,并试行定额灌水。

为了合理灌溉,实现定额灌水,洛惠渠灌区1963年在重点斗——东干三支十一斗试行定额灌水技术方案。定额灌水技术方案是在斗渠以下,根据土质、地面坡度、地畦规格及地下水埋深等条件,并尽量结合行政规划、渠系布置划分灌水区,按照区域分类指导田间灌水,以满足作物需水要求,达到按计划定额灌水的综合措施。实践结果,实行定额灌水技术方案的斗渠,实际灌水定额与计划灌水定额相差±10% ~ ±15%,最好的只相差±5%左右。定额灌水技术方案的应用推广,促进了计划用水工作的开展,也提高了群众灌水技术水平。

甘肃省大中型灌区开展清查整顿工作

是年 甘肃省大中型灌区普遍开展了灌区清查整顿工作,省水利厅水管局在武威县金塔河灌区抓清查整顿工作的试点,并总结出该灌区"四改一建"的灌溉用水制度,即:改按行政区划配水为按渠系配水,改过分集中轮灌为合理分组轮灌,改串灌、漫灌为沟灌、畦灌,改按亩收费为按方收费,建立一支基层管理水队伍。这个用水制度经过在全省灌区大力推广,曾起到一定的节水增产作用。1978 年,在这基础上又有所发展,增加了改山泉井水分散使用为统一调配使用;改革灌溉制度;建立规章制度和水权集中调配,形成了"六改两建一集中"的灌溉用水制度。

河南省引黄放淤稻改试验成功

是年 河南省农委组织水利、农业科研部门,在郑州北郊花园口大队的沿黄沙碱地上,试验引黄种稻1041 亩,其中插秧 360 亩,旱直播681 亩。秋季试验田获得大丰收,平均每亩单产257.5 公斤,使年年吃统销粮的花园口大队一跃成为余粮队。同时,开封郊区群众利用黑岗口闸门试验种小片水稻,也获得了亩产250～300 公斤的大丰收。引黄放淤稻改试验成功后,河南省成立了引黄淤灌稻改办公室,进行了有计划的推广,为改变沿黄盐碱沙荒地区的贫困面貌起了示范作用。

1965 年

山东省沿黄地区稻改现场参观座谈会召开

2月20日　山东省水利厅、农业厅、黄河河务局在济南联合召开沿黄地区稻改现场参观座谈会。副省长李澄之主持会议。沿黄17个县的负责人和工程技术人员参加,交流了引黄稻改的经验,参观了历城县引黄稻改的田间工程,落实了各地发展稻改的计划。落实本年引黄稻改面积25.3万亩。

青海省大水水库动工兴建

3月　青海省海南藏族自治州共和县境内的大水水库动工兴建,1966年11月竣工。引蓄大水河水,年平均流量0.6立方米每秒,控制流域面积40.85平方公里。坝型为黏土斜墙坝,坝高15米,长1228米,坝顶高程3496.5米,库容230万立方米,灌溉引水流量3.5立方米每秒,干渠长24.4公里,支渠长51公里,灌溉农田3.5万亩,投资117.37万元。

2006年,大水水库设计灌溉面积4.3万亩,有效灌溉面积2.5万亩,当年实灌面积2.5万亩。灌区内有干渠1条,长84.3公里;支渠6条,长56公里;斗渠117条,长175公里。灌区灌溉水利用系数0.43。

青海省试制成功水轮泵

3月　青海省农牧机械厂试制成功SB40-6-15型水轮泵,为全省发展水轮泵提水灌溉提供了有利条件。

山东省仲子庙引河灌区动工兴建

3月　山东省仲子庙引河灌区动工兴建,1965年10月开灌。该灌区渠首位于山东省莘县古城公社北寨大队南金堤河左岸,以金堤河为引用水源。渠首引水闸为2孔浆砌砖石涵洞,设计引水流量8立方米每秒(正常实引流量5立方米每秒),设计灌溉面积12.8万亩,有效灌溉面积8.76万亩。经几次改建后,归属陶城铺灌区。

2000年,灌区设计灌溉面积12.80万亩,有效灌溉面积7.98万亩,当年实灌面积8.40万亩,设计流量8立方米每秒。灌区有总干渠1条,长

28.3 公里;干渠 3 条,长 19.4 公里;支渠 4 条,长 13 公里;斗渠 128 条,长 64 公里。斗渠以上建筑物 154 座;排水干沟 3 条,长 49 公里;支沟 12 条,长 57 公里,斗沟以上建筑物 90 座。灌区灌溉水利用系数 0.65。

钱正英到打渔张灌区检查工作

4 月 9 日 水电部副部长钱正英由山东省水利厅副厅长张次宾陪同到打渔张灌区检查工作,就恢复引黄灌溉问题召开贫下中农座谈会,会上贫下中农一致认为合理灌溉有利无害。广饶县委也要求来年 1、2、3 干渠放水恢复灌溉。

打渔张引黄灌区于 5 月首先在 4 干渠恢复灌溉,而后不久,1、2、3、5 干渠相继放水。全省其他引黄灌区也陆续恢复引黄灌溉。

宁夏吴忠市南干沟竣工

4 月 25 日 宁夏吴忠市南干沟竣工。该沟由汉渠以南的西滩起,穿过汉渠,经金积城西门外穿秦渠由枣园入黄河,将清水沟支沟的上段由此截入黄河,缩短清水沟支沟的长度,畅利排水,全长 11.3 公里,1964 年秋开工,部分沟段因流沙未挖至设计沟底。

宁夏青铜峡河西灌区永干沟工程开工

4 月 宁夏青铜峡河西灌区永干沟工程开工。工程开挖土方 60.6 万立方米,修建桥涵等建筑物 13 座。干沟始于岗子湖,经杨显湖,穿越唐徕渠、包兰铁路、汉延渠、惠农渠、民生渠,到双坎退水沟入黄河,沟线在第一、二排水干沟之间,全长 22.5 公里,控制排水面积 12 万亩,排水流量 18.5 立方米每秒,改善了当地排水条件。

河南省兴建引沁总干渠

7 月 1 日 河南省济源县水利局副局长李延卿,带领 20 余名技术干部,开始勘测引沁总干渠。8 月 17 日,济源县委、人委联合向新乡地委、专署呈报《关于引沁工程设计任务书》,确定渠首引水流量为 5 立方米每秒,设计灌溉面积 10 万亩,计划工期 2 年。

12 月 10 日,总干渠一期工程全线正式破土动工,一期工程渠首位于济源县紫柏滩村沁河右岸,渠首至蟒河口西侧干渠全长 30.35 公里,由济源县组织兴建,1966 年 7 月 12 日竣工通水,设计流量 8 立方米每秒,可灌溉耕地 10 万亩。总干渠二期工程于 1966 年 8 月 1 日开工,到 1969 年 6 月 1 日竣工,渠道由济源县蟒河口西侧起到孟县槐树口止,全长 82.77 公里,该渠段设计流量 20 立方米每秒。1970 年 11 月至 1975 年 12 月完成总干渠一期工程扩建,使总干渠渠首引水流量增加到 23 立方米每秒。

引沁灌区受益范围涉及济源市(原济源县)、孟州市(原孟县)、洛阳市吉利区的 15 个乡镇 345 个行政村。

1997 年设计引水流量 23 立方米每秒,设计灌溉面积 40.03 万亩,有效灌溉面积 30.6 万亩,实灌面积 26 万亩。灌区内有总干渠 1 条,长 100.68 公里;干渠 15 条,总长 108.63 公里(衬砌 106.97 公里);总干渠上直接引水的支渠 16 条,总长 65.57 公里;支渠 138 条,总长 253.48 公里(衬砌 92.80 公里);斗渠总长 760.44 公里。灌区内有中小型水库 37 座,总库容 6884 万立方米;蓄水池 200 座,总池容 536 万立方米;干支渠建筑物 1788 座,斗农渠建筑物 3000 座。灌区渠系水利用系数 0.413。

陕西省召开建设泾惠渠灌区农业稳产高产会议

7 月 陕西省副省长刘邦显在泾惠渠管理局主持召开建设泾惠渠灌区农业稳产高产会议,参加会议的有省有关厅、局,各地、县领导、农业科研专家及有关灌区负责同志,会议讨论制定了《建设泾惠渠灌区农业稳产高产改善规划》,成立了领导机构,拟定了工作实施步骤和措施。9 月以后,社教运动开始,各级机构撤销,改善规划移交管理局逐步实施。

国务院批准利用渠村闸进行引黄放淤试验

8 月 2 日 国务院批准河南省利用渠村闸进行放淤面积为 3300 亩的放淤试验,当年放淤一次到两次,每次引水总量不超过 150 万立方米,由于退水出路不好,采取静水放淤,控制退水,避免给下游造成不利影响,对淤区内群众生活、生产、房屋、安全和交通等问题要作出妥善安排。

青海省大石门水库动工兴建

8 月 青海省湟中县大石门水库动工兴建。大石门水库位于湟中县黄鼠湾,为注入式水库,引甘河沟水,总库容 770 万立方米,坝高 20 米,坝顶长 447 米,设计灌溉面积 2.71 万亩,灌溉干渠长 41.3 公里,支渠长 53.5 公里,1968 年 9 月建成,投资 340.2 万元。1981 年实灌面积达 3.2 万亩。

2006 年大石门水库设计灌溉面积 3.06 万亩,有效灌溉面积 3.35 万亩,当年实灌面积1.95万亩,设计流量2.0立方米每秒。灌区内有总干渠1条,长2公里;干渠3条,长41.4公里;支渠10条,长18.9公里;斗渠30条,长36.5公里。灌区灌溉水利用系数0.42。

山东省沿黄地区稻改工作会议召开

9月23~28日 山东省水利厅、农业厅、黄河河务局联合召开全省沿黄地区稻改工作会议。参加会议的有沿黄各专、市和26个县(市)及部分社(区)的代表99人,会议经过参观、大会发言、座谈讨论,交流了稻改工作经验,并讨论了1966年稻改计划。

河南省组织参观引黄稻改工作

9月24日 河南省农委组织沿黄各县、市及省直单位人员共13人,沿黄河先后参观了郑州市郊区、中牟、开封市郊区及山东菏泽、梁山、历城等县的引黄稻改区。参观后进行了座谈,统一了认识,解除了顾虑,并对全省引黄种稻工作提出了表扬,促进了引黄种稻工作的发展。在10月5日召开的全省稻改工作座谈会上,讨论了《河南省沿黄地区稻改工作规划》(草案)。规划1966年全省引黄稻改发展到12万~15万亩,1970年发展到120万~150万亩。为了加强领导,以副省长彭笑千牵头的省稻改委员会于10月份成立。

青海省东河渠动工

9月 青海省贵德县东河渠动工,1966年9月竣工。该渠在上柳查拦河筑坝,引清水河水,设计引水流量3立方米每秒,设计灌溉农田3.36万亩,干渠长11.8公里,支渠长208.1公里,投资74万元。

2006年,东河灌区设计灌溉面积3.3万亩,有效灌溉面积3.3万亩,当年实灌面积2.7万亩,设计流量3.5立方米每秒。灌区内有总干渠1条,长11.8公里;干渠3条,长54公里;支渠7条,长29.2公里;斗渠92条,长137.8公里。灌区灌溉水利用系数0.48。

国务院批转《水利工程水费征收使用和管理试行办法》

10月13日 国务院批转《水利工程水费征收使用和管理试行办法》(简称《办法》)。《办法》提出水费标准为每供水1立方米,工业用水征收0.1厘到0.2厘,生活用水征收2厘到5厘,农业用水水费标准由各省、市、自治区自行决定。

河南省共产主义渠渠首闸及张莱园闸由河南河务局接管

10 月 21 日 黄委会以(1965)黄工字第 86 号文通知河南河务局,为确保黄河防洪安全,便于管理运用,根据水电部关于黄河下游沿黄涵闸交由黄委会统一管理的指示,决定将修建在黄河大堤上的共产主义渠渠首闸及张莱园闸委托该局接受管理,相应增加两闸管理编制 12 人。

青海省互助县加塘大队建成水轮泵站

10 月下旬 青海省互助土族自治县加定藏族自治公社加塘大队,在大通河畔建成 1 座水轮泵站,使 2000 多亩旱地变成水浇地。泵站安装六台 SB40 – 6 – 15 型水轮泵,每两台串成一组,扬程达 42.5 米,提水流量为 0.2 立方米每秒。全部工程包括泵站和进水闸、渡槽、涵洞、跌水等 15 项,土、砂工程 6 万多立方米,石方工程 1200 多立方米。

广东、陕西、湖南等 16 个省代表到汾河灌区参观

10 月 广东、陕西、湖南等 16 个省、市水利厅(局)的同志到山西省汾河一坝灌区的太原市郊区南马、小马等地参观园田化建设。

1964 年冬,汾河灌区在南马村进行田园化配套工程建设试点工作。在试点工作取得经验后,开展了大面积的田园化建设。经过连续两年的努力,在一坝范围内建成了高标准田园化农田 7.9 万余亩,并出现了千亩以上的"向阳式"的粮田样板和"小马式"的粮菜混合田园化样板。1966 年,集中连片完成了太原市柴村、向阳等 15 个 5000 亩以上的大面积田园化片,使一坝范围内的田园化面积达到 15 万亩。1967 年和 1968 年,又建成田园化面积 10 万亩,并建成向阳、小马等渠、路、林、田、机、电、井、建筑物八配套的高标准田园化片,被水电部列为全国田园化建设样板区。

内蒙古河套灌区总排干沟工程动工

秋 内蒙古河套灌区总排干沟开挖工程开工。总排干沟是"五七规划"的重要组成部分。先由黄委会勘测规划设计院设计,后由自治区水利勘测设计院修改设计。总排干沟线路基本沿乌加河,西自袁家坑,东入乌梁素海,全长 201.6 公里,以此总干沟承泄 12 条排水干沟的排水为基础,再逐步形成河套灌区的排水系统。总排干沟工程连续施工两年,共挖土方 749

万立方米,至 1967 年初步通水。因 1966 年"文化大革命"开始,土方开挖工程未全部完成,但作为天然排水通道的乌加河至此废除。1976 年和 1990 年又进行了疏浚扩建,1997 年全部竣工。

山东省胜利引黄灌区动工兴建

11 月 山东省胜利引黄灌区动工兴建,1966 年 5 月开灌。该灌区渠首位于山东省垦利县胜利公社新建村。渠首引黄闸为钢筋混凝土箱式涵洞,共 3 孔,设计引水流量 15 立方米每秒,正常实引流量为 18 立方米每秒。设计灌溉面积 10 万亩,有效灌溉面积 8.65 万亩。到 1990 年,引水方式改为扬水船,引水流量达到 40 立方米每秒。

2000 年,灌区设计灌溉面积 24 万亩,有效灌溉面积 26 万亩,当年实灌面积 18 万亩,设计流量 40 立方米每秒。灌区有干渠 1 条,长 38.4 公里;支渠 55 条,长 166.3 公里;斗渠 440 条,长 500 公里;斗渠以上建筑物 130 座;排水干沟 3 条,长 64.8 公里;支沟 59 条,长 186 公里;斗沟 100 条,长 216 公里。灌区灌溉水利用系数 0.48。

山东省转发《水利工程水费征收使用和管理试行办法》

12 月 2 日 山东省人民委员会转发国务院批转水电部制定的《水利工程水费征收使用和管理试行办法》(简称《办法》)。《办法》规定:凡已发挥兴利效益的水利工程,其管理、维修、建筑物设备更新等费用,由水利管理单位向受益单位征收水费解决。受益单位都应把水费作为生产费用留足,按照规定交纳。

甘肃省扩建静宁县西干渠

是年 甘肃省扩建静宁县西干渠。该渠原名北峡渠,始建于 1956 年,从北峡口葫芦河右岸引水至八里乡姚柳村,渠长 8 公里,灌溉面积 6000 亩。

扩建工程将进水口上移至宁夏回族自治区西吉县玉桥乡团庄村,修建渠首枢纽工程,干渠经阎家庙、红林、八里、小山至照世坡,渠长 22 公里,渠首引水流量加大为 3.5 立方米每秒,实际引水流量 1 至 1.5 立方米每秒,后经 20 世纪 70 年代和 80 年代多次整修加固和干渠衬砌,国家累计投资达 140 多万元,灌溉面积 1.25 万亩,这是甘肃省第一处跨省区引水万亩灌区。

河南省洛南灌区改扩建

是年 河南省洛阳市洛南灌区进行改扩建。洛南灌区是洛宁县最大的自流灌区。历史悠久,隋开皇九年就始建有通津渠,20 世纪 50 年代至 60 年代中期经不断改造,总灌溉面积近 7 万亩,1965 年,洛阳市政府鉴于灌区引水口较多、管理不便等诸多因素,对灌区进行统一规划改造、扩建改善、整修配套。

1997 年,灌区设计灌溉面积 3.5 万亩,有效灌溉面积 2.77 万亩,实灌面积 2.77 万亩,设计流量 4.46 立方米每秒。灌区有干渠长 44 公里,支渠长 37 公里,干支渠建筑物 525 座。

1966 年

甘肃省降低提灌用电价格

2 月 22 日　水电部和全国物价委员会以(1966)水电财生字第 11 号文(急件)通知甘肃省人民委员会,同意刘家峡、盐锅峡水库和永靖县、兰州市工业移民区的提灌价格五年内给予特殊优待。100 米扬程以上的降为每千瓦时 1 分,50~100 米扬程的降为每千瓦时 2 分,50 米扬程以下的定为每千瓦时 3 分。1975 年 12 月 29 日,水电部和国家计委以(1975)水电财字第 82 号文给甘肃省革命委员会批复,"同意仍暂按原定特殊优待电价执行"。由于实施了优惠电价,甘肃省电力提黄灌溉工程有了较大发展,这期间建成扬程超过 50 米、灌溉面积超过千亩的电灌工程 34 处,增加灌溉面积近百万亩。

水电部对黄河下游恢复引黄灌溉作出指示

3 月 21 日　水电部以(66)水电规字第 50 号文,批转部工作组《关于山东省恢复和发展引黄灌溉问题的报告》,对恢复和发展引黄灌溉工作作出如下主要指示:

黄河下游恢复和发展引黄灌溉应坚持"积极慎重"的方针。凡灌溉面积在 20 万亩的设计任务书,应报国家计委和水电部审批,特别重大的工程要报国务院审批;规划设计文件应由省农林办公室会同省黄河河务局负责编制,征求黄委会意见,经省人委审查后报水电部批准。灌溉面积在 20 万亩以下的工程,亦应征求黄委会意见后,由省审批。

恢复和新建涵闸及虹吸工程时,必须确保质量,并应由省黄河河务局会同省农林办公室提出设计,报黄委会审批,特别重大的或技术复杂的工程报水电部审批。

凡属黄河大堤的引水工程,由黄委会所设机构负责管理,灌区由省或专、县管理。注意解决泥沙问题,防止再次发生次生盐碱化。

河南省批准水利厅《关于引黄灌溉的报告》

3 月 25 日　河南省人民委员会批准水利厅《关于引黄灌溉的报告》。3 月 23 日河南省水利厅向河南省人民委员会的报告中指出:上年秋天,河南省沿黄地区发生较大旱灾,为抗旱保秋,经批准全省有 12 处引黄工程投入了抗旱灌溉。据最近检查,发现不少地方没有接受过去引黄的教训,仍然利用排水河道节节打坝,引黄漫灌。凡漫灌地区,地下水位普遍升高,地面发潮,开始出现返碱苗头。对此,河南省人委批示:绝不要因为抗旱重犯引黄灌溉引起土地盐碱化的错误。一定要做好渠系、田间配套工作,经常观察地下水位和土壤的变化情况,注意总结经验,改进工作。

山东省宫家引黄灌区动工

3 月 山东省宫家引黄灌区动工,当年 10 月开灌。灌区渠首位于山东省利津县南宋公社宫家,宫家引黄闸于同年 6 月 10 日竣工,该闸为钢筋混凝土箱式涵洞,共 2 孔,设计引水流量 10 立方米每秒,正常实引流量 8 立方米每秒。设计灌溉面积 15.00 万亩,有效灌溉面积 4.84 万亩。2000 年,设计灌溉面积发展到 22 万亩,有效灌溉面积 15.37 万亩,当年实灌面积 12.13 万亩,设计引水流量扩大到 30 立方米每秒。灌区有干渠 3 条,总长 47.5 公里;支渠 52 条,总长 125 公里。斗渠以上建筑物 110 座。排水系统有排水干沟 3 条,长 65 公里;支沟 34 条,长 112 公里。斗沟以上建筑物 28 座。灌区灌溉水利用系数 0.45。

山东省韩刘引黄灌区动工兴建

4 月 山东省韩刘引黄灌区动工兴建,本年 7 月建成开灌。渠首引黄闸位于山东省齐河县韩刘庄南,为钢筋混凝土箱涵,设计引水流量 15 立方米每秒。灌区设计灌溉面积 15 万亩,有效灌溉面积 5.8 万亩。到 1990 年,灌区有干渠 1 条,长 13 公里;支渠 3 条,长 25 公里。沉沙池面积 1200 亩。灌区投资 195 万元,其中国家投资 162 万元。

2000 年,灌区设计灌溉面积 15 万亩,有效灌溉面积 13 万亩,当年实灌面积 14 万亩,设计流量 15 立方米每秒。灌区有总干渠 1 条,长 15.7 公里;干渠 4 条,长 25.3 公里;支渠 31 条,长 77.2 公里;斗渠 112 条,长 105 公里。斗渠以上建筑物 191 座。排水系统有排水干沟 18 条,长 87.6 公里;支沟 70 条,长 134.4 公里;斗沟 182 条,长 165.4 公里。斗沟以上建筑物 816 座。灌区灌溉水利用系数 0.55。

山东省葛店引黄灌区动工

春 山东省葛店引黄灌区动工,1967 年开灌。该灌区渠首位于山东省济阳县稍门公社葛店,渠首引黄闸为钢筋混凝土箱式涵洞,共2孔,设计引水流量10立方米每秒,正常引水流量8立方米每秒。设计灌溉面积为16.9万亩,有效灌溉面积9.43万亩。1989年2月18日至5月20日,对引黄闸进行扩建,扩建后设计流量为15立方米每秒。

2000年,灌区设计灌溉面积16.9万亩,有效灌溉面积13.5万亩,当年实灌面积13万亩,设计流量15立方米每秒。灌区有总干渠1条,长3公里;干渠4条,长37.4公里;支渠59条,长118公里;斗渠100条,长50公里。斗渠以上建筑物386座。排水系统有排水总干沟1条,长3公里;干沟3条,长37.1公里;支沟42条,长100.3公里;斗沟200条,长144公里。斗沟以上建筑物248座。灌区渠系水利用系数0.65。

山东省国那里引黄闸动工

春 山东省梁山县国那里引黄闸动工,1967年4月竣工。该闸是东平湖引黄灌区渠首闸,位于山东省梁山县戴庙公社孙楼村(今属郓陈乡)南,为钢筋混凝土箱式涵洞,共3孔,设计引水流量45立方米每秒。1975年改建引黄闸,洞身下游接长5.5米,闸底板抬高1.0米,1976年4月建成。

东平湖引黄灌区1965年4月动工兴建,1970年12月开灌,设计灌溉面积20万亩,其中济宁市16.84万亩,泰安市3.16万亩。到1990年,灌区有输沙渠1条,长3公里;总干渠2条,总长26公里;干渠6条,总长75.13公里;支渠183条,总长273.5公里。沉沙池1处,面积4800亩。灌区累计投资1328.1万元,其中国家投资569.5万元。

宁夏、内蒙古黄河枯水期抗旱灌溉

5月7日 黄河青铜峡流量340立方米每秒,宁夏农办召开电话会议,要求上下游兼顾,高低斗配水,有计划、有秩序地集中轮灌。

5月17日,内蒙古抗旱抗灾指挥部召开黄河枯水期灌溉分水会议。会议由农委主任云北峰主持,参加会议的有沿黄河各盟市行政领导、水利部门负责人。会议针对当前黄河流量已降到200立方米每秒(新中国成立以来最低)的特殊情况,决定各引黄灌区要浅浇快轮,节约用水。同时,决定配水份额,除伊克昭盟南岸引水流量不少于15立方米每秒外,北岸总干渠引水要保证从拦河闸下泄至少50立方米每秒的流量,以供包钢、包头市和乌兰察布盟引用。

内蒙古十四分子电力扬水站初步建成

5月　内蒙古麻地壕扬水灌区托克托县十四分子电力扬水站初步建成,开始抽水灌溉。扬水站采用浮船抽水,装机容量724千瓦,抽水流量10.28立方米每秒,灌溉面积28万亩。该工程由自治区水利勘测设计院设计,托克托县施工。由于黄河河床变动,以后的10年运行中站址被迫移动3次,1976年开始修建固定扬水站,1979年建成,十四分子扬水灌区更名为麻地壕扬水灌区。

内蒙古公山壕灌区进水口扬水站建成

6月　内蒙古伊克昭盟达拉特旗公山壕灌区进水口扬水站建成,当年在黄河流量下降到47立方米每秒的情况下,灌溉夏田4万多亩。

内蒙古黄河南岸灌区巴音套海黄河一级扬水站建成

6月　内蒙古黄河南岸灌区鄂托克旗巴音套海黄河一级扬水站建成,装机容量为960千瓦,设计灌溉面积2.85万亩。以后又建成二级站,装机容量为855千瓦,设计灌溉面积3.6万亩。在一、二级干渠上还加设三、四级水泵站38座。以上共投资411万元。

青海省小酉山电灌站一级工程完工

7月8日　青海省西宁市郊区最大的一座电灌站——马坊公社小酉山电灌站一级工程完工放水。小酉山一级电灌站共有四台水泵,总动力400千瓦,扬程92米,可灌溉浅山旱地2000多亩,二级电灌站建成以后还可扩大灌溉面积1000亩左右。一级工程除机房、电机安装工程外,还完成了干、支渠道10多公里,共挖填土方2万多立方米、砂石388立方米。电灌站一级工程的施工期为3个月。

山西省汾西灌区跃进渠建成

7月12日　山西省汾西灌区跃进渠建成,启闸放水浇地。跃进渠为汾西灌区的主要干渠,由山西省临汾龙子祠引水,经襄汾、临汾、新绛3县,全长80公里。这项工程共投工600万个,投资700万元,可浇地22万亩。

甘肃省三角城电力提灌工程复工修建

7月15日　甘肃省榆中县三角城电力提灌工程复工修建。1965年12月28日,榆中县人民委员会向甘肃省水利厅、定西专员公署提出重新修建三角城电力提灌工程的申请报告,1966年6月底,省、地专有关部门对工程进行了审定,通过了提水流量6立方米每秒、总扬程560米、灌溉面积24.5万亩的设计方案(实际实施的设计灌溉面积18万亩),并决定成立三角城电灌工程处。工程从1969年10月发挥灌溉效益,1973年完成主体工程,1980年至1986年,完成部分干渠改建加固和全部支渠衬砌,1989年夏灌时灌溉面积达到13.5万亩。

2006年灌区设计灌溉面积18万亩,有效灌溉面积17.66万亩,当年实灌面积16.65万亩,干渠长74.7公里,支斗渠长190.68公里,干、支、斗渠全部衬砌。灌溉水利用系数0.6。

陕西省泾惠渠拦河大坝被洪水冲毁

7月27日　陕西省张家山水文站泾河洪峰流量7520立方米每秒,冲毁泾惠渠渠首拦河大坝,省、地、县各级政府立即组织抢修;成立以咸阳专员公署专员王世俊为指挥,泾阳县县长郑公卿、泾惠渠管理局副局长乔大海、总工程师叶遇春为副指挥的工程指挥部。10月下旬至次年6月13日,在原坝址下游16米处新建一座高14米、长87.5米、底宽23米的混凝土溢流坝,引水流量46立方米每秒。

内蒙古编制镫口电力扬水站扩大初步设计说明书

9月　内蒙古水利勘测设计院编制出"乌兰察布盟、包头市镫口电力扬水站扩大初步设计说明书",工程施工共分两期。一期工程混流泵站已于春季建成,抽水流量10立方米每秒,并于5月6日抗旱浇地15万亩。二期工程改移动泵船为半封闭式固定厂房,抽水流量14立方米每秒,于8月底基本建成。原于1958年修建的民生渠口临时电力灌溉及自流灌溉扩建工程,因河道变迁,无论自流或提水均感困难,不得不再进行此次扩大改建扬水站。

河南省柳园口引黄渠首闸开工

10月17日　河南省开封柳园口引黄渠首闸开工。该闸位于开封市北郊柳园口黄河南大堤桩号 85 + 950 处,由 5 孔钢筋混凝土涵洞组成。孔高 2.5 米,宽 2.2 米,设计正常过水流量 40 立方米每秒,由开封地区水利施工总队施工,于 1967 年 3 月 14 日竣工,国家投资 67.36 万元。

柳园口灌区 1967 年建成开灌。后经改建,到 1997 年渠首闸设计流量 45 立方米每秒,设计灌溉面积 46.35 万亩,其中陇海铁路以北 18.72 万亩为自流灌溉,以南 27.63 万亩为抗旱补源区,灌区有效灌溉面积 17.72 万亩,实灌面积 18.72 万亩。灌区内有总干渠 1 条,干渠 3 条,分干渠 1 条,总长 52.42 公里;支渠 13 条,总长 61.5 公里;斗渠总长 167.7 公里;排水干沟 79.77 公里,支沟 59.5 公里。干支渠建筑物 213 座,斗农渠建筑物 228 座,干支排水沟建筑物 152 座。灌区渠系水利用系数 0.40。

青海省后子河水轮泵站建成

10 月 青海省大通县北川渠后子河水轮泵站建成,竣工典礼上省长王昭剪彩。该站安装本省制造的高原 50 - 2.5 型水轮泵两台,扬程 84 米,将 4000 多亩旱台地变成水浇地。建成后由于中嘴山等险段渠道湿陷,滑坡、塌坑事故接连发生,以致 8 年之久不能通水受益。1973 年开始进行渠道防渗,至 1978 年渠道水利用系数提高到 0.9 以上。粮食平均亩产由原来的 50 多公斤增加到 250 多公斤。

陕西省洛惠渠洛西灌区的洛西倒虹工程正式动工

10 月 陕西省洛西灌区的洛西倒虹工程正式动工,1970 年 5 月 1 日建成通水。洛西倒虹位于洛西干渠 1.5 公里处,是横跨洛河的咽喉工程。该工程由陕西省勘测设计院设计,蒲城县洛西灌溉工程指挥部组织施工。建筑物采用桥式倒虹,双管排架钢筋混凝土结构,单管输水流量 3.5 立方米每秒,预应力钢丝网水泥管内径 136 厘米,壁厚 5 ~ 6 厘米。为便于管道内部清理,1980 年在倒虹桥首尾安装带检修孔管道四节。

山东省道口引河灌区动工兴建

10 月 山东省道口引河灌区动工兴建,于 1967 年 4 月开灌。该灌区渠首位于金堤河左岸英桃元公社道口大队南,以金堤河为引用水源,渠首引水闸为钢筋混凝土箱式涵洞,共 2 孔,设计引水流量 20 立方米每秒,正常实引流量 7.5 立方米每秒。灌区设计灌溉面积 20.9 万亩,有效灌溉面积 12.54 万亩。1993 年 9 月,国家农业开发办以(93)国农综字 146 号文同意彭楼引黄入鲁灌溉工程立项。同年开工兴建彭楼引黄入鲁工程,彭楼引黄入鲁工程干渠利用原道口干渠并进行延伸和整修,道口灌区改由彭楼引黄入鲁工程供水,原渠首引水闸用来引水补充仲子庙灌区范围的灌溉用水。

2000年,灌区设计灌溉面积20.9万亩,有效灌溉面积12.3万亩,当年实灌面积20万亩,设计流量20立方米每秒。灌区有总干渠1条,长39.8公里;干渠3条,长27公里;支渠8条,长22公里;斗渠196条,长98公里。斗渠以上建筑物284座。排水系统有排水干沟3条,长27公里;支沟27条,长81.7公里。斗沟以上建筑物59座。灌区渠系水利用系数0.65。

宁夏卫宁灌区北干渠工程动工

秋　宁夏卫宁灌区北干渠工程动工。北干渠是扩建延长原扶农渠而成,西起迎水桥,从美利渠引水到钓鱼台入第一排水沟,全长40公里,设计流量15立方米每秒,设计灌溉面积6万亩。由于渠线穿经沙漠、沼泽地段,施工困难,受益的5个公社3000民工当年完成24.5公里,扩大耕地2万多亩。1969年,完成电厂桥至河滩5公里长渠道裁弯取直和建筑物的配套,1978年,完成四方墩至钓鱼台13.3公里长渠道开挖及建筑物配套。截至1980年,完成渠道衬砌22.7公里,修建支斗口71座,渠系建筑物25座,实灌中卫县农田2.5万亩。

青海省石山水轮泵站开工

11月　青海省大通县石山水轮泵站开工,1968年12月竣工。泵站在桥头镇无坝引取北川河水,设计引水流量2.5立方米每秒,灌溉农田面积1.65万亩(自流灌溉0.8万亩,提灌0.85万亩),干渠长13公里,支渠长14公里,总投资439万元。

2006年,石山水轮泵站设计灌溉面积1.65万亩,有效灌溉面积1.34万亩,当年实灌面积0.98万亩,设计流量3.5立方米每秒。灌区内有干渠1条,长13公里;支渠4条,长27.3公里;斗渠48条,长67公里。灌区灌溉水利用系数0.45。

陕西省洛惠渠洛西灌区开挖排水工程

冬　陕西省洛惠渠洛西灌区开始开挖排水工程。到1970年,洛西灌区建成通水后,蒲城县革委会向渭南地区革委会水电局上报《关于卤泊滩及洛西地区排水方案的意见》,拟在洛西灌区建设长31.12公里干沟1条、支沟4条。1971年开始修建南干沟,1974年南干沟建成,相继又修建支沟、分毛沟及建筑物。截至1990年,洛西灌区建有干沟1条,长33.75公里;支沟17条,长62.2公里;分毛沟298条,长192公里。完成土泥方244.6万立方米,建筑物291座。控制排水面积5万亩。

宁夏中卫河北灌区实现一首制引水

是年 宁夏将美利渠渠首至姚汰21.6公里渠道改建为总干渠,陆续将从黄河引水的太平、新北、旧北、复盛等渠并入作为支干渠,实现中卫河北灌区一首制引水。

山西省夹马口电灌站二期工程竣工

是年 山西省夹马口电灌站二期工程竣工。二期工程,除渠首沉沙池外,主体工程均按设计完成,即建成了夹马口提水枢纽、堡里二、三级提水站和灌区3个部分。堡里二、三级提水站扬程均为39米,安装12Sh-19水泵和55千瓦电动机各3台。

夹马口灌区东西长46公里,南北宽12公里,设计灌溉面积包括临猗、永济两县农田33万亩。灌区内有干渠1条,长54.5公里,支、斗、农渠道2187条,总长1250公里,配套建筑物3800余座。沿干渠建有小型泵站71处,总装机容量2138千瓦,提水流量4.4立方米每秒,控制灌溉面积4.6万亩。2001年,小樊电灌站并入夹马口电灌站。2006年,设计灌溉面积50.3万亩,有效灌溉面积32.8万亩,当年实灌面积29万亩,设计流量18.5立方米每秒。总干渠长8公里,6条干渠总长86.3公里,42条支渠总长276.4公里,斗农渠总长2553公里。灌区灌溉水利用系数0.58。

1967 年

山东省张桥引黄灌区动工

3 月 山东省张桥引黄灌区动工,1970 年 3 月开灌。该灌区渠首位于山东省邹平县码头乡张桥村东北。渠首引黄闸为钢筋混凝土箱式涵洞,共 3 孔,设计引水流量 15 立方米每秒。设计灌溉面积 19.6 万亩,有效灌溉面积 7 万亩。渠系工程于 1968 年 4 月动工,1970 年 3 月基本完成。实际完成总干渠 1 条(包括引河渠),长 1.0 公里;干渠 3 条,总长 43.9 公里;支渠 11 条,总长 51.1 公里;干支渠建筑物 161 座,斗渠以下建筑物 394 座。为防止闸前引黄泥沙淤积,影响引水,1970 年 4 月又在闸前建一防沙闸,同年 11 月建成。从 1988 年开始灌区不断扩大,到 1990 年,引水流量达到 35 立方米每秒,灌溉面积达到 38 万亩。累计投资 1994.6 万元,其中国家投资达 1394 万元。灌区开发前平均亩产粮食 110 公斤、棉花 13 公斤,到 1990 年,平均亩产粮食 315 公斤、棉花 60 公斤。

宁夏汉渠决口

4 月 26 日 宁夏青铜峡河东灌区汉渠新建关马湖退水闸竖井跌水,因施工质量差,放水后坍塌,造成干渠决口,停水 3 天。

青海省前头沟水库开工

4 月 青海省互助县前头沟水库开工,1969 年 8 月竣工。水库引马圈河水,注入式水库,库容 100 万立方米,坝高 21 米,坝顶高程 2547 米,坝顶长 165 米,设计灌地 0.5 万亩,投资 73 万元。

山东省苏阁引黄灌区动工兴建

4 月 山东省郓城县苏阁引黄灌区动工兴建,7 月建成开灌。渠首引黄闸位于山东省郓城县苏阁黄河大堤桩号 290+600 新、老九坝之间的险工处,为钢筋混凝土箱式涵洞,共 3 孔,设计引水流量 25 立方米每秒,设计灌溉面积 25 万亩,有效灌溉面积 15 万亩。1982 年,黄委会以黄工字[82]42 号文对苏阁引黄闸改、扩建予以批复,同年菏泽地区水利局编报了《菏泽地区郓城县苏阁引黄灌区规划》,山东省水利厅下发了初审意见,并于 1984

年对灌区工程初步设计予以批复。1985 年 11 月 20 日,苏阁灌区开工兴建南输沙渠,11 月 30 日竣工,配套建筑物于 1986 年 2 月竣工。1987 年 11 月 4～18 日,灌区组织开挖了抗旱送水西干渠,配套建筑物于 1988 年 5 月 18 日～8 月 28 日全部竣工。1988 年,灌区进行调整扩建,设计引水流量 50 立方米每秒,设计灌溉面积 46.54 万亩,有效灌溉面积 30 万亩。

2000 年,灌区设计灌溉面积 46.71 万亩,有效灌溉面积 43.5 万亩,当年实灌面积 45 万亩,设计流量 50 立方米每秒。灌区有总干渠 7 条,长 77.7 公里;干渠 13 条,长 67.7 公里;支渠 77 条,长 72.9 公里;斗渠 300 条,长 240 公里。斗渠以上建筑物 1045 座。排水系统有排水总干沟 10 条,长 121.2 公里;干沟 20 条,长 134.7 公里;支沟 97 条,长 217.1 公里;斗沟 600 条,长 460 公里。斗沟以上建筑物 2061 座。灌区灌溉水利用系数 0.45。

山西省汾河二坝水利枢纽改建工程竣工

5 月 25 日 山西省汾河二坝水利枢纽改建工程竣工。汾河二坝位于潇河入口下游、清徐县长头村西北侧汾河干流上,原名第一铁坝(铁板堰),兴建于 1929 年,1930 年竣工。新中国成立以后,与兰村渠首工程统一排序命名为汾河二坝。1951 年,在残存的工程基础上进行整修利用,并于 1953 年和 1954 年分别进行了加固处理。

改建后的拦河土坝长 375.2 米,高 7 米,拦河闸 8 孔,每孔宽 10 米,设计泄洪流量 1600 立方米每秒;左岸设 3 孔进水闸,右岸设 4 孔进水闸,闸孔宽 2.5 米,设计引水流量 44 立方米每秒。

二坝水利枢纽有东西干渠各 1 条。东干渠长 47.59 公里,设计流量 14.5 立方米每秒,设计灌溉清徐、祁县、平遥 3 县 8 个乡镇 24.39 万亩农田,其中支渠灌溉面积 9.02 万亩,纯干渠灌溉面积 15.37 万亩。东干渠有支渠两条,总长 21.24 公里;斗渠 45 条(干开斗 29 条);农渠 215 条。东干渠以乌象民退水渠和沙河为排水总干沟,分南北两片布置,有支排沟 3 条,斗排沟 15 条,农排沟 72 条。

西干渠长 39.3 公里,最大引水流量 29.6 立方米每秒,设计灌溉清徐、交城、文水、平遥 4 县 20 个乡镇 52.56 万亩农田。西干渠有支渠 8 条,总长 100.01 公里;斗渠 147 条;农渠 1305 条。西干渠排水以西边的磁窑河为排水总干沟,有支排沟 8 条,斗排沟 90 条,农排沟 203 条。

河南省韩董庄引黄闸建成

7 月 1 日 河南省原阳县韩董庄引黄闸建成。该闸系 3 孔钢筋混凝土涵洞,设计引水流量 25 立方米每秒,设计灌溉面积 34.3 万亩,有效灌溉面积 20.65 万亩。本年 3 月 3 日开始施工,共完成混凝土 1062 立方米,石方 973 立方米,土方 48170 立方米。灌区涉及河南省原阳县 13 个乡 195 个村,人口 15.4 万。

韩董庄灌区为多渠首引水,1997 年灌区设计引水流量 65 立方米每秒,设计灌溉面积 34.26 万亩,有效灌溉面积 30 万亩,实灌面积 25 万亩。灌区有干渠总长 60 公里(衬砌 18 公里),支渠总长 168 公里(衬砌 30.7 公里),斗渠总长 610 公里。干支渠建筑物 324 座,斗农渠建筑物 3842 座。排水系统有排水干沟 72 公里,排水支沟 132 公里。干支排建筑物 218 座,斗农排建筑物 455 座。灌区渠系水利用系数 0.41。

河南省石头庄引黄闸建成

9 月 28 日　河南省长垣县石头庄引黄闸建成。该闸系 3 孔钢筋混凝土箱形翻水涵洞,设计流量 20 立方米每秒,担负长垣县 17 万亩的淤灌任务。工程建成后交石头庄溢洪堰管理段管理。石头庄灌区于同年开始建设,1969 年开灌。

1997 年,设计引水流量 20 立方米每秒,设计灌溉面积 25.8 万亩,有效灌溉面积 18.6 万亩,实灌面积 18.6 万亩。灌区内有沉沙条池 1 处,长 1.0 公里;引水渠 1 条,长 1.4 公里;干渠 4 条,总长 42.9 公里;支渠 11 条,总长 65.6 公里;斗渠 194 条,总长 257.5 公里;农渠 852 条,总长 468.0 公里。排水方面:有干沟两条,总长 48.8 公里;支沟 7 条,总长 56.3 公里;斗沟 60 条,总长 60 公里。灌区内有各类建筑物 2480 座。灌区灌溉水利用系数 0.35。

甘肃省洮惠渠扩建工程开工

9 月　甘肃省洮惠渠扩建工程开工。洮惠渠原名民生渠,民国 27 年(1938 年)初步建成,干渠全长 28.3 公里,设计流量 2.5 立方米每秒,设计灌溉面积 2.8 万亩。本次旧干渠全部扩建并延伸至中铺井坪村,干渠全长 81.2 公里,设计流量 8.2 立方米每秒,加大流量 9 立方米每秒,干渠衬砌 17.3 公里,建成支渠 177 条,全长 180 公里,完成工程量 486 万立方米,劳力 43 万工日,国家投资 1480 万元,设计灌溉面积 10.8 万亩,实灌面积达 9 万亩。2006 年,设计灌溉面积 15.03 万亩,有效灌溉面积 12.20 万亩,当年实灌面积 9.9 万亩,干渠长 81.2 公里,已衬砌 17.3 公里,支斗渠长 184.54 公里,已衬砌 141.5 公里。灌溉水利用系数 0.42。

1968 年

国务院在北京召开黄淮海平原治理会议

3月　国务院在北京召开黄淮海平原治理会议。中央和冀、鲁、豫3省有关单位参加了会议。水电部副部长钱正英在会上指出,黄河今后几年要重点研究黄河中游的水土保持、三门峡库区淤积、黄河下游河道整治及防洪、河口整治、引黄灌溉、放淤稻改及黄河水量分配等。

黄委会向水电部报送《关于1967年黄河下游引黄灌溉调查报告》

4月24日　黄委会向水电部军管会报送《关于1967年黄河下游引黄灌溉调查报告》(简称《报告》)。《报告》称:黄河下游引黄涵闸目前已基本恢复引水,较早的从1963年即已开始,且又兴建了数座引黄工程。截至1967年12月底,黄河下游引黄灌溉面积886万亩,其中河南省390万亩,山东省496万亩;稻改面积37.1万亩,其中河南省14.1万亩,山东省23万亩;放淤面积21.5万亩,其中河南省14万亩,山东省7.5万亩。

青海省红土湾水库动工

4月　青海省互助县红土湾水库动工兴建,1970年10月竣工。为注入式水库,引红崖子沟河水,库容160万立方米,坝高23米,坝顶长240米,坝顶高程2281米,设计灌溉面积1万亩,投资87万元。

2006年,红土湾水库设计灌溉面积1万亩,有效灌溉面积0.65万亩,当年实灌面积0.65万亩,设计流量1.01立方米每秒。灌区内有干渠1条,长25.8公里;支渠4条,长56公里;斗渠35条,长45.5公里。灌区灌溉水利用系数0.42。

黄委会拟修建河南省沁河河口村水库

6月　黄委会同河南省新乡地区对沁河下游过去规划过程中提出的有关问题,又作了进一步研究,编写了规划,提出修建沁河河口村水库,解决沁河下游防洪、灌溉以及黄河下游防洪的问题。后于1985年5月完成河口村水库可行性研究报告,报告中提出坝高117米,坝长503米,坝型为黏土心墙堆石坝,库容3.3亿立方米,投资3.85亿元,减少黄河洪水1200~2200

立方米每秒,可将沁河洪水 20 年一遇标准提高至 200 年一遇,灌溉农田 81.2 万亩,发电装机容量 1.2 万千瓦,该报告经水电部规划院审查,暂不修建。

山西省汾西灌区计划建设 10 万亩旱涝保收稳产农田

11 月 9 日　山西省临汾县革命委员会根据群众要求研究决定,奋战三年在汾西灌区建设 10 万亩旱涝保收稳产高产农田,并提出了具体实施方案。水利办公室派技术干部赴汾西灌区进行技术指导,具体帮助。

山东省田山电力提水灌溉工程动工兴建

11 月 18 日　山东省平阴县田山电力提水灌溉工程动工兴建,主体工程于 1971 年 10 月 31 日竣工,11 月开灌。工程为两级电力扬水站,一级站扬程 8 米,二级站扬程 59.5 米。共装机 32 台 15520 千瓦,设计提水能力 1 级站 24 立方米每秒,2 级站 18 立方米每秒,提黄河水灌溉平阴、肥城两县部分土地,设计灌溉面积 31.7 万亩,有效灌溉面积 9.76 万亩,并可解决山区 6.2 万人口的饮水困难,为山东省最大的电力提水灌溉工程。

2000 年,灌区设计灌溉面积 31.7 万亩,有效灌溉面积 14 万亩,设计流量 24 立方米每秒。灌区有总干渠 2 条,长 14.9 公里(衬砌 8.4 公里);干渠 10 条,长 105.5 公里(衬砌 77.7 公里);支渠 58 条,长 254.1 公里(衬砌 69.7 公里);斗渠 127 条,长 63 公里。斗渠以上建筑物 1332 座。排水系统有排水总干沟 2 条,长 15.1 公里;干沟 7 条,长 53 公里;支沟 17 条,长 39.7 公里。斗沟以上建筑物 15 座。灌区灌溉水利用系数 0.5。

陕西省林皋水库开工

11 月　陕西省白水县成立林皋水库工程指挥部,组织受益区 1 万多名民工投入林皋水库建设,1971 年完成枢纽和干支渠道工程,1972 年投入灌溉,设计灌溉面积 11.3 万亩,有效灌溉面积 7.25 万亩。水库位于白水县林皋乡白水河与林皋河交汇处以下 200 米的白水河干流。枢纽工程包括拦河坝、输水洞和溢洪道。拦河坝为均质土坝,高 33.3 米,坝顶长 460 米,总库容 3300 万立方米,有效库容 1900 万立方米。输水洞位于大坝右肩,为直径 2 米的圆形洞,长 218 米,输水流量 31 立方米每秒,最大输水流量 41 立方米每秒。溢洪道位于大坝右岸,为开敞式溢流堰,宽 25 米,设计溢流量 172 立方米每秒,最大溢流量 423 立方米每秒。

山东省二十里铺电灌站动工兴建

11 月　山东省东平县二十里铺电灌站动工兴建,1972 年 4 月建成开灌。该工程位于东平湖东岸王山脚下,提东平湖水灌溉山地,设计提水流量 7 立方米每秒,装机 10 台 5168 马力,设计灌溉面积 11.5 万亩,有效灌溉面积 5.80 万亩。国家投资 567 万元。

水电部豫北水利土壤改良试验站下放地方并被撤销

12 月　水电部根据中央关于实行一元化领导和体制下放的精神,决定将豫北水利土壤改良试验站下放给河南省,河南省又下放给新乡地区,新乡地区随即将该站撤销,机关大院交由新乡军分区教导队接管。除个别中专毕业的同志外,技术人员全部被调往新乡地区渠首五七干校参加劳动锻炼,接受再教育。

水电部豫北水利土壤改良试验站撤销前有职工 110 余人。新乡市区有面积 80 余亩的大院,院内房屋 240 余间;小冀有面积 40 余亩的院落,院落内有房屋 90 余间,院落外有试验场地 200 余亩;建有路庄、南翟坡、程操、小王庄 4 处水文站。技术业务方面设有除涝水文组、水文地质组、盐碱地改良组、次生盐碱化防治组、灌溉工程组、河渠泥沙组、科技办公室、化验室;行政方面设有办公室、人事保卫科、行政管理科、财务器材科。按照边建站边搞科学试验的要求,科研人员开展了大量的试验和调查研究工作,编写了数十篇科研成果报告,对农业生产起到了一定的促进作用。

宁夏青铜峡河东灌区东干渠开工

是年　宁夏青铜峡河东灌区东干渠开工。为赶在 1967 年 4 月青铜峡枢纽蓄水前建成渠首进水闸,自治区水利局委托青铜峡工程局于 1966 年底兴建了渠首进水闸。1966 年自治区水利局设计工程处再度勘测、设计东干渠,1967 年自治区水利局设计工程处提出东干渠工程规划报告,干渠起自青铜峡枢纽东端,经青铜峡县和吴忠县,止于灵武县大泉北的郭家碱滩,全长 54.33 公里。最大引水能力 70 立方米每秒,设计灌溉面积 54.7 万亩,其中自流灌溉面积 22.28 万亩,扬水灌溉面积 32.42 万亩,计划分三期开发。经过 7 年建设,到 1975 年 10 月,原规划的一、二期工程基本完成,共开挖衬砌干渠 54.13 公里,开挖排水沟 9 条,总长 65.88 公里,建成电力扬水站两座,滞洪水库 5 座。1975 年 11 月 5 日在渠首举行放水典礼。1976 年,青铜峡县建成草台子扬水站,灵武县建成五里坡扬水站,吴忠县建成一些小型扬水站,同时动工兴建扁担沟扬水工程,这些都属于原规划的三期工程。2000年,设计灌溉面积54万亩,有效灌溉面积44.4万亩,当年实灌面积44.4万亩,设计流量54立方米每秒。东干渠长54.5公里;支渠3条,总长34公里;斗农渠79条,总长234.3公里。

1969 年

陕西省调整部分灌区隶属关系

1月1日　陕西省革委会发出《关于撤销、新设和调整一部分单位隶属关系的通知》,决定将东方红抽渭灌溉管理局(即交口抽渭管理局)、三门峡库区管理局、白水水文站、人民引洛局(即洛惠渠管理局)、莲花寺鱼种场下放渭南专区革委会领导,人民引泾局(即泾惠渠管理局)、人民引渭局(即渭惠渠管理局)、彬县水保站下放咸阳专区领导,宝鸡水保站下放宝鸡专区领导,陕西水保研究所(延安)下放延安专区领导,燎原抽水管理局下放礼泉县领导,大佛寺水库维修处下放彬县领导,陕西水利工作站下放耀县领导。

陕西省宝鸡峡引渭工程复工

3月1日　陕西省宝鸡峡引渭工程渠首,王家崖、信邑沟、大北沟、南沟4座水库,沣水倒虹和7处隧洞等重点工程先后复工。5月26日,陕西省革委会决定成立陕西省宝鸡峡工程指挥部领导小组,吕祖尧任组长,张鹤、张维岳任副组长,下辖18个工区。经10多万人2年多的艰苦努力,于1971年6月30日建成。7月15日在宝鸡峡林家村渠首举行放水典礼,中共陕西省委第一书记、陕西省革委会主任李瑞山到会讲话并剪彩。

宝鸡峡引渭灌溉工程在宝鸡市以西林家村建坝设闸引渭河水,设计灌溉宝鸡、咸阳、西安3市13个县(区)农田170万亩,其中自流灌溉149.7万亩,抽水灌溉20.3万亩。渠首枢纽由拦河坝、引水洞、沉沙槽、进水闸和冲刷闸组成,进水闸原设计流量70立方米每秒(含水电站引水),因供水不足取消水电站后,进水闸流量改为50立方米每秒。灌区有总干渠1条,长170公里,东西干渠共长44.8公里,均采用混凝土衬砌。1971年春开始,经过半年多紧张施工,建成支渠和支分渠44条,长415公里;斗渠550余条,长2000余公里。支斗渠各种建筑物12665座,灌区内还建有王家崖、信邑沟、大北沟、南沟等渠库结合水库4座。

黄河天桥发电灌溉工程规划、设计领导小组成立

3月15日　黄河天桥发电灌溉工程规划、设计领导小组成立。山西省刘开基任组长,陕西省革委会马科西、黄委会姜圣俊、忻县地区革命委员会

张天槐任副组长。领导小组设办事组、规划设计组。在此之前,2月22~24日在太原召开了天桥发电灌溉工程碰头会,晋、陕两省和黄委会均派员参加了会议,会议决定成立工程指挥部。

山东省十八户引黄淤灌工程动工兴建

3月26日　山东省十八户引黄淤灌工程动工兴建。十八户引黄放淤闸建于山东省垦利县朱家屋子与联合村之间的黄河大堤上,为钢筋混凝土桩基开敞式,共8孔,每孔净宽7.5米,设计引水流量200立方米每秒,闸前开挖引渠长500米,以放淤改土为主,结合灌溉,必要时用于分洪。设计淤灌面积60万亩,于10月1日建成。淤区工程采用上窄下宽的条渠放淤方式,共5个条渠和1个块淤区,尾水入海,于1970年汛前竣工,并于1970、1974、1975、1976年放淤,累计放淤71天,总引水量12.77亿立方米,落淤5438万立方米,淤地8万亩,淤厚0.5~1.0米。

山东省道旭引黄灌区开工

3月　山东省滨州市道旭引黄灌区开工,10月建成开灌。渠首位于山东省博兴县小营公社洼位村北,渠首引黄闸于7月30日竣工,该闸为钢筋混凝土箱式涵洞,共3孔,设计引水流量15立方米每秒。设计灌溉面积16.20万亩,有效灌溉面积8.00万亩。到1990年,灌区有总干渠1条,长5.8公里;干渠3条,总长38.5公里;支渠90条,总长124公里。

2000年,灌区设计灌溉面积16.4万亩,有效灌溉面积14.5万亩,当年实灌面积10万亩,设计流量15立方米每秒。灌区有总干渠1条,长1.5公里;干渠1条,长27公里;支渠30条,长72.5公里;斗渠86条,长53公里。斗渠以上建筑物90座。排水系统有排水总干沟5条,长46.5公里;干沟2条,长54公里;支沟14条,长91公里;斗沟25条,长11公里。斗沟以上建筑物75座。灌区渠系水利用系数0.6。

山东省王庄引黄灌区开工

3月　山东省东营市王庄引黄灌区开工,10月建成开灌。渠首位于山东省利津县王庄,渠首引黄闸于8月4日竣工。该闸为钢筋混凝土箱式涵洞,共4孔,设计引水流量30立方米每秒。灌区工程由惠民地区水利局设计,利津县组织施工,设计灌溉面积31.00万亩,有效灌溉面积12.10万亩。1988年,东营市为改善王庄灌区灌溉情况,增加滨海地区和胜利油田供水,改建王庄引黄闸,设计引水流量扩大到80立方米每秒。1999年,山东省计划委员会批准灌区节水改扩建工程,引黄闸设计流量增加到100立方米每秒,设计灌溉面积98万亩,同年10月成立工程建设指挥部,10月26日工程开工,一期工程于2000年11月底建成通水。

2000年,灌区设计灌溉面积98万亩,有效灌溉面积45万亩,当年实灌面积47万亩,设计流量100立方米每秒。灌区有总干渠1条,长46.8公里(衬砌27.5公里);干渠3条,长55.8公里(衬砌25.5公里);支渠152条,长472公里;斗渠630条,长348公里。斗渠以上建筑物736座。排水系统有排水总干沟4条,长201公里;干沟4条,长53.6公里;支沟141条,长269公里。灌区灌溉水利用系数0.45。

山西省汾南电灌站渠首一期工程竣工

4月15日 山西省汾南电灌站渠首一期工程全部土建和3台机组安装工作完成。汾南电灌站位于稷山县境内汾河下游南岸的下费村,由汾河取水。1966年4月动工兴建,1969年9月建成投产。6级提水,总扬程157米,装机25台,总装机容量9210千瓦,提水流量4.5立方米每秒。原设计灌溉面积22.6万亩,1983年全省"三查三定"时,核定有效灌溉面积为11万亩,受益范围包括稷山、万荣2县10个乡镇79个行政村庄。2006年,设计灌溉面积11万亩,有效灌溉面积11.16万亩,当年实灌面积3.15万亩,设计流量4.5立方米每秒。灌区有总干渠长10.2公里;干渠6条,总长50.6公里;支渠98条,总长198.3公里;斗农渠1245条,总长4169公里。灌区灌溉水利用系数0.5。

宁夏汉渠首段扩整为秦汉总干渠工程竣工

春 宁夏青铜峡河东灌区扩整汉渠首段5.1公里,用以作为秦汉总干渠工程竣工,总干渠在余家桥建秦、汉、马莲3渠分水闸,工程于1968年冬开工。

宁夏马莲渠改由秦汉总干渠供水

春 宁夏秦汉渠管理处开挖了余桥分水闸至双闸的新渠5公里,新建了沈闸、董府跌水带桥、金积北门桥、西门桥等建筑物,废弃了汉渠上的马莲渠口、郝渠口;自治区水利工程处在余桥分水闸下游200米处修建了马莲渠郝渠分水闸,从此马莲渠改由秦汉总干渠供水,郝渠从马莲渠开口引水。

马莲渠原系汉渠的五大支渠之一,渠位较高。2000年,马莲渠有效灌溉面积7万亩,当年实灌面积7万亩,设计流量20立方米每秒。灌区有干渠1条,长15.5公里;支渠2条,长17.9公里;斗农渠293条,长227.5公里。

青海省水地川电灌工程座谈会召开

6月13日 青海省革委会农牧组、省水电工程大队、化隆县、尖扎县革委会在尖扎县召开了水地川电灌工程座谈会。水地川电灌工程包括修建古浪堤电站,发展提灌工程,解决化隆、尖扎两县所属黄河两岸大小17个滩6.45万亩土地的灌溉问题,可扩大水地3.58万亩。改善灌溉面积2.87万亩,除农田灌溉外,电站尚可向化隆、尖扎城乡供电。

陕西省桃曲坡水库动工兴建

6月16日 陕西省桃曲坡水库动工兴建。1973年5月26日主体工程竣工。由于严重漏水,1974～1982年5次进行铺包防渗,1984年12月30日交管理单位使用。大坝属均质土坝,坝高61米,总库容5720万立方米。

桃曲坡水库灌区是石川河最大的灌溉工程,1995年灌区设计灌溉面积31.83万亩,有效灌溉面积23.50万亩,受益范围为耀县及富平县。灌区内有干渠4条,高干渠长17.74公里,设计流量4.4立方米每秒;东干渠长30.2公里,设计流量3.0立方米每秒;西干渠长18.14公里,设计流量1.5立方米每秒;民联渠长16.74公里,设计流量1.2立方米每秒。支渠14条,总长153公里;斗渠总长310公里。有机井700余眼,井渠双灌面积5万亩。

2000年,灌区设计灌溉面积40万亩,有效灌溉面积29.4万亩,当年实灌面积24.2万亩,渠首设计流量23立方米每秒。灌区有干渠6条,长83.51公里;支渠45条,长181.97公里;斗农渠1335条,总长812.22公里。灌区灌溉水利用系数0.56。

河南省祥符朱引黄闸建成

6月 河南省原阳县祥符朱引黄闸建成,该闸系3孔明流涵洞式钢筋混凝土结构,设计引水流量30立方米每秒,设计灌溉面积27万亩,并担负祥符朱等地段的放淤固堤任务。工程由原阳县组织施工,1968年10月破堤动工。全部工程完成土方6.35万立方米,混凝土1192立方米,砌石1364

立方米,建成后,8 月 10 日由原阳黄河修防段接管。祥符朱引黄灌区原辖 8 个乡 147 个行政村,1988 年列入河南省基建项目,核定总投资 1598 万元,范围扩展到延津县城关镇、小潭、僧固等乡共 11 个乡镇 203 个行政村。

1997 年,灌区设计灌溉面积 35.6 万亩(其中延津 9.6 万亩),有效灌溉面积 16.50 万亩,实灌面积 16.5 万亩。灌区有引水渠 1 条,长 4.50 公里;总干渠 1 条,长 8.14 公里(全部衬砌);干渠 6 条,总长 78.65 公里(衬砌 29.66 公里);支渠 42 条,总长 97.06 公里(衬砌 22.2 公里);斗农渠 1130 条,斗渠总长 157.00 公里。干支渠建筑物 663 座,斗农渠建筑物 1570 座。排水系统有排水干沟 36.5 公里,排水支沟 150.5 公里。干支排水沟建筑物 207 座,斗农排水沟建筑物 578 座。灌区渠系水利用系数 0.41。

李瑞山强调工程管理

7 月 16 日　中共陕西省委第一书记李瑞山在座谈宝鸡峡引渭灌溉工程管理问题时指出:水利工程应该越管越好,越用越好,管理要思想工作加制度。管理工程要月月、年年经常检查维修,定期检查维修,每年冬季大检查、大维修。

青海省官亭水轮泵站建成

9 月 15 日　青海省民和县在官亭水轮泵站工地举行工程落成典礼和官亭灌溉工程革命委员会成立庆祝大会,省革委会生产指挥部、省军区五七农场、省水利水电工程大队、省有关厂矿的代表、民和县革委会和全县各公社的负责人参加了大会。官亭水轮泵站于 1966 年 9 月开工,在寨子红崖引提黄河水,设计流量 14 立方米每秒,干渠长 12.8 公里,支渠长 28.8 公里,设计灌溉面积 3.17 万亩,投资 694.30 万元。

2006 年,官亭水轮泵站设计灌溉面积 3.57 万亩,有效灌溉面积 2.96 万亩,当年实灌面积 2.58 万亩,设计流量 15.6 立方米每秒。灌区内有总干渠 1 条,长 12.9 公里;干渠 4 条,长 35.5 公里;斗渠 136 条,长 231.3 公里。灌区灌溉水利用系数 0.46。

陕西省石堡川友谊水库工程动工

10 月 1 日　陕西省石堡川友谊水库工程动工,1976 年竣工。水库由陕西省水电勘测设计院设计,大坝位于陕西省洛川县石头公社盘曲河村附近的石堡川河干流上,均质土坝,高 58.9 米,总库容 6220 万立方米,有效库容

3235 万立方米,泄洪流量 300 立方米每秒,输水洞设计流量 15 立方米每秒,加大流量 56 立方米每秒。

石堡川水库灌区 1982 年全面建成。灌区位于关中东部,黄土高原沟壑区,设计灌溉白水、澄城 2 县农田 31 万亩。

2000 年,灌区设计灌溉面积 52 万亩,有效灌溉面积 40 万亩,当年实灌面积 31.4 万亩,设计流量 11 立方米每秒,有干渠 1 条,长 39.7 公里;支渠 8 条,长 214.3 公里;斗农渠 397 条,长 430 公里。灌溉水利用系数 0.49。

甘肃省景泰川电力提灌一期工程动工兴建

10 月 15 日 甘肃省景泰川电力提灌一期工程动工兴建。1958 年,中共景泰县委员会和景泰县人民政府,请求省政府提黄河水解决干旱之忧。省、地水利部门等单位先后进行了查勘论证工作。1968 年,省革委会派原副省长李培福同志带领有关部门负责人进行了实地调查研究。1968 年,经省革委会最终研究决定,从黄河电力提灌流量 40 立方米每秒,灌溉景泰川 100 万亩土地,工程分两期开发。一期工程从景泰县五佛寺提取黄河水,设计流量 10.56 立方米每秒,分 11 级提水,总扬程 472 米,总装机容量 6.78 万千瓦,设总干渠、西干渠和北干渠,总长 68.58 公里,支渠 14 条,总长 147 公里,灌溉面积 30 万亩。是甘肃省兴建的第一座大型电力提灌工程。

景泰川电力提灌二期工程于 1984 年 10 月开工建设,1994 年建成,一、二两期工程合并,统称景泰川电力提灌工程。2006 年,设计灌溉面积 82.55 万亩,有效灌溉面积 64.89 万亩,当年实灌面积 75.72 万亩,干渠长 285.68 公里,支斗渠长 3312 公里,全部衬砌。灌溉水利用系数 0.68。

青海省古浪堤水电站开工

10 月 青海省化隆、尖扎两县联合举办的隆务河古浪堤水电站动工兴建,该电站为拦河引水式,设计水头 45 米,引水流量 15 立方米每秒,装机容量 3×1250 千瓦,拟向同时修建的两县 31 处电灌站供电,可扩大灌溉面积 3.6 万亩,改善灌溉面积 2.9 万亩。1971 年 10 月,第一台机组发电,1972 年 7 月,全部竣工,共耗用国家投资 739 万元。

青海省礼让渠竣工

10 月 青海省西宁市礼让渠竣工。礼让渠 1964 年 10 月开工,于 1968 年部分受益。渠道在多巴桥下游建坝引湟水河水,设计引水流量 2.2 立方米每秒,设计灌溉面积 1.5 万亩,干渠长 25 公里,支渠长 50 公里,投资 126.4 万元,实际引水流量 1.8 立方米每秒,灌田 1.77 万亩。

2006 年,礼让渠设计灌溉面积 3 万亩,有效灌溉面积 3 万亩,当年实灌 面积 3 万亩,设计流量 1.5 立方米每秒。灌区内有干渠 1 条,长 25 公里;支 渠 3 条,长 44 公里;斗渠 132 条,长 225 公里。灌区灌溉水利用系数 0.45。

宁夏陶乐县惠民、利民二渠改为扬水灌溉

是年 宁夏陶乐县废除岁修繁重、进水保证率低的惠民、利民二渠,改 为电力扬水灌溉,建一、二级扬水站 12 座,安装柴油机 34 台,共 2270 马力, 灌地 6.79 万亩。1971 年,开始逐步改为电力扬水站。到 1985 年底,共有 一级站 13 座,二级站 5 座,总装机 42 台,装机容量 2222 千瓦,灌溉面积 8.85 万亩。2000 年,陶乐灌区有效灌溉面积 14.48 万亩,当年实灌面积 14.48 万亩,设计流量 14.38 立方米每秒;有干渠 14 条,长 81 公里;支渠 167 条;斗农渠 345 条,长 241.5 公里。排水方面:有干沟 7 条,长 39.25 公 里;支干沟 3 条,长 17 公里;支沟 51 条,长 87.12 公里。

1970 年

陕西省羊毛湾水库枢纽工程竣工

3 月　陕西省完成羊毛湾水库大坝、溢洪道、输水洞和泄水底洞的全部枢纽工程施工任务。水库坝址位于乾县石牛乡羊毛湾村北的渭河支流漆水河上，为多年调节水库，以灌溉为主。工程始建于 1958 年 10 月，1962 年因压缩基本建设而停工，1966 年 10 月复工修建。

大坝系碾压式均质土坝，最大坝高 47.6 米，除险加固后总库容 1.2 亿立方米，有效库容 5220 万立方米。输水洞位于大坝左岸，长 113 米，为直径 2.5 米的圆形钢筋混凝土洞，设计流量 10 立方米每秒，最大流量 16 立方米每秒。溢洪道位于大坝左岸，全长 205 米，设计泄洪流量 1350 立方米每秒。泄水底洞位于大坝右岸，全长 230 米，最大泄流量 61 立方米每秒，为水库放空、补漏而设，并作排沙之用。水库设计灌溉面积 32.53 万亩，有效灌溉面积 24 万亩。

河南省总结人民胜利渠灌溉经验

3~6 月　为了吸取教训，总结经验，正确地发展引黄灌溉，河南省抽派程致道、袁澄文、周崇高、马彪超等 10 多位同志，于 3 月深入人民胜利渠灌区调查，6 月编写报告，总结出了引黄人民胜利渠灌溉的四条经验：排灌相配合，渠灌与井灌相结合，沉沙、淤改、耕种相结合，专业管理与群众管理相结合。

河南省赵口引黄淤灌工程动工

4 月 20 日　河南省赵口引黄淤灌工程动工。该工程渠首闸位于河南省中牟县黄河南岸大堤赵口险工处。该工程为 16 孔涵闸，孔宽 2.6 米，高 2.5 米，设计引水流量 210 立方米每秒，灌溉放淤面积 62 万亩。渠首枢纽与灌区同时开工。渠首闸于同年 10 月建成。灌区在开挖了北干渠东一南段、东二干渠的朱仙镇分干上段及主要建筑物术店枢纽、铁路倒虹以及大胖、老扳店、刘元砦等工程后，因"文化大革命"干扰而停建。1973 年 6 月 27 日，工程配套全面施工。工程项目包括：恢复干渠 11591 米，在干渠上建桥 11 座，建节制闸 6 座，倒虹吸 4 座，跌水 4 座，小型水库 36 座。

赵口灌区包括开封、尉氏、通许 3 县大部分地区及中牟县、开封市郊少部分地区。

1997 年,灌区设计灌溉面积 230 万亩,有效灌溉面积 96.3 万亩,实灌面积 62.7 万亩,设计流量 150 立方米每秒。灌区有总干渠 1 条,长 27.55 公里;干渠及分干渠总长 291.00 公里;支渠总长 484.55 公里。排水系统有骨干排水沟 342 公里,排水支沟 520 公里。干支渠建筑物 1941 座,斗农渠建筑物 5501 座,干支排水沟建筑物 1556 座。灌区渠系水利用系数 0.39。

天桥水电站工程动工兴建

4 月 29 日　天桥水电站工程动工兴建。该工程位于山西省保德县和陕西省府谷县之间的黄河干流上,由黄委会勘测规划设计院设计,晋、陕 2 省共同组织施工建设,设计装机容量 12.8 万千瓦,年发电量 6.07 亿千瓦时,建站目的是为晋西北和陕北老区提供廉价电力,发展提灌和地方工业,计划提灌晋西北和陕北 8 县的农田 120 万亩。电站 4 台机组相继于 1972 年 2 月至 1978 年 8 月投入运行,1978 年 3 月,天桥水电站交由山西省电力工业局管理。

内蒙古河套灌区修建总排干沟出口工程和西山嘴扬水站

4 月下旬　内蒙古巴彦淖尔盟军事管制委员会(因"文化大革命"动乱,实行军管)下令修建河套灌区总排干沟出口工程和西山嘴扬水站,发动 2 万余民工施工 4 个月告竣。但电力排水站出口流量只有 24 立方米每秒,又因机房建得过低,后被水淹,不能正常排水,遂报废。1975 年 11 月 7 日开始扩建疏通总排干沟。扩建后的总排干沟西起杭锦后旗大树湾乡袁家坑,沿乌家河东入乌梁素海,全长 201.6 公里。经改建和配套后,总排干沟长 261 公里(包括通过乌梁素海段落),有干沟 12 条,分干沟 52 条,支沟 139 条。

青海省乔及沟水库动工兴建

4 月　青海省互助县乔及沟水库动工兴建,1972 年 7 月竣工。乔及沟水库位于丹麻乡哈拉直沟,为注入式水库,库容 165 万立方米,坝高 39.5 米,坝顶高程 2650.5 米,坝顶长 250 米,设计灌溉面积 0.9 万亩,投资 75 万元。

宁夏惠农渠扩整工程完工

4月　宁夏青铜峡河西灌区惠农渠扩整工程完工。沿渠6县(市)1.6万余人参加施工,1969年4月开工,扩整了永清沟洞(永一洞)至二排水沟涵洞渠道26公里,又将老民生渠口至永一洞14公里和二排水沟涵洞至贺兰县马莲渠口14.6公里两段渠道改线,同时改建了渠首进、退水闸。

河南省杨桥引黄闸试放水

5月20日　河南省中牟县杨桥引黄闸试放水。杨桥引黄闸原为1967年河南黄河河务局批准修建的杨桥虹吸,1969年经黄委会批准改建引黄闸,1970年元月建成,同时开始修建杨桥总干渠和北干渠。1970年5月,总干渠、北干渠建成,从而形成了杨桥灌区。

1997年,灌区设计引水流量35立方米每秒,设计灌溉面积27.4万亩,有效灌溉面积17万亩,实灌面积13.5万亩。灌区内有总干渠1条,长7.48公里;干渠2条,总长42.70公里,总干渠和干渠衬砌26.7公里;支渠17条,总长95.40公里(衬砌42.02公里);斗渠508条,总长453.10公里。干支渠建筑物760座。斗农渠建筑物1660座。排水系统有排水干沟长31公里,排水支沟长79公里。干支排水沟建筑物116座,斗农排水沟建筑物350座。灌区灌溉水利用系数0.30。

陕西省冯家山水库一期工程正式动工

7月1日　陕西省冯家山水库一期工程正式动工。工程分为两期完成,一期工程主要包括枢纽和自流灌区,二期工程为抽水灌溉工程。1981年,除坝后电站外的一、二两期主体工程基本建成。1982年1月14~17日验收并交付使用。水库坝址位于渭河支流的千河下游峡谷出口的宝鸡县桥镇乡冯家山村处,以蓄水灌溉为主,兼有防洪、发电、养殖等功能,最大坝高73.5米,总库容3.89亿立方米。

冯家山水库灌区至1995年设计灌溉宝鸡、凤翔、岐县、扶风、眉县、乾县和永寿7县农田136.83万亩,其中自流灌溉65.61万亩,抽水灌溉71.22万亩。灌区内有总干渠1条,长38.95公里,设计流量42.5立方米每秒;干渠3条,南干渠长27.8公里,设计流量8立方米每秒;北干渠长50.79公里,设计流量22立方米每秒;西干渠长2.25公里,设计流量4.5立方米每秒。支渠100条,总长569.7公里;斗渠1446条,总长1443.2公里;分渠

3948 条,总长 1285 公里。各级渠道建筑物总数 22611 座。西干渠灌区全部为抽水灌溉,最大抽水流量 4.95 立方米每秒,共有设计灌溉面积 15.2 万亩;东灌区包括总干、北干、南干 3 条干渠,其中抽水设计灌溉面积 55.8 万亩,抽水流量 22.57 立方米每秒。

宁夏秦渠遭山洪毁坏

8月1日 宁夏青铜峡河东灌区秦渠沙窝涵洞被大合子沟山洪冲坏 30 多米,还将防洪埂冲毁 8 处,养护房以上渠埂冲坏 110 米,二闸到进口 1200 米渠身被淤满,采取了第一农场渠退水和秦渠各斗口分水的应急措施,并动员了 2 万余人清淤筑堤。

秦渠又名秦家渠,开口于青铜峡出口东岸,是河东灌区最大最早的干渠。其创建年代,有说始于秦始皇时期,有说始于汉武帝时期,目前尚难定论。新中国成立以后,经裁弯取直,扩建渠身,翻修所有建筑物,秦渠自秦汉总干渠余家桥分水闸取水。2000 年,设计灌溉面积 40 万亩,当年实灌面积 40 万亩,设计流量 73 立方米每秒。秦渠长 60 公里,141 条斗农渠总长 270.8 公里。

山西省西范电灌站动工兴建

8月 山西省万荣县西范电灌站动工兴建,电灌站位于汾河下游干流入黄河处东岸。一级站于 1973 年 9 月建成投产,二、三、四级站和西毋站分别于 1975 年 4 月、1976 年 3 月、1978 年 7 月、1976 年 10 月建成,至 1980 年,完成 4 级 5 站主体工程及总长 22.4 公里的 4 条总干渠建设。该站总扬程 285 米,装机 52 台,总装机容量 17780 千瓦,设计流量 5.4 立方米每秒(从汾河提水),受益范围为万荣县裴庄、光华等 6 个乡镇,可灌溉农田 15 万亩。建站后由于汾河断流,曾在黄河岸边建立临时浮船提水站,从黄河提水,1988 年开始在黄河滩打水源井 3 眼,仍不能满足灌溉要求。1989 年,进行了从水源、泵站到灌区的技术改造总体规划设计,规划水源以汾河为主,黄河及地下水为辅。1991 年至 1994 年完成了技术改造一期工程,在一级站修建了永久性轴流泵站,提水流量 5.4 立方米每秒,取消了浮船泵站;在黄河滩打深井 13 眼,提水流量 1.8 立方米每秒,作为汾河断流的补充水源;对一、二级站灌区内总长 50 公里的 7 条干渠和 178 处渠系建筑物进行修复和改造;完成总长 54 公里的 40 条支斗渠防渗工程。2006 年,设计灌溉面积 15 万亩,有效灌溉面积 9.3 万亩,当年实灌面积 3.9 万亩,设计流量 5.4

立方米每秒。灌区内有总干渠2条,长14公里;干渠14条,总长81.2公里;支渠280条,总长327.6公里;斗农渠540条,总长473.7公里。灌区灌溉水利用系数0.5。

青海省大峡渠第四次改建工程动工

9月 青海省乐都县大峡渠第四次改建工程动工,这次改建工程规模较大,至1978年11月竣工。该渠从高店乡河滩寨引湟水至老鸦碾线沟退水,渠长延至50.19公里,设计流量增加到3立方米每秒,灌溉面积扩大为3.9万亩(其中改善灌溉面积2.4万亩,新增灌溉面积1.5万亩),投资359万元。

山东省李家岸引黄灌区动工

10月28日 山东省李家岸引黄灌区动工,1971年6月开灌。该灌区渠首位于山东省齐河县焦斌公社李家岸村,引黄闸为桩基开敞式钢筋混凝土结构,共10孔,设计灌溉引水流量100立方米每秒,设计灌溉面积134.00万亩,有效灌溉面积44.15万亩。

2000年,灌区设计灌溉面积321.5万亩,有效灌溉面积210万亩,当年实灌面积235万亩,设计流量100立方米每秒。灌区有总干渠1条,长47公里;干渠21条,长109.4公里;支渠123条,长275.6公里;斗渠1293条,长2957.6公里。斗渠以上建筑物1668座。排水系统有排水总干沟2条,长94.8公里;干沟52条,长275.6公里;支沟257条,长1389.5公里;斗沟1293条,长2957.6公里。斗沟以上建筑物1098座。灌区灌溉水利用系数0.53。

山西省龙门机灌站扩建工程完工

11月1日 提黄河水灌溉山西省晋南汾北一带高塬耕地的龙门机灌站扩建工程完工。该站扩建后为5级提水,总扬程118米,装机18台,3215马力,设计提水流量2.0立方米每秒,设计灌溉面积6.2万亩。后并入禹门口提水灌区。

陕西省王家崖水库竣工

12月 陕西省王家崖水库竣工。水库位于宝鸡县石羊庙乡王家崖村北的千河干流上,宝鸡峡总干渠从坝顶通过,大坝既是宝鸡峡总干渠跨千河的过沟建筑物,又可拦截千河径流调剂宝鸡峡灌区用水,称为"渠库工程",宝鸡峡总干渠共有此类工程4处。水库于1958年11月开工,枢纽包括大坝、坝顶干渠、溢洪道、干渠渡槽及放水洞,并建成渠水入库进水道、抽水站及坝东引水渠等附属工程。大坝为碾压式均质土坝,顶长1816米,最大坝高24米,总库容9420万立方米,有效库容7829万立方米。坝顶总干渠过水流量50~60立方米每秒,全部采用混凝土衬砌。溢洪道位于右岸,长度为485米,宽度为71米,最大泄流量为2370立方米每秒。放水洞位于溢洪道左侧,为两条钢筋混凝土管,内径1.7米,长140米,最大放水流量30立方米每秒。

水库除抽水补充宝鸡峡灌区用水不足外,还可向塬下灌区自流供水,设计灌溉面积34.99万亩。

宁夏青铜峡河西灌区渠系管理实行条块结合

是年 宁夏水利会议决定,并报经自治区生产指挥部批准,青铜峡河西灌区成立唐徕渠、惠农渠、汉延渠、渠首等4个管理处,管理维修干渠及支干渠。各县(市)水电局管理支斗渠及田间灌溉,实行条块结合的渠系管理模式。

1971 年

山东省小开河引黄灌区动工兴建

4 月 3 日 山东省小开河引黄灌区动工兴建,1972 年 4 月建成开灌。灌区渠首位于山东省滨县里则公社小开河,渠首引黄闸于 7 月 13 日竣工,为钢筋混凝土箱式涵洞,共 3 孔,设计引水流量为 25 立方米每秒。设计灌溉面积 30.00 万亩,有效灌溉面积 26.00 万亩。

2000 年,灌区设计灌溉面积 110 万亩,有效灌溉面积 123.4 万亩,当年实灌面积 100 万亩,设计流量 60 立方米每秒。灌区有干渠 1 条,长 91.3 公里(衬砌 27.5 公里);支渠 25 条,长 226.7 公里。斗渠 125 条,长 375 公里。斗渠以上建筑物 859 座。排水系统有排水总干沟 12 条,长 123 公里;干沟 8 条,长 304.8 公里;支沟 25 条,长 230 公里;斗沟 130 条,长 400 公里。灌区灌溉水利用系数 0.5。

陕西省宝鸡峡工程卧龙寺原边发生滑坡

5 月 5 日 凌晨 3 时 20 分,陕西省宝鸡峡工程卧龙寺原边发生滑坡,滑体东西长 250 米,南北宽 450 米,滑塌土方约 100 万立方米,埋没渠道 256 米,压埋陈仓公社南坡大队 4 户人家和河北保定放蜂农民 2 人,共死亡 27 人,事故发生后,宝鸡市革委会与宝鸡峡工程指挥部立即组织人力、机械抢救被埋群众,做好善后处理工作。

《人民日报》报道河南引黄灌溉典型

5 月 28 日 是日出版的《人民日报》用一个整版篇幅,在毛主席语录"要把黄河的事情办好"的通栏标题下,报道了河南人民胜利渠、郑州市北郊花园口公社、孟津县宋庄公社等地利用黄河水沙资源引黄灌溉发展农业生产的经验。

青海省峇扎水库开工

5 月 青海省互助县峇扎水库开工,1973 年 11 月竣工。峇扎水库位于东沟乡峇扎河上,为拦河式水库,库容 180 万立方米,坝高 25.5 米,坝顶长 320 米,坝顶高程 2789.5 米,设计灌溉面积 1 万亩,投资 94 万元。

2006 年,昝扎水库设计灌溉面积 1 万亩,有效灌溉面积 0.67 万亩,当年实灌面积 0.1 万亩,设计流量 1 立方米每秒。灌区内有干渠 1 条,长 17 公里;支渠 2 条,长 12 公里;斗渠 5 条,长 60 公里。灌区灌溉水利用系数 0.47。

甘肃省崆峒水库动工兴建

6 月 19 日　甘肃省平凉县崆峒水库正式开工。该水库位于平凉县城西 30 公里处的崆峒前峡的聚仙桥,是以灌溉为主,结合防洪、发电综合利用的中型工程,水库坝高 63.8 米,坝顶长 400 米,总库容 2970 万立方米,设计灌溉面积 17 万亩;坝后式水电站装机 1890 千瓦,设计年发电量 994 万千瓦时。1978 年主体工程基本建成,1979 年底竣工,工程投资 2455.25 万元。1988 年灌溉面积已达 9.6 万亩,水电站年发电量达 646 万千瓦时。

赵紫阳主持召开巴彦淖尔盟引黄灌区农田水利建设座谈会

7 月 4 日　中共内蒙古党委书记赵紫阳于 7 月 4 日和 8 月 2 日两次主持召开巴彦淖尔盟引黄灌区农田水利建设座谈会,进一步明确了巴彦淖尔盟引黄灌区农田水利建设的方向。在座谈会纪要中提出:"巴彦淖尔盟农田水利建设的主要任务是改良土壤,根治盐碱,在第四个五年计划的前 3 年,重点解决平整土地、灌水渠系配套问题;在保证重点的前提下,适当搞一些排水工程,为将来彻底解决排水问题打下一定基础。"

青海省卓扎沟水库开工

7 月　青海省互助县卓扎沟水库开工,1972 年 10 月竣工。水库引取柏木峡河水,为注入式水库,库容 120 万立方米,坝高 25 米,坝顶高程 2724 米,坝长 270 米,设计灌地 0.8 万亩,投资 90 万元。

陕西省大北沟水库竣工

7 月　陕西省宝鸡峡灌区大北沟水库竣工。水库坝址位于陕西省乾县梁村,以漠谷河为水源。大坝为均质土坝,最大坝高 58 米,坝顶长 291 米,总库容 4760 万立方米,有效库容 2978 万立方米,泄洪流量 33 立方米每秒,放水流量 7 立方米每秒,灌溉面积 16.39 万亩。

山东省阎潭引黄灌区动工兴建

7月 山东省阎潭引黄灌区动工兴建,1972年10月建成开灌。灌区渠首位于山东省东明县焦园公社阎潭村,引黄闸为钢筋混凝土箱式涵洞,共12孔,每孔净宽3米,高2.8米,设计引水流量50立方米每秒,1982年改建,加长闸身,抬高底板。灌区设计灌溉面积45.50万亩,灌区有总干渠1条,长16.8公里;干渠6条,总长101公里;支渠30条,总长75公里;排水干沟6条,总长120公里;支沟98条,总长182公里。干支渠沟建筑物498座。至1990年,灌区工程累计投资2885.1万元,其中国家投资910.1万元。

李瑞山要求灌区多搞蓄水工程

8月20日 陕西省委第一书记李瑞山在全省农村经济政策座谈会上指出:不搞蓄水,旱涝保收就是一句空话。哪个地、县水利过关了没有,就是要看蓄水多少,需水时能用多少。现在的几个惠渠、宝鸡峡和东方红灌区,不蓄十来亿立方米的水,解决不了问题,要下决心搞这一条。

青海省马家河水库开工

9月 青海省民和县马家河水库开工,1972年10月建成。马家河水库位于寺尔沟口,为注入式水库,引取马家河大湾沟水,库容157万立方米,坝高27米,坝顶高程2284米,坝长275米,灌地1.07万亩,投资121万元。

2006年,马家河水库设计灌溉面积1.13万亩,有效灌溉面积0.99万亩,当年实灌面积0.97万亩,设计流量0.4立方米每秒。灌区内有干渠1条,长32公里;支渠5条,长87公里;斗渠61条,长79.2公里。灌区灌溉水利用系数0.44。

山东省明堤引河灌区动工兴建

9月 山东省明堤引河灌区动工兴建,1972年4月开灌。灌区渠首位于山东省阳谷县李台公社明堤,以金堤河为引用水源。渠首引水闸共3孔,设计引水流量6.24立方米每秒,正常实引流量5立方米每秒。设计灌溉面积14.81万亩,有效灌溉面积9.15万亩。1987年,改建后归属陶城铺引黄灌区。

河南省堤南引黄灌区张庄提排站工程开工

10 月 河南省原阳县堤南引黄灌区张庄提排站工程开工建设,1976 年续建完工。堤南引黄灌区位于黄河滩区,于 1959 年兴建,灌区辖 9 个乡 178 个行政村。

1997 年灌区设计灌溉面积 19 万亩,有效灌溉面积 16.85 万亩,实灌面积 16.85 万亩。灌区有引水渠 2 条,总长 5.8 公里;干渠 1 条,长 68.2 公里(衬砌 2.3 公里);支渠 18 条,总长 67.0 公里(衬砌 24.0 公里);斗渠 526 条,总长 287.0 公里;农渠 142 条,总长 71.0 公里。干支渠建筑物 1082 座,斗农渠建筑物 429 座,渠首闸设计引水流量 70 立方米每秒。灌区渠系水利用系数 0.40。

山东省潘庄引黄灌区动工兴建

10 月 山东省潘庄引黄灌区动工兴建,1972 年 6 月竣工开灌。灌区渠首位于山东省齐河县马集公社潘庄,渠首引黄闸为钢筋混凝土箱式涵洞,共 9 孔,每孔净宽 2.7 米,高 2.55 米,设计引水流量 150 立方米每秒。总干渠过徒骇河孙桥渡槽也于 10 月动工,1972 年春竣工,渡槽为井柱排架钢筋混凝土预制侧墙,活动行洪式结构,设计过水流量 70 立方米每秒。灌区工程由德州地区水利局设计和施工,设计灌溉面积 209.4 万亩,有效灌溉面积 44.06 万亩,1980 年设计灌溉面积调整为 500 万亩,其中自流灌溉面积 209 万亩,抗旱提水灌溉面积 291 万亩,可灌溉齐河、禹城、平原、陵县、夏津、武城、德州、宁津 8 个县(市)的农田。

2000 年,灌区设计灌溉面积 500 万亩,有效灌溉面积 306 万亩,当年实灌面积 350 万亩,设计流量 100 立方米每秒。灌区有总干渠 1 条,长 71.4 公里(衬砌 57 公里);干渠 59 条,长 253.4 公里;支渠 216 条,长 1663.4 公里;斗渠 736 条,长 843.8 公里。斗渠以上建筑物 4237 座。排水系统有排水总干沟 2 条,长 142.8 公里;干沟 63 条,长 878.1 公里;支沟 283 条,长 2631.3 公里;斗沟 1639 条,长 2470.3 公里。斗沟以上建筑物 7330 座。灌区灌溉水利用系数 0.55。

甘肃省开工兴建靖会电力提灌工程

11 月 5 日 甘肃省靖会电力提灌工程正式开工。灌区位于靖远县南部和会宁县北部,从靖远县城西 3 公里的黄河右岸提水,设计流量 12 立方米每秒,最大提水高度 529 米,总扬程 596.9 米,设计灌溉面积 29.4 万亩。至 1991 年,建成总干渠 1 条,干渠 5 条,各类建筑物 1574 座。总干渠长 57.2 公里,有支渠 69 条;峡门干渠与总干渠南端相接,长 15.6 公里,有支渠 21 条;甘沟干渠与峡门干渠南端相接,长 41.56 公里,有支渠 51 条;总干渠、峡门干渠和甘沟干渠从北向南基本成直线形,在祖厉河两岸形成了狭长的河川灌区,灌溉面积 16.03 万亩。三场塬干渠从总干渠 6 泵站向东分水,经过 10 级提水上三场塬,渠长 29.6 公里,有支渠 11 条,灌溉面积 3.8 万亩。白草塬干渠从总干渠 8 泵站向东分水,经 9 级提水上白草塬,渠长 14.1 公里,有支渠 37 条,灌溉面积 6.38 万亩。关川干渠从总干渠 7 泵站引水经 4 级提水进入关川,渠长 26.37 公里,有支渠 23 条,灌溉面积 3.21 万亩。2006 年,灌区设计灌溉面积 30.42 万亩,有效灌溉面积 25.4 万亩,当年实灌面积 23.61 万亩。灌区有总干渠 1 条,长 57.2 公里,全部衬砌;干渠 5 条,长 127 公里;支斗渠长 346.8 公里,已衬砌 286.2 公里。灌区灌溉水利用系数 0.69。

陕西省要求列入国家基本建设的项目实行"六包"

11 月 9 日 陕西省水电局批转《宝鸡峡工程实行大包干情况的总结报告》,要求凡列入国家基本建设的项目,如冯家山、石头河、石门、拓家河、龙眼寺、二龙山、石堡川、东风、桃曲坡等水利水电工程,都应采取"六包"(即包政治、包任务、包投资、包工期、包质量、包材料)的办法进行施工。

青海省曲沟四级电灌站开工

是年 青海省共和县曲沟四级电灌站开工。1974 年 11 月建成,总投资 73 万元。提引黄河水,设计流量 1.26 立方米每秒,加大流量 1.5 立方米每秒,总装机容量 950 千瓦,最大扬程 67 米。共有各类建筑物 18 座,引水渠 0.93 公里,输水渠 4.8 公里,高压输电线路 7.5 公里。完成土石方 12 万立方米,耗用水泥 345 吨,钢材 77 吨,木材 190 立方米。改善农田灌溉面积 1 万亩,扩大灌溉面积 0.52 万亩,使 10 个生产大队的粮食产量大幅度提高。由于该工程地处龙羊峡水库淹没区,于 1985 年拆除。

甘肃省西岔电力提灌工程开工

是年 甘肃省西岔电力提灌工程开工兴建。工程位于皋兰县中部,距兰州市 45 公里,从黄河左岸独嘴坟取水,设计流量 6 立方米每秒,总扬程

623 米,净扬程 550 米,设计灌溉面积 15 万亩。该工程是 1971 年初由皋兰县组织群众自发上马的"民办公助"工程,最初在财力、物力和技术力量都极为缺乏的情况下,未按基建程序,而是采取边勘测、边设计、边施工进行建设的。直到 1980 年才形成灌溉 6 万亩的能力,实际保灌仅 1 万亩,而且工程质量存在很多问题。在改革开放中,于 1981 年首先引进世界粮食计划署的援助,成为全省第一个接受粮援的项目,省政府自 1982 年起,利用这笔援助款项和列入国内基建的投资,对该项工程进行了全面改建、加固、配套。到 1988 年全部建成,总投资 10311 万元,其中粮援折价 2472 万元。到 80 年代末,15 万亩水地已全部发挥了显著效益。灌区 11 级提水,总干渠由 1 泵站供水。总干渠长 25.81 公里,设 4 座泵站,总扬程 266.8 米,总干渠开直属支渠 8 条,灌溉面积 4.64 万亩。总干渠 4 泵站设总分水闸分水,左侧为西干渠,长 33.2 公里,设泵站 8 座,设计流量 2.84 立方米每秒,总扬程 371.6 米,灌溉面积 7.2 万亩;右侧为东干渠,长 27.85 公里,设泵站 5 座,设计流量 1.25 立方米每秒,总扬程 232.6 米,灌溉面积 3.46 万亩。2006 年,设计灌溉面积 15 万亩,有效灌溉面积 15.62 万亩。当年实灌面积 15.62 万亩。干渠长 86.85 公里,已衬砌 81.7 公里;支斗渠长 181 公里,已衬砌 140 公里。灌溉水利用系数 0.56。

内蒙古大黑河灌区万顺渠修建渠首及干渠建筑物

是年 内蒙古大黑河灌区在大黑河河道内修建万顺渠渠首拦河滚水坝,同时修建干渠节制闸、分水闸等 12 座配套工程。渠首设计流量 40 立方米每秒,设计灌溉面积 4.1 万亩,有效灌溉面积 2.7 万亩。灌区有干渠 1 条,长 7.5 公里;支渠 40 条,总长 80 公里。支渠以上建筑物 30 余座。

1972 年

山西省风陵渡扬水站迁站工程完工

1 月 提取黄河水的山西省风陵渡扬水站迁站工程完工,上水浇地。该站迁站后为 5 级提水,总扬程 72.9 米,装机 10 台,1263 马力,设计流量 2.5 立方米每秒,设计灌溉面积 3.5 万亩。

宁夏召开引黄灌区灌溉管理工作会议

2 月中旬 宁夏在银川召开了引黄灌区灌溉管理工作会议,会议决定开展群众性科学试验活动,总引水量要比上年度减少 10% ~ 15%,逐步做到 1 立方米每秒的流量灌溉 1 万亩地的要求。

山西省汾河水库灌溉管理局筹备会议召开

2 月 24 日 山西省革委农林水利局召开成立汾河水库灌溉管理局筹备会议。会议传达了山西省革委会批转山西省农林水利局关于汾河水库和太原汾河一坝、晋中汾河水利委员会体制改革的报告,研究讨论了汾河水库灌溉管理局的管理体制,组织机构和编制、职权范围与任务、水费征收和上交比例以及筹备工作等有关方面的问题。

内蒙古派工作组到河套灌区进行水利调查

2 月下旬~3 月上旬 中共内蒙古党委决定,由党委书记赵紫阳和自治区水电局负责人各带领一个工作组到河套灌区进行水利调查。赵紫阳到五原县胜丰公社调查一个星期,3 月 6 ~ 8 日,在五原县主持召开了全灌区公社党委书记以上干部会议,专门讨论引黄灌区建设问题。讨论内容涉及总干渠实行一首制或二首制、扬水站建设、灌区土壤改良和排水、乌梁素海的利用以及建立水利科研机构等问题,与会代表都畅所欲言,各抒己见。会议气氛热烈,最后形成了会议纪要。

山西省灌溉管理现场会议召开

3 月 26 日 山西省革委农林水利局在翼城县召开山西省灌溉管理现场会议。各地市 60 多个县,万亩以上灌区和大中型机电灌站的代表 300 余人参加。黄委会派干部到会指导。会议传达了1972年全国水利会议精神,落实了灌区和机电灌站1972年的任务和措施,讨论了《灌区、机电灌站管理工作试行办法》。

内蒙古重新确定多口扬水方案

3月　中共内蒙古党委书记赵紫阳,经过对民生渠口和临时扬水站视察后,综合各方面的意见,重新肯定由土默川农田水利规划队提出的"六六规划"方案,即内蒙古引黄灌区一首制、二首制均难以实现,主张在镫口以下建立扬水站,实行多口扬水方案。此方案业已实施,后因"文化大革命"干扰而停顿。不久在"七四规划"方案中放弃二首制,镫口以下多口扬水方案得到肯定和落实。

山东省刘庄灌区郝砦引黄闸开工

3月　山东省菏泽县郝砦引黄闸开工,于9月竣工。该闸是为解决原渠首闸脱溜不能引水灌溉而修建的,为3孔钢筋混凝土箱式涵洞,设计引水流量20立方米每秒,投资51万元。1979年郝砦闸又因脱溜而报废,另建刘庄引黄闸。刘庄引黄闸设计流量80立方米每秒。

山东省旧城引黄闸开工兴建

4月23日　山东省鄄城县旧城引黄闸开工,该闸位于鄄城县旧城村西,黄河大堤桩号265+240处,为5孔钢筋混凝土箱式涵闸,每孔净宽2.8米,高2.5米,设计流量50立方米每秒,设计灌溉面积为50万亩(包括郓城、巨野送水区),12月24日竣工,灌区工程亦于4月份同时兴建,1975年开灌。1976年3月,灌区田间配套工程开工,年底结束;1978年11月,灌区引黄配套工程开工。1988年开始旧城灌区不再承担向下游送水任务,设计灌溉面积减至17.8万亩。1996年由国家计委列为商品粮基地建设项目。

2000年灌区设计灌溉面积38.84万亩,有效灌溉面积38.7万亩,当年实灌面积56.35万亩,设计流量50立方米每秒。灌区有总干渠3条,长24.6公里;干渠7条,长74.75公里;支渠37条,长40公里;斗渠160条,长80公里。斗渠以上建筑物944座。排水系统有排水干沟5条,长65.1公里;支沟40条,长40公里;斗沟160条,长80公里。斗沟以上建筑物1425座。灌区灌溉水利用系数0.42。

黄河下游因用水激增产生断流

4月23～29日　因黄河下游引黄灌溉和城市生活用水量增大,造成黄河干流产生断流。其间,泺口至利津河段断流1次,历时6天(全日断流5天,间歇断流1天);利津至河口河段连续断流3次,历时19天(全日断流15天,间歇断流4天)。

山西省引沁入丹工程前期工作启动

4月　水电部、华北局及山西省革委农林水利局派员,到山西省晋东南地区引沁入丹工程现场了解规划情况,研究工程设计问题。

7月,山西省委谢振华、张平化书记先后到现场视察,提出张峰水库100米坝高,100万亩灌区的设想,并要求作不同坝高的方案比较。

8月8日,山西省革委农林水利局刘锡田总工程师和沁河灌区指挥部的领导向山西省委张平化、王庭栋、刘开基、韩英汇报沁河灌区张峰水库大坝坝高比较方案,山西省委提出分两步走,先搞75米坝高,库容5亿立方米。

1973年5月,黄委会编制《沁河干流工程选点报告(草案)》,确定在沁河干流上修建山西省张峰水库、河南省河口水库。选点报告报水电部审批。

陕西省灌溉水产会议在西安召开

5月3～14日　陕西省灌溉水产会议在西安召开,参加会议的有各地、市及重点县水电局、重点灌区、重点鱼种场(站)负责人共194人。陕西省革委会主任李瑞山到会并讲话。会议要求必须围绕"水"字因地制宜地大搞农田基本建设,抓好灌区配套,尽快消灭"挂名"水地,真正把灌区建成"遇旱有水,遇涝排水"的旱涝保收、高产稳产农田。

宁夏引黄灌区各公社设水利专干

5月　宁夏引黄灌区各公社均设水利专干1人,受县水电局和公社双重领导,工资由水费开支,每月42.5元,60%交生产队,40%留本人,口粮由所在队解决。

山西省颁发《灌区、机电灌站灌溉管理试行办法》

6月29日　山西省革委农林水利局、农业机械管理局联合颁发《灌区、机电灌站灌溉管理试行办法》,对管理体制、合理用水、维修养护、水费征收作出明确规定。

河南省王庄、白马泉、大庄3座引黄闸建成

6月 河南省王庄、白马泉、大庄3座引黄闸建成。

孟津县王庄引黄闸于1970年11月开始兴建,系3孔开敞式,设计流量25立方米每秒,设计灌溉面积25万亩。

武陟县白马泉引黄闸于1971年9月开工兴建,为单孔钢筋混凝土涵洞。1997年,灌区设计流量10立方米每秒,设计灌溉面积10万亩,有效灌溉面积7.2万亩。灌区有干渠2条,长18.4公里(衬砌10.0公里);支渠5条,长23.8公里(衬砌15.0公里)。排水干沟28.5公里,支沟30公里。干支渠建筑物155座,斗农渠建筑物223座,干支排水沟建筑物50座,斗农排建筑物110座。

封丘县大庄引黄闸坐落在封丘贯孟堤上,本年4月兴建,6月建成,单孔钢筋混凝土涵洞,设计流量4立方米每秒,设计灌溉面积5万亩。

青海省北山渠动工

8月 青海省门源县北山渠动工,1973年竣工。该渠在北山乡老虎沟口引老虎沟水,设计引水流量4立方米每秒,实引3立方米每秒,设计灌溉面积5.3万亩,实灌面积4.83万亩,干渠长18.5公里,支渠长48.42公里。投资161.3万元。

2006年,北山渠设计灌溉面积7.58万亩,有效灌溉面积5.3万亩,当年实灌面积1.1万亩,设计流量4.5立方米每秒。灌区内有干渠1条,长21公里;支渠3条,长66.9公里;斗渠195条,长371公里。灌区灌溉水利用系数0.47。

河南省邙山提灌站竣工

10月1日 河南省"引黄入郑"邙山提灌站竣工。邙山提灌站是郑州水源开发的一项重要工程。1970年7月1日开工,历时2年3个月,总投资728万元。该提灌站为二级提灌。渠首位于郑州市枣榆沟,一级提灌扬程为33米,提水能力为10立方米每秒;二级提灌扬程为53米,提水能力为1立方米每秒。提灌站建成后,一方面,为郑州市生产和人民生活提供了水源;另一方面,可以灌溉10万亩农田。提灌站的提水量逐年增长,1982～

1985 年,平均每年提水达 1.5 亿立方米。其中,每年为郑州市供水 1 亿立方米。同时,以提灌站为中心发展旅游事业,1981 年 3 月,被郑州市人民政府命名为"郑州市黄河游览区"。

山西省敦化电灌站扩建工程竣工

10 月 24 日　山西省敦化电灌站扩建工程竣工。敦化电灌站位于太原市清徐县,在原潇河敦化堰引洪灌溉基础上,1965 年国家投资 40 万元,兴建了引汾济潇一级站。在此次完成扩建工程后,又于 1984 年和 1989 年分别进行了两次更新改造,形成二级 2 站分高低渠灌溉的提水灌区。二级提水总扬程 12.8 米,装有 7 台机组,装机容量 735 千瓦。泵站灌溉汾河清徐段河东地区的王答乡、西谷乡、高花乡、孟村镇、清沟镇的 36 个行政村所有农田。2006 年,灌区设计灌溉面积 7.2 万亩,有效灌溉面积 10.46 万亩,当年实灌面积 8.7 万亩,设计流量 5.06 立方米每秒。总干渠 3 条,长 4.9 公里;干渠 2 条,总长 5.2 公里;支渠 4 条,总长 30.3 公里;斗农渠 494 条,总长 381.9 公里。灌区灌溉水利用系数 0.356。

甘肃省锦屏水库动工兴建

10 月　甘肃省通渭县锦屏水库开工兴建,该水库位于通渭县城以西 16 公里,渭河二级支流牛谷河上游的黑窑峡。原设计坝高 39 米,总库容 1100 万立方米,设计灌溉面积 2 万亩,1975 年 9 月建成蓄水,投入运行。1980 年 6 月 26 日预报上游来洪水,计划空库迎洪,开启闸门过水,库水位发生骤降,闸门失灵,无法关闭,土坝迎水面发生严重滑坡,滑坡体积达 1.85 万立方米。同年 9 月开始修复,根据水库运行的实际情况,对原设计作了局部修正,大坝降低 2 米,坝高改为 37 米,总库容 1050 万立方米,水库运行方式由以前的拦蓄为主,改为蓄清排浑为主,1982 年 11 月修复完工,总计完成工程量 68.3 万立方米,投入劳力 88.9 万工日,审批投资 427 万元,实拨投资 410.4 万元。1996 年 9 月至 2001 年 5 月建成长 279.05 米的溢洪道,1996 年至 2004 年 12 月完成水库除险加固工程。灌区工程于 1975 年开工兴建,到 1976 年底,完成了干支渠及主要建筑物施工,设计灌溉面积 2 万亩。2006 年,灌区设计灌溉面积 2 万亩,有效灌溉面积 1.8 万亩,当年实灌面积 1.05 万亩。干渠长 25.47 公里,全部衬砌;支渠长 13.65 公里,全部衬砌;斗渠长 40.75 公里,已衬砌 29.55 公里。

甘肃省决定降低高扬程农灌电价

是年　甘肃省革委会生产指挥部第52次办公会议决定,减收高扬程农灌电费,具体规定为:将兰州地区以外扬程在51~100米的农灌电价一律每千瓦时改收4分,以与中央批准兰州电网现行电价取得一致,扬程101~200米以内的每千瓦时电价改收3分;201~300米以内的每千瓦时电价改收2分;300米以上的每千瓦时电价改收1分。此规定从下年1月1日起执行。

其后,由于各地区自行规定,执行以上决定很不统一,1976年,省计委、省水电局和省财政局做出《关于调整省管电价和平衡地方电价的报告》,决定高扬程农灌电价统一按省属电网电价执行。

河南省孙口引黄灌区开工

是年　河南省濮阳市孙口引黄灌区开工兴建。孙口灌区位于台前县影塘,灌区水源主要靠影塘虹吸和姜庄、邵庄抽水站提取黄河水。1989年,经黄委会批准,将影塘虹吸改建成单孔引黄涵闸。

1997年,灌区设计引水流量10立方米每秒,设计灌溉面积10.26万亩,有效灌溉面积5.82万亩,实际灌溉面积5.82万亩。灌区内有干渠1条,长17.8公里;支渠7条,总长28.4公里;斗渠总长50.2公里。干支渠建筑物153座,斗农渠建筑物339座,排水系统有排水干沟11.38公里,支沟38.54公里,干支排水沟建筑物8座。灌区渠系水利用系数0.40。

1973 年

宁夏青铜峡河西灌区银新干沟开工

2 月　宁夏组建银新干沟工程指挥部,在青铜峡河西灌区新建银新干沟。干沟起于银川市郊区银新乡罗家庄村,穿越唐徕渠、汉延渠、惠农渠,沿原永昌闸入黄河,全长 33.79 公里,控制排水面积 62.74 万亩。工程于 1974 年 5 月完成,共做土方 185 万立方米,投资 397 万元。

山东省豆腐窝引黄闸开工

3 月 20 日　山东省齐河县豆腐窝引黄闸动工兴建,12 月 30 日竣工。该闸为黄河齐河北岸展宽工程组成部分,用于放淤和农田灌溉,设计流量 10 立方米每秒,灌区于 1974 年建成开灌。

2000 年,灌区设计灌溉面积 15 万亩,有效灌溉面积 15 万亩,当年实灌面积 17 万亩,设计流量 15 立方米每秒。灌区有总干渠 1 条,长 0.25 公里;干渠 2 条,长 15.38 公里;支渠 4 条,长 3.5 公里。斗渠以上建筑物 56 座。排水系统有排水总干沟 1 条,长 16.3 公里;干沟 1 条,长 10 公里;支沟 14 条,长 71 公里;斗沟 110 条,长 148 公里。斗沟以上建筑物 196 座。灌区灌溉水利用系数 0.55。

山西省开展"五查"、"四定"工作

3 月　山西省革委从水利、计划、农机、农林、电业、财政等部门抽调干部 7000 余人,分别深入社队发动群众对山西省水利设施逐项进行"五查"、"四定"(查投资、安全、效益、综合利用、水利管理现状,定任务、措施、计划、体制)。结果表明,全省共建成库容 1 万立方米以上水库 1718 座,万亩以上灌区 174 处,机电灌站 9116 处,机电井 62919 眼,水地面积 1306 万亩。23 年来水利建设投资总额 14.5 亿元,其中国家投资占 60%。在水利设施的安全、效益和规划布局等方面的主要问题是多数水库尾工大,淤积严重,防洪标准低,蓄水能力弱;大部分灌区配套防渗差,设备利用率低,工程效益没有充分发挥;水地产量增长幅度不大,水利管理体制较为混乱。

钱正英视察宝鸡峡、冯家山、石头河等水利工程

4 月　水电部部长钱正英在陕西省水电局局长胡棣陪同下,先后视察了陕西省宝鸡峡、冯家山、石头河等水利工程,并原则同意修建石头河水库工程。

山东省东周水库重建工程动工

4 月　山东省东周水库重建工程动工,1977 年 6 月竣工。该水库位于山东省新泰市东南青云山下、大汶河水系柴汶河支流滑水河上,初建于 1959 年,1962 年扒坝废除,1973 年 4 月重新设计开工。控制流域面积 189 平方公里,总库容 8000 万立方米,兴利库容 6630 万立方米。水库灌区工程于 1977 年 12 月动工兴建,1978 年 5 月开灌,设计灌溉面积 13.03 万亩,有效灌溉面积 8 万亩。灌区设计引水流量 6 立方米每秒,有总干渠 1 条,长 5.6 公里;干渠 3 条,长 28.9 公里;支渠 8 条,长 54.0 公里。干支渠沟建筑物 284 座。截至 1990 年,灌区累计投资 432.7 万元。

宁夏惠农渠决口

5 月 4 日　宁夏青铜峡河西灌区惠农渠因永清沟穿渠涵洞上游混凝土侧墙过短而塌陷决口,只得采取临时堵截沟水入三四支沟,停水 11 天。当年在旧洞上游 100 米处另建新洞,投资 84 万元。

内蒙古黄河南岸灌区碱柜黄河扬水站建成投产

5 月　内蒙古黄河南岸灌区鄂托克旗碱柜黄河扬水站建成投产,共安装 8 套机泵,设计扬水流量 4.4 立方米每秒,建成变电站 1 处,架设输电线路 16.5 公里,共投资 312 万元,可灌地 1 万多亩。该扬水站 1969 年由伊克昭盟水利队进行勘测和提出规划报告;1970 年内蒙古生产建设兵团进驻该地后,先后由 35 团和 34 团两次重新进行规划设计,并于 1971 年 9 月正式开工兴建。灌区工程尚待配套。

陕西省羊毛湾水库灌区竣工

5 月　陕西省羊毛湾水库灌区竣工。灌区自羊毛湾水库引水,灌溉乾县农田 32.5 万亩(其中包括原漆惠渠灌溉面积 7 万亩)。至 1995 年,灌区内有羊毛湾水库 1 座;总干渠 1 条,长 36.16 公里,已衬砌 29.9 公里,设计

流量 10 立方米每秒，总干渠上有隧洞 6 处，其长 4236.26 米；干渠 2 条，南干渠长 6.7 公里，设计流量 2.7 立方米每秒，北干渠长 6.1 公里，设计流量 3 立方米每秒；支渠 21 条，总长 101.11 公里；斗渠 366 条，总长 468 公里。总干、干、支渠共有各类建筑物 991 座。总干渠以北高地和接近宝鸡峡南沟、大北沟、汧河水库的社队，为解决灌溉高仰之田和补充本灌区水源不足，自羊毛湾水库灌区通水后，先后修建各类抽水站 75 处，抽水能力达 12.26 立方米每秒。

山西省组织参观学习夹马口及小樊电灌站

7 月 2 日　山西省水利局组织山西省大中型机电灌站的负责同志到夹马口及小樊电灌站参观学习。临猗县夹马口电灌站安全运行 100 天，抗旱春浇面积 33 万亩，亩次用水 65 立方米，亩次浇地成本 1.5 元。永济县小樊电灌站冬浇接春浇，连续 6 个月完成春浇面积 18.1 万亩、28 万亩次，亩次用水 64 立方米，亩次浇地成本 0.14 元。

黄委会在郑州召开黄河下游治理规划座谈会

7 月 5 日　黄委会在河南郑州召开黄河下游治理规划座谈会，参加会议的有河南河务局、山东河务局、河南及山东两省水利局负责人。会议讨论了黄委会拟定的《黄河下游近期治理规划》，研究了下游近期防洪方案，引黄淤灌规划和南水北调问题。

陕西省薛峰水库竣工

7 月　陕西省薛峰水库竣工。水库大坝位于韩城市薛峰小米川口，以濿河为水源。大坝为均质土坝，最大坝高 55 米，坝顶长 340 米，总库容 4360 万立方米，有效库容 3024 万立方米，死库容 242 万立方米。放水洞设计流量 7.5 立方米每秒，最大流量 35 立方米每秒。溢洪道宽 40 米，最大泄洪流量 1607 立方米每秒。灌区包括韩城市薛峰乡、板桥乡、西庄镇、苏东乡、夏阳乡、巍东乡、芝阳乡。2000 年，灌区设计灌溉面积 16 万亩，有效灌溉面积 11.7 万亩，当年实灌面积 11.4 万亩，设计流量 9.3 立方米每秒。灌区有干渠 3 条，长 55.3 公里；支渠 21 条，长 142 公里；斗农渠 180 条，长 168.5 公里。灌区灌溉水利用系数 0.48。

内蒙古批准镫口扬水站扩建工程

9月　内蒙古原民生渠口临时扬水站满足不了发展灌溉的需要,自治区根据包头市和呼和浩特市的要求,同意扩建原扬水站。自治区水利勘测设计院先于6月编出《镫口扬水站扩建工程初步设计说明书》,7月份由自治区水利局负责人郝秀山、马亚夫邀请呼、包二市负责人协商有关问题,并进行其他一系列酝酿准备工作。为加强施工的统一领导,以包头市为主,由包头市、土默特左旗和土默特右旗等有关部门的负责人组成扩建工程指挥部,作为现场施工领导机构。

青海省同德县团结渠开工

10月　青海省海南州同德县团结渠开工。该渠在巴沟公社上巴附近引巴水河水,设计引水流量2立方米每秒,灌溉巴沟公社土地2.22万亩,干渠长33公里,支渠长16公里,于1976年竣工,投资116.04万元。

2006年,同德县团结渠设计灌溉面积2.54万亩,有效灌溉面积2.4万亩,当年实灌面积2.25万亩,设计流量1立方米每秒。灌区内有干渠1条,长65公里;支渠3条,长50公里;斗渠135条,长216公里。灌区灌溉水利用系数0.44。

陕西省洛惠渠灌区成立渠道衬砌工程指挥部

11月　陕西省洛惠渠灌区成立渠道衬砌工程指挥部。本年省委书记李瑞山提出"灌区在三年内,要把渠道衬砌完"的号召,灌区掀起大搞衬砌的群众运动。大荔、蒲城两县也成立了衬砌工程指挥机构,国家供应水泥,其他工料自筹。至1977年,共完成干支渠衬砌138.70公里,占干支渠总长的59%。

甘肃省要求灌区实行计划管理

12月5日　甘肃省计划委员会和省水利电力局联合下文通知全省各灌区实行计划管理。要求各灌区在年度管理计划中,对工程维修、配套、效益、粮食产量、综合利用、经费自给和完成各项计划指标的措施等均应制定出具体计划,并按灌区规模实行分级审批和管理。5万亩以上灌区的计划由省水利电力局审批,主管部门执行;5万亩以下1万亩以上灌区的计划由地区审批,主管部门执行;1万亩以下灌区的计划由县审批,主管部门执行。

山东省邢家渡引黄灌区开工

冬 山东省邢家渡引黄灌区开工,1975 年开灌。该灌区原属德州地区,1990 年调整归济南市。渠首闸位于山东省济阳县崔寨公社邢家渡,为钢筋混凝土箱式涵洞,共 6 孔,设计引水流量 75 立方米每秒,设计灌溉面积 89.9 万亩。灌区范围包括济阳、商河 2 县 19 个乡镇。截至 1990 年,累计投资 1653 万元,其中国家投资 773 万元。灌区开灌前粮食亩产 120 公斤,棉花亩产 20 公斤,1990 年达到粮食亩产 430 公斤,棉花亩产 40 公斤。

2000 年,灌区设计灌溉面积 159 万亩,有效灌溉面积 93 万亩,当年实灌面积 90 万亩,设计流量 50 立方米每秒。灌区有总干渠 1 条,长 38 公里(衬砌 1.3 公里);干渠 13 条,长 97 公里;支渠 42 条,长 83.8 公里。有斗渠以上建筑物 277 座,斗沟以上建筑物 615 座。灌区渠系水利用系数 0.60。

青海省南门峡水库开工

是年 青海省南门峡水库开工。水库位于互助县南门峡公社境内南门峡河上,控制流域面积 218 平方公里,是一座多年调节水库,总库容 3050 万立方米,壤土斜心墙土坝,最大坝高 46 米,总概算 1695 万元,可扩大灌溉面积 7.5 万亩。

水库大坝枢纽处于岩溶发育地区,地质条件复杂,修建中临时蓄水后,下游渗漏量随水位升高而增大。省水利局作了补充地质勘探和查漏工作,基本查明原因,并于 1980 年 12 月下旬报水利部,水利部基建局和规划设计管理局审查后认为邻谷渗漏可能性很小。后对坝基灌浆 1 万多立方米,帷幕基本形成,起到防渗效果。1985 年,库容改为 1800 万立方米,但灌区渠系仅完成部分干渠和一个隧洞,同年列入 2708 世界粮援项目,灌溉面积增为 8 万亩,其中改善灌溉面积 1.5 万亩。

2006 年,南门峡水库设计灌溉面积 6.5 万亩,有效灌溉面积 4.9 万亩,当年实灌面积 1.8 万亩,设计流量 2.4 立方米每秒。灌区内有干渠 1 条,长 27.8 公里;支渠 5 条,长 38.4 公里;斗渠 231 条,长 392 公里。灌区灌溉水利用系数 0.46。

1974 年

山西省严肃处理乱砍滥伐灌区树木的行为

3 月 30 日　山西省革委处理清徐县集义公社邓桥大队砍伐潇河灌区树木问题。裁定邓桥大队将所砍树木交回潇河灌区,修复渠堤,并向公社和灌区写出书面检查,按照"砍一栽三"的规定,由灌区指定地点补栽树木并保证成活。

河南省三义寨引黄闸改建工程开工

4 月 1 日　河南省三义寨引黄闸改建工程开工,1976 年底竣工。该闸1958 年建成后发现严重震动,至 1969 年,期间虽对闸底板进行过 3 次灌浆加固,经 1969～1973 年的多次检查,仍发现闸底板、闸墩和启闭机大梁出现裂缝达 288 条。此外,由于泥沙淤积而影响使用。为改善引水条件,提高闸体强度,经黄委会批准,进行改建。改建后的引黄闸为中四、边四 8 孔开敞式(原闸为 6 孔开敞式),闸墩进行了加高加固,闸后公路桥改建为加载公路桥,每孔增加两个启闭梁并更换起闭机。设计流量由 520 立方米每秒改为 300 立方米每秒。

山西省发出《关于在灌区开展灌溉试验工作的通知》

4 月 8 日　山西省水利局发出《关于在灌区开展灌溉试验工作的通知》,确定临汾汾西灌区、洪洞霍泉灌区、翼城利民灌区、介休洪山灌区、原平阳武河灌区、吕梁文峪河灌区、长子早村灌区、临猗夹马口电灌站、介休宋古井灌区等 20 个单位为山西省开展灌溉试验工作的重点。

宁夏青铜峡河西灌区中干沟竣工

春　宁夏青铜峡河西灌区中干沟竣工。干沟在第一排水沟与永干沟之间,直接入黄河,全长 18.5 公里,排水流量 11.0 立方米每秒,控制排水面积13 万亩,于 1972 年秋开工,共完成土方 67.67 万立方米,建筑物 32 座。

陕西省洛惠渠灌区总干渠扩大及干支渠道改善工程相继开工

5 月 15 日　陕西省洛惠渠灌区总干渠扩大工程开工,1975 年底完成,流量由 15 立方米每秒增加到 18.5 立方米每秒。冬季,西干渠改善工程开工,1975 年秋季竣工,渠线缩短 789 米,扩大灌溉面积 9000 亩,中干渠改善工程也于冬季开工,1976 年底竣工,改善长度 11.15 公里,废弃旧渠道 15.24 公里。1975 年 9 月,东干一支渠、二支渠同时开始进行改善,1976 年完成。

内蒙古提出"七四修正规划报告"

6 月 内蒙古水利勘测设计院提出了《黄河内蒙古灌区近期 1000 万亩,远景 1500 万亩规划报告》(后简称"七四修正规划报告")。这是根据 1973 年全国计划会议提出把河套建成国家新的商品粮基地而制定的。规划拟在 1977 年前,把引黄灌区基本建成有 1000 万亩的高产、稳产基本农田。该规划报告对 1957 年规划特别是 1964 年修正规划有以下补充修改:①否定在昭君坟附近兴建二首制引水方案,推荐在磴口以下采用从黄河上多口扬水提灌方案。②为满足灌排要求,田间渠沟拟增加 50% 左右。③远期排水方式,采用明沟与竖井排水相结合。④经由三湖河公济渠给包头郊区供水灌溉。⑤在河套灌区总排干沟入乌梁素海处建红圪卜扬水站,在乌梁素海出口处建乌毛计扬水站,通过两级提水,将总排干沟水排入黄河。⑥乌梁素海近期水位仍控制在 1018.5 米,乌梁素海的利用要着眼灌区排水,兼顾渔、苇生产。

内蒙古召开引黄灌区工作会议

7 月 11~19 日 内蒙古革委在巴彦淖尔盟乌拉特前旗召开引黄灌区工作会议。会议由自治区计委主任刘景平和农办副主任郝慎丰主持,参加会议的有自治区各有关部门及引黄灌区的盟市旗县公社代表共 184 人,华北经济协作区筹备组和黄委会也派员莅会指导。会议由自治区水利局局长郝秀山对"七四修正规划报告"作了说明,代表们围绕该规划方案对引黄灌区建设问题进行了热烈讨论,最后明确了内蒙古引黄灌区特别是河套灌区近期建设的主攻方向和奋斗目标。会议闭幕前,中共内蒙古党委第一书记尤太忠到会讲了话,并表明自治区党委抓好引黄灌区建设的决心。

青海省湟海渠竣工

9 月 29 日 青海省湟源县湟海渠全面竣工通水,约 2 万人在申中公社前沟水渠工地隆重集会庆祝。中共青海省委常委、省革委会农牧办公室主任冀春光出席了大会。

1958 年,湟源县掀起兴建湟海渠的群众运动,完成 60 万立方米土石方,后停工。1972 年 4 月重新开工,经两年多的施工,完成土石方 147 万立方米,凿通总长 1132 米的 3 座隧洞,完成各种渠系建筑物 257 座。

湟海渠在海晏县红山嘴引麻皮寺河及哈利涧河水,设计引水流量 2.5 立方米每秒,设计灌溉农田 4.25 万亩,实灌面积 3.6 万余亩,干渠长 72.5 公里,支渠长 60 公里。

2006 年,湟海渠设计灌溉面积 5.07 万亩,有效灌溉面积 5.07 万亩,当年实灌面积 5.07 万亩,设计流量 2.5 立方米每秒。灌区内有干渠 1 条,长 76 公里;支渠 17 条,长 75 公里;斗渠 192 条,长 69 公里。灌区灌溉水利用系数 0.48。

山西省大禹渡电灌站一期工程竣工

10 月 4 日　山西省大禹渡电灌站一期工程竣工上水。大禹渡电灌站位于芮城县城东南 12 公里处的大禹渡神柏峪,黄河干流北岸,1970 年 10 月动工,1975 年开始受益。原设计为 7 级 15 站,总扬程 355.4 米,设计灌溉面积 28.6 万亩。1987 年,基本建设工程大体完工,建成 6 级 10 站,安装机组 73 台,总装机容量 23105 千瓦,总提水流量 8.05 立方米每秒,其中冲沙流量 2.35 立方米每秒。2006 年,设计灌溉面积 32 万亩,有效灌溉面积 19.8 万亩,当年实灌面积 20 万亩。设计流量 10 立方米每秒。总干渠长 30.8 公里;干渠 5 条,总长 23.3 公里;支渠 65 条,总长 321 公里;斗农渠 1776 条,总长 1175.4 公里。灌溉水利用系数 0.55。

水电部召开全国农田基本建设座谈会

10 月 21 日 ~ 11 月 4 日　水电部召开全国农田基本建设座谈会。11 月 2 日下午,李先念、华国锋、余秋里等国务院领导接见了参加座谈会的代表。在座谈会《综合简报》中提出:农田基本建设要干,现在就要大干,要着重抓好以下几个方面:一是下工夫平整土地,建立旱涝保收、高产稳产田;二是大力发展小型水利,特别是要把后进地区促上去;三是抓管理、保安全,促配套、夺高产。

青海省大南川水库竣工

10 月　青海省湟中县大南川水库竣工。水库位于总寨公社蚂蚁沟,引大南川河水,是新中国成立以来青海省修建的第一座中型水库。坝高46.5米,坝长460米,坝顶高程2641米,库容1320万立方米。设计灌溉面积6.9万亩,投资590万元,1970年10月开工,历时4年建成。

2006年,大南川水库灌区设计灌溉面积6.9万亩,有效灌溉面积5万亩,当年实灌面积3.3万亩,设计流量2.5立方米每秒。灌区内有干渠1条,长103公里;支渠17条,长102公里;斗渠158条,长300公里。灌区灌溉水利用系数0.45。

内蒙古镫口扬水灌区建设全面展开

10月　内蒙古为配合镫口扬水站扩建工程,镫口扬水灌区建设全面展开。根据3月份自治区水利勘测设计院编制的《镫口扬水灌区初步设计说明书》,于本月内土默特左旗、土默特右旗和托克托县发动万余民工,大挖总干渠和大搞灌区渠系配套工程,以保证次年春水到渠成、适时灌溉。

河南省引黄淤灌座谈会在郑州召开

11月1日　经河南省委批准,由河南黄河河务局在郑州召开全省引黄淤灌座谈会。参加会议的有沿河各地、市、县有关单位及黄河修防处、各灌区管理单位,以及省直有关局委、科研单位和新华社河南分社的代表,黄委会和山东黄河河务局也派人参加了会议,共83人。会议传达了全国抓革命、促生产会议精神,总结交流了近几年淤灌经验,研究了今后工作,提出了以下要点:全面规划,搞好排灌配套;大力提倡井渠结合;因地制宜地放淤改土,种植水稻;妥善处理和有效利用黄河泥沙;加强工程管理,健全管理机构、管理制度;统筹兼顾,团结用水。

山西省安排沁河灌区工程的施工准备工作

11月14日　山西省负责农林水的省级领导刘开基同志在太原市召集山西省计委、山西省建委、山西省水利局、山西省电业局、山西省交通局、山西省邮电局以及晋东南地区与有关县的领导同志研究安排沁河灌区工程的施工准备工作。

1975年5月8日,山西省革委晋革发[1975]85号文《关于晋东南地区沁河灌区工程施工问题的通知》决定,沁河灌区工程的公路、通讯、输电线路、临时建筑物及导流泄洪洞进行施工。

1976年2月,水电部副总工程师李维弟、处长田季忠,黄委会工程师徐福龄,山西省水利局副总工程师许四复等12人到沁河灌区工程现场审查初步设计,提出审查意见。

青海省大南川水库引水渠渗漏造成山体滑塌

12月5日 青海省大南川水库引水渠渗漏造成山体滑塌,致使湟中县总寨公社陈家滩大队7户社员和1个饲养员被淹埋,死亡7人,牲畜、粮食及其他财产也遭到损失。省、县、社对此及时抢救,并进行了安置。

1975 年

河南省陆浑水库管理处移交洛阳地区领导

2 月 5 日 为加强对陆浑水库工程管理的领导,更好地发挥水库防洪和灌溉发电综合利用效益,经水电部同意,黄委会将所属陆浑水库管理处移交河南省洛阳地区领导。1984 年 2 月,河南省水利厅以豫水人字(84)02 号文向省政府报送《关于成立河南省陆浑水库灌溉工程管理局并收归省管的报告》。3 月 21 日,省政府以(84)23 号文批准将陆浑水库灌溉工程管理局收归省管。

内蒙古镫口扬水站扩建工程建成抽水

3 月 1 日 内蒙古镫口扬水站扩建工程建成抽水。该站为内蒙古在黄河上建成的最大的扬水站,站内安装有 6 台轴流泵,总装机 3000 千瓦,可抽取流量 36 立方米每秒,最大扬程 4.63 米。站址坐落在黄河左岸旧站的下游,加上旧站,可灌溉农田 100 万亩,其中包头市 65 万亩,呼和浩特市 35 万亩。此项工程由内蒙古水利勘测设计院设计,内蒙古水利基建公司负责施工,土工部分和渠道开挖由土默特左旗、土默特右旗和托克托县完成,施工期 11 个月,完成总投资 501 万元。此项工程是自治区水利建设中施工进度快、质量优的一个范例,受到自治区建设委员会的表扬,其设计成果受到水电部的奖励。为加强扬水站和灌区管理,本月成立了隶属自治区水利局的内蒙古自治区镫口扬水灌区管理局,为县团级建制。

镫口扬水灌区的前身是民生渠灌区。2000 年,有效灌溉面积 65 万亩,当年实灌面积 37 万亩,设计流量 50 立方米每秒。灌区有总干渠 1 条,长 18 公里(衬砌 3.8 公里);干渠 2 条,长 113 公里;支渠 66 条,长 319 公里。斗渠以上建筑物 167 座。

甘肃省景泰川电力提灌一期工程通过验收

3 月 13 日 甘肃省革委会组织人员对景泰川电力提灌一期工程进行验收,认为质量良好,同意正式交付使用。工程于 1969 年开工后,1971 年 9 月 30 日总干 1~4 泵站一条管道上水,黄河水第一次被提到了草窝滩,1972 年工程发挥效益,当年灌溉 5.36 万亩土地。1973 年春,灌溉面积达 14.91

万亩,1974 年 5 月工程提前完成。完成总工程量:土石方 466.7 万立方米,砌石 9.22 万立方米,混凝土 13.5 万立方米。1975 年,灌溉面积达到 30.06 万亩,平均亩产 310 公斤。

甘肃省刘川电力提灌工程动工兴建

3 月　甘肃省靖远县刘川电力提灌工程动工。该工程位于靖远县西北部,设计提取黄河干流水量 3 立方米每秒,总扬程 315.9 米,灌溉面积 7.5 万亩,1981 年底主干渠通水到 7 泵站,1982 年有效灌溉面积达到 2 万亩,但因工程初期为"民办公助",质量问题较多,1979～1980 年和 1985～1986 年进行了两次除险加固补强工作。

1984 年 10 月～1987 年 10 月,接受世界粮食计划署批准的 520 万美元的粮食、油品援助,在灌区内开展了 5.8 万亩平整土地和渠系配套工程。当年实播水浇地 4.3 万亩,人均产粮 329 公斤。2006 年,设计灌溉面积 9.05 万亩,有效灌溉面积 7.56 万亩,当年实灌面积 7.56 万亩,干渠长 41 公里,支斗渠长 408 公里,干支斗渠全部衬砌。灌溉水利用系数 0.72。

河南省引黄春灌及盐碱化问题调查

4 月中旬～5 月中旬　根据水电部水电水字第 14 号文《关于加强引黄春灌管理规定,防治盐碱措施的通知》和河南省革委生产指挥部的指示精神,由河南黄河河务局商请黄委会、河南省水利局、河南地理研究所、新乡农田灌溉研究所,以及安阳、新乡、开封地区黄河修防处派人参加组成调查组,分南岸和新乡、安阳 3 个组,于 4 月中旬至 5 月中旬,对河南省引黄灌区春灌及盐碱化问题进行了调查。据调查结果:河南引黄灌区有 25 个,其中中型灌区 22 个,大型灌区 3 个。引黄工程 39 处,其中闸门 27 座,虹吸 8 处,提灌站 4 处,设计引水能力达 2300 立方米每秒,实际引水一般只有 200～300 立方米每秒。引黄控制面积约 800 万亩。调查中发现存在较突出的问题是:次生盐碱化仍然存在;淤积排水河道较为严重;黄河枯水季节水量不足,影响稻田和抗旱用水愈为突出。调查后,河南黄河河务局将调查情况和对今后引黄防碱工作的意见向水电部和省革委作了汇报。

内蒙古麻地壕灌区丁家夭二级扬水站一期工程开工

4 月　内蒙古麻地壕扬水灌区丁家夭二级扬水站一期工程开工,1976 年 10 月竣工。该工程由内蒙古水利勘测设计院设计,托克托县水电局施工。该扬水站安装 32 吋离心泵 4 台,装机容量 1240 千瓦,扬程 12.7 米,抽水能力 3.6 立方米每秒,投资 107.29 万元。

陕西省宝鸡峡引渭灌溉管理局与人民引渭渠管理局合并

4 月　陕西省宝鸡峡引渭灌溉管理局与陕西省人民引渭渠管理局合并,仍定名为陕西省宝鸡峡引渭灌溉管理局,隶属省革委会水电局。任命张鹤为管理局领导小组组长,祝健为第一副组长,张建丰为副组长。

1976 年,灌区对新、老渠系进行调整,按原上和原下两大渠系划分。原宝鸡峡总干渠定名为原上总干渠,辖原东、西两干渠;原渭惠渠总干渠定名为原下总干渠,辖原南、北两干渠,废除咸五支渠,增修原上总干六支、东一支、东三支 3 条输水渠道,给原下灌区补水。经调整后,至 1990 年,全灌区共有总干渠 2 条,干渠 4 条,总长 412.6 公里;支渠 69 条,总长 700.9 公里;斗渠 1806 条,总长 2547 公里;分渠 10036 条,总长 4044.2 公里。灌区设计灌溉面积 296.5 万亩,有效灌溉面积 293.5 万亩(其中井灌及渠井双灌面积 60 多万亩)。1995 年,核定设计灌溉面积 292.21 万亩,其中抽水灌溉面积 65 万亩,有效灌溉面积 282.48 万亩。

山西省沁河灌区前期工程动工

5 月 8 日　山西省革委下发《关于晋东南地区沁河灌区工程施工问题的通知》,决定灌区建设前期工程,包括公路、通讯线路、输电线路等进行施工。

沁河灌区工程,是在安泽县境内沁河干流上修建马连圪塔水库,开凿草峪岭隧洞,调水至汾河流域的大型自流灌溉工程,设计灌溉面积 50 万亩。全部工程分两大部分:第一部分是马连圪塔水库工程,水库坝高 58.3 米,长 710 米,总库容 4.25 亿立方米;第二部分为灌区工程,总干渠设计流量 17 立方米每秒,加大流量 21 立方米每秒,长 79.5 公里,共有干渠 9 条,万亩以上支渠 13 条,总长 218.36 公里。沿总干渠设有大小建筑物 162 座,其中较大工程有石隧洞 19 条,总长 43.242 公里;土隧洞 17 条,总长 12.073 公里。

沁河灌区工程计划分两期完成:一期工程总投资 5.73 亿元,主要任务是建设四干渠以上灌溉工程,包括临时引水及草峪岭隧洞工程、隧洞出口至四干渠 32.1 公里总干渠及支干渠以下工程,一期工程完成后可发展自流灌溉面积 10 万亩;二期工程总投资 9.43 亿元,修建水库枢纽及四干以下总干渠和其余干渠工程。沁河灌区工程全部完成后可发展灌溉面积 50 万亩,改善灌溉面积 30 万亩。

1991 年 5 月,临汾地委、行署决定成立沁河灌区工程建设指挥部,加快了施工前的准备工作。1992 年,草峪岭隧洞破土动工。草峪岭隧洞长 19.4 公里,设计流量 17 立方米每秒。截至 1998 年 8 月底,累计完成掘进 15217 米,其中主洞掘进 12933 米。共完成土石方 50 万立方米,浇筑混凝土 6.4 万立方米,累计完成投资 1.45 亿元。2000 年 12 月,草峪岭隧洞全线贯通。

河南省花园口马渡引黄闸建成

5 月 30 日　河南省马渡引黄闸建成。该闸位于郑州北郊花园口马渡村北,于 1975 年 2 月 27 日动工兴建,由郑州修防处设计,并组织施工,为两孔钢筋混凝土涵洞,设计流量 20 立方米每秒,设计灌溉面积 9.8 万亩。该闸竣工后,经黄委会、河南黄河河务局、郑州建设银行等单位共同验收后交郑州修防处管理。

内蒙古麻地壕灌区保号营三级扬水站动工

5 月　内蒙古麻地壕扬水灌区东三分干保号营三级扬水站动工。该工程由托克托县水电局设计,托克托县引黄灌区工程建设指挥部施工,当年竣工。该扬水站安装 12 吋轴流泵 12 台,装机容量 660 千瓦,扬程 5.5 米,抽水能力 6.18 立方米每秒。

内蒙古黄河南岸灌区哈什拉川新民堡分洪枢纽工程建成

6 月 13 日　内蒙古黄河南岸灌区达拉特旗哈什拉川新民堡分洪枢纽工程全部建成。工程在自治区水利勘测设计院协助下由旗水利队设计,自治区水利基建公司承建,1972 年 9 月 25 日开工,设计引洪灌溉面积 24 万亩。

内蒙古引黄灌区暴雨成灾

8 月 5 日　内蒙古狼山地区突降暴雨,降雨历时 24～26 小时,暴雨中心 24 小时降雨量达 460 毫米,雨区面积达 20000 平方公里。狼山西部 60 多条山沟山洪暴发,向南冲毁总排干沟,乌梁素海决口,总排干沟两侧一片汪洋。据不完全统计,受灾公社 26 个,受灾人口 7 万余,淹没农田 19 万亩,损失粮食近 1000 万公斤,牲畜 9000 余头,倒塌房屋万余间。水利设施破坏严重,计主要干支渠沟决口 239 处,冲毁桥、涵、闸建筑物 496 座。

陕西省东雷抽黄灌溉工程动工

8月30日　陕西省关中东雷抽黄灌溉工程指挥部在太里湾河滩举行开工誓师动员大会,合阳、大荔、澄城3县领导和民工万余人参加。会后,进水闸、一级泵站和干渠隧洞正式动工。

东雷抽黄灌区分为原区和黄河滩区两大部分,设计灌溉合阳、澄城、大荔、蒲城4县农田97万余亩。灌区原上部分因受金水沟、新池沟切割,被分割成3块,在总干渠上分别设东雷、新民、南乌牛和加西4个二级站灌溉系统。

东雷一级抽黄站扬程8米,设计流量60立方米每秒,1979年8月主体工程基本完工。总干渠长35.5公里,渠首段采用隧洞,全长1175米,隧洞设计流量60立方米每秒,根据续建工程需要总干渠过水流量按120立方米每秒设计,1978年建成。全部工程于1987年建成。

2000年,灌区设计灌溉面积92.1万亩,有效灌溉面积80.1万亩,当年实灌面积80.7万亩,设计流量40立方米每秒。灌区有总干渠1条,长35.5公里;干渠9条,长94.52公里;支渠42条,长221公里;斗农渠4717条,长2376公里。灌区灌溉水利用系数0.42。

河南省王称固引黄闸竣工

8月　河南省濮阳县王称固引黄闸竣工。该闸位于河南省濮阳县王称固乡,黄河左岸大堤89+502处,闸门结构为两孔顶管型式,设计流量6.6立方米每秒,灌溉面积13.28万亩。1995年改建引黄闸,新闸设计流量10立方米每秒。

1997年,灌区设计灌溉面积13.28万亩,有效灌溉面积6.7万亩,实灌面积7.33万亩。有总干渠1条,长4.96公里;干渠2条,总长9.43公里;支渠10条,总长51.40公里(其中黄河滩区支渠7条,总长37.00公里);斗渠总长98.00公里。排水系统排水干沟3条,长40.8公里;支沟长31公里。建筑物方面:有干支渠建筑物214座,斗农渠建筑物214座,干支排水沟建筑物45座。灌区渠系水利用系数0.45。

水电部安排向天津送水

9月18~19日　水电部根据李先念、谷牧副总理指示,为进一步落实北京、天津工业及城市生活用水问题,在北京召开冀、鲁、豫、京、津5省

(市)水利局及水电部十三局河道分局负责人会议,对向京、津送水问题作了安排,要求自10月中旬至次年2月底,从河南省人民胜利渠引黄河水经卫河、卫运河、南运河向天津送水4亿立方米。10月17日,水电部电令冀、鲁2省水利局,自10月20日下午6时起,卫运河、南运河沿河各闸泵一律关闭,拦河闸全部打开,不经部批准,任何闸泵不得引水,以保证向天津送水。根据9月19日水电部(75)水电水字第69号文《从黄河引水4亿立方米给天津》的指示,河南省于10月18日开始通过人民胜利渠以40立方米每秒的流量向天津送水。最大流量为105.4立方米每秒,至1976年2月15日,共送水4.17亿立方米。

水电部转发黄委会《关于黄河下游引黄灌溉情况的调查报告》

10月28日　水电部转发黄委会《关于黄河下游引黄灌溉情况的调查报告》。同时指出:近年来黄河下游引黄灌溉发展很快,对两岸抗旱增产起了一定作用。但有不少地方,由于灌区不配套,土地不平整,灌溉不当,排水不畅,地下水位上升,有的县甚至又发生大面积的次生盐碱化。水电部要求黄委会会同河南、山东2省,总结经验教训,作出引黄灌区的整顿规划,尽快把引黄灌区建设成为高产、稳产田。11月15日,河南黄河河务局按照省委负责同志的指示,向沿黄各地、市、县和黄河修防处、段及引黄灌区管理单位转发了该报告及水电部的批示。

山西省扩大汾河水库灌溉管理局的领导权限

11月22日　山西省委决定将汾河各灌区,即太原市一坝灌区、敦化电灌站灌区、晋中地区汾东灌区、吕梁地区汾西灌区和三坝灌区收归山西省水利局汾河水库灌溉管理局统一领导。

山东省琵琶山引汶灌区开工

11月　山东省汶上县琵琶山引汶灌区开工,1976年5月建成开灌。灌区渠首位于琵琶山和松山两处,以大汶河为引用水源。琵琶山引水闸3孔,每孔净宽2.5米;松山引水闸5孔,每孔净宽2米。两闸设计引水流量共为15立方米每秒。设计灌溉面积13.5万亩,有效灌溉面积10万亩。渠系有干渠2条,总长56.8公里;支渠45条,总长86.0公里。到1990年,国家累计投资450万元。

山东省潘庄引黄灌区发生壅冰决口

12月11日 当日20时山东省潘庄引黄灌区总干渠壅冰,形成冰坝,总干渠左侧禹城县孙桥决口。不久,总干渠上游禹城县三里庄也决口,水流入赵牛河,因上游决口,孙桥水位下落,未造成大的灾情,只是孙桥村部分房屋倒塌,粮食浸水,灾情落实后给该村赔偿10万余元损失费。

宁夏唐徕渠杨显裁弯取直工程竣工

是年 宁夏唐徕渠杨显裁弯取直工程竣工。原渠绕湖泊而过,渠线弯曲且为填方,曾多次出险,唐徕渠管理处两冬一春完成裁弯取直工程。

内蒙古麻地壕灌区毛不拉扬水站一期工程建成

是年 内蒙古麻地壕扬水灌区毛不拉扬水站一期工程建成。抽水能力1立方米每秒,灌溉面积2万亩,投资125.77万元,其中国家投资82.77万元,社队投劳、车工折资43万元。

1976 年

全国灌溉新技术规划会议召开

1月6~9日　水电部、农业部、财政部、农业机械部、轻工业部和中国科学院联合在陕西省西安市人民大厦召开灌溉新技术规划会议。会议确定了一批灌溉新技术试点。

内蒙古河套灌区完成 200 多公里长的总排干沟疏通任务

2月　内蒙古河套灌区完成 200 多公里长的总排干沟疏通任务。巴彦淖尔盟领导部门根据 1974 年 7 月自治区乌拉特前旗引黄灌区会议精神,于上年冬季发动约 15 万民工,大干 100 天,全线修挖总排干,共完成土方 1600 万立方米,使总排干沟的排水能力有所提高。总排干沟 1965 年秋冬至 1966 年春季开挖,因当时设计和施工标准都不高,勉强通水,不久便淤塞。此次疏通为河套灌区建立排水系统打下了基础。

甘肃省巴家嘴水库电力提灌工程开工

4月1日　甘肃省巴家嘴水库电力提灌工程开工。该工程从水库坝后二级电站尾水渠引水,设计流量 4 立方米每秒,平均扬程 305 米,最高扬程 333.21 米,设 9 级泵站,3 条管道上水,灌区范围为西峰市 8 个乡镇,设计灌溉面积 14.4 万亩。1981 年第一条管道系统和总干渠、南干渠及所属建筑物通过验收并交付使用。1983 年后缓建,1986 年 6 月西峰市成立指挥部并开工续建,至 1988 年,修建了东干渠 2.1 公里,北一干渠 0.4 公里,修复完善了第 2、第 3 条管道系统,建成干支渠建筑物 868 座,基本具备了一条管道送水至南干渠进行灌溉的条件,有效灌溉面积 3.3 万亩。2006 年,设计灌溉面积 14.43 万亩,有效灌溉面积 9.323 亩,当年实灌面积 7.5 万亩。3 条干渠长 37.57 公里,全部衬砌;支斗渠长 133.1 公里,全部衬砌。灌溉水利用系数 0.75。

山西省尊村电灌站开工

4月4日　山西省尊村电灌站开工,1977 年 10 月 1 日一级站试机成功。1978 年 4 月 9 日,一期工程全部竣工,并上水浇地。尊村泵站位于涑水河盆地腹部,是山西省最大的引黄灌溉泵站工程。泵站规模为9级30站,一级站位于永济县黄河小北干流尊村湾,提水流量46.5立方米每秒。灌溉永济、临猗、运城、夏县166万亩耕地。

一期工程完成的1~5级站于1988年10月通过省级验收,正式交付使用,地形净扬程77.8米,控制灌溉面积123万亩,有效灌溉面积69.49万亩,受益范围包括永济、临猗、夏县、运城4县(市)33个乡镇。建有总干渠1条,长91公里;分干渠3条,长97公里;万亩以上支渠59条,长460公里;万亩以下支斗渠1539公里;总干渠泵站5处,分干渠泵站3处,万亩以上支渠泵站10处。6~9级泵站工程控制灌溉面积43万亩,受益范围包括夏县、运城2县(市)12个乡镇,总扬程87.4米。其中6、7、8级泵站工程分别于1992年底、1993年4月、1994年5月建成上水。自1991年开始,由于黄河主流西移,水源条件恶化。1995年尊村水源工程、9级泵站工程和1~9级站配套工程正式通过世界银行贷款评估论证。2006年,设计灌溉面积166万亩,有效灌溉面积84.19万亩,当年实灌面积30万亩,设计流量46.5立方米每秒。总干渠长133.9公里;干渠3条,总长75.7公里;支渠81条,总长504公里;斗农渠3290条,总长3319公里。灌区灌溉水利用系数0.4。

工程建设期间,中共中央总书记江泽民与全国政协副主席杨汝岱在山西省省委、省政府主要领导同志陪同下先后到工地视察,充分肯定了工程建设的成就,并在农田配套投资等方面给予重点支持。

内蒙古麻地壕灌区丁家圪扬水站二期工程开工

4月　内蒙古麻地壕扬水灌区丁家圪扬水站二期工程开工。工程由内蒙古水利勘测设计院设计,托克托县引黄灌溉指挥部施工。扬水站安装56吋混流泵4台,装机容量4000千瓦,扬程12.7米,抽水能力16立方米每秒。工程至1981年建成,国家投资277万元。

甘肃省南岭渠动工兴建

5月　甘肃省南岭渠动工兴建。渠首位于甘谷县城西南20公里处,渭河一级支流耤河上游古坡乡古坡村。灌区包括白家湾乡,金坪乡全部及十里铺乡、大像乡、六峰乡部分耕地。工程规划分两期进行:一期工程包括渠首、总干渠、4条干渠和渠系配套面积1.5万亩;二期工程包括水库1座,渠系配套面积3.7万亩。二期工程建成后,灌区灌溉面积发展到5.2万亩。

一期工程从1976年5月开工,1987年11月竣工。建成渠首1座,总干渠 21.2 公里,设计流量 3 立方米每秒,干渠 4 条总长 40.5 公里,支斗渠总长 146.4 公里,渠系配套面积 1.5 万亩,梯田 4.1 万亩,道路 157.2 公里,植树造林 1.5 万亩。总计完成工程量 1918.4 万立方米,投入劳力 1046.8 万工日,国家投资 1206.85 万元,世界粮食计划署援助小麦 2.34 万吨,食油 390 吨,其他食品 64 吨。1988 年灌溉面积 1.2 万亩。

2006 年,南岭渠灌区设计灌溉面积 5.21 万亩,有效灌溉面积 1.52 万亩,当年实灌面积 1.1 万亩。

陕西省东雷抽黄工程加西灌溉系统动工

6 月　陕西省东雷抽黄灌溉工程加西二级提灌站土建工程开工,加西二级泵站在总干渠末端引水,安装水泵 6 台,总装机容量 5360 千瓦,静扬程 84.29 米,供水流量 3.43 立方米每秒,1979 年 10 月建成,灌溉大荔县范家、两宜、双泉 3 乡镇 8.33 万亩农田。

加西灌溉系统有加西干渠 1 条,长 16.82 公里,设计流量 3.68 立方米每秒,各类建筑物 63 座;支渠 3 条,长 12.26 公里,建筑物 83 座。1977 年 10 月干支渠动工,1978 年 4 月基本完成土方任务,1978 年 5 月至 1979 年 10 月完成渠道建筑物修建和渠道衬砌。

陕西省东雷抽黄工程东雷系统二级灌溉系统动工

7 月 1 日　陕西省东雷抽黄工程东雷系统二级站土建工程开工。东雷二级站灌溉系统有东雷二级、大伏六三级、小伏六四级、清善五级 4 座泵站,1980 年 12 月 20 日土建工程基本完成,设备安装于 1979 年 4 月 17 日开始,至 1981 年 4 月完成,共安装水泵 12 台,配套电机容量 1.984 万千瓦,累计静扬程 287.65 米,总扬程 303.09 米,灌溉合阳县伏六、坊镇、新池 3 个乡 10.36 万亩耕地。

东雷系统二级站共布设干渠 1 条,长 10.13 公里,设计流量 4.1 立方米每秒;支渠 4 条,长 41.60 公里,设计流量 4.07 立方米每秒。1977 年 10 月开工,1984 年竣工。干支渠共有各类建筑物 193 座。

暴雨冲毁青海省湟海渠

8 月 2 日　青海省湟源县境内一次暴雨,降雨量 60 毫米,湟海渠被冲毁 35 公里,冲毁各类建筑物 60 余座,淤填泥土 21 万立方米,冲毁渠堤 31 处,计土方 11 万立方米,使已受益的近 4 万亩农田无法灌溉,并冲毁水浇地

1. 10万亩。事后集中全灌区劳动力,整修两个月,才勉强通水,耗用防汛救灾及小农水经费25万元。

宁夏南山台子扬水工程开工

8月17日 宁夏卫宁灌区中卫县南山台子扬水工程开工。从羚羊寿渠抽水上南山台子,3级扬水,总扬程136.4米,设计流量6.65立方米每秒。经两年施工,于1978年9月1日建成上水。

南山台子灌区位于中卫县香山洪积扇的台子上,西起乱盆沟,东至石黄沟,与同心扬水灌区毗邻,长25公里,平均宽约5公里,总面积约20万亩。灌区干渠总长29.6公里,全断面混凝土衬砌。1978年8月1日,成立中卫县南山台子扬水灌溉管理站,继续开挖渠道和平整土地。至1982年底,开挖衬砌支斗渠111公里,开挖农渠424公里,建各类建筑物3942座。1983年至1985年,又利用世界粮食计划署无偿援助730万元进行配套建设。2000年设计灌溉面积10万亩,有效灌溉面积10万亩,当年实灌面积9.5万亩,设计流量6.65立方米每秒。干渠1条,长25.8公里;支渠40条,总长112.1公里;斗农渠57条,总长318公里。

甘肃省引大入秦工程开工兴建

11月25日 甘肃省引大入秦工程开工兴建。该工程是将发源于青海省的黄河二级支流大通河,自天堂寺引水东调,穿越祁连山余脉,至永登县秦王川灌区。设计流量32立方米每秒,加大流量36立方米每秒。设计灌溉面积86万亩,其中包括提灌面积16.5万亩,是甘肃省最大的跨流域引水灌溉工程。总干渠长87公里,其中隧洞33座,长75公里;下设东一干和东二干两条干渠,长122.4公里;支渠45条,长687.5公里。2006年,设计灌溉面积86万亩,有效灌溉面积62.7万亩,当年灌溉面积44.09万亩。干渠长209.76公里,支斗渠长779.23公里,全部衬砌。灌溉水利用系数0.6。

山东省簸箕李引黄闸改建工程竣工

12月12日 山东省惠民地区簸箕李引黄灌区渠首引黄闸改建工程竣工,改建工程于本年4月1日动工,为6孔钢筋混凝土箱式涵洞,每孔高、宽均为3米,设计引水流量75立方米每秒。新闸建成后老闸随之废除。

河南省引黄灌区农业学大寨座谈会在郑州召开

12 月 16 日　经河南省革委批准由河南黄河河务局主持的河南省引黄灌区农业学大寨座谈会在郑州召开。沿黄各地、市、县、各修防处、各引黄灌区以及省直有关委局、科研单位、大专院校等单位代表共 45 人参加了会议。会议传达了全国第二次农业学大寨会议精神,交流总结了灌区学大寨经验,研究了进一步掀起农业学大寨及建设大寨式灌区等问题,会议还表彰了先进。河南黄河河务局党的核心小组副组长田绍松同志向人民胜利渠、孟津黄河渠、开封市黑岗口、郑州市花园口、原阳黄庄、武陟白马泉、濮阳渠村和台前影堂 8 个粮食产量过“长江”、超纲要的灌区颁发了锦旗。

1977 年

内蒙古撤销河套灌区水利管理局

4 月 21 日　经内蒙古革委会批准,撤销河套灌区水利管理局。三盛公黄河工程管理局仍以自治区水利局为主和巴彦淖尔盟革委会双重领导,同时恢复巴彦淖尔盟革委会水利局建制,主管全盟水利工作。

原河套灌区水利管理局于 1975 年由自治区批准成立,以便撤销巴彦淖尔盟革委会水利局建制之后统一领导三盛公黄河工程管理局,旨在加强对河套灌区建设和管理的领导。但据两年来运转结果,仍以恢复以前的机构较好。

黄河流域中小型水库水力吸泥清淤试点现场会召开

5 月 7 日　经水电部批准,黄河泥沙研究工作小组和山西省水利局在太原和榆次市田家湾水库、临汾市巨河水库、平陆县红旗水库召开黄河流域中小型水库水力吸泥清淤试点现场会。会议认为水力吸泥清淤已显示出很多优点,排污效率高,可以结合灌溉,清除水库淤积,较好地解决水库排沙与蓄水兴利的矛盾。

内蒙古引黄灌区农田基本建设会议召开

5 月 30 日　内蒙古引黄灌区农田基本建设会议在杭锦后旗开幕。会议由自治区革委会主持,参加会议的有巴彦淖尔盟、伊克昭盟、包头市、呼和浩特市党委或革委会的负责人,有灌区各旗县、公社的负责人,还有自治区有关部门的负责人,共 300 多人。中共内蒙古党委书记刘景平、计委主任王西、农办副主任郝慎丰和水利局局长李文等参加并主持了会议。会议主要研究加快内蒙古引黄灌区商品粮基地建设步伐,推广杭锦后旗、临河县农田基本建设搞得较好的几个社队的经验,以便更好地在两三年内完成引黄灌区渠、沟、田、林、路配套任务。刘景平在会议开幕时作了重要讲话,最后又作了总结报告。

水电部邀请冀豫鲁 3 省水利局负责同志研究边界水利矛盾

7 月 2 日　水电部邀请冀豫鲁 3 省水利局负责同志,共同研究 3 省边

312

界的大名、南乐、莘县边界水利矛盾。此前在认识一致的基础上,水电部曾于1977年2月以(77)水电计字第117号文提出了处理意见。为了落实117号文,水电部派计划司岳兵、水电部第十三工程局童振铎会同河北省水利局苏建夫、河南省水利局韩培诚、山东省海河指挥部肖致彬以及3省有关地、县的负责同志,组成联合检查组于5月21~24日到现场调查。5月29日,联合检查组写出了《冀豫鲁三省边界水利矛盾处理意见执行情况的联合检查报告》。此次会议要求3省革命委员会农办督促有关部门认真执行,全面落实水电部(77)水电计字117号文,限年底前完成边界尾工。

全国农田基本建设会议召开

7月7日 水电部、国家计委、国家建委、农林部、一机部、商业部、财政部、石化部、五机部、物资部、供销总社等11个部委联合召开全国农田基本建设会议,会议在山西省昔阳县开始,8月5日在北京结束。到会的代表有各省(市、自治区)党委主管农业及有关部门的领导人,261个地市和426个县的负责人,还有宣传出版、科研单位、大专院校等单位的代表共1140人。水电部部长钱正英致开幕词。会议号召学大寨,赶昔阳,大干社会主义,大搞农田基本建设,会议讨论了今冬明春大搞农田基本建设问题和到1980年实现每个农业人口有一亩旱涝保收、高产稳产田的任务。会议还提出了"以改土治水为中心,实现山水田林路综合治理"的农田基本建设方针。

山西省批转沁河流域规划座谈会纪要

7月24日 山西省革委批转《山西省沁河流域规划座谈会纪要》,同意在沁河上游修建马连圪塔水库引沁入汾。沁河灌区原设计的槐庄电站,因无余水可供发电,予以撤销。

山西省引黄工作会议召开

8月2日 山西省委书记王谦主持召开引黄工作会议。会议确定3条原则:①南北引黄分别考虑和省内有关工程结合起来,要兼顾农业和工业用水;②北引黄解决忻县、太原、晋中、吕梁地区用水,南引黄解决临汾、运城盆地用水;③北引黄最好能从万家寨和龙口自流引水,打150公里长的洞子。同时,要考虑利用万家寨(或龙口)的水力发电,提蓄结合,解决晋西北用水。

山西省向水电部汇报引黄入晋工程方案

8 月 5 日 山西省引黄领导小组（领导小组由省委 4 月 22 日常委会议决定成立）组长王庭栋、副组长贾冲之、引黄办公室主任张星昌、省水利局副总工程师许四复赴北京向水电部汇报引黄入晋工程方案。钱正英部长表示：①引黄入晋必要性没有争议；②现在的技术条件也是可行的；③要抓紧勘测设计；④水库和引水工程要一并考虑。

陕西省洛惠渠灌区成功地将高含沙量浑水引送到田

8 月 陕西省洛惠渠灌区成功地将含沙量高达 60% 的洛河浑水，引送到距离渠首 50 公里外的蒲城县卤泊滩，打坝放淤造田，改良盐碱地。

陕西省东雷抽黄工程南乌牛系统二级站动工

8 月 陕西省东雷抽黄工程南乌牛系统二级站动工，该站从总干渠 32+088 处引水，安装水泵 4 台，单机出水量 4.3 立方米每秒。南乌牛系统灌溉合阳、澄城、大荔 3 县 10 个乡镇和蒲城县永丰镇坞坭村的 40.90 万亩耕地。原上南西干渠东起南乌牛出水池，西至西高明三级站，西高明三级站分别向高西、高北两干渠供水，在高西干渠的北棘茨四级站以上又分设北西干渠 1 条。全系统共设泵站 15 处，安装水泵机组 76 台。

南乌牛灌溉系统共有干渠 4 条，长 49 公里；支渠 25 条，长 123 公里。共有各类建筑物 800 余座，1985 年 12 月全部竣工。

河南省张菜园新闸通过验收

9 月 1 日 河南省新乡地区张菜园新闸通过验收，新闸位于河南省武陟县何营乡张菜园村西，是人民胜利渠穿堤（黄河大堤）闸，设计流量 100 立方米每秒，为 5 孔钢筋混凝土框架式涵洞结构，1975 年 3 月 28 日开工。

内蒙古河套灌区总排干沟扬水站建成

9 月 19 日 内蒙古河套灌区总排干沟扬水站建成，并在工地举行竣工典礼，由巴彦淖尔盟领导人剪彩后即开泵排水。自治区革命委员会及水利局等有关单位派代表与会。该扬水站位于乌梁素海北端红圪卜处，又名红圪卜扬水站，被列为自治区水利基本建设重点项目，由自治区水利勘测设计院设计，35 千伏输变电工程由电业部门设计，由自治区水利基建公司施工，于 1975 年 8 月 11 日动工兴建。总投资 520 万元。扬水站安装有 10 台直径 1 米的轴流泵,排水能力为 30 立方米每秒,自流泄洪能力为 60 立方米每秒。年可排水 4 亿立方米,排盐 80 万~90 万吨。

隆重纪念毛主席视察黄河 25 周年

10 月 30 日　在毛主席视察黄河 25 周年之际,沿黄各地及治黄单位纷纷举行隆重纪念集会,并广泛开展纪念活动。黄委会在郑州召开座谈会,邀请河南、山东两省河务局代表及治黄先进单位和个人代表,共同座谈人民治黄的成就。《人民日报》、中央电台及黄河流域各省区的报刊、电台都发表了治黄方面的有关文章。

山东省胜利水库动工兴建

10 月　山东省胜利水库动工兴建,于 1978 年 7 月竣工。该水库位于山东省泰安市满庄公社北留东北、大汶河一级支流漕河上,控制流域面积 13.8 平方公里,并修建引水渠 1 条,从莱芜县范镇公社郑家寨子村东,沿泰莱公路,绕泰安城向南过辛寨、津浦铁路入胜利水库,全长 53.5 公里,引蓄大汶河水。总库容 5900 万立方米,兴利库容 4670 万立方米。水库灌区于 1979 年 6 月建成开灌,渠首正常引水流量 18 立方米每秒,设计灌溉面积 18 万亩,有效灌溉面积 10 万亩,引水渠及坝后建水电站共 3 处,装机 4 台 675 千瓦。渠系有干渠 2 条,总长 31 公里;支渠 6 条,总长 21 公里;排水干沟 1 条,长 22.6 公里;支沟 10 条,总长 52 公里。到 1990 年,灌区累计投资 426 万元。

李先念对李伯宁“水利建设上值得十分注意的问题”的批示

11 月 26 日　国家副主席李先念批示:水电部水利司李伯宁同志所谈“水利建设上值得十分注意的问题”,建议印发给参加计划会议同志阅。希望各省(市、自治区)的同志不只是一阅了事,而应当将此件带回去,认真研讨,切实调查研究,一项一项地彻底解决。

李伯宁同志指出:28 年来,我国修建了大量水利工程,这些工程中有不少没有配套,没有充分发挥作用。充分挖掘现有工程的潜力,比搞新工程要多快好省。当前,在水利工作中“重建设,轻管理;重工程,轻实效;重骨干,轻配套”的思想长期没有解决。建议今后将“水利管理列专项,列入国家劳动计划,劳动指标内下达各省”。

陕西省东雷抽黄工程新民系统二级站动工

12月中旬 陕西省东雷抽黄灌溉工程新民系统二级站动工。新民二级站从总干渠 19 + 111.28 处引水,设计流量 7.0 立方米每秒,净扬程 148.71 米,安装两台"黄河 3 号"离心泵,单机流量 3.0 立方米每秒,1980 年土建主体工程基本完工,1981 年 11 月 23～26 日第一次试水,因出水池及干渠首段严重渗漏而被迫停机,1987 年 5 月 28～29 日第二次调试成功。

新民系统灌溉合阳县黑池、马家庄、新池 3 个乡的耕地 15.49 万亩。建有新民二级站、东洼三级站、黑池四级站、坡里五级站、申庄六级站及西王庄七级站,6 个泵站安装 28 台水泵,累计净扬程 271.33 米,总扬程 298.13 米。系统内布设干渠 1 条,长 14.73 公里,配套建筑物 57 座;支渠 10 条,长40.85 公里,配套建筑物 175 座。

内蒙古报送《关于巴盟黄灌区当前建设情况的调查报告》

12 月 22 日 内蒙古水利局向中共内蒙古党委和革委会报送《关于巴盟黄灌区当前建设情况的调查报告》。这是根据中共内蒙古党委书记刘景平的指示,由自治区水利局副局长李永年带领工作组于 11 月中下旬赴巴彦淖尔盟引黄灌区,就当前灌区建设中的一些问题进行专门调查而写出的报告。

调查报告说,巴彦淖尔盟引黄灌区规划曾做过几次,1974 年自治区召开的乌拉特前旗会议上制定了"七四规划",以后巴彦淖尔盟组织到宁夏参观后又自行制定了"七七规划",并开始执行,成绩很大,但规划标准有些过高,建设速度要求过快,全灌区灌溉用水量过大,有些地方乱种水稻,引起土壤盐碱化。为此,调查报告提出了改进建议。

1978 年

余秋里、纪登奎等视察田山灌区

1 月 21 日　国务院副总理余秋里到山东省田山电灌管理处视察。4 月 16 日,国务院副总理纪登奎在山东省农委主任秦和臻陪同下视察平阴县农田基本建设及田山电灌站二级站工程。

水电部和农林部联合指派专家工作组到河套灌区进行调查

3 月中旬~4 月下旬　水电部和农林部联合指派专家工作组,专程到内蒙古河套灌区调查水利建设和管理以及防治土壤盐碱化的情况,帮助制定加速商品粮基地建设计划。工作组由北京水科院院长李纬质带领,工作组的主要专家有粟宗嵩、黄荣翰、娄溥礼、胡毓骐等,自治区由农办主任暴彦巴图和原水利厅副厅长徐仁海(刚从农牧学院调回不久)等陪同。工作组深入河套灌区工作一个多月。最后,巴彦淖尔盟在临河县专门召开河套商品粮基地水利建设座谈会,邀请专家组全体专家参加。专家组专家在座谈会上发表了专家组的意见,并作了学术报告。专家组回呼和浩特后,又专门向自治区党委书记刘景平等作了调查汇报,提出了工作建议。

山西省小河沟水库晴天垮坝

3 月 22 日　山西省晋中地区汾阳县小河沟水库晴天垮坝,下游 2 个公社 5 个大队 206 户进水,淤塞麦田、菜地 144 亩,冲毁农田 2950 亩,垮坝原因为土坝质量差,有隐患未及时处理而盲目蓄水。

山东省批转水利工程水费、电费征收使用和管理试行办法

3 月 22 日　山东省革命委员会批转省水利局制定的《山东省水利工程水费、电费征收使用和管理试行办法》(简称《办法》)。《办法》规定:农业用水收费标准为:按方计算自流灌溉每 100 立方米水,收费 0.2~0.3 元。按亩计算,引河、引库、引湖自流灌溉,水田每亩每年收费 1.5~2.0 元,旱田每亩每年收费 0.8~1.2 元;引黄自流灌溉,水田每亩每年收费 0.8~1.2 元,旱田每亩每年收费 0.4~0.7 元;蔬菜、果园每亩收费按上述同类标准提高 1~2 倍。工业用水,循环水每 100 立方米收费 0.05~0.2 元,消耗水每

100 立方米收费 0.3～1.0 元。城市生活用水,每 100 立方米收费 0.2～0.5 元。水力发电并网电价,在扣除电网售电税金和电网转供费用后,每度按 0.055 元收费,无功电按每千瓦 0.01 元收费。水电费及多种经营收入,作为水利工程管理单位的自收自支资金,在国家预算外单独进行管理,结余可以连年结转,继续使用。

陕西省泾惠渠灌区扩大灌溉委员会议召开

4 月 21～23 日 陕西省泾惠渠灌区扩大灌溉委员会议召开,会议着重讨论如何贯彻落实毛主席对韶山灌区题词:"要高产才算"。研究加强灌溉管理工作措施,并通过了 1978～1980 年灌区发展规划和开展农田基本建设意见。

宁夏七星渠上延工程竣工通水

4 月 宁夏卫宁灌区七星渠上段延伸工程竣工通水。延伸工程于 1972 年 11 月开工,将原泉眼山七星渠口上延到中卫县申家滩原羚羊夹渠口,全长 29.5 公里,其中新渠口到东岳庙桥劈宽羚羊夹渠 14 公里,东岳庙桥到泉眼山老渠口新开渠 15.5 公里。上延段设计流量 49 立方米每秒,加大流量 78 立方米每秒,分配给中宁县流量 37 立方米每秒、中卫县羚羊夹渠灌区 7 立方米每秒、同心扬水站 5 立方米每秒。

李先念视察山东省田山引黄电灌站等地农田基本建设

5 月 5～9 日 中共中央副主席、国务院副总理李先念,国务院副总理陈永贵和 7 个部、21 个省(市、自治区)的领导 165 人,由中共山东省委第一书记白如冰等陪同,视察和参观了山东省田山引黄电灌站等地的农田基本建设和水利工程。

10 日,在山东省济南市举行了座谈会。李先念在讲话中指出:全国十年规划纲要农业上有两个指标,搞 4000 亿公斤粮食,36 亿公斤棉花,只有大干、苦干、拼命干,才能实现。农业问题,八字宪法,最基本的花气力最大的是土、水、肥,要下决心,不然改变面貌不可能。执行八字宪法,大搞农田基本建设,各省要根据不同情况,采取不同的方法,不要一刀切。农田基本建设第一个问题是规划;第二个问题是专业队与大兵团作战相结合;第三个问题是互利问题,要坚定不移地相信群众,以群众自办为主,不能刮共产风,不能搞平调,这里还有一个受益不受益的问题;第四个问题是领导问题,没有强有力的领导,农田基本建设是搞不成的,关键是领导,领导要上第一线。

宁夏同心扬水站建成通水

5月8日　宁夏同心电力扬水站是日通水。该工程从1975年5月动工兴建,6级提水,7座泵站,安装水泵36台,设计流量5立方米每秒,装机容量14220千瓦,总扬程253.1米,净扬程205.6米。输水干渠4条,支干渠3条,7条渠道总长93.75公里,全断面混凝土衬砌。在中卫县宣和羚羊寺从七星渠提水,解决同心县城用水,并灌地10万亩,设同心扬水管理处,此为宁夏高扬程、远距离输送黄河水之创举。2000年,设计灌溉面积17万亩,有效灌溉面积16.38万亩,当年实灌面积16.38万亩,设计流量8.5立方米每秒。干渠4条,长38.04公里;斗农渠45条,长135公里。

内蒙古河套灌区总排干沟入黄段开工兴建

5月　内蒙古河套灌区总排干沟入黄段工程开工兴建。工程由乌梁素海南端乌毛计开始,经过西山嘴镇,穿越包银公路和包兰铁路,至三湖河口流入黄河,全长24公里,控制排水面积1137万亩。

宁夏固海扬水工程开工

6月1日　宁夏固海扬水工程在中宁县古城子工地举行了开工典礼,自治区党委书记李学智等负责人出席并讲了话。该工程1977年2月由水电部以水规字(77)第6号文批准修建,这是在宁夏南部干旱山区兴建的一项大型灌溉工程,从中宁县泉眼山北麓黄河中提水,干渠长152.97公里,11级提水,总扬程382.47米,净扬程342.74米,提水流量20立方米每秒,灌溉清水河中下游两岸川台地农田40万亩,并解决渠道沿线15万人及牲畜用水问题。该工程除输变电工程由宁夏电力局设计院勘测设计外,其余均由宁夏水利勘测设计院设计。自治区水利工程处,固原、海原、同心、中宁4县和农垦指挥部参加施工。

工程于1986年9月3日竣工,共建成泵站17座,渠道212公里,建筑物455座,输电线路14条,总长207.58公里。8月16～23日,自治区计委会同水利厅等有关单位进行竣工验收,认为工程质量全部合格,部分工程达到优良。2000年,设计灌溉面积40万亩,有效灌溉面积45.62万亩,当年实灌面积41.9万亩,设计流量20立方米每秒。干渠19条,长217.1公里;斗农渠171条,总长427.5公里。

钱正英要求山东省西苇水库坝后群井汇流工程停止使用

7月17日　水电部部长钱正英在中共山东省委书记李振的陪同下,到泰安地区东周水库及济宁地区湖水东调石墙扬水站、洪山口、西苇水库等工地视察水利工作。在视察期间,对西苇水库坝后群井汇流工程提出批评,因影响水库安全,要停止使用,并对湖水东调工程渠系布置及灌区排水作了指示。

甘肃省推广丰汰灌区大搞综合经营的经验

7月　甘肃省水管局为了贯彻全国水利管理会议精神,抓好灌区经营管理,在靖远县丰汰灌区分批召开现场会议,学习丰汰灌区管理经验,并讨论修改水利管理20条。10月又以甘水字(78)255号文发出《关于掀起学习丰汰灌区大搞综合利用的经验,学习何宏发同志革命精神热潮的通知》。

内蒙古提出商品粮基地建设规划报告

7月　内蒙古引黄灌区商品粮基地建设水利规划组提出了《内蒙古商品粮基地建设规划报告(初稿)》(简称"七八规划")。此项规划范围较"七四规划"有所扩大,主要增加了三盛公枢纽以上、伊克昭盟鄂托克旗沿岸扬水灌区、准格尔旗的十二连城灌区、土默川平原沿山及大黑河井灌区等,总土地面积3145万亩,其中可灌面积1624万亩(包括河套灌区1093万亩)。上报国家计委和水电部,未有批复。

青海省举行云谷川水库竣工典礼

8月1日　青海省举行云谷川水库竣工典礼,省党政领导谭启龙、梁步庭、赵海峰等参加了竣工典礼。该水库位于湟中县李家山乡贾尔吉峡口,为土石混合坝拦河式水库,坝高43米,库容765万立方米,灌区有干渠3条,灌溉面积3.45万亩,1974年4月开工,1978年7月底竣工,总投资1247万元。

李瑞山视察东雷抽黄灌溉工程

8月17～19日　陕西省委第一书记李瑞山视察东雷抽黄灌溉工程建设情况,指示:要切实注意工程质量,原上渠道要结合搞蓄水工程。灌溉要采用新技术,节约用水,降低灌溉成本,提高灌溉效益,并对建立管理责任制、"黄河牌"水泵试制及电力系统施工等具体问题作了指示。

甘肃省兴堡子川电力提灌工程动工

8月　甘肃省靖远县兴堡子川电力提灌工程开工。该项工程位于靖远县北区,宁夏海原县西部,设计提水流量6立方米每秒,加大流量7立方米每秒,总扬程439.8米。净扬程407.3米,分8级提水,一级泵站位于黄河右岸,在白银市平川区水泉乡挑车梁的首端提水,设计灌溉面积15万亩。工程总投资1.04亿元,其中国内投资8966万元,1983年2月~1988年2月,接受世界粮食计划署提供的670万美元粮油仪器援助,完成平整土地10万亩,灌区田间渠系工程配套9.25万亩,并进行修路、植树、安置灌区移民等。

灌区设计总干渠1条,长29.8公里,其上开直属斗渠3条,灌地3000亩;总干渠经过8泵站后在张家大坝设总分水闸,将水分至北干渠及东干渠。北干渠长20.6公里,设计流量1.7立方米每秒,有支渠13条和直属斗渠8条,灌溉面积4.25万亩。东干渠长39公里,设计流量4.2立方米每秒,有支渠14条,灌溉面积10.45万亩。2006年,设计灌溉面积30.18万亩,有效灌溉面积29.09万亩,当年灌溉面积26.82万亩。干渠长150公里,支斗渠长1029公里,干支斗渠道全部衬砌。灌区灌溉水利用系数0.69。

青海省大石滩水库竣工

9月底　青海省乐都县大石滩水库竣工。10月3日,中共乐都县委、县革委会在水库召开了万人庆祝大会。中共青海省委常委许林枫到会剪彩。

大石滩水库位于乐都县南山亲仁公社的洛巴沟脑,大坝高43米,底宽226米,顶宽5米,长400米,总库容为424万立方米,最大泄洪量为35立方米每秒。灌区干渠总长11.2公里,输水流量1.5立方米每秒。支渠8条,总长34公里。干支渠共有建筑物181座。从1973年4月开工以来,完成土方280万立方米,石方10.9万立方米,混凝土和钢筋混凝土5150立方米,扩大灌溉面积2万亩,改善灌溉面积1900多亩,同时解决了1.1万多人和5000多头牲畜的饮水问题。

2006年,大石滩水库设计灌溉面积2万亩,有效灌溉面积2万亩,当年实灌面积0.71万亩,设计流量2立方米每秒。灌区内有干渠1条,长12公里;支渠5条,长38公里;斗渠19条,长32公里。灌区灌溉水利用系数

0.45。

山东省引黄配套技术经验交流会议召开

10月　山东省水利局在滨县召开引黄配套技术经验交流会议,参加会议的有菏泽、聊城、德州、惠民4地区水利局和引黄机构负责人,会议由省水利局副局长李幼林主持,滨县作了"深沟大河,提水灌溉,灌排分设,速灌速排,引黄灌溉改碱"的经验介绍,参会人员还参观了小开河灌区工程。

甘肃省汭丰渠扩建工程开工

11月　甘肃省汭丰渠扩建工程开工。从1952~1976年期间,泾川县和崇信县先后在汭河右岸建成4个自流灌区,自上而下为野雀渠、泾崇渠、汭丰渠和东干渠,合计灌溉面积1.5万亩。遇到干旱年份,上下游争水矛盾突出,1977年初,平凉地区和泾川县水电局决定将4条渠道合并扩建,在崇信县九功乡王河湾设拦河坝引水枢纽,干渠长32.2公里,设计流量4立方米每秒,各类建筑物242座,支渠73条,长45.6公里。工程设计灌溉面积1.53万亩,有效灌溉面积1.47万亩。1981年10月竣工,完成工程量61.2万立方米,劳力62.2万工日,投资208.3万元。2003年合并到泾庆灌区。

1979 年

水电部分设水利部和电力工业部

4 月 水电部分设水利部和电力工业部。

全国农田基本建设会议召开

7 月 6～11 日 中共中央、国务院在北京召开了全国农田基本建设会议。会议提出 3 年调整时期农田基本建设的任务是：在兴修小型水利工程和改土的同时，以搞好现有工程续建和配套为主，做好险、病水库的加固处理工作，并加强水利工程的管理，使现有工程充分发挥效益。在有水力资源的地区结合发展小水电。

山东省张肖堂引黄闸竣工

7 月 20 日 山东省滨县张肖堂引黄闸竣工。张肖堂灌区原是 1955 年兴建的虹吸引黄灌区，1956 年及 1958 年分别增设了虹吸管条数，为扩大灌溉面积，促进农业生产发展，1979 年改建为引黄闸，该闸为钢筋混凝土箱式 2 孔涵洞，每孔高、宽均 3 米，设计引水流量 15 立方米每秒，设计灌溉面积 15 万亩。1990 年，灌区有总干渠 1 条，长 14.6 公里；干渠 2 条，总长 49.0 公里；支渠 2 条，总长 11.0 公里。累计投资 557 万元。

马文瑞视察东雷抽黄灌溉工程

7 月 27～29 日 陕西省委第一书记马文瑞，在省水电局局长胡棣陪同下，视察东雷抽黄灌溉工程工地。原则上同意指挥部提出的 6 条支渠升格为干渠，要求征地问题按省革委 138 号文件落实兑现。

内蒙古河套灌区总排干沟出口段改线扩建工程开工

7 月 内蒙古河套灌区总排干沟出口段改线扩建工程开工。工程设计由巴彦淖尔盟水利勘测设计队提出，施工由巴彦淖尔盟组织民工及自治区水利基建公司负责完成。该工程设计对西山嘴以上退水线路进行裁弯，对西山嘴镇内退水线路进行扩建，对铁路以南段落向东南开挖新线，共长 24.75 公里，到三湖河口泄水入黄河，设计流量 100 立方米每秒（第一期按

40 立方米每秒开挖）；相应在乌梁素海出口处建乌毛计泄水闸，以调控乌梁素海水位（1018.5 米），并在总排干沟过总干渠及刁人沟处修建交叉和防洪泄洪工程，以便实现"打通西山嘴，排出河套水"。1985 年 8 月 4 日，自治区举行了乌梁素海乌毛计泄水闸及河套灌区总排干沟出口工程全线竣工典礼。

河南省人民胜利渠灌区实施改善扩建工程

9 月 27 日　河南省新乡地区水利局遵照省农业会议精神，呈报了引黄人民胜利渠改善扩建工程设计任务书，次年 4 月 5 日河南省水利厅予以批复，随后对人民胜利渠灌区工程逐年进行了安排。1980 年至 1985 年完成了五项主要工程：①临时沉沙池工程东一沉沙池、口里沉沙池等工程（包括长 21 公里，设计流量 20～25 立方米每秒的引退水渠及其建筑物）；②总干渠 1 号枢纽改建工程（3 孔闸门设计流量 75 立方米每秒）；③东三干灌区配套工程（包括三、四、五、七支渠开挖及其配套，一、二支渠恢复，干渠提灌站修建，干加斗门恢复，干渠险工加固衬砌，支渠共长 41 公里，设计流量 4.5～5.0 立方米每秒）；④东一干渠及新滋支渠扩建工程（东一干设计流量 25 立方米每秒）；⑤排渠工程（包括新滋北一、二支排水沟，西一干一、三支排水沟，彦当排水沟，东三干渠大王庄排水沟等）。以上工程共投资 970 万元，修建斗渠以上建筑物 425 座，完成土方 423.56 万立方米，砌体 3.02 万立方米，混凝土及钢筋混凝土 3.10 万立方米。

青海省小南川水库开工

11 月　青海省湟中县小南川水库开工。水库坝高 35 米，库容 532 万立方米，设计灌溉面积 2.82 万亩。完成土石方 253.2 万立方米，投资 1150 万元，工程于 1984 年 10 月竣工。

2006 年，小南川水库设计灌溉面积 3.51 万亩，有效灌溉面积 4.41 万亩，当年实灌面积 2.5 万亩，设计流量 3.2 立方米每秒。灌区内有干渠 2 条，长 53 公里；支渠 3 条，长 104 公里；斗渠 29 条，长 96.8 公里。灌区灌溉水利用系数 0.48。

陕西省泾惠渠召开灌溉委员会议，研究改进水费征收办法

12 月 17 日　陕西省泾惠渠召开灌区灌溉委员会议，研究改进水费征收办法，讨论决定：固定水费（包括冬灌）每亩为 4 角，春、夏灌实行按斗口

水量计费,自流斗分大、中、小斗,每立方米水为6厘、7厘、8厘;抽水灌按自流计费标准的60%计费;报陕西省水电局批准后执行。

内蒙古麻地壕扬水站基本建成

12月　内蒙古托克托县麻地壕扬水站基本建成。该站为自治区在黄河上兴建的第二座大型扬水站,由自治区水利勘测设计院设计。经自治区建设委员会及水利局共同批准,由自治区水利基建公司于1976年4月开始施工。扬水站设计流量40立方米每秒,扬程为4.51米,灌溉面积为54万亩,国家共投资2400万元。在此以前,麻地壕扬水站灌区输水总干渠由托克托县于10月份建成。

陕西省东雷抽黄灌溉工程新民滩输水及排水工程开工

12月　陕西省东雷抽黄灌溉工程新民滩输水及排水工程开工,至1981年底,共建成排水干沟1条,支渠2条,桥梁、渡槽等建筑物13座。1982年列为缓建项目,再未安排投资。东雷抽黄灌溉工程黄河滩地以金水沟出口为界,北为新民滩系统,控制面积4.3万亩,南为朝邑滩系统,控制面积16.7万亩,朝邑滩系统尚未动工。

1980 年

黄河下游引黄灌溉工作会议召开

1 月 23～27 日　水利部主持在河南省新乡市召开黄河下游引黄灌溉工作会议。河南、山东两省水利厅、黄河河务局，引黄地、市、县水利局，重点引黄灌区及黄委会，农业部等有关单位 155 人参加了会议。水利部副部长王化云、史向生出席会议并讲话。会议主要内容为：交流引黄灌溉情况及经验，讨论如何加强引黄灌溉工作，研究引黄灌溉的若干规定。另外，会议还强调了今后要加强计划用水及收缴水费等问题，这是水利部第一次专门召开的引黄灌溉工作会议。

黄委会颁发《黄河下游引黄涵闸、虹吸工程设计标准的几项规定》

2 月 19 日　黄委会颁发《黄河下游引黄涵闸、虹吸工程设计标准的几项规定》（简称《规定》）。《规定》明确临黄的涵闸、虹吸工程均属一级建筑物，设计和校核洪水位以防御花园口站 22000 立方米每秒的洪水为设计标准，以防御花园口站 46000 立方米每秒的洪水为校核防洪标准等。

河南省邢庙灌区改为独立灌区

2 月　河南省范县邢庙灌区改为独立灌区。该灌区原属彭楼灌区，1988 年由倒虹吸供水改为引黄闸。1990 年灌区续建配套工程列入河南省水利厅基建项目，1993 年全部竣工，续建配套总投资 1239 万元。

1997 年灌区引黄闸设计流量 14 立方米每秒，设计灌溉面积 17.1 万亩，有效灌溉面积 16.6 万亩，当年实灌面积 16.5 万亩。灌区内有总干渠 1 条，长 3.3 公里（全部防渗）；干渠 3 条，总长 38.5 公里（防渗护砌 5.6 公里）；支渠 25 条，总长 66.3 公里（防渗衬砌 1.9 公里）；斗渠 189 条，总长 164.1 公里（防渗衬砌 2.74 公里）。干支渠建筑物 1162 座，斗农渠建筑物 1260 座。灌区渠系水利用系数 0.45。

1997 年灌区设计流量 10 立方米每秒，设计灌溉面积 10.15 万亩，有效灌溉面积 7.13 万亩，实灌面积 7.4 万亩。灌区有引渠 1 条，长 1.3 公里；总干渠 1 条，长 2.9 公里；干渠 3 条，总长 18.0 公里；支渠 8 条，总长 16.4 公里。斗渠总长 6.6 公里。排水系统有排水干沟 3 条，总长 25.4 公里；排水支沟 3 条,总长 7 公里。有干支渠建筑物 83 座,斗农渠建筑物 169 座,干支沟建筑物 68 座,斗农沟建筑物 123 座。灌区渠系水利用系数 0.45。

山西省成立汾河灌溉管理局

3 月 7 日 根据山西省农委晋农党发(1979)第 26 号文和省水利厅(80)晋水办字第 4 号文精神,将汾河水库与汾河灌区分开管理,分别成立山西省汾河水库管理局和山西省汾河灌溉管理局,均属水利厅直接领导。1986 年 1 月 1 日,根据山西省人民政府政办发(1985)第 29 号文《关于大中型水利工程管理机构统一定名的决定》,更名为山西省汾河水利管理局,一直沿用至今。

汾河灌区位于汾河中游的太原盆地,灌溉太原市南郊区、北郊区和清徐、祁县、平遥、介休、交城、文水、汾阳 9 县(区)149.55 万亩农田。灌区主要利用汾河河道从汾河水库取水,区间水、汛期洪水和地下水作为补充水源,经汾河一、二、三坝拦河枢纽工程拦蓄调配后进入各渠首使用。1993 年,灌区有干渠 5 条,支渠 20 条,斗渠 327 条,农渠 2678 条,总长 4340 公里;排水干沟 7 条,支沟 29 条,斗沟 222 条,农沟 961 条,总长 1901 公里;配套机井 1713 眼。2006 年,设计灌溉面积 149.55 万亩,有效灌溉面积 131.81 万亩,当年实灌面积 44.5 万亩,设计流量 97 立方米每秒。干渠 5 条,总长 196.5 公里;支渠 20 条,总长 225.5 公里;斗农渠 2981 条,总长 3182 公里。灌区灌溉水利用系数 0.383。

河南省于庄引黄灌区建成开灌

3 月 14 日 河南省范县于庄引黄灌区建成开灌。灌区渠首位于范县张庄乡于庄村东 1 公里。

水利部颁发《关于黄河下游引黄灌溉的暂行规定》

4 月 19 日 水利部颁发《关于黄河下游引黄灌溉的暂行规定》(简称《规定》)。《规定》共 18 条,总的精神是搞好引黄灌溉工作,做到促进农业生产,兴利避害,不淤河,不碱地。

钱正英视察引大入秦工程施工现场

4 月下旬 水利部部长钱正英到甘肃省引大入秦工程施工现场视察,并指出引大工程要抓好重点工程的施工进度,具体来讲,要集中力量先搞好控制工程的长隧洞工程。

宁夏要求节约用水

5月21日　宁夏人民政府召开电话会议,针对黄河出现枯水的情况,要求全区加强计划用水及节约用水,搞好干渠轮灌,并保证黄河干流向内蒙古交够应交水量。6月上旬青铜峡黄河流量下降到300立方米每秒,卫宁灌区的跃进渠、美利渠进水量只有往年的一半。

陕西省洛惠渠管理局编制《洛惠渠计划用水暂行规范》

5月　陕西省洛惠渠管理局编制《洛惠渠计划用水暂行规范》,1984年被水电部农水司编入《灌区计划用水办法和经验选编》。

河南省渠村新引黄闸通过竣工验收

6月25日　河南省濮阳市渠村新引黄闸工程通过竣工验收,工程由黄委会规划大队设计,濮阳县成立施工指挥部负责施工,1978年1月破土动工,1979年12月竣工。该闸设计流量100立方米每秒,工程总投资227.5万元。新闸建成后,老闸废除,按规定进行了围堵。该闸验收后,由濮阳修防处接管。

青海省乔夫旦管道工程建成

6月底　青海省共和县切吉公社乔夫旦管道工程建成供水。该工程于1977年5月动工,共铺设管道99.45公里,完成大小建筑物133座,控制改善冬春草场利用面积73万亩,解决了1800人和12万头(只)牲畜冬春饮水困难,总投资160万元。

黄淮海平原旱涝碱综合治理区划座谈会召开

6月　国家农委、农业部、水利部在河南省召开豫、鲁、冀、皖、苏5省黄淮海平原旱涝碱综合治理区划座谈会,会议由国家农委副主任何康主持。

日本农、林、水产访华代表团考察泾惠渠灌区

7月28日　日本农、林、水产访华代表团到陕西省泾惠渠灌区考察,团长:川岛良一,团员:田中信成、大神延夫、兵藤宗郎、横山光弘等8人。

青海省威连滩电灌站建成

9 月　龙羊峡水库区移民搬迁工程——青海省贵南县威连滩电灌站竣工。威连滩电灌站装有 14sh－6 型水泵 2 台,净扬程 97.5 米,抽水流量 0.68 立方米每秒,配备电压 6 千伏、功率 680 千瓦的高压电动机 2 台,总容量为 1360 千瓦。出水管直径 400 毫米,全长 280 米,电灌站水源为沙沟水,可解决 5000 亩农田灌溉和搬迁人畜饮水问题。

河南省颁发《河南省自流灌区管理暂行办法》

9 月　河南省水利厅颁发《河南省自流灌区管理暂行办法》,对灌区组织机构、工程用水管理、试验研究、多种经营和奖惩办法等作了规定。

河南省杨桥灌区开始征收水费

10 月 20 日　河南省郑州市杨桥引黄灌区开始向用水单位征收水费,征费办法为基本水费加计量水费。基本水费每亩 0.3 元,计量水费为每立方米 3 厘。1986 年改为按方计征,每立方米水 8 厘,1994 年调为每立方米水 20 厘。

内蒙古河套灌区永济渠一闸突然全闸塌陷毁坏

11 月 7 日　内蒙古河套灌区永济渠一闸在秋浇行将结束之际,于是日晨 2 时突然全闸塌陷毁坏。自治区水利厅、巴彦淖尔盟水利局、临河县水利局及永济渠管理局等立即派人前往现场调查了解事故发生情况。永济渠一闸枢纽工程位于临河城西北永济干渠上,由干渠节制闸、永刚、永兰分干进水闸及永刚一支进水闸等 4 座建筑物组成,它担负着闸上下 142 万亩土地的灌溉调水任务。事故发生后,除报告地方检察机关进行查处外,并请上级及早安排重建事项。

河南省颁发《河南省机电排灌站管理 10 条标准》

11 月　河南省水利厅颁发了《河南省机电排灌站管理 10 条标准》,对管理制度、设备完好、能源单耗、灌水定额、水费征收、单位功率效益、灌区产量等作了规定。

内蒙古河套灌区总干渠交叉渡槽工程建成

是年 内蒙古河套灌区总干渠交叉渡槽工程建成。由于总排干沟出口线路计划改建扩建,与总干渠在178公里处(西山嘴镇)相交,便决定先行修建总干渠过总排干斜交渡槽。此系二级水工建筑物,设计流量55立方米每秒,槽下通过总排干流量100立方米每秒。工程由巴彦淖尔盟水利勘测设计队设计,总排干管理局负责施工,于1976年开工兴建,国家投资205万元。

内蒙古镫口扬水灌区首次实行水价改革

是年 内蒙古镫口扬水灌区首次实行水价改革,农业用水费由原来的每立方米4厘提高到6厘。镫口扬水灌区管理局实行两级水费计取,从大域西分水闸下计算水量,民生渠每引1立方米毛水量给管理局缴费3.25厘;跃进渠每引1立方米毛水量给管理局缴费3.05厘。各管理所与用户之间采用先交款后用水形式进行商品水交易,干渠内部亦实行按收到现金比例配水。每次行水完毕,管理所首先应保证向管理局上缴足额水费,多余部分自留,不足部分亦应补足。实行两级水费计取后,解决了管理局吃国家补贴、低标准水费也收不齐和水费长期拖欠3个老大难问题,做到当年水费当年收回。1989年春季实施了第四次水价改革,每立方米水价提高到18厘。同年,管理局获全国水利系统先进单位荣誉称号。

1981 年

山西省下发《关于加强灌区管理意见的通知》

1月7日　山西省水利厅以(81)晋水管字01号文下发《关于加强灌区管理意见的通知》(简称《通知》)。《通知》要求:从1981年起有条件的灌区都要实行企业化管理,统一管理,分级核算,收益分成,自负盈亏。

山东省颁发引黄灌溉工程节约用水和征收水费暂行规定

1月　山东省财政厅、粮食厅、水利厅、山东黄河河务局颁发《山东省引黄灌溉工程节约用水和征收水费暂行规定》(简称《规定》),要求沿黄河地、市、县及各引黄灌区从1981年1月起贯彻执行。

《规定》要求,凡由国家投资兴建、管理并已发挥效益的引黄灌溉工程,都应向受益单位征收水费,农业用水还要征收水利粮。对各地引黄灌溉和淤灌改土,分地区实行按方收费,每亿立方米收费标准是:菏泽、聊城地区10万~15万元,德州地区7万~12万元,惠民地区5万~10万元。此外,每亿立方米水征收小麦5万~7.5万公斤。汛期引水加价1倍,放淤改土收费可在两年内缴清。征收水费和水利粮中的5%交引黄渠首管理单位。

甘肃省引大入秦工程缓建

2月9日　甘肃省政府以甘政发(1981)33号文通知,遵照中央关于调整国民经济、压缩基本建设规模的指示精神,根据省财力困难的实际,经省政府研究决定,从1981年起引大入秦工程缓建。

3月30日,甘肃省引大入秦工程指挥部制订了缓建方案,并报省委、省政府。缓建方案对保护工程成果、大型设备处理、设备材料回收等问题提出了详细具体的实施意见。

4月30日,甘肃省计委、省建委、省农委、省水利厅以甘计基(1981)062号文,批复引大入秦工程缓建方案和1981年维护计划。

青海省湟水万亩灌区防旱座谈会召开

2月22~26日　青海省水利局和海东行署联合在西宁召开了湟水流域万亩灌区防旱座谈会。参加会议的有东部农业区部分县主管水利工作的领导,各县水电局(科)、水管站、万亩以上灌区管理所,主要受益公社的负责人,省级有关代表共61人。副省长尕布龙讲了话。会议总结了历年的抗旱经验,研究了本年的抗旱措施,讨论了对流域内水库余水的调剂问题,确定了万亩以上灌区管理工作任务,并对各县小型水利建设计划问题进行了讨论。

国务院同意水利部对三门峡水库春灌蓄水的意见

2月23日 国务院发出《关于三门峡水库春灌蓄水的意见》。为解决黄河下游春灌用水,水利部建议,为配合黄河下游防凌,三门峡水库凌汛期间,最高水位控制在326米以下,凌汛后,春灌蓄水位可控制在324米以下。国务院同意水利部的建议,要求河南、山东2省加强引黄管理工作;水利部要做好水库的调度运用,同时要抓紧组织力量研究库区的治理问题。

内蒙古永济一闸重建工程开工

3月1日 内蒙古河套灌区永济一闸重建工程开工,5月上旬主体工程竣工。5月5日自治区水利厅受自治区建委的委托,主持在临河召开了各有关单位的会议,对工程做了阶段验收。一致认为,永济一闸重建主体工程质量优良,具备了放水条件,同意由施工单位内蒙古水建公司正式移交巴彦淖尔盟永济管理局使用。工程遗留问题请有关单位抓紧处理。

新建的永济一闸枢纽工程可通过流量80立方米每秒,为钢筋混凝土整体式结构,由自治区水利勘测设计院设计,自治区水利基建公司施工,工程总造价155万元。

山东省东周水库大坝临水坡发生滑坡

3月15日 山东省新泰县东周水库大坝临水坡发生滑坡,滑动体积约4600立方米,滑坡处黏土心墙外露,防浪墙下沉。后按原形修复,并加厚石护坡。修复工程于5月12日完工,共做土石方3.83万立方米,用工8.96万个,投资26万元。

内蒙古公布河套灌区永济一闸塌陷事故的调查报告

3月16日 内蒙古巴彦淖尔盟人民检查院公布"关于永济一闸塌陷事故的调查报告"。检察院在分析了该闸在设计、施工、管理方面分别存在一些问题后,认定该闸是一项技术革新和技术革命的试点建筑,永济一闸的塌陷事故是严重的,给国家造成了重大经济损失,但事故的发生是由于技术条件所限,建议不再追究个人责任。应通过一闸的塌陷,认真总结经验教训,建立健全各项规章制度,加强技术管理,以防类似问题发生。

水利部加强黄河下游引黄灌溉管理工作

4 月 15 日　水利部发出《关于加强黄河下游引黄灌溉管理工作的通知》(简称《通知》)。《通知》要求黄河下游引黄灌区采取有效措施加强管理,把规划工作管理紧密结合起来。水利部决定把黄河下游引黄灌区作为灌溉管理的重点,同时又对 1980 年颁布的《黄河下游引黄灌溉的暂行规定》作了补充。27 日,黄委会根据《通知》精神,决定由黄委会副主任杨庆安、工务处处长汪雨亭、河南黄河河务局副局长赵三堂、山东黄河河务局副局长齐兆庆任黄河下游引黄灌溉管理工作负责人。11 月 7 日,水利部颁发《灌区管理暂行办法》。

恢复水利部豫北水利土壤改良试验站

5 月 7 日　国家科委以(81)国科发计字 257 号文,向水利部、中国农科院发出文件,同意恢复水利部豫北水利土壤改良试验站。文件明确该站主要任务是:根据黄河下游灌溉事业发展的需要,重点加强对渠系泥沙、工程配套、灌溉管理和防治土壤次生盐碱化等方面的研究工作以及有关科研成果的推广工作。该站为水利部、中国农科院新乡农田灌溉研究所的附属单位,归水利部管辖。

在此之前,水利部曾以(80)水农字第 99 号文、(81)水农综字第 12 号文,中国农科院以(81)农科院(科)字第 65 号文就恢复豫北水利土壤改良试验站的有关问题向国家科委报送了相关文件。

水利部召开全国水利管理会议

5 月 12 ~ 21 日　水利部在北京召开全国水利管理会议。参加会议的有各省(市、自治区)水利(水电)厅(局)、各流域机构和水利部直属工程管理机构负责人,有关院校和科研单位,水利管理的先进县,水利工程管理先进单位的代表,共 200 多人。水利部部长钱正英作了题为《把水利工作的重点转移到管理上来》的报告,国家农委副主任李瑞三参加闭幕式并讲话,水利部副部长李伯宁作了会议总结报告。李伯宁在总结报告中指出:"这次会议,实际上是一个全国水利工作会议,是根据中央的调整精神和新的建设方针,研究整个水利工作的重点如何转移的问题,而不是一个单纯研究管理的专业性的会议……这次会议提出水利工作的重点转移,即由过去的重点抓新建转移到重点抓管理上来,走上首先管好、用好现有工程,主动依靠发挥现有工程效益,提高经济效益,稳步健康发展的道路,这是我们水利工作带有历史意义的转折点,是新形势下水利发展的一个新阶段。"会议指出,对每一项国家管理的工程,要通过"三查三定"(查安全、定标准,查效益、定措施,查综合经营、定发展规划),从复核设计、补办验收、明确职责、确定机构、建立制度、审批计划等6个方面,整顿和加强水利管理工作。会议对评选出来的54个单位进行了表彰。

河南省引沁灌区开始按计量水费加基本水费征收水费

6月16日　河南省济源县引沁灌区决定从本年度小麦塌墒水开始,实行按计量水费加基本水费征收水费。1988年1月20日,焦作市物价局对引沁灌区的水费标准进行了核定,核准引沁灌区农业自流灌溉用水以总干渠各取水口为计量点,计费标准为每立方米水10厘,取消基本水费;1998年1月1日开始,按每立方米40厘计收农业费,占灌区供水成本的26.3%。

山西省颁发《山西省水利工程单位实行奖励制度的试行草案》

7月25日　山西省水利厅又以(81)晋水管字38号文颁发《山西省水利工程单位实行奖励制度的试行草案》(简称《草案》),《草案》规定:所有水利工程单位,都必须实行八项经济技术指标考核,建立健全和岗位责任制相关的奖励制度,实行完成任务奖和超产奖。

国务院召开京津用水紧急会议

8月11~15日　国务院在北京召开了京津用水紧急会议,北京、天津、河北、河南、山东等省(市)和国家计委、经委、建委、农委、水利部等单位的负责人参加了会议。

会议决定从黄河引水接济天津。要求河南省通过人民胜利渠向天津送水3.5亿立方米;山东省通过位山、潘庄两条输水线路向天津送水2亿立方米,争取3亿立方米。

为了搞好引黄济津工作,国务院于10月12日批准成立临时引黄济津指挥部领导小组,负责指挥沿线送水事宜,下设指挥部办公室,办公地点在水利部海河水利委员会。

8 月 21～29 日,山东省政府在济南市召开引黄济津紧急会议。成立了山东省引黄济津领导小组,副省长朱奇民任领导小组组长,水利厅副厅长马麟为领导小组办公室主任。

河南省杨桥灌区工程改善配套获得批准

8 月 河南省计委以豫计字[1981]54 号文批准了《杨桥灌区工程改善配套设计任务书》,1983 年 4 月 20 日,河南省水利厅以豫水灌字[83]030 号文批复杨桥引黄灌区扩大初步设计,批复投资 796 万元,其中基建投资 700 万元,农水经费 96 万元。批复设计灌溉面积 27.4 万亩,放淤面积 2.4 万亩,1987 年底配套工程完成。

水利部在北京召开引黄济津工作会议

9 月 28～29 日 水利部副部长李伯宁在北京主持召开引黄济津工作会议,参加会议的有天津市,冀、鲁、豫 3 省水利厅,海河水利委员会,黄委会及部有关司、局负责人。会议要求 4 省(市)在 10 月 15 日前建立引黄济津指挥部。河南省人民政府于 10 月 8 日成立了以副省长崔光华为指挥长的引黄济津指挥部,河南省于 10 月 15 日上午 8 时正式送水,至 1982 年 1 月 13 日停止送水,90 天内通过人民胜利渠和卫河共计向天津送水 4.3 亿立方米。山东省位山、潘庄两闸于 11 月 27 日相继提闸送水,至 1982 年 1 月 14 日,累计输送水量 3.0 亿立方米。截至 1982 年 1 月 21 日,天津市共收到水量 4.5 亿立方米。

山西省汾河三坝改建工程竣工

9 月 30 日 山西省汾河三坝改建工程竣工。汾河三坝位于平遥县南良庄村南。旧汾河三坝拦河闸工程亦叫第三铁板堰,是民国时期在汾河干流上修建的第二座大型工程。1977 年,山西省治理汾河规划中提出了改建汾河三坝拦河闸工程。1978 年 5 月 28 日,改建工程正式开工。改建工程主要分为拦河闸主体工程和拦河土坝及防洪围堤工程两大部分。新建的拦河闸位于旧闸以东 150 米,分为 6 孔,每孔净宽 10 米,最大泄洪流量 1500 立方米每秒。拦河土坝最大坝高 7.7 米,顶宽 7.5 米。防洪堤由拦河坝左端开始至东四支进水闸,顶宽 7.5 米。

三坝枢纽工程设计灌溉平遥、介休、汾阳、文水 4 县 14 个乡 34.37 万亩农田,有东西引水渠首各 1 个。枢纽西边为干渠,东边只有 1 条东四支渠。

西边的干渠长 13.925 公里,灌溉面积 27.54 万亩。东四支渠长 22.78 公里,灌溉面积 6.83 万亩。枢纽系统共有支渠 5 条,斗渠 72 条,农渠 317 条。排水系统有干沟 2 条,总长 32.33 公里,支沟 7 条,斗沟 43 条,农沟 161 条。

河南省引黄灌区试行用水签票制

10 月 1 日 为控制引水量、节约用水,河南省根据水利部《关于加强黄河下游引黄灌溉管理工作的通知》要求,引黄灌区开始试行用水签票制。无用水签票者,涵闸管理部门不予供水。用水签票由黄委会统一印制,各修防处(段)管理。

内蒙古河套灌区灌溉排水讨论会召开

10 月 19~25 日 内蒙古水利学会与巴彦淖尔盟水利学会联合在杭锦后旗召开内蒙古河套灌区灌溉排水讨论会。这是 1949 年以来内蒙古第二次举办的关于河套灌区灌排学术讨论会。参加会议的区内外代表 82 人,交流学术论文 32 篇。会议由自治区水利学会副理事长、水利厅副厅长关伩主持,经过经验交流和学术讨论,形成了《河套灌区灌排学术讨论会会议纪要》,最后向自治区人民政府、巴彦淖尔盟公署提出了《关于调整时期河套灌区水利建设任务的建议》。

宁夏羚羊角渠建渠首进水闸

是年 宁夏卫宁灌区羚羊角渠建成渠首进水闸,从而改变了无闸引水的局面。进水闸为单孔,宽 2.5 米,高 2.0 米,设计流量 1.5 立方米每秒。

羚羊角渠明代已有记述,当时渠长 24 里,灌田 40 余顷,具体修建年代不详。新中国成立以后,经多次改扩建,至 1981 年,除完成渠首进水闸外,还完成了渠道长 14.3 公里的整修扩建和 25 座桥梁、11 座闸、1 处涵洞、6 座斗口等配套建筑物的施工任务。2000 年,灌区有效灌溉面积 0.69 万亩,当年实灌面积 0.69 万亩,设计流量 1.5 立方米每秒,灌区有干渠 1 条,长 14.4 公里;支渠 18 条,长 41.8 公里;斗农渠 23 条,长 15 公里。

1982 年

利用世界银行贷款治理华北平原旱涝碱会议在北京召开

2 月　水利部在北京召开利用世界银行贷款治理华北平原旱涝碱会议,水利部部长钱正英主持会议,冀、鲁、豫、皖、苏、辽 6 省代表及部有关司、局领导参加了会议。会议明确了贷款性质、使用方法及引进世界银行贷款的农业项目(包括水利、农业、林业、农电、农机、科研、技术推广等),会议决定贷款由农业部统筹,各省在农口下成立农业项目办公室负责实施。水利工程项目的规划设计和审批施工由水利部门负责。世界银行贷款还本年限为 50 年,收取手续费 7.5‰、承诺费 5‰。

陕西省泾惠渠管理局召开灌溉委员(扩大)会议

3 月 10 日　陕西省泾惠渠管理局召开灌溉委员(扩大)会议,会议讨论了加强灌溉管理的具体措施,通过了《泾惠渠灌区保护灌溉工程设施、维护用水秩序管理条例》。

成立水利电力部

3 月　水利部与电力工业部合并,成立水利电力部。

国务院转发《关于涡河淤积和引黄灌溉问题处理意见的报告》

4 月 12 日　国务院转发了原水利部《关于涡河淤积和引黄灌溉问题处理意见的报告》。由于引黄灌溉的退水进入涡河河道,使河床逐渐淤高,排涝能力降低了 40%～50%。水利部意见是制止黑岗口、柳园口两处灌区带来的泥沙。黑岗口引黄闸可继续供给工业和城市用水,暂停农业供水,柳园口灌区抓紧沉沙池的施工,竣工验收后,才能开闸放水。同时,在豫、皖 2 省交界和有关地段设水沙监测站,规定灌区通水的含沙量标准。

水电部成立大柳树灌区规划领导小组

4 月 13 日　水电部成立大柳树灌区规划领导小组。领导小组组长王锐夫(黄委会副主任)、副组长马英亮(宁夏水利局局长),综合规划组组长王长路(黄委会勘测规划设计院副总工程师)。

黄河大柳树灌区位于西北干旱地带中心,涉及陕、甘、宁及内蒙古 4 个省(区)17 个县、市、旗,以黄河为界分为东、西两个灌区。按黑山峡河段大柳树高坝一级开发方案,黄委会根据黄河水量情况,统筹兼顾,推荐近期到 2000 年发展 270 万亩,中期到 2020 年发展 570 万亩。

河南省人民胜利渠引黄开灌 30 周年纪念会召开

4 月 13～17 日 由中共河南省新乡地委、行政公署主持,在新乡市召开了人民胜利渠引黄开灌 30 周年纪念会。水电部、黄委会、河南省水利厅等单位共 130 多人参加。会议对灌区的规划设计、建设配套和管理运用等方面进行了全面总结,并进行了学术交流。

内蒙古拟对河套灌区重新进行规划

春 由内蒙古水利勘测设计院及巴彦淖尔盟水利勘测设计队组成的河套灌区规划组,拟对河套灌区重新进行规划,并定于 1983 年 6 月底以前提出规划初稿。此次进行规划的原因,系由于 1980 年起进入调整时期,内蒙古引黄灌区的建设也进入了停建、缓建阶段,需要总结经验。同时,水电部指示,对由国家投资进行竖井提灌提排以及进行配套的可能性也要进行研究,对原规划要进行修改。

青海省湟水干流枯水期实行统一调水

5 月上旬 青海省农田水利建设指挥部召开湟水干流调水座谈会,决定枯水期间(5 月 15 日至 6 月 30 日)实行湟水干流统一调水。计划从流域内东大滩、南门峡、大南川、云谷川、大石滩等水库调出余水 2500 万立方米到湟水干流。调水工作由省农田草原水利建设指挥部统一领导,下设调水办公室,负责具体工作。凡调出水量,每百万立方米由国家给水库管理单位补助 5000 元。当年实际从东大滩、云谷川、大南川、南门峡 4 座水库调出 2600 万立方米蓄水至湟水干流,解决了流域内 20 多万亩水地的"卡脖子"旱问题。

水电部豫北水利土壤改良试验站改由黄委会领导

5 月 18 日 水电部、农牧渔业部以(82)水电农水字第 13 号文,向国家科委报送《关于改变豫北水利土壤改良试验站隶属关系的报告》。由于新乡农田灌溉研究所的人员编制、劳动指标、经费统筹归农科院负责,而豫北水利土壤改良试验站人员、经费和业务工作由水电部负责安排,造成工作上的困难,特别是劳动指标不好解决。所以两部征得黄委会和新乡农田灌溉研究所同意后,提出将豫北水利土壤改良试验站改由黄委会领导。

9月21日,水电部以(82)水电农水字第332号文,经国家科委(82)国科发测字第37号文批准,将豫北水利土壤改良试验站改由黄委会管辖,更名为水电部黄委会引黄灌溉试验站。主要任务是从事黄河下游引黄灌区水资源合理利用、泥沙处理和利用、次生盐碱化防治和灌溉管理的研究。

1991年2月12日,水利部黄委会以黄人劳(1991)10号文通知引黄灌溉试验站,为了加强引黄灌溉的宏观管理和科学研究工作,经研究并报经水利部批准,将引黄灌溉试验站更名为引黄灌溉局。

山东省引黄济津工作会议在禹城县召开

5月28日 由副省长朱奇民主持,山东省在禹城县召开引黄济津工作会议。参加会议的有省农办副主任张次宾、水利厅副厅长孙贻让和聊城、德州两地区行署专员、水利局局长,以及省建设银行、海河指挥部等单位负责人。朱奇民在总结发言中指出:这次会议就是检查、研究如何善始善终地完成引黄济津工程,这些工程实质就是对德州、聊城搞引黄配套,搞好了,两个地区引黄灌溉1500万亩大有希望。两个地委、行署的同志要统一认识,要当做一件大事、当做基本建设来抓,把投资用好,把工作搞好,今年可能还要给天津送水,要考虑下一步。因此,领导要加强,不能削弱,领导小组、办公室、指挥部,都要保持原班人马,继续把工作抓好。11月1日至12月23日,从位山闸向天津放水2.75亿立方米;11月11日至1983年1月3日,从潘庄闸向天津放水2.34亿立方米,共计5.09亿立方米,缓解了天津市用水危机状况。

山东省开展“三查三定”工作开始

5月 按照水电部统一部署,山东省开始对全省各类国营大中型水利工程进行“三查三定”,即“查安全、定标准,查效益、定措施,查综合经营、定发展规划”。省、地(市)、县各级水利部门相继建立三查三定办公室,全省参加查定工作人员共2200余人,至1984年底,工作基本结束。工作成果已刊印《山东省国家管理的各类大中型水利工程三查三定资料汇编》、《山东省大型水库、灌区、河道、水闸工程管理状况登记表汇编》(2册)、《山东省大中型水库三查三定资料汇编》(3册)、《山东省大中型灌区三查三定资料汇编》。

黄淮海平原农业发展学术讨论会召开

6月18~27日 黄淮海平原农业发展学术讨论会在济南召开。出席会议的有水电部、林业部、农牧渔业部、国家科委、国家农委、中国科协、农学会、水利学会及冀、鲁、豫、苏、皖5省,京、津2市有关部门和科研单位代表330人。黄委会派人参加了会议。代表们对黄河防洪、引黄灌溉、水资源短缺的对策等方面提出了建议。

水电部颁发《黄河下游引黄渠首工程水费收缴和管理暂行办法》

6月26日 水电部颁发《黄河下游引黄渠首工程水费收缴和管理暂行办法》(简称《办法》),自即日起施行。过去有关引黄渠首工程征收水费的规定与此有矛盾的,均以本办法为准。《办法》分总则、水费标准、水费收缴、水费管理共4章11条。《办法》规定:工农业用水按引水量收费,执行用水签票制度,通过灌区供水的,由灌区加收水费,超计划用水加价收费,用水单位应向黄河河务部门按期交纳水费。《办法》还规定:引黄渠首工程水费标准为灌溉用水在4、5、6月枯水季节每立方米1.0厘,其余时间0.3厘;工业及城市用水在4、5、6月枯水季节每立方米4.0厘,其余时间每立方米2.5厘。

赵紫阳视察青铜峡枢纽及灌区

7月29日 赵紫阳总理到宁夏视察,看了青铜峡拦河坝、电站和灌区,在视察中赵紫阳总理还谈到灌溉及黄河大柳树高坝等问题。

山西省汾河一坝坝体倾斜

7月31日 山西省汾河一坝经过7月31日和8月2日两次行洪,使原本有的裂缝扩展为2.5厘米,坝体开始向下游倾斜,上游较原坝体高出2.0厘米,下游较原坝体降低2.8厘米。同年10月,用水泥砂浆充填裂缝,并在下游增设铅丝笼,以加固坝体。

汾河一坝位于太原市上兰村西南,始建于1627年,当时是采取堆石壅水坝,1953年将堆石壅水坝改建为重力式鱼嘴溢流坝,坝长359米,坝高2.1米。

汾河一坝设计灌溉太原市南北郊区17个乡镇的30.87万亩农田,并向太原市第一热电厂、太原市钢铁公司、太原市园林动物园和迎泽公园供水。灌溉渠系有东、西干渠,总长 94.614 公里;支渠 5 条,总长 36.41 公里;斗渠 63 条,农渠 841 条。配套各类建筑物 5000 余座。排水系统有干沟 13 条,总长 77.49 公里;支沟 11 条,总长 50.2 公里;斗沟 74 条;农沟 525 条。灌区内有万亩或接近万亩的电灌站 7 处,分别为上兰、北固碾、大留、西温庄、东山、郝村、晋源电灌站,7 处电灌站共有受益面积 13.04 万亩。

水电部召开引黄、引岳济津会议

9 月 22~24 日　水电部在天津召开引黄、引岳济津会议。水电部副部长李伯宁、天津市市委书记陈伟达、李瑞环、吴振,山东省水利厅副厅长马磷等参加会议。根据国务院指示精神,要求山东省从 1982 年 11 月 15 日,至 1983 年 1 月 15 日,通过位山、潘庄两条输水线路向卫运河输水流量 90 立方米每秒,保证向天津送水 4.5 亿立方米,争取 5 亿立方米。

9 月 26~27 日,山东省引黄济津领导小组在禹城县召开扩大会议,讨论、落实了第二次引黄济津任务和实施方案。

位山引黄闸于 11 月 1 日开闸送水,12 月 23 日闭闸,累计入卫运河水量 2.75 亿立方米。潘庄引黄闸 11 月 11 日开闸放水,1983 年 1 月 3 日闭闸,累计送水 2.34 亿立方米。

陕西省泾惠渠灌区全面实行按量计收水费

9 月　陕西省泾惠渠灌区灌溉委员会议召开,讨论通过取消固定水费,全面实行按量计费。标准为"自流灌溉按斗口水量每立方米计费 1.1 分,扬水灌溉按闸(斗)口水量计费,扬程 50 米以上每立方米计费 3 厘,50 米以下每立方米 5 厘,凡注册面积每亩收注册费 1 角,工业用水每立方米收费 2 分,从 1982 年度冬灌开始执行"。

全国大型排灌站技术经验交流会召开

10 月 12~20 日　全国大型排灌站技术经验交流会在山东省泰安召开,水电部有关业务部门及全国 28 个省(市、自治区)有关单位共 105 名代表出席了会议。

山西省批准水资源管理条例

10 月 29 日　山西省五届人大常务委员会第十七次会议批准《山西省

水资源管理条例》(简称《条例》)。《条例》共分6章25条,对适用范围、水资源管理机构、水资源管理、水资源保护、收费与奖惩均作了明确规定。

日本农业农民交流协会到泾惠渠灌区进行访问考察

10月 日本中国农业农民交流协会代表团到陕西省泾惠渠灌区进行访问考察,团长:佐藤俊郎,团员:志村博康、阿野彰介、前川胜郎、丸山民夫等一行5人。

青海省东大滩水库举行竣工典礼

11月1日 位于青海省海晏县的东大滩水库举行竣工典礼。青海省委书记赵海峰出席并剪彩。出席大会的还有尕布龙、宦觉才郎、汪福祥、松布等省党政领导人,尕布龙在大会上讲了话。

东大滩水库位于湟水上游巴燕河上,是湟水流域一座调蓄骨干工程,1974年4月动工兴建,1982年9月完工。一期工程坝高22米,坝顶长449米,坝顶高程2984米,库容2200万立方米,可改善灌溉面积10万亩,并可为工业和城市生活用水提供水源,总投资3034.23万元。

钱正英对甘肃省高扬程提灌工程给予肯定

12月10日 国务院总理赵紫阳主持,召开国务院会议,讨论甘肃"两西"建设及当前救灾问题,在会上水电部部长钱正英发言:定西地区雨量300毫米左右,且很不稳定,一遇旱灾,有些地方百里无树、十里无草;景泰二期工程那里,又是一种条件,旱原很平,但没有水,高扬程电灌上水后,建设起来非常漂亮。在那里以水发电,以电提水,过去我和他们吵,不同意,看了以后觉得确实需要这样搞。

黄委会领导查勘引黄济津、济京线路

12月 黄委会顾问王化云、副主任龚时旸和王锐夫等分别查勘了引黄济津、济京的白坡引水线路和位山引水线路。白坡引水线路是从河南省孟县白坡引黄河水,经人民胜利渠、延津县大沙河沉沙池,由滑县淇门入卫河,再沿南运河北上至天津、北京。位山引水线路从山东省东阿县位山闸引黄河水,沿三干渠穿徒骇、马颊二河于临清入南运河,再北上天津、北京。

宁夏秦渠、汉渠、汉延渠、西干渠实行计划配水及计量收费

是年 宁夏青铜峡灌区内的秦渠、汉渠、汉延渠、西干渠实行计划配水及计量收费,在节约用水、提高效益上取得效果,灌溉面积比上年增加5%,而用水量有所减少,上下游用水矛盾较前缓和。

1983 年

山东省潘庄引黄灌区使用挖泥船进行清淤试验座谈会召开

1 月 5 日　山东省水利厅在济南召开潘庄引黄灌区使用挖泥船进行清淤试验座谈会,参加会议的有省海河指挥部、德州地区水利局、山东黄河河务局、黄河齐河修防段及厅直有关单位代表,会议由省水利厅副厅长孙贻让主持,讨论了有关试验的问题。

1983 年 6 月至 1985 年 10 月,山东省海河流域治理指挥部与省水利勘测设计院等有关部门,在齐河县潘庄引黄闸下游沉沙池,先后进行冲吸式挖泥船及液压冲吸式挖泥船清淤试验。试验结果表明,用冲吸式挖泥船进行引黄工程沉沙池清淤在技术上是可行的,成本也较人工清淤或陆地机械清淤低。

河南省人民胜利渠灌区技术改造综合试验区科技攻关落实会议召开

1 月 12~14 日　水电部在河南省新乡市召开人民胜利渠灌区技术改造综合试验区科技攻关落实会议。由水利电力科学研究院副院长娄傅礼主持,参加会议的有水电部科技司、农水司、水电部农田灌溉研究所、河南省水利厅、新乡市水利局、人民胜利渠管理局等单位。会议决定以人民胜利渠西灌区 20 万亩为重点,3 年内完成,并协调了各科研单位的科学研究项目。

联合国世界粮食计划署官员考察兴堡子川和西岔电灌工程

1 月　联合国世界粮食计划署驻京副代表莫瑞,高级官员薛子平,对甘肃省靖远县兴堡子川和皋兰县西岔电灌工程进行考察,就甘肃申请第一个接受粮援项目的实施计划和执行程序交换了意见。

宁夏公布水利管理条例

2 月 26 日　宁夏公布水利管理条例。条例共 7 章 24 条,对条例的适用范围、水利工程所有权、组织管理、工程管理、用水管理、经营管理、奖励与惩罚都作了明确规定。

山东省打渔张一干过小清河补源工程获批

3 月 25 日 山东省水利厅批准惠民地区关于打渔张一干过清补源工程,该工程在小清河张北公路桥东 6 公里处新建过小清河倒虹吸,倒虹为钢筋混凝土涵 2 孔,过支脉河设渡槽,设计流量 20 立方米每秒,当年施工,可引黄河水过小清河向井灌区补源。

山西省万家寨引黄讨论会在北京召开

4 月 11～16 日 由水电部规划设计院主持,山西省万家寨引黄水量和经济分析讨论会在北京召开。到会的有国家计委、国务院山西能源规划办公室,水电部、黄委会以及内蒙古、山西、河北、北京等省(市)有关单位。会议初步决定,按 2000 年工农业用水水平,万家寨水利枢纽引黄水量为 30 亿～40 亿立方米。引水地点在山西省偏关县万家寨。

甘肃省泾丰渠扩建工程开工

4 月 甘肃省泾川县泾丰渠扩建工程动工。该工程是将原泾丰渠和下游阮陵渠合并为一个万亩灌区,为省列基建工程。干渠自王村乡泾河左岸开口引水至城关镇,渠首设溢流堰和进水闸冲刷闸,干渠长 20.3 公里,设计引水流量 2 立方米每秒,灌地 1.5 万亩。1984 年 11 月竣工,国家投资 114 万元。2003 年合并到泾庆灌区。

青海省下达湟水干流调水计划

5 月 17 日 青海省水利厅下达《1983 年湟水干流调水计划》。从新建成的东大滩水库在夏灌前调水 1800 万立方米,加上超计划蓄水和夏灌期蓄水量 400 万立方米,共可调水 2200 万立方米;从南门峡水库调水 200 万立方米;从云谷川水库和大南川水库各调水 250 万立方米,预计超计划调水 100 万立方米,总计可调水 3000 万立方米。计划从 5 月中旬到 6 月底配水给国寺营渠、团结渠、四清渠、解放渠、小峡渠、和平渠、平安渠、大峡渠、深沟渠、东垣渠和各民营渠道,以满足 24.5 万亩农田灌溉的用水需要。

水电部转发《内蒙古河套灌区调查报告》

5 月 24 日 水电部以(83)水电农字第 25 号文,向内蒙古水利厅及电业管理局转发了《内蒙古河套灌区调查报告》,该报告系水电部调查组所写。此前《人民日报》《情况汇编》栏目刊载高良的文章《河套农民怕"六虎"》，反映河套地区的"水老虎、电老虎"问题。水电部特于本年二、三月间派调查组到内蒙古调查了解这一情况。经过调查，调查组认为，在灌溉用水上虽存在不正之风，但灌溉面积 700 多万亩，要想都浇"适时"水是不可能的。同时，指出水利管理部门的工作作风及工作方法应予以改进。

钱正英到河套灌区考察

7月12~20日　水电部部长钱正英到内蒙古河套灌区考察。陪同考察的有自治区政府副主席白俊卿和水利厅副厅长苏铎等人。7月20日，钱正英与自治区党政负责人周惠、布赫、巴图巴根、千奋勇等进行了座谈，共同认为，河套灌区目前的主要问题是盐碱化威胁，急需恢复续建配套，以发挥其更大的经济效益。8月19日，水电部和内蒙古自治区政府联合向国家计委提交了《关于内蒙古河套灌区恢复续建的报告》。

水电部要求进一步做好水利志江河志编写工作

7月20日　水电部以(83)水电办字第 48 号文《关于进一步做好水利志江河志编写工作的通知》，要求各流域机构、各省市水利(水电)厅(局)建立编委会和精干的编写班子，制定规划，加强领导，积极做好这项工作。

山东省白龙湾引黄闸建成

7月　山东省惠民地区惠民县白龙湾引黄闸建成，该闸系拆除 20 世纪 50 年代建成的虹吸工程改建，为 2 孔钢筋混凝土涵洞，每孔高 2.8 米，宽 2.6 米，设计引水能力 20 立方米每秒，设计灌溉面积 22.7 万亩。到 1990 年，灌区内有总干渠 1 条，长 4.3 公里；干渠 5 条，长 43.2 公里；支渠 85 条，总长 179.1 公里。

山东省位山引黄闸改建竣工

7月　山东省东阿县位山引黄闸改建竣工，此闸原为 1958 年修建，因河床淤高，闸身高程相对偏低，已不能满足防洪安全需要。此次改建工程在原基础上将 10 孔改为 8 孔，底板抬高 2 米，孔高由 5 米变为 3 米，孔宽缩窄，由 10 米变为 7.7 米，设计引水流量由 780 立方米每秒改为 240 立方米每秒，利用原灌区渠系，灌溉面积 432 万亩。改建投资 524.44 万元。

河南省召开引黄灌溉讨论会

8月13日　河南省水利厅、省计委在郑州联合召开引黄灌溉讨论会。参加单位有沿黄地、市水利局和部分县、灌区负责人以及科研、大专院校、黄委会、河务局、省直等有关单位代表共80人。会议总结了引黄灌溉经验,论证了引黄灌溉的经济效益,统一了发展引黄灌溉的指导思想,讨论了相应政策和具体措施。

水电部和内蒙古联合上报内蒙古河套灌区恢复续建的报告

8月19日　根据水电部部长钱正英的建议,水电部和内蒙古自治区政府联合就《关于内蒙古河套灌区恢复续建的报告》(简称《报告》)上报国家计委。《报告》主要有灌区的基本情况、灌区目前存在的主要问题、灌区治理的指导思想和主要措施,请国家计委从1984年开始恢复河套灌区续建配套。对灌区规划和总排干沟、灌溉总干渠扩建设计,建议国家计委委托水电部审批,其余工程设计由自治区有关部门审批。

世界粮食计划署评估组派专家考察东雷灌区平整土地等援建项目

10月19~22日　世界粮食计划署(简称WFP)评估组派专家奥兹比伦、布朗、弗诺林、哈斯一行4人考察陕西省东雷南乌牛灌区平整土地等援建项目。评估组分农业、水利、林业、综合4个组,分别考察了陕西省东雷总干渠,一、二级站,南乌牛抽水站,大荔雷北大队,合阳北伏蒙大队,澄城林皋大队等灌区平地现场、植树造林现场以及合阳农科所和寺前、路井浪站等,1984年9月28日,世界粮食计划署无偿援助南乌牛平整土地等计划项目正式签字,10月1日起实施。施工期间,WFP官员5次来现场检查,1987年6月,受援工程提前3个月完成任务,1988年5月进行竣工验收。

山东省垦东灌区开工

11月6日　山东省垦东灌区开工兴建,1987年4月建成开灌。垦东灌区渠首位于垦利县修防段14公里处,采用扬水船方式引水,设计流量10立方米每秒,设计灌溉面积12万亩,有干渠2条,总长27公里;支渠6条,长26.4公里。到1990年,完成总投资928.39万元。

河南省辛庄引黄工程竣工

11月21日 河南省辛庄引黄工程竣工。原封丘黄河堤上的堤弯闸及贯孟堤上的大庄闸,因河道治导线调整,两闸引水困难,且防洪标准不足,列入计划废除。经地、县要求,新建贯孟堤上辛庄引黄闸供原来两灌区引水。新建辛庄引黄工程包括辛庄引黄闸(2孔涵洞式)、贯台渠首闸(3孔开敞式)、辛庄穿堤闸、高滩排涝防洪闸、引渠交通桥、滩区灌溉闸、东西灌区分水闸以及老闸的拆除与堵复,设计引水流量21立方米每秒,设计灌溉面积19.27万亩。辛庄闸及贯台渠首闸由新乡灌注桩队施工,大庄、堤湾两闸堵复由封丘黄河修防段施工,其余工程由封丘县水利局施工。该工程于3月19日开工,11月21日竣工,共完成土方9.35万立方米,石方3598万立方米,混凝土与钢筋混凝土1611立方米,用工11.99万个,投资158.70万元。

灌区工程1991年正式开工建设,1997年设计引水流量21立方米每秒,设计灌溉面积17.1万亩,有效灌溉面积10.65万亩,实灌面积10万亩。灌区有引水渠2条,总长3.84公里;干渠3条,总长21.05公里(衬砌8.1公里);支渠13条,总长67.67公里;骨干排水沟4条,总长50.68公里;支沟26.48公里。各类建筑物232座。灌区渠系水利用系数0.50。

山东省打渔张引黄灌溉管理局归属山东省水利厅领导

12月6日 山东省政府确定将打渔张引黄灌溉管理局,由惠民地区管理收归省水利厅管理。1985年2月8日,办理交接手续,同时成立由省水利厅厅长马麟、惠民行署副专员胡安夫、东营市副市长欧阳义3人组成的打渔张引黄灌溉协调小组,负责协调两地、市分水比例、工程维修和清淤负担等事宜。

河南省三义寨向商丘送水和总干渠清淤会议召开

12月11日 河南省副省长胡廷积和省计委、经委、水利厅、农牧厅等有关单位领导,分别在兰考县和商丘召开会议,研究解决兰考县给商丘送水和三义寨总干渠清淤问题。胡廷积指示:要充分利用兰考县三义寨引水工程,双方要互相协商,上下游兼顾,并对清淤任务作了明确分工。

甘肃省民乐渠开工兴建

12月 甘肃省水利厅批准庄浪县民乐渠开工兴建。该工程为省列"两西"基建投资项目,渠首位于县城以南水洛河干流,修建拦河坝引水枢纽,灌溉万泉乡两岸耕地1万多亩。总干渠长3.5公里,设计流量2立方米每秒,南干渠长4.4公里,设计流量1立方米每秒;北干渠长6.2公里,设计流量0.5立方米每秒。尚有跨河渡槽及渠系建筑物,于1988年8月竣工,完成总工程量36.5万立方米,投入劳力23.1万工日。国家累计投资225万元。2006年与金锁渠合并为水洛河灌区。

河南省赵口引黄闸改建工程竣工

12月 河南省开封赵口引黄闸建于1970年,按一级建筑物设计,设计流量210立方米每秒,由于黄河河床淤积,水位抬高,闸门防洪标准不足,经黄委会批准进行改建。改建工程于1981年10月12日开工,省黄河河务局机械化施工总队承担主体工程施工,1983年7月主体工程完工,12月全部工程竣工,省黄河河务局组织的验收委员会对工程进行了检查验收。全部工程共完成清淤土方3.44万立方米,挖填土方16.18万立方米,拆除砌石及混凝土0.68万立方米,新作混凝土及钢筋混凝土0.45万立方米,砌石0.47万立方米,总投资329.27万元。该闸改建后,仍为16孔,正常引水200立方米每秒,并从右侧划出3孔代替三刘寨闸供水。原三刘寨闸门作了堵复。

1984 年

河南省政府常务会议研究引黄灌溉问题

1 月 16 日　河南省省长何竹康主持召开省政府常务会议,研究引黄灌溉问题。决定:①认真总结经验教训,有计划、积极而稳妥地搞好引黄灌溉;②加强科学管理,充分发挥现有工程效益;③搞好引黄发展规划;④多途径解决引黄投资。

黄委会批复运用东平湖调蓄江水的报告

1 月 19 日　黄委会对山东黄河河务局关于《运用东平湖调蓄江水的报告》批复如下:东平湖调蓄江水,必须在不影响黄河防洪运用的前提下进行,6 月底以前,要严格控制在 40.50 米高程。山东黄河河务局和山东省水利厅于 1983 年 12 月 31 日的联合报告中提出,东平湖调蓄江水是为了补足梁济运河沿岸农田灌溉及胜利油田用水,调蓄汛期高程 40.50 米,库容 0.67 亿立方米,非汛期 41.50 米高程,库容 2.16 亿立方米。

山东省郭口引黄闸破土动工

2 月　山东省聊城地区郭口引黄闸破土动工。郭口引黄灌区由原艾山虹吸引黄灌区和原位山引黄灌区控制的部分面积组成。1977 年修建郭口虹吸与艾山虹吸一并向马棚顶方向送水,灌溉范围进一步扩大,易名郭艾引黄灌区。1984 年虹吸引黄设施拆除,兴建郭口引黄闸,更名为郭口引黄灌区。引黄闸于 8 月竣工,设计引水流量 25 立方米每秒,设计灌溉面积 37.2 万亩。到 1990 年底,灌区工程已完成投资 1620 万元,其中国家投资 820 万元。该灌区 1986 年浇地 14.6 万亩,平均亩产粮食 485 公斤,棉花 62 公斤,到 1990 年,平均亩产粮食 601 公斤,棉花 55 公斤。

2000 年,灌区设计灌溉面积 37.2 万亩,有效灌溉面积 18.0 万亩,设计流量 25.5 立方米每秒。灌区有总干渠 1 条,长 2 公里;干渠 3 条,长 32.3 公里;支渠 9 条,长 65.4 公里;斗渠 69 条,长 178 公里。斗渠以上建筑物 356 座。排水总干沟 2 条,长 59.2 公里;干沟 7 条,长 83.6 公里;支沟 9 条,长 56.2 公里;斗沟 46 条,长 137.7 公里。斗沟以上建筑物 139 座。灌区灌溉水利用系数 0.51。

山东省曹店引黄灌区引黄闸开工建设

3月4日 山东省东营市曹店引黄灌区引黄闸开工建设,该灌区的前身是山东省打渔张五干渠,为满足东营市、胜利油田用水需求,1983年黄委会以黄工字(83)第86号文批准单独建立灌区。1986年3月5日,曹店引黄闸竣工并正式放水。1984~1986年,胜利油田投资3000万元对原打渔张五干渠进行扩建延长治理,干渠由35公里延长至50公里,全断面混凝土衬砌,建抽水站54处,全部提水入支渠。

2000年,灌区设计灌溉面积37.1万亩,有效灌溉面积36万亩,当年实灌面积23万亩。灌区有干渠1条,长50公里(全部衬砌);支渠43条,总长198公里(衬砌9.7公里);斗渠948条,长568公里。斗渠以上建筑物447座,斗沟以上建筑物447座。灌区灌溉水利用系数0.6。

河南省引黄灌区配套工作会议在原阳召开

3月9~12日 河南省引黄灌区配套工作会议在原阳县召开,水利厅厅长齐新在会上传达了省政府常务会议精神:①明确引黄工作的指导思想,兴利除害两手抓;②择优安排工程,提高引黄投资效果;③有关地、市领导要亲自动手,抓好引黄工作;④讲究科学,提高管理水平。齐新在总结讲话中强调:引黄工作要坚持贯彻一靠政策、二靠科学的方针;大力推行承包责任制,以水为主,综合经营,增强引黄工作活力;严格管理制度,以法治水;多渠道、多层次地解决引黄投资;适当提高水费,节约用水,扩大工程效益;农门以下工程,受益乡村和群众,应确保及时配套成龙。

联合国世界粮食计划署援助河南省改造低产田项目开工

4月1日 联合国世界粮食计划署援助河南省改造低产田项目开工。此项目是根据农牧渔业部安排,河南省政府提出申请,经世界粮食计划署派专家考察后批准的援助工程。援助小麦63454吨,食用油1058吨,折款1400万美元;国内配套1400万美元。

该项工程位于河南省开封、兰考、杞县3地,受益土地5.3万亩。工程内容:赵口引黄灌淤工程,三义寨引黄灌淤续建配套工程,兰考县东坝头提灌站改建工程及治理区内打井配套和修建农田林网等。计划工期3年,到1987年3月31日竣工,计划完成土方2986万立方米,各类建筑物1300座。

山西省芮城县签发保护大禹渡电灌站水利设施的通知

4月10日　山西省芮城县公安局、大禹渡电灌站联合签发《关于保护大禹渡电灌站水利设施的通知》。1990年2月1日,芮城县人民政府再次发布了《关于保护大禹渡扬水工程水利设施的通告》。

日本3个团体考察引大入秦工程

5月14~23日　应甘肃省经贸厅的邀请,日本雪江堂株式会社、熊谷组及世岛建设3个团体共7位专家组成的引大入秦考察团,考察了甘肃省引大入秦工程盘道岭隧洞地址现场,并就合作方式、贷款、设计和报价等进行了会谈。会谈结束后,省水利厅向省政府作了汇报。省长陈光毅指示,同意熊谷组按承包方式承建盘道岭隧洞,代为设计,经我方审查同意后报价,日方贷款利率高且还款期短,不予考虑。

青海省颁发供水收费管理试行办法

6月2日　青海省政府通知各州、地、市及省政府各部门,同意颁发《青海省水利工程供水收费和使用管理试行办法》,7月1日起施行。

世界粮食计划署驻华代表及主要捐赠国驻华使团到甘肃省参观粮援项目

6月21~27日　世界粮食计划署驻华代表及主要捐赠国驻华外交使团11位外交官,先后在甘肃省靖远县兴堡子川和皋兰县西岔两处电灌工程粮援项目参观访问。对甘肃省实施粮援项目的情况给予高度评价。

青海省批复大石滩水库灌区设计文件

7月2日　青海省水利厅批复了乐都县大石滩水库灌区工程设计文件。该工程扩灌2万亩,改善1900亩,列入WFP援助项目,核实工程总投资为428.2万元,其中外资258.78万元,内资169.42万元。

河南省南小堤灌区渠首闸改建工程动工

7月2日　河南省南小堤灌区渠首闸改建工程动工。新闸位于濮阳县习城集南,黄河北岸大堤桩号65+807处,为钢筋混凝土箱式涵洞引黄闸,设计流量50立方米每秒。

南小堤灌区始建于1957年,1997年灌区设计灌溉面积48.21万亩,有效灌溉面积34.02万亩,实灌面积42万亩。随着第二濮清南输水总干渠开通,黄河水送往清丰、南乐,规划补源面积62.0万亩。灌区内有总干渠1条,长34.93公里;干渠5条,总长69.2公里(衬砌1.72公里);支渠17条,总长121.3公里(衬砌11公里);斗渠579条,总长782.0公里;农渠890条,总长688公里。干支渠建筑物765座,斗农渠建筑物3342座。排水干沟132.3公里,排水支沟79.94公里。干支排建筑物292座,斗农排建筑物1092座。灌区渠系水利用系数0.46。

甘肃省景泰川电力提灌二期工程开工兴建

7月5日　甘肃省景泰川电力提灌二期工程在景泰县五佛乡石门沟举行开工典礼,宣告二期工程正式破土动工。省委书记李子奇、省长陈光毅等领导同志出席开工典礼并作了重要讲话。在此之前,1976年10月曾进行过部分施工,但因财力困难,1977年11月停工。

景泰川电灌二期工程是甘肃"两西"农业建设中的一项大型骨干项目,也是全省最大的一项提灌工程,分19级提水。总干渠一泵站设在景泰县五佛乡盐寺黄河左岸,从景泰川电灌一期工程总干渠1泵站下游260米提取黄河水,总干渠长99.618公里(其中包括管道5.525公里),终止于13泵站,7泵站开始进入灌区。13泵站以后,灌区分为南、北两条干渠。南干渠设泵站6座,北干渠自流引水灌溉。工程设计流量18立方米每秒,设计总扬程721.88米,设计灌溉面积52.05万亩,其中电力提灌面积49.22万亩,分别为古浪县29.68万亩,景泰县19.54万亩,另有扩大改善井灌面积2.83万亩。工程总投资2.48亿元。1994年与景电一期工程合并为景电工程。

陕西省洛惠渠出台超定额用水加价收费的试行办法

7月21日　陕西省渭南地区行政公署办公室转发洛惠渠管理局《关于实行超定额用水加价收费的试行办法》。

青海省批复小南川水库灌区扩大初步设计

9月4日　青海省水利厅对小南川水库灌区工程扩大初步设计进行了批复。该工程设计灌溉面积2.82万亩(扩大1.12万亩,改善1.70万亩),水库一期工程1984年建成,灌区工程1987年完成。

甘肃省兴堡子川电力提灌工程总干渠通水

9月26日 甘肃省兴堡子川电力提灌工程总干渠正式通水。总干渠设计流量6立方米每秒,渠线连接1泵站至8泵站,全长29.8公里,其中明渠15.4公里,全部采用现浇混凝土或混凝土预制板防渗;压力输水管道2324米,其中直径1.4米预应力钢筋混凝土管道1264米;隧洞13座,长10059米,最长的隧洞达5914米。配套各类建筑物107座。

山东省胡家岸灌区改建工程动工

9月 山东省胡家岸灌区改建工程动工。该灌区始建于1958年,1965年4月开灌。渠首位于章丘县高官公社胡家岸,渠首引水建筑物原为3条虹吸管,正常引水流量3立方米每秒,设计灌溉面积2.00万亩,有效灌溉面积1.2万亩。1984年9月,拆除虹吸管,新建引黄闸,设计引水流量20立方米每秒,设计灌溉面积27.59万亩。到1990年,灌区有总干渠1条,长2.0公里;干渠1条,长39.0公里;支渠3条,总长15.0公里。

陕西省东雷抽黄灌溉工程南乌牛灌区受援工程开始实施

10月1日 陕西省东雷抽黄灌溉工程南乌牛灌区受援工程开始实施。经过申请及评估,9月28日我国政府与世界粮食计划署签订了向陕西省东雷抽黄灌溉工程南乌牛灌区提供援助的实施计划,计划无偿援助小麦73800吨,食油1230吨,总价值1608.2万美元。

通过3年的实施,至1987年9月底,已超额完成规定任务。截至1987年底,泵站、干支渠尾工全部完成;斗渠完成221条,建筑物4349座,分引渠完成2861条,建筑物21454座,占计划数的104.1%;平整土地36.09万亩,占计划数的100.8%;植树31548亩,占计划数的201.8%;道路工程在实施计划外,共修筑农村各级道路647条,长1138.13公里。灌区粮食亩产由101公斤增加到163.4公斤,人均收入由94元增加到362.93元,森林覆盖率由3.5%增加到15.1%。1988年5月10~12日通过验收,被评为优良工程。

陕西省通过治理关中灌区渍涝灾害的决议

10月29日 陕西省第六届人大常委会第九次会议通过《关于治理关中灌区渍涝灾害的决议》。

青海省东大滩水库放水解决西宁市水荒

12月21日 由于青海省出现罕见的连续寒冷天气,致使河水封冻,自来水水源断流,西宁市发生水荒。在省市领导过问下,经西宁市自来水公司与省水利厅协商,于12月21日1时从东大滩水库放水,流量由1立方米每秒加大到2立方米每秒,满足了西宁地区用水。

青海省沙珠玉大渠扩建工程竣工

是年 青海省共和县沙珠玉大渠扩建工程竣工。沙珠玉地区在清代和民国年间修建的水渠有上下村渠、上卡力岗渠、龙哇渠、干果渠、珠玉渠和耐海他渠,其水源均引自沙珠玉河,控制灌溉面积5600亩,实际灌溉面积2501亩。1950年,建成扎布达渠和下卡力岗渠。1978年,在公社统一规划下将上述8条渠道连成一体建成沙珠玉大渠。大渠干支渠总长24公里,干渠设计流量1立方米每秒,有效灌溉面积1.1万亩。1984年,国家再次投资277万元,扩建防渗主干渠28公里,农田和林地灌溉面积增加到2.1万亩。

截至2006年,沙珠玉大渠设计灌溉面积2.5万亩,有效灌溉面积1.5万亩,当年实灌面积1.5万亩,设计流量2.13立方米每秒。灌区内有干渠1条,长50.1公里;支渠5条,长55公里;斗渠51条,长102公里。灌区灌溉水利用系数0.45。

1985 年

全国农田灌溉排水发展规划预测讨论会召开

1月4~7日 水电部在河南新乡市召开全国农田灌溉排水发展规划预测讨论会,水利系统有关高等院校、科研单位及各省市水利厅(局)的代表参加会议。会议研究布置了2000年的农田灌溉排水规划工作。

青海省批复古鄯水库灌区改造初步设计

1月24日 青海省水利厅批复省设计院,基本同意民和县古鄯水库灌区改造低产田工程初步设计,该工程设计灌溉面积3万亩,水库坝高38米,总库容780万立方米。工程列入本省受援的WFP2708项目,总投资为735.5万元,其中内资419.6万元,外资315.9万元。

截至2006年,古鄯水库设计灌溉面积3万亩,有效灌溉面积2.13万亩,当年实灌面积1.13万亩,设计流量2立方米每秒。灌区内有总干渠1条,长3.83公里;干渠3条,长45.8公里;支渠3条,长48.6公里;斗渠94条,长169公里。灌区灌溉水利用系数0.45。

青海省批复联合管道工程初步设计

2月1日 青海省水利厅批复省设计院,同意民和县联合管道工程初步设计文件提出的工程分两期实施,先搞一期。该工程可解决1.01万人1.24万头(只)牲畜的饮水问题,扩灌0.5万亩。一期核定投资为905.73万元,其中内资591.6万元,外资314.13万元,列为外援WFP2708项目。

山东省东营市一号坝引黄工程动工

3月15日 山东省东营市一号坝引黄工程动工。此工程位于待建的东营黄河公路大桥西侧,由一号坝闸(前闸)和西双河闸(后闸)两座闸组成,两闸中间由钢筋混凝土预制板组成的渠道连接,设计引水流量100立方米每秒,主要为胜利油田、东营市100万亩农田以及库容2亿立方米的广北水库供水。1986年工程竣工。

水电部批准河套灌区水利规划报告

3月25日 水电部批准《内蒙古黄河河套灌区水利规划报告》。黄河河套灌区的规划,是在以前几次规划的基础上,由自治区水利勘测设计院于1983年底修正完成的。水电部在批复中,同意灌区按800万亩的规划进行建设,以配套挖潜为主,重点完成排水系统工程建设。同时,要搞好田间工程配套,科学用水,加强管理。自治区人民政府与水电部商定,工程建设可分期进行,"七五"期间先按300万亩进行工程全面配套,并扩建总排干沟,完成总干渠的治理和续建配套工程。

山东省李家岸引黄新闸开工

3月 山东省李家岸引黄新闸开工。老闸系1971年5月建成的,因不安全废除,易地另建新闸,新闸位于李家岸险工6号坝处,为钢筋混凝土箱式涵洞,共分3联,每联3孔,每孔净宽3米,净高3米。设计引水流量100立方米每秒,可供德州地区6个县267万亩土地灌溉用水。1986年6月竣工放水,总投资533.00万元。

国务院印发《关于解决拴驴泉水电站河段争议问题报告的批复》

4月20日 国务院以国函字[1985]56号文印发了《关于解决拴驴泉水电站河段争议问题报告的批复》。依据批复精神,9月水电部以水电规字[1985]35号文在《关于对拴驴泉水电站给引沁济蟒渠送水工程初步设计报告审查意见的批复》中指出:鉴于修建反调节工程投资大,工期长,在短时期内难以实现,为尽快发挥电站效益,保证灌区用水,拟采取分期实施方案。即第一期建成拴驴泉径流电站,并在其尾水部位修建过水能力为30立方米每秒穿过沁河的倒虹吸工程及输水洞工程,将电站尾水利用倒虹吸、输水洞送至引沁济蟒渠。第二期建成反调节工程。

山东省潘庄引黄灌区总干渠衬砌工程开工

春 山东省潘庄引黄灌区总干渠衬砌工程开工。完成总干渠衬砌长度35.3公里,砌体6.8万立方米,混凝土0.5万立方米,塑料薄膜188万平方米,土方77万立方米,由德州市、齐河、禹城、宁津、夏津、武城、陵县等地1.12万人施工,用工55万个,投资1120万元。

国务院转发《关于改革水利工程管理体制和开展综合经营问题报告》

5月8日 国务院办公厅以国办发[1985]40号文转发水电部《关于改革水利工程管理体制和开展综合经营问题报告》,要求各省(市、自治区)政府及国务院有关部门遵照执行。7月31日,财政部发出《关于水利工程管理单位开展综合经营免税问题的通知》。

李庆伟、孙达人等视察泾惠渠渠首工程

5月上旬 陕西省省长李庆伟、副省长孙达人,咸阳市委书记许廷方、市长祝新民等,由陕西省泾惠渠管理局党委书记程茂森、局长李瑞庆陪同视察泾惠渠渠首工程,对加强保护历代引泾渠口遗址及渠首绿化等工作作了指示。

甘肃省引大入秦工程盘道岭隧洞开办国际招标工作

5月12日 甘肃省政府决定成立甘肃省引大入秦工程盘道岭隧洞评标委员会,由副省长侯宗宾任主任,葛士英、黎中、李萍、王钟浩等为成员。在当日举行的第一次评标委员会议上成立了省水利厅评标小组,由副总工程师郑载福任组长。共邀请日本熊谷组、大成、意大利英波告洛－托诺3家外商投标,5月14日,侯宗宾主持召开全体委员会议,会议根据郑载福关于盘道岭隧洞工程评标情况的汇报,决定由熊谷组中标,并确定省水利厅为业主。同年8月1日,水利厅向熊谷组发出授标函。8月7日双方签订承包合同,11月27日经对外经济贸易部批准,合同正式生效。经9个月的施工准备,于1986年9月13日正式开工。

山西、陕西两省水保与引黄工作座谈会召开

5月 中共中央顾问委员会委员张稼夫受国务院副总理李鹏委托,在西安市召开了山西、陕西两省水土保持与引黄工作座谈会。

河南省大车集引黄闸建成

7月 河南省大车集引黄闸建成。该闸位于黄河左岸长垣县境内临黄大堤1+410公里处,为单孔涵洞式,设计引水能力10立方米每秒,灌溉面积12万亩,投资79.40万元。灌区未设管理单位,由长垣县水利局直接管理。

山东省位山引黄灌区渠道衬砌和清淤工程动工

9月24日　山东省位山引黄灌区渠道衬砌和清淤工程动工,12月5日完工。工程包括东、西引水渠13.4公里混凝土板衬砌及一干渠、三干渠部分清淤。由聊城地区组织位山灌区范围内7个县的12万民工施工,共完成混凝土板砌体2.8万立方米,土方305万立方米。

埃塞俄比亚灌溉考察组到洛惠渠灌区参观考察

9月25~26日　埃塞俄比亚灌溉考察组吉佐、辛克、卡迪萨、杰姆塔萨到陕西省洛惠渠灌区参观考察。

河南省黑岗口、柳园口引黄灌区改建配套工程规划审查会议召开

10月4~10日　由黄委会勘测规划设计院主持在郑州召开河南省开封市黑岗口、柳园口引黄灌区改建配套工程规划审查会议。该两灌区原以引黄放淤为目标。建成后,黑岗口累计放淤9万亩,发展灌溉面积8万亩;柳园口放淤改良盐碱地6.75万亩,实灌面积13.5万亩。为发展农业的需要,拟将两灌区改为正常灌区,开封市提出两灌区的改建配套工程规划,黑岗口规划设计灌溉面积23.9万亩,柳园口规划设计灌溉面积18.8万亩,审查后黄委会以黄设字(85)第33号文批复,原则同意两个灌区的改建配套工程规划。

水电部上报河套灌区使用世界银行贷款问题的报告

10月16日　水电部向国家计委上报《关于内蒙古申请河套灌区使用世界银行贷款问题的报告》(简称《报告》)。《报告》叙述了加快续建河套灌区的重要意义,建议向世界银行申请贷款5000万美元,由内蒙古自借、自用、自还;基建投资由中央和地方共同负担;头5年先按300万亩进行配套建设。此项贷款由国家计委批准后,经世界银行派员到河套灌区进行预评估,同意将贷款增额到6600万美元(其中用于农业项目600万美元)。

内蒙古人民政府在1986年1月27日,向国家计委提出了河套灌区配套工程建议报告,6月4日国家计委予以批复。这次批准的配套工程基建投资,从世界银行贷款4000万美元,水电部补助4000万元,其余由自治区自筹解决。1988年,国家计委又核定河套灌区配套工程总投资为5.05亿元。

国务院转发《关于加强农田水利设施管理工作的报告》

10月17日　国务院办公厅转发水电部《关于加强农田水利设施管理工作的报告》,要求各地切实把农田水利设施管好、用好。

全国低压管道输水灌溉技术讨论会召开

10月24~27日　由中国水利学会农田水利专业委员会、水电部科技司、农水司和山东省联合举办的低压管道输水灌溉技术讨论会在山东省青岛市召开,水电部部属及各省(市、自治区)水利科研、建设、管理部门近100个单位的144名代表出席会议,会议对低压管道输水灌溉的有关技术问题进行了讨论,认为管道输水灌溉具有节水、节能、省地、投资少、见效快、输水速度快、浇地质量高、使用灵活、适应性强等显著优点。会议对进一步改进完善低压管道输水灌溉技术及科研、设计、管材等问题提出了建议。

苏联专家考察泾惠渠灌区

10月　由苏联卡拉库姆水建总工局局长乌·依·乌罗索夫为团长,阿·契·恰雷罗夫、乌·阿·马尔钦柯、费拉托夫等为团员,一行9人到陕西省泾惠渠灌区进行考察。

河南省彭楼引黄闸改建工程开工

10月　河南省濮阳市彭楼引黄闸改建工程开工,1986年2月竣工,1987年3月改建涤河联合闸、豆庄分水闸、大王庄节制闸,同年4月底全部竣工。

甘肃省建立景泰川灌溉研究服务中心

是年　在"两西"指挥部的大力支持下,由甘肃省水利厅水科所、省水管局、景泰川灌区管理处负责,在原景泰川灌区管理处灌溉试验站的基础上,建立了甘肃省第一个灌溉管理服务中心——景泰川灌溉研究服务中心,主要承担灌溉科学研究、灌溉技术示范推广、灌溉管理干部培训任务。于1985年正式开始工作,有职工21人,大专以上文化程度的技术骨干7人,供试验研究的基地110余亩,建成试验果园30亩,埋设了田间测坑和测筒等设施,并建立起土壤化学分析室、田间气象观测站等。

1986 年

山西省成立潇河水利管理局

1月1日　山西省晋中区潇河水利委员会更名为山西省潇河水利管理局,该名称一直用到现在,潇河水利管理局是潇河灌区的专业管理机构。

潇河灌区位于山西省晋中盆地的东北边缘,潇河干流出山口后的平原地区。灌区设计灌溉面积31.63万亩,有效灌溉面积33.24万亩,受益范围包括榆次市、太谷县、太原市小店区及清徐县。灌区渠首有混凝土滚水坝1座,坝高3.5米,坝长347米;坝南端有民生干渠进水闸3孔,设计流量22.9立方米每秒;坝北端有民丰干渠进水闸3孔,设计流量17.1立方米每秒。

由于潇河上游没有调蓄水源工程,多年平均河道来水量1.49亿立方米,多年平均引用水量仅为0.55亿立方米,所以灌区实行河水、井水、城区污水三水齐抓,合理调配使用。2006年设计灌溉面积33.24万亩,有效灌溉面积33.24万亩,当年实灌面积19.5万亩,设计流量40立方米每秒。干渠2条,总长46.3公里;支渠8条,总长90.2公里;斗农渠1322条,总长1173.7公里。灌区灌溉水利用系数0.48。

河南省人民胜利渠灌溉管理局整体移交河南省水利厅

3月29日　原河南省新乡地区人民胜利渠灌溉管理局整体移交河南省水利厅,并改名为河南省人民胜利渠管理局,下设武嘉分局、渠首分局、东三干分局。

日本水利专家考察汾河灌区

4月10日　日本福田仁智等一行七名水利专家,对山西省汾河灌区进行了为期两天的考察。考察涉及汾河二坝、三坝,河井双灌和改碱试验等项目。

山东省引黄济青工程开工

4月15日　山东省引黄济青(岛)工程开工。该工程从山东省打渔张引黄闸引水,经过30米宽渠道,穿越滨州、东营、潍坊、青岛4市9县(区)和30多条河流,进入总库容为1.46亿立方米的棘洪滩调蓄水库,再输送至水厂(青岛市),输水线路全长290余公里,工程引水、输水、蓄水、净水及配水工程完整,沉沙、闸涵、桥梁、隧洞、倒虹、泵站、水库、管道、水厂及城市输配水系统等工程配套齐全。1989年11月25日通水,全部工程至1990年竣工。工程建成后,可增加青岛市日供水量30万吨,年供水效益1.8亿元,同时沿线高氟区61万居民可喝上甘甜的黄河水。

徐肖冰到大禹渡电灌站视察

5月1日　原全国政协副主席徐肖冰偕夫人侯波到山西省大禹渡电灌站视察。先后到大禹渡电灌站考察和视察的专家及领导还有苏联专家一行4人(1989年10月10日),原山西省委书记陶鲁笳(1990年5月24日)、中央军委副主席张震(1991年4月22日)、山西省委书记王茂林(1992年5月20日)、国务委员李铁映(1996年4月23日)等。

河南省赵口引黄讨论会召开

5月25～30日　河南省水利学会和省水利厅在开封市联合召开关于赵口引黄讨论会。讨论会邀请了黄委会和有关市、县水利部门及农、林、牧等17个单位的专家、学者和科技人员参加。

甘肃省阳川渠动工兴建

5月　甘肃省庄浪县阳川渠动工兴建。灌区位于庄浪县城南阳川乡境内葫芦河两岸。渠首位于张家大湾向上1.6公里的峡谷内。控制灌溉面积1.46万亩,其中自流灌面积1.12万亩,提灌面积3400亩。工程分两期实施。

一期工程于1986年5月动工,1989年10月竣工。主要包括渠首枢纽,总干渠1.9公里,设计流量1.3立方米每秒,西干渠11.1公里,设计流量1立方米每秒,支渠8条,田间配套面积8800亩,完成工程量40.7万立方米,投入劳力41.8万工日,国家投资317万元。到2006年,设计灌溉面积1.46万亩,有效灌溉面积1.25万亩,当年灌溉面积1.25万亩。干渠长24.6公里,支斗渠长37.74公里,干支斗渠道全部衬砌。灌区灌溉水利用系数0.7。

陕西省举行宝鸡峡引渭灌溉工程通水15周年纪念活动

7月22～23日　陕西省宝鸡峡管理局在扶风县举行宝鸡峡引渭灌溉工程通水15周年纪念活动。陕西省省长李庆伟、副省长徐山林、陕西省政协副主席高凌云、陕西省水利水土保持厅厅长曹迁甫出席庆祝大会并讲话。

参加纪念活动的有省级有关单位、灌区、地、市、县、乡党政领导和群众代表共 400 余人。

山东省引黄灌溉技术研讨会召开

8 月 25 日 山东省水利厅和省水利学会农田水利专业委员会在菏泽地区召开了山东省引黄灌溉技术研讨会。参加会议的有 6 市（地）水利局、大中型引黄灌区、山东黄河河务局、水电部、黄委会、华北水电学院等单位，共 60 人。会议收到论文 35 篇，有 21 位同志在会上发言。

青海省贵德县成立治黄造田工程指挥部

10 月 青海省贵德县治黄造田工程指挥部成立，由贵德县主要领导干部担任指挥，有 110 多名干部参加了治黄造田工程。利用 10 月 15 日龙羊峡水电站下闸蓄水，河道基本断流之际，全面展开治河造田工程，截至 1987 年 2 月 15 日龙羊峡开闸放水时，完成了汊河堵口 14 处，筑石笼潜坝 20 条，干砌石坝 4 条，疏浚主河道 3289 米。至 1990 年 9 月，完成了永久性河堤 20.3 公里，建成阿什贡、北山湾、红柳滩、大沙滩及山坪台 5 个灌区的干渠 5 条，总长 33.17 公里，支渠 31 条，总长 24.51 公里。1989 年 10 月，成立了贵德县河北灌区水利管理所。

山东省旧城灌区引黄闸改建工程动工

10 月 山东省鄄城县旧城引黄灌区引黄闸改建工程动工，上游接长 30 米，闸底高程改为 50.600 米（大沽零点），设计引水流量仍为 50 立方米每秒。同时，在引黄闸上游 350 米处新建砌石开敞式防沙闸 1 座。共计投资 224 万元。

黄河下游引黄灌区管理工作座谈会暨学术讨论会召开

12 月 10～16 日 水电部农水司和中国水利学会农田水利专业委员会在河南省新乡市联合召开"黄河下游引黄灌区管理工作座谈会暨学术讨论会"，会议总结了"六五"期间黄河下游灌溉工作，研究修改了《黄河下游引黄灌溉工作纲要（草稿）》。

次年 1 月 10 日，水电部以（86）水电农水字第 35 号文下达关于发送《黄河下游引黄灌区管理工作座谈暨学术讨论会议纪要》的通知。

朝鲜技术考察团参观石头河水库工程

12月20日 朝鲜技术考察团一行5人,在水电部高级工程师朱思哲陪同下,参观陕西省石头河水库工程。陕西省水电工程局局长梁源祺和总工程师党立本向考察团介绍了情况。

河南省召开引黄入淀线路规划研讨会

12月28~29日 河南省水利厅在新乡召开引黄入淀线路规划研讨会。省水利厅技术顾问陈惺、陈耀曾,省水利厅总工程师吴天铺、副总工程师胡遽吉及厅有关处室、院,豫北工程局,人民胜利渠管理局,新乡、安阳、焦作市水利局等单位同志参加。引黄入淀是一项多目标跨流域水利工程,涉及豫、冀2省,以红旗总干渠为主线,红旗、人民、白坡3个引水口多口引水。冬4月(11月~次年2月)在保证不影响河南已有引黄灌区用水的基础上,向河北送水。同时,向河南省豫北缺水地区适当补水,其他各月河南利用工程自行供水,红旗总干渠兼作排水渠,将红旗总干渠以西天然文岩渠、金堤河流域约3000平方公里涝水相机北排入海河流域。会议研讨了上述引水方案。1988年1月29日,在新乡市又召开讨论会,着重对引黄入淀工程对河南省的影响和效益进行研讨,提出了对规划的修改意见。1989年8月26日,引黄入淀工程设计任务书通过水利部审查,引黄入淀采用白坡、人民胜利渠渠首、红旗渠渠首3个引水口门,经白坡—人民胜利渠、红旗渠总干两条线路,在清丰县南留固村附近穿越卫河进入河北省境,再通过河、渠进入白洋淀。引水规模:白坡引水流量100立方米每秒,人民胜利渠100立方米每秒,红旗渠50立方米每秒,出河南省境流量100立方米每秒。引水量:11月~次年2月,平均引水12.5亿立方米,分配河北省10亿立方米,河南省2.5亿立方米。1990年5月19~26日,国际工程咨询公司评估引黄入淀工程,并在河南省进行了现场考察,提出从曹岗引水以红旗总干渠为主要引水线路的意见。

山东省位山引黄灌区初步完成供水收费制度改革

12月 山东省位山引黄灌区初步完成供水收费制度改革。一是计划用水,合理调配水量,均衡受益和取得最大的经济效益,按用水量收费,运用经济杠杆,促进计划用水、节约用水;二是实行分级供水制,管理处从干渠分水段(点)计量供水到县(市),县(市)供水到乡(镇),乡(镇)配水到村,调动了各方面的积极性;三是本着逐步展开、逐步完善的原则,先由用水计量开始,逐步过渡到计划配水,先实行地区对县(市)按用水量收费,再伸展到对乡(镇)、村按用水量收费,先按低标准收费,再逐步提高标准,并完善包括奖罚在内的计费和收缴办法。灌区配备各级测水量人员356人,设置主要量水站(点)137处,县(市)实行计量供水、按用水量收费到乡(镇)71个,占灌区乡(镇)数的70%。

山东省位山灌区基本完成确权发证工作

12月 山东省位山灌区基本完成地区直辖的跨县(市)干渠213公里(涉及300多个村庄)的确权发证工作。

山东省位山灌区推行承包管理责任制

是年 山东省聊城地区位山灌溉处推行承包管理责任制,对其直属的10个干渠管理所年度计划任务实行"五定"承包管理责任制。一是定编制(定编人员不足的可以招聘临时工);二是定任务,包括灌溉、建筑物、堤防、经营管理和精神文明建设五项任务指标;三是定资金,工程、灌溉和行政管理年度包干,超支不补,结余留成,多种经营(含植树绿化)为借贷资金,专项承包,按期还本,收益分成;四是定责权,实行岗位责任制,任务指标分解落实到所长、组和个人;五是定奖罚,处对所采取分项考评记分,综合评等计奖(年终一次综合奖),所内人员奖罚办法由所长确定,报处备案。为了搞好工程日常养护,管理所将堤防、建筑物(重要建筑物除外)和植树造林综合承包给农户管理(承包户由沿渠村委会推荐),签订合同,期限一般为十年左右,承包户子女有继承权,由公证处公证。工程看管养护,由管理所按年度给以补助费;林木及其他农业种植收益按国家三、承包户七(含交村集体积累部分)比例分成,并根据工程管理养护情况进行奖罚。

1987 年

甘肃省颁发水利工程水费计收和使用管理办法

1 月 2 日　甘肃省政府颁发《甘肃省水利工程水费计收和使用管理办法》。12 月 23 日,省政府办公厅又转发了省水利厅《关于农业水费计收标准及水费管理使用办法实施意见的报告》。两个文件规定,全省自流灌区农业水费标准每立方米水从斗口计算,收水费 10 厘。每亩每年收基本水费 1 元。工业用水从取水点计算,每立方米收费 50 厘;贯流水及循环水每立方米收费 30 厘。

山东省开展引黄灌区检查评比活动

2 月 2 日　山东省水利厅以(87)鲁水农字第 1 号文下达《关于开展引黄灌区检查评比活动的通知》。评比内容:灌溉管理、灌溉效益、测水量水工作、泥沙处理与盐碱化治理。6 月 16 日至 7 月 1 日,省水利厅组织了全省引黄灌区检查评比活动。评比结果:陈垓灌区第一名,位山灌区第二名,簸箕李灌区第三名,打渔张、胜利、潘庄、遥墙 4 个灌区分别获第四名至第七名。陈垓、位山 2 个灌区参加水利部组织的评比活动。

水电部发出抓紧农村水利建设和抗旱春灌的紧急通知

2 月 9 日　水电部向全国发出《关于抓紧农村水利建设和抗旱春灌的紧急通知》,要求各地认真贯彻国务院办公厅本月 5 日发出的《关于加强农田管理力争夏粮持续增产的紧急通知》精神,尽快做好防旱抗旱的准备工作。

内蒙古麻地壕灌区大井壕二级扬水站改扩建工程动工

3 月 7 日　内蒙古麻地壕扬水灌区西干大井壕二级扬水站改扩建工程动工兴建。工程由呼和浩特市水利局设计队设计,托克托县水电局组织施工。该工程安装 28 吋轴流泵 9 台,装机容量 1170 千瓦,抽水能力 13.7 立方米每秒。同年 9 月,工程竣工。该扬水站为西片灌域的咽喉泵站,担负着 28 万亩的灌溉任务。

山西省禹门口提水枢纽工程开工

4月10日　山西省禹门口提水枢纽工程开工。总规模从黄河提水26立方米每秒,提水工程共安装机组47台,总装机容量44270千瓦,年总提水量4.00亿立方米,其中工业1.88亿立方米,农业1.82亿立方米,冲沙0.30亿立方米。设计灌溉河津、稷山、新绛3县市50万亩农田,同时供给山西铝厂、河津电厂、王家岭煤矿等大型工矿企业及城市用水。

提水工程分为枢纽和灌溉两大部分。枢纽位于黄河出山口的咽喉禹门口。一级站安装机组5台,装机容量6800千瓦,设计流量26立方米每秒,地形扬程14.43米,工作扬程15.87米。一级干渠全长1500米,设计流量14.00立方米每秒。二级站安装机组10台,装机容量25000千瓦,设计流量14立方米每秒,地形扬程98.00米,工作扬程105米。

灌区工程由72.3公里的二级干渠、总长225.2公里的31条U形支渠和沿山7座扬水站3部分组成。1995年9月25日,工程首次试机上水成功。1997年7月29～31日,由水利厅牵头,组成由各有关单位参加的27人验收委员会,对灌区一期工程进行了验收。

河南省陆浑灌区东一干渠东宋至坞罗水库段工程完工

5月10日　河南省陆浑灌区东一干渠东宋至坞罗水库段工程完工。13～15日进行了通水试验。河南省水利厅副厅长马德全、郑州市副市长彭甲成、洛阳市副市长韩世英等观看了试水情况。

中央新闻采访团采访宝鸡峡灌区等农田水利工程

5月15～31日　水电部邀请新华社、人民日报社、经济日报社、农民日报社、中国新闻社、中国国际广播电台、北京周报社、中国食品报社、瞭望杂志社、中国建设杂志社、中国水土保持杂志社等11家新闻出版单位的编辑、记者组成的中央新闻采访团,到陕西省进行为期半月的采访。重点采访了无定河流域水土保持治理及关中的宝鸡峡、泾惠渠、桃曲坡灌区及东雷抽黄灌溉工程等农田水利工程。

青海省过芒第二水库垮坝

5月25日　青海省贵南县过马营乡连降两次大雨,降水量达35.8毫米,25日凌晨,大量洪水注入过芒第二水库,造成垮坝,相继冲毁下游沙沟地区小水库 3 座、涝池 5 个、渠道 24 条、农田 235 亩、林地 500 亩、公路 2 公里,还冲走 30 多头牲畜,使 2800 亩农田不能灌溉。26 日,贵南县政府及水电、农牧部门到过马营、沙沟两乡慰问受灾群众,组织部署抢修水毁工程,恢复生产。

山东省刘春家引黄补给桓台(县)水源工程施工工作会议召开

5 月 25 日　山东省水利厅厅长马麟在济南主持召开了刘春家引黄补给桓台(县)水源工程施工工作会议。该工程于 10 月开工。

1988 年 6 月 20 日,马麟在桓台(县)主持召开了由惠民地区行署、淄博市政府和高青、桓台(县)政府负责人参加的刘春家引黄过清(小清河)工程领导小组联席会议。

山东省批复打渔张引黄灌区五干渠管理问题

5 月 26 日　山东省人民政府以(87)鲁政办函 89 号文批复打渔张引黄灌区五干渠管理问题,仍以鲁政发〔1983〕133 号文已确定的由打渔张引黄灌溉管理局统一管理。

《山东省水利工程水费计收和管理办法》出台

6 月 15 日　山东省人民政府发布《山东省水利工程水费计收和管理办法》。水费计收标准比 1985 年有所提高,其中农业引黄自流灌溉工程以支渠进水口为计量点,每立方米收费 2 分 8 厘,不具备按方计费条件的,每亩次收费 3 元 5 角至 4 元 5 角,含沙量每立方米大于 12 公斤时引水,加相应的清淤费;引黄淤改每立方米收泥沙处理费 1 分 2 厘;工业用黄河水每立方米加收泥沙处理费 6 分。

山东省转报高村引黄灌区规划

6 月 23 日　山东省水利厅以(87)鲁水勘字第 23 号文向黄委会转报了《菏泽地区东明县高村引黄灌区规划》。该灌区系由原东明高村虹吸引黄改建引黄闸而扩建的灌溉工程,除灌溉东明县 14.8 万亩农田外,还担负向下游成武、巨野两县 36.4 万亩农田送水用以提灌。引黄闸设计流量为 25 立方米每秒。

甘肃省沿黄灌区农业座谈会结束

8 月 29 日　甘肃省农业委员会在兰州召开的沿黄灌区农业座谈会结束。经会议讨论和初步协调平衡,整个沿黄灌区(4 个地州市和所属 14 个县市区)的具体设想和奋斗目标是:到 1992 年,沿黄灌区新增有效灌溉面积 50 万亩,达到 363 万亩;新增保灌面积 50 万亩,达到 306 万亩。粮食总产由 4.5 亿公斤增加到 7 亿公斤以上。

河南省组织全省引黄灌区评比活动

9 月 1～10 日　河南省水利厅组织全省引黄灌区评比活动。评比结果:第一名人民胜利渠灌区,第二名韩董庄灌区,第三名花园口灌区,第四名南小堤灌区,第五名白马泉灌区,第六名黑岗口灌区,第七名黄河渠灌区。

河南省领导解决引水纠纷

9 月 10 日　河南省委书记、代省长程维高,省委常委、省纪检委书记林英海,副省长刘玉洁等领导同志到堤南灌区幸福渠首闸现场办公,解决原阳县与武陟县的水利纠纷问题。通过现场察看,听取两县关于水利纠纷的详细汇报,省领导提出了解决纠纷的意见。经两市(新乡市和焦作市)、两县(原阳县和武陟县)充分协商,达成协议,引水纠纷得到圆满解决。

国务院批复《黄河可供水量分配方案报告》

9 月 11 日　国务院办公厅批复国家计委和水电部《黄河可供水量分配方案报告》。

世界银行向甘肃两项水利工程贷款 1.3 亿美元

9 月 14 日　财政部副部长迟海滨和甘肃省省长贾志杰,分别代表中华人民共和国和甘肃省人民政府与世界银行在纽约世界银行总部签订《中华人民共和国与国际开发协会开发信贷协定》,信贷金额 11910 万特别提款权(1 特别提款权等于 1.26 美元),《中华人民共和国与国际复兴开发银行信贷协定》,信贷金额 2000 万美元。以上两项信贷组成《甘肃发展项目》,其中包括农业、教育、工业、技术援助。以上贷款中的农业部分为两项水利工程:

(1)引大入秦工程 1.23 亿美元。

（2）关川河流域治理工程 700 万美元。

山东省陶城铺引黄闸竣工

9 月 山东省陶城铺引黄闸竣工,该闸位于山东省阳谷县陶城铺东侧黄河凹岸处,共 4 孔,设计引水流量 50 立方米每秒,本年 2 月开工,投资 340 万元。1986 年 12 月 20 日,黄委会以（86）黄工字第 121 号文批复了《关于阳谷县陶城铺引黄闸工程初步设计》。为结合向天津送水任务,新建陶城铺引黄闸,引水规模按流量 50 立方米每秒设计,70 立方米每秒校核。灌区位于聊城地区西南部,控制范围基本是原阳谷县和莘县的张秋、八里庙、赵升白、明堤、仲子庙、道口铺等 6 处引金堤河灌区,设计灌溉面积 114.3 万亩,其中井渠结合灌区 49.23 万亩,抗旱补源灌区 65.1 万亩,按行政区划分阳谷县 70 万亩,莘县 44.3 万亩。1988 年 6 月,灌区开发被列为世界银行贷款项目,同年 10 月 1 日灌区工程开工。1998 年元月,国家农业综合开发办公室以国农综字（1998）8 号文批复引黄补水工程项目实施计划,项目总投资 7945 万元,其中中央农发资金 1500 万元,省级配套 1050 万元,地县配套 450 万元,受益单位自筹 4545 万元。

2000 年,灌区设计灌溉面积 114.3 万亩,有效灌溉面积 65 万亩,当年实灌面积 63 万亩,设计流量 50 立方米每秒。灌区有总干渠 1 条,长 3 公里;干渠 2 条,长 75 公里;支渠 21 条,长 160 公里;斗渠总长 50 公里。斗渠以上建筑物 800 座。排水总干沟 3 条,长 100 公里;干沟 5 条,长 90 公里;支沟 10 条,长 50 公里;斗沟 35 条,长 20 公里。斗沟以上建筑物 600 座。灌区渠系水利用系数 0.55。

宁夏批转农村劳动积累工制度暂行规定

10 月 7 日 宁夏自治区政府批转水利厅《关于建立农村劳动积累工制度的暂行规定》。其中规定每个农村劳动力每年要投入农村水利劳动积累工 10～20 个,主要用于县、乡办的水利工程。农村劳动积累工由各县（市、区）统一管理使用,从 1987 年开始实行。

山东省位山灌区成立灌区管理委员会

10 月 山东省聊城地区位山灌区成立以行署分管水利的副专员任主任,地区水利局局长、地委农工部副部长、地区灌溉处主任任副主任,各县市分管水利的副县长及地直有关部门的负责人为委员的 11 人灌区管理委员会。此后,各县市相继成立了灌区管理委员会。地区所辖的11个管理所均成立了干渠管理委员会。

黄河下游引黄灌区评比

11月18~30日　在河南、山东两省引黄灌区初评的基础上,水电部农水司组织两省水利厅和黄委会引黄灌溉试验站及有关灌区的负责同志,对两省推荐的4个灌区进行最终评比。结果是:山东省梁山县陈垓灌区荣获第一名,河南省人民胜利渠荣获第二名,河南省原阳县韩董庄灌区和山东省聊城地区位山灌区并列第三名。30日在郑州召开了表彰大会,水电部农水司副司长邹广荣主持会议,河南省水利厅副厅长马德全、山东省水利厅副厅长白永年和黄委会副主任庄景林等在会上讲了话。会上给4个灌区分别颁发了奖旗和奖金。

河南省韩董庄引黄灌区改善工程竣工验收

12月7~10日　河南省韩董庄引黄灌区改善工程竣工验收。该工程位于新乡市原阳县西半部,建设改善34.65万亩引黄灌区支渠以上排灌工程,计有总干渠1条,干渠3条,支渠15条,干加支4条,排水支沟7条,沉沙池7处,建筑物624座,管理房3400平方米,通信线路84公里,土方617万立方米,核定投资7503万元。改善工程从1980年开始,至1986年全部竣工。参加验收的单位有河南省建设银行、省水利厅、新乡市农委、新乡市水利局等单位。

1988 年

青海省马汉台灌区扩建工程验收

1月4~5日　青海省水利厅会同省支援龙羊峡办公室,在共和县组织有关单位代表对马汉台灌区扩建和配套及自来水工程进行了验收。

该工程由共和县安置办负责组织施工,1987年6月10日开工,12月10日完工。扩大耕地面积1958亩、林地面积194亩,解决了2900人2万头(只)牲畜饮水问题。

山东省拟将打渔张引黄灌区管理体制下放到地市

3月11日　山东省水利厅请示省人民政府,因行政区划变动,给省打渔张引黄灌溉管理局的工作造成较大困难,打渔张引黄灌区可以不再由省统一管理,拟将现在的管理局一分为二,以行政区划来分设东营、惠民管理局,分别交所在地市政府管理。

山东省陈垓引黄灌区被列为亚行援助项目实施灌区

3月22日　山东省陈垓引黄灌区获亚行"改善中国灌溉管理及水费回收"的咨询技术援助项目。水利部农水司在北京召开的6省(区)水利(水电、水保)厅及6个典型灌区代表参加的"实施亚行技术援助项目讨论会"。根据会议精神,陈垓引黄灌区管理处在调查研究的基础上,编制了"陈垓引黄灌区调研报告及各种图表",报水利部水科院亚行项目专家组,获得了较高的评价,决定帮助灌区制定:①灌溉工程运行维修指南;②灌区各项运行维修费用定额标准指南;③灌溉效益及农户增收金额估算指南;④灌溉水费标准的确定原则和方法指南。帮助灌区培养计算机管理人才,配给一台多功能计算机及国外先进的测水量水设备和视听设备。

河南省召开赵口引黄灌区规划论证会议

4月4日　河南省计经委和省水利厅联合召开赵口引黄灌区规划论证会议,黄委会、黄委会勘测规划设计院、河南黄河河务局、开封市水利局等单位33人参加。经过论证,一致赞成省政府关于加快引黄步伐的决策。同时,认为赵口灌区引水、沉沙、排水和已有工程条件都比较好,把赵口作为加

372

快引黄步伐的重要开发工程是正确的,同意先上西三干渠,并对规划设计提出了修改意见。

河南省召开渠村引黄灌区可行性研究论证会

4月5日 河南省计经委和省水利厅联合召开了渠村引黄灌区可行性研究论证会。邀请黄委会、河南黄河河务局、新乡农田灌溉研究所、省水利勘测设计院、安阳和濮阳市水利局等单位的专家、领导30余人参加。会议一致认为,加快渠村灌区建设,实行井渠结合,并对纯井灌溉区进行引黄补源是很有必要的。经过讨论,基本同意灌区的可行性论证报告,同意先上桑村和南湖两条干渠,并对可行性研究报告提出了修改意见。

山西省汾河灌区南沙河倒虹工程动工

4月10日 山西省汾河灌区一坝东干渠穿越太原市区的南沙河倒虹工程动工。该工程包括倒虹主体、进水闸、节制闸、泄水闸、防洪闸、迎泽公园引水闸、分水闸和干渠防护工程等。控制面积20万亩。

恢复水利部

4月11日 七届全国人大第一次会议决定,撤销水电部,恢复水利部,电力部分划归能源部。

内蒙古麻地壕灌区城圐圙扬水站及团结扬水站改扩建工程开工

4月 内蒙古麻地壕扬水灌区东一分干城圐圙扬水站改建、西二分干团结扬水站改扩建两项工程相继开工。东一分干城圐圙扬水站安装20吋离心泵4台,总装机容量620千瓦,扬程13.5米,流量1.17立方米每秒,投资66万元。西二分干团结扬水站安装28吋轴流泵4台,总装机320千瓦,扬程3.03米,流量5.4立方米每秒。当年竣工并投入运行。

山东省韩墩灌区重点满足沾化电厂用水

春 山东省韩墩灌区管理局根据上级指示,采取控制灌区上游供水,重点向徒骇河补源,并利用胜利油田马坊水库直接向沾化电厂调济供水等措施,在黄河水量极少的情况下,满足了电厂用水。

山东省韩墩灌区开发对虾池 10 万亩

春 山东省韩墩灌区已开发对虾池 10 万亩,占滩涂总面积 42 万亩的 23.8%,每年向虾池供黄河水 0.2 亿立方米。

青海省互助县发生违章浇水风波

5 月 2 日 青海省互助土族自治县红崖子沟乡察家村、张家村农民因违反浇水制度,截流下寨村的灌溉用水,引发了一场有数百人参加的毁苗风波。3 日,乡领导召开各村干部会议,对违反管理制度擅自浇水的 21 户农民进行了罚款处理,每违章浇 1 分地罚粮 5 公斤,并进一步重申了浇水管理制度。

苏联水利考察团先后参观宝鸡峡、泾惠渠、交口抽渭灌溉工程

5 月 26 日~6 月 1 日 以全苏水利设计院副院长阿勒都宁为团长的苏联水利考察团一行 4 人到达陕西省,先后参观了陕西省水科所及宝鸡峡、泾惠渠、交口抽渭灌溉工程,考察了西安市六村堡田间渠道工程。

甘肃省崆峒水库灌区总干渠扩建工程开工

5 月 甘肃省平凉县崆峒水库灌区总干渠扩建工程开工,1988 年底全部竣工。

1949 年 8 月平凉县解放时,灌区仅有灌溉面积 4500 亩。1952 年修建平丰渠,长 10 余公里,灌溉面积 1.5 万亩。1957 年建成崆峒渠,长 12.5 公里,设计流量 1.0 立方米每秒,有效灌溉面积 1.1 万亩。1958 年 8 月建成南干渠,长 41.2 公里,设计流量 4 立方米每秒,灌溉面积 6.93 万亩。1967 年建成柳湖渠,长 8 公里,设计流量 2.5 立方米每秒,灌溉面积 1.13 万亩。1970 年 10 月完成 1958 年修建的北干渠扩、改建工程,渠长 16.8 公里,设计流量 2.0 立方米每秒,灌溉面积 1.07 万亩。

总干渠扩建工程是崆峒、柳湖和南干 3 条干渠进行合并扩建为崆峒总干渠,使灌区统一为崆峒水库灌区。设计灌溉面积 17 万亩,包括崆峒、南干、北干、柳湖 4 个自流引水灌区,1998 年实灌面积 9.6 万亩。全灌区有总干渠 1 条,长 20 公里;支干渠 4 条,总长 60.5 公里;支渠 105 条,总长 96 公里。

山东省陈垓引黄灌区规划获水利厅批准

6月17日　山东省水利厅以(88)鲁水勘字第23号文发出《菏泽地区梁山县陈垓引黄灌区规划的审查意见》(简称《意见》)。《意见》同意规划灌溉面积增加到42.21万亩,其中自流灌溉面积26.51万亩,井灌补源和提水灌区15.7万亩。

山东省"引黄灌区分级供水、用水计量、节水扩浇示范推广"成果评审会召开

6月下旬　山东省水利厅农水处在济南市召开了"引黄灌区分级供水、用水计量、节水扩浇示范推广"成果评审会,水利部、黄委会、清华大学、山东工业大学及厅直单位参加了会议,与会专家一致认为,针对山东省水资源紧缺,引黄灌区旱、涝、碱并存,工程配套差,管理粗放,水利用率低等问题,积极推广这一技术取得了显著的经济效益和社会效益。

甘肃省拥宪渠改建工程开工

6月　甘肃省永靖县拥宪渠改建工程开工。该渠位于永靖县西河乡湟水南岸川台地上,渠首设在甘肃、青海两省交界处湟水南岸,干渠长23.6公里。设计流量1立方米每秒,加大流量1.3立方米每秒。该灌区灌溉面积1.49万亩,始建于1954年宪法公布之时,故名拥宪渠。经过30多年的通水运行,灌溉网络基本形成。本次改建主要包括渠首改建、干渠改建及渠道建筑物3项。于1994年10月竣工,共完成工程量11.2万立方米,投入劳力35.1万工日,国家投资409万元。

亚洲开发银行灌溉考察组到洛惠渠灌区考察

6月　亚洲开发银行灌溉考察组埃比蒂、斯摩尔、盛世赞一行3人,到陕西省洛惠渠灌区考察。

山东省韩墩引黄灌区实施节水改造工程

7月21日　山东省水利厅以(88)鲁水字第95号文向水利部报送《山东省韩墩引黄灌区节水技术改造工程设计任务书》。9月24日,水利部以水计(1988)第61号文予以批复,并于同月将韩墩引黄灌区列为全国节水技术改造和中国农业综合开发世界银行贷款工程项目区,截至1993年底,除完成22公里总干渠衬砌防渗改造工程外,还新建了长度为22公里的引

黄过徒(骇河)干渠和过水流量为 22 立方米每秒的徒骇河倒虹吸工程。总投资 8362.8 万元。

陕西省泾惠渠灌溉配水集中控制与调度系统科研项目通过评审

7 月 29 日　由陕西省科委、陕西省水利厅组织有关科研单位、大专院校、电子工业厅等单位专家、教授 15 人,组成鉴定委员会,对泾惠渠灌溉配水集中控制与调度系统科研项目进行评审。该项目由泾惠渠管理局和西安交通大学共同完成,获 1991 年度山西省科技进步三等奖。

陕甘宁盐环定扬黄工程正式开工建设

7 月　陕甘宁盐环定扬黄工程根据国家计委计资[1987]2379 号文批准,于本月正式开工建设,该工程西起宁夏青铜峡河东灌区东干渠 31 公里处,向东经宁夏灵武、盐池、同心县入甘肃省环县和陕西省定边县。设计流量 11 立方米每秒,流量分配给盐池县 5 立方米每秒,同心县、环县和定边县 3 县各 2 立方米每秒。灌区为苦氟水地带,氟病严重,工程完成后可解决 27 万人 79 万只羊及牲畜的饮水问题。灌溉面积为:宁夏 20 万亩,定边县 6.9 万亩,环县 1.7 万亩。共用工程设 11 级泵站,最大扬程 502 米。2000 年,设计灌溉面积 32 万亩,有效灌溉面积 25.7 万亩,当年实灌面积 14.9 万亩,设计流量 11 立方米每秒。干渠 13 条,总长 123.8 公里;支渠 35 条,总长 239.9 公里;斗农渠 94 条,总长 2333 公里。

甘肃省引大入秦工程总干渠国际招标第一组工程承包合同书签订

9 月 5 日　甘肃省引大入秦工程总干渠国际招标第一组工程承包合同书签订。该组工程包括:①6 号、7 号、8 号、22 号、23 号、24 号、26 号 7 座隧洞,总长 19420.6 米;②先明峡桥式倒虹吸 1 座,长约 550 米;③隧洞之间的明渠和其他建筑物。通过中外 10 家承包商公开竞争招标,中国铁道部二十工程局、十五工程局和中国大千技术进出口公司联营体中标并签订工程承包合同书。合同总价为人民币 5851.2329 万元,工期 54 个月。

当日,联营体代表与甘肃省物资供应公司、石油公司、引大入秦工程建设管理局水电总站分别签订有关物资、油料、用电供应协议。

27 日,世界银行电传批准该项合同。

10 月 13 日,甘肃省引大入秦工程建设管理局向该组承包商下达开工令,并以 15 日开始计算工期。

山东省签订韩墩引黄灌区节水技术改造示范工程项目协议

10 月 12 日　山东省水利厅与惠民地区行署签订韩墩引黄灌区节水技术改造示范工程项目协议书。资金安排：水利部利用国家土地开发建设资金安排资金 500 万元，其中 1988 年 150 万元，1989 年 200 万元，1990 年 150 万元；省水利厅利用省水利建设资金安排资金 500 万元，其中 1988 年 160 万元，1989 年 180 万元，1990 年 160 万元；惠民行署负责按中央、省、地县 1∶1∶1 比例落实地县配套资金 500 万元（含群众投劳），其中 1988 年 150 万元，1989 年 200 万元，1990 年 150 万元。3 年共投资 1500 万元。

甘肃省引大入秦工程总干渠国际招标第二组工程承包合同书签订

10 月 13 日　甘肃省引大入秦工程总干渠国际招标第二组工程承包合同书签订。该组工程包括：①30A、38 号、39 号 3 座隧洞，总长 18612.36 米；②水磨沟桥式倒虹吸 1 座，长 610 米；③隧洞之间明渠和其他建筑物。通过公开竞争投标，意大利 CMC 公司和中国华水公司联营体中标，并签订工程承包合同书，合同总价 10258.1346 万元，工期 54 个月。

12 月 24 日，甘肃省引大入秦工程建设管理局下达开工令。

陕西省东雷、宝鸡峡等灌区更新改造被列为水利工作重点

11 月 13 日　陕西省政府召开常务会议，针对陕西农业后劲不足、粮食生产徘徊的局面，提出抓好"双十"项目。其中水利项目有：东雷二期抽黄工程，宝鸡峡、泾惠渠和交口 3 大灌区的更新改造，渭北旱原中低产田改造，杏子河流域综合治理，6 万亩水库化肥养鱼和网箱养鱼等。

水利部设立水利综合经营奖励基金

11 月 29 日　水利部向各省（市、自治区）水利（水电）厅（局）、计划单列市水利局和部直属单位发出《关于设立水利综合经营奖励基金》的通知。设立奖励基金的目的是深化水利改革，促进水利综合经营的发展。奖励基金实施办法分奖励范围、奖励条件、申请办法、奖励办法、组织领导 5 大部分。

甘肃省洪河灌区改建工程开工

11 月　甘肃省洪河灌区改建工程正式开工，灌区位于泾川县城以北，

泾河支流洪河下游河谷川台地上,灌区包括镇原县曙光和泾川县的红河、玉都、罗汉洞等 4 个乡。以往曾修建一些小型水利工程,因设计标准偏低,加之老化失修,效益难以发挥,此次改建主要包括渠首枢纽和干支斗渠及田间配套设施。渠首设在曙光乡徐沟村,为溢流堰引水枢纽,干渠长 22.9 公里,设计流量 1 立方米每秒,全部用混凝土预制板衬砌。支渠 3 条,全长 9.9 公里;斗渠 66 条,全长 19.5 公里。1994 年 8 月竣工,共完成工程量 75.2 万立方米,投入劳力 62.2 万工日,工程投资 684 万元,灌地 1 万亩。到 2006 年,设计灌溉面积 1.01 万亩,有效灌溉面积 0.98 万亩,当年实灌面积 0.98 万亩。干渠长 22.9 公里,支斗渠长 29.95 公里,干支斗渠道全部衬砌。

河南省赵口引黄灌区续建配套工程动工

11 月　经河南省人民政府批准,赵口引黄灌区续建配套工程动工,1990 年完成,总投资 2650 万元,发展灌溉面积 70 万亩。

签订合办《灌区建设与管理》协议

12 月 2 日　山西省潇河水利管理局与河北省石津灌区签订友好协作协议书,合办杂志《灌区建设与管理》。中国灌区协会成立后,《灌区建设与管理》成为协会的刊物。

陕西省颁发水利工程管理单位财务管理办法

12 月 20 日　陕西省水利水土保持厅与陕西省财政厅联合颁发《陕西省水利工程管理单位财务管理办法》。规定对于有水费、电费和综合经营收入的水利工程管理单位,依其收支和经营情况,按照"自负盈亏,定额上交"、"以收抵支,超收结余留用,减收增支不补"和"定额补贴,超支不补,结余留用,限期扭亏"等 3 种办法进行财务包干。

1989 年

水利部颁发《黄河下游渠首工程水费收缴和管理办法（试行）》

2 月 14 日　水利部以水财[1989]1 号文颁发《黄河下游渠首工程水费收缴和管理办法（试行）》，自 1989 年 1 月起试行。1982 年颁发的《黄河下游引黄渠首工程水费收缴和管理暂行办法》废止。

山西省成立万家寨引黄总指挥部

3 月 7 日　山西省人民政府决定成立山西省万家寨引黄总指挥部。白清才任总指挥，郭怀为第一副总指挥，曹中厚、刘尚志为副总指挥，王东科为总工程师。万家寨引黄入晋工程由万家寨水利枢纽工程和引黄入晋工程两部分组成。

万家寨水利枢纽工程位于偏关县的万家寨黄河北干流上，由拦河坝、泄水建筑物、电站、开关站、引黄取水口等组成。水库总库容 8.96 亿立方米。枢纽年供水量 14 亿立方米，其中内蒙古 2 亿立方米，山西 12 亿立方米。引黄入晋工程取水口位于左岸 2、3 坝段上，总引水流量 48 立方米每秒。

引黄入晋工程输水线路全长 452.68 公里，其中总干线长 44.5 公里，南干线长 102.1 公里，南干线连接段长 139.4 公里（汾河水库以上河道输水段 81.2 公里，汾河水库至太原市呼延水厂管道输水 58.24 公里），北干线长 166.9 公里。

总干线年引水总量 12 亿立方米，分配太原市 6.4 亿立方米（经南干线及其连接段输送），朔州市及大同市 5.6 亿立方米（由北干线输送）。引黄入晋工程分两期完成。一期完成向太原送水工程，二期完成向朔州和大同送水工程。

山东省批复 5 个引黄灌区的世界银行贷款项目初步设计

3 月 7 日　山东省水利厅批复关于世界银行贷款工程项目《簸箕李引黄灌区灌溉工程初步设计》。

3 月 10 日，山东省水利厅批复关于世界银行贷款工程项目《郭口引黄灌区灌溉工程初步设计》。

3 月 15 日，山东省水利厅批复关于世界银行贷款工程项目《邢家渡引黄灌区(项目区工程)灌溉工程初步设计》。

4月5日,山东省水利厅批复关于世界银行贷款工程项目《韩墩引黄灌区工程初步设计》。山东省水利厅批复关于世界银行贷款工程项目《陶城铺引黄灌溉工程初步设计》。该工程属新开发改造水源工程项目,涉及聊城地区的阳谷、莘县两县原系引金堤河水的6个灌区。1988年3月,世界银行专家对灌区进行了项目考察。根据世界银行专家考察后提出的要求和省计委的安排,拟定了以"主要串通原引金灌区的骨干输水工程,恢复和改善灌溉条件,尽快发挥效益,同时为保证世界银行贷款项目的顺利实施,在原确定的黄淮海农业综合开发中逐步完善提高"的原则实施。

陕西省批复泾惠渠灌区农业水费标准

3月31日 陕西省水利厅、陕西省物价局以陕水农发(89)第019号文批复:泾惠渠灌区农业水费标准,斗口每立方米水水费为2分,从夏灌开始执行。

陕西省泾惠渠管理局被评为陕西省水利工程划界发证第一名

3月 泾惠渠管理局被评为陕西省大中型水利工程划界发证第一名,受到陕西省水利厅表彰,并于3月26~28日在陕西泾惠渠管理局召开了陕西省水利工程划界发证现场会。

内蒙古河套灌区配套工程开工建设

4月22日 内蒙古河套灌区八排域配套工程开工。八排域配套工程是内蒙古河套灌区配套工程之一。3月11日,内蒙古河套灌区管理总局与内蒙古黄河工程局在乌拉特前旗签订了八排域配套工程承包合同,合同金额2499.24万元。河套灌区配套工程包括总干渠续建、总排干沟扩建和8个排域配套工程。基建工程共扩建总排干沟1条、干沟6条、分干沟20条、支沟140条,总长1416公里;治理总干渠1条、配套干渠12条、分干渠25条、支渠163条、泄水渠57条,总长1253公里。新建各类建筑物3671座。田间工程共完成斗、农渠沟5.79万条,建筑物8.23万座,打井106眼,铺设暗管103公里,并进行了灌区管理房屋配套,辅助变电配套工程和无线电通信工程建设。

宁夏河套农业综合开发一期工程立项

4 月 24 日　国家土地开发基金管理领导小组批准宁夏河套农业综合开发一期工程立项。一期工程实施年度为三年,规模为改造中低产田 58 万亩,开荒 27 万亩,总投资 1.8 亿元,其中中央拨款、自治区配套和农行专项贷款各 6000 万元。

山东省批复《韩墩引黄灌区节水技术改造工程初步设计》

5 月 15 日　山东省水利厅批复《韩墩引黄灌区节水技术改造工程初步设计》。该工程目的是:在黄河现有水源条件下,扩大灌溉面积,改善中低产田的灌溉条件,同时为工业、人畜饮水及滩涂开发提供水源,为引黄灌区的节水技术做出示范。主要内容:总干渠衬砌工程、总干渠建筑物改造工程、田间配套节水工程、下游蓄水工程、完善工程管理等。

青海省大石滩灌区改造低产田工程完工

5 月 31 日　青海省大石滩灌区改造低产田工程完工。大石滩水库灌区位于乐都县亲仁、桃红营和蒲台 3 乡的浅山地区。水库于 1973 年兴建,1978 年竣工,坝高 43 米,有效库容 393 万立方米。至 1983 年,共建成干渠 12 公里,支渠 12 公里。国家历年投资总额达 780.5 万元。由于工程不配套,全灌区有 1 万亩耕地未能发挥灌溉效益。1984 年 4 月,经世界粮食计划署评估组到青海考察评估,将该工程列入该署粮援项目——中国青海 2708 项目中的 1 个分项工程。该工程 1985 年 3 月开工,共完成 8 条支渠总长 49 公里、干渠 2.7 公里(其中暗渠 1.3 公里);平整土地 1.16 万亩及田间配套工程;荒山造林 4017 亩,四旁植树 21.7 万株;修建田间道路 16 公里,还兴建了管理设施等项目。以上工程共投资 519.2 万元。

山东省批复刘春家引黄灌区续建配套工程规划

5 月　山东省水利厅以(89)鲁水勘字第 26 号文批复《关于刘春家引黄灌区续建配套工程规划》。同意该灌区规划灌溉面积 34.54 万亩,年引黄水量 2.3 亿立方米,其中本灌区用水量 1.1 亿立方米,引黄济淄(博)过清(小清河)补源水量 1.2 亿立方米。

山东省水利厅召开世界银行贷款水利项目前期工作会议

6月2~4日　山东省水利厅在济宁召开世界银行贷款水利项目前期工作会议。利用世界银行贷款加强灌溉农业项目是山东省继华北平原项目、种子项目和农业综合开发项目后的第4个利用世界银行贷款的农业项目，项目总投资10.88亿元，其中世界银行贷款4.72亿元，项目建设期5年。该项目以改造中、低产田为中心，以改善农业生产和水利设施条件、提高农业技术服务水平、达到增产粮棉、增加农民收入为目的。世界银行贷款水利项目是利用贷款加强灌溉农业项目的组成部分，由引黄补南四湖、谢寨引黄灌区、胜利灌区和井灌节水灌区4个子项目组成。

陕西省泾惠渠老化工程更新改造工程开始

6月17日　陕西省成立泾惠渠灌区更新改造工程及方田建设领导小组，并抽调工作人员负责日常工作，开始实施泾惠渠老化工程更新改造工程，该工程被批准的工程控制总投资为1340万元。

山东省济南引黄供水第一期工程通水

6月18日　山东省济南市引黄供水第一期工程建成通水。黄河水由老徐庄引黄闸输送至市区水厂，日供水能力20万吨。第一期工程是1984年9月动工，二期工程于1990年开始兴建，二期工程可向市区日供水40万吨，对保证济南市区供水和恢复泉城特色具有重大作用。

山东省下达李家岸引黄灌区改建规划的审查意见

7月　山东省水利厅以(89)鲁水勘字第11号文下达《关于德州地区李家岸引黄灌区改建规划的审查意见》。核定灌区工程规模为293.8万亩，其中包括潘庄灌区调给本灌区的27.8万亩。渠首引水流量仍为100立方米每秒，分配引黄水量为4.62亿立方米。

甘肃省金锁渠开工

9月　甘肃省庄浪县金锁渠开工兴建。渠首位于庄浪县城以东3公里水洛南河刘靳村附近，设溢流堰引水枢纽，灌溉县城西南至石门口水洛河两岸耕地11200亩。其中自流灌溉9200亩，提水灌溉2000亩，干渠长6.9公里，设计流量1立方米每秒，下设南北支干渠各1条，分别长10.4公里和

10.3公里。支渠9条,全长15.8公里,1993年7月建成通水,完成工程量68.5万立方米,投入劳力65.6万工日,完成工程投资608万元,"两西"投资569万元。2006年与民乐渠灌区合并为水洛河灌区。

河南省召开引黄协调会议

10月2~3日 河南省政府在开封召开引黄协调会。省长程维高、副省长宋照肃主持会议,郑州市、开封市、商丘地区的市长、专员、主管副市长、副专员及袁隆、陈惺、杨甫等参加了会议。会议解决了赵口施工和三义寨灌区引水线路方案等重大问题。

山东省菏泽市批转刘庄灌区按方收费报告

10月6日 山东省菏泽市人民政府办公室以菏政办[1989]58号文批转《刘庄灌区管理处关于灌区内八个乡镇引黄灌溉按方收费报告》。

黄委会调查沿黄省(区)农田水利建设情况

10月15日 黄委会组织7个调查组,包括第一副主任亢崇仁等7名委、局领导干部,19名处级干部和工程师,分赴山东、河南、陕西、山西、甘肃、宁夏、内蒙古等沿黄省(区),宣传北方水利工作会议精神,调查了解今冬明春农田水利建设开展情况,结合黄河实际,为沿黄省(区)农田水利基本建设工作当好参谋,搞好服务。11月7~10日,各组在郑州举行汇报会,总结后上报水利部。

河南省窄口灌区工程隆重开工

10月15日 河南省灵宝县窄口灌区工程指挥部举行开工典礼。河南省人大常委、省水利厅顾问何家濂、省水利厅原总工谭永久、三门峡市市长王如珍等领导及当地群众、学生千余人参加了开工典礼。开工前,3月27日,豫计经农[1989]209号文批复了《关于窄口灌区续建工程计划任务》,6月24日,豫水计字[1989]073号文批复了《关于窄口灌区初步设计》。1991年4月13日,窄口灌区一干渠通过初次试水成功。4月25日,窄口灌区一干渠工程举行隆重通水典礼。1995年9月完成续建一期工程,2000年8月完成续建二期工程。

青海省贵德县河北提黄灌区开工

10月　青海省贵德县开工修建河北提黄灌区，工程包括干渠5条，长32.86公里；支渠32条，长25公里；斗渠172条，长66.81公里，电灌站8座，各类建筑物558座。工程于1990年3月竣工，设计灌溉面积2万亩，实际灌溉面积1.42万亩。

2006年，河北提黄灌区设计灌溉面积2.7万亩，有效灌溉面积2.7万亩，当年实灌面积2.43万亩，设计流量3立方米每秒。灌区内有干渠1条，长21.7公里；支渠34条，长32公里；斗渠112条，长212公里。灌区灌溉水利用系数0.45。

山东省引黄济青工程建成通水

11月25日　山东省引黄济青工程建成通水典礼仪式在山东省昌邑县王耨泵站隆重举行。上午9时，中共山东省委书记姜春云宣布通水典礼开始，并代表山东省委、省政府讲话。全国政协副主席谷牧、水利部部长杨振环、中共山东省委顾问委员会主任梁步庭、中央顾问委员会苏毅然为引黄济青工程剪彩，谷牧签署开机命令，并启动2号机组。参加典礼的有国家及省内外有关单位共500名代表。同日，国务院发出贺电。该工程于1991年12月5日通过国家验收。国务院总理李鹏本年9月6日为工程题词："造福于人民的工程。"

山西省颁发水利工程、水费标准和管理办法

11月26日　山西省人民政府第14号令发布《山西省水利工程、水费标准和管理办法（试行）》（简称《办法》），自1990年1月1日起施行，《办法》共5章33条，对适用范围、各级人民政府辖区内水利工程水费标准的确定及批准执行程序、水费的标准、水费的计收、水费的管理均作了明确规定。

12月14日，山西省水利厅、山西省物价局联合召开山西省水费工作会议，重点研究山西省政府颁发的《山西省水利工程、水费标准和管理办法（试行）》有关问题。

河南省三义寨引黄总干渠清淤

11月　河南省三义寨引黄总干渠开展清淤工作，由民权县出动民工12万人，集资1200万元，清淤疏浚长度45公里，完成土石方281万立方米。

青海省南门峡灌区工程通过验收

12月4日 青海省互助土族自治县南门峡灌区工程通过国内验收。南门峡灌区工程位于县西部山区,是世界粮食计划署援建的一项综合性农业水利工程(中国青海 WFP2708 项目的组成部分),1985 年 5 月开工,修干支渠 63.6 公里,平整土地 5 万多亩,修筑道路 132 公里,四旁植树 100 多万株,荒山造林 1.2 万亩,工程设计灌溉面积 6.5 万亩。

甘肃省引大入秦工程总干渠国内招标第一组工程承包合同书签订

12月17日 甘肃省引大入秦工程总干渠国内招标第一组工程承包合同书签订,该组工程横跨大通河的低坝引水枢纽,长 143 米;1 号到 5 号隧洞 5 座,总长 4.7 公里;3 段渠道。通过公开竞争招标,水电部第四工程局和甘肃省水电工程局联营体中标承建,并签订工程承包合同书。工程合同总价 3032.8 万元,工期 42 个月。

1990 年 4 月 1 日,甘肃省引大入秦工程建设指挥部(1989 年 3 月 9 日成立)向承包商发出开工令。

黄河下游年引黄水量达 154.4 亿立方米

是年 黄河下游河南、山东两省引黄水量达 154.4 亿立方米,为 1965 年黄河下游复灌以来的最高记录。其中,河南引水 31.1 亿立方米,山东引水 123.3 亿立方米。两省引黄抗旱灌溉面积 3000 万亩(河南 500 万亩,山东 2500 万亩);沿黄 13 个地市小麦总产达 130.1 亿公斤,比 1988 年增产17.3 亿公斤。同时,还向南四湖送水 5 亿立方米,向青岛送水 1.5 亿立方米。

山东省引黄灌区计量供水到乡工作取得进展

是年 山东省建成乡镇级测水站(点)428 处,190 个乡(镇、厂、场)实现了计量供水。部分灌区开展了计量供水到村的试点工作,建村级测水点63 个,计量供水到村 31 个。县、乡、村计量站(点)共计达到 747 处。

到年底,山东省引黄灌区中全部计量供水到乡镇的灌区(不包括只有一个乡镇的灌区)有陈垓、刘庄、田山、郭口、葛店等,共计 48 个乡镇。灌区内部分乡镇实现计量供水的有位山、打渔张、刘春家、苏泗庄、旧城、李家岸、韩墩、白龙湾、韩刘等灌区,实现供水计量到乡镇的乡镇数分别为 87 个、8个、3 个、4 个、3 个、3 个、1 个、4 个、3 个,其中位山灌区占总乡镇数的 82%。

1990 年

陕西省颁布《加强灌溉水费管理的十条规定》

1 月 24 日　陕西省水利水土保持厅颁布《加强灌溉水费管理的十条规定》，大力推行水费廉政"三公开"、"两不准"、"一禁止"制度，即公开水费标准、公开用户水量、公开水费账目；不准在规定的标准外乱摊派，不准乘收水费乱搭车；禁止浇"人情水"，加强水费廉政建设，纠正水利行业不正之风。

宁夏调整农业水费标准

2 月 9 日　宁夏水利厅、物价局以宁水发[1990]10 号文通知扬水灌区农业用水由每立方米 1.5 分调整到 3 分。

自流引黄灌区农业水费标准已于上年由宁夏自治区政府以宁政[1989]30 号文进行了调整，每立方米水由 1 厘调整为 2 厘。

黄委会召开沁河拴驴泉水电站与引沁济蟒渠协调会

2 月 12～13 日　为认真贯彻国务院、水利部关于解决沁河拴驴泉水电站河段争议问题的批示精神，黄委会邀请山西、河南两省水利厅在河南郑州召开协调会议。会议就山西省拴驴泉水电站给河南省引沁济蟒渠送水的倒虹吸和输水隧洞尽快施工和施工期间发电、灌溉运用方式问题达成了协议。

山东省批复《道旭引黄灌区恢复改建工程初步设计》

3 月 28 日　山东省水利厅批复惠民地区《道旭引黄灌区恢复改建工程初步设计》，同意引黄闸设计流量为 15 立方米每秒，包括滨州市和博兴县在内的设计灌溉面积 16.4 万亩，其中水田面积 2 万亩，旱田面积 14.4 万亩，基建工程总概算 1013 万元。该工程于 5 月 15 日开工，11 月 4 日土方工程全线完工，1991 年 8 月 25 日建筑物工程开工，1992 年 5 月 20 日全部竣工，同年 8 月 1 日进行验收。

山东省批复《关于引黄补南四湖陈垓输水工程赵坝沉沙池施工图设计》

4 月 17 日　山东省水利厅批复济宁市水利局《关于引黄补南四湖陈垓

输水工程赵坝沉沙池施工图设计》。同意按应急项目兴建该工程,由黄淮海开发 1989 年项目中列支,核定工程总投资 86.8 万元。该工程系陈垓输水工程沉沙条渠的一部分,可增加对南四湖补水 1 亿立方米,解决南四湖水产业和滨湖工农业的发展。

全国灌区微机技术开发应用经验交流会在山东省聊城市召开

4 月 20 日　水利部农水司在山东省聊城市召开第一次全国灌区微机技术开发应用经验交流会,23 日在惠民县结束。到会的有水利部农水司、水科院、中国水利学会计算机专业委员会、有关的大专院校和 13 个省、自治区共 41 个单位的代表及特约专家。山东省位山、簸箕李两灌区代表在会上发了言。

山东省陈垓、国那里两灌区向南四湖送水

春　山东省梁山县陈垓、国那里两座引黄闸各向南四湖送水 1.1 亿立方米,以解决济宁郊区、嘉祥、金乡、鱼台、微山等县区百万亩农田灌溉问题,满足了夏粮生产和 50 多万亩水稻插秧的需要。同时,基本满足了水产养殖水源,并缓解了济宁市区工业和居民饮用水困难。

甘肃省景泰川电力提灌灌区启动世界粮食计划署粮援项目

5 月 1 日　甘肃省景泰川电力提灌灌区正式启动 WFP3355 项目(即世界粮食计划署粮援项目第 3355 项,以下同类)。该项目执行期为 5 年,援助项目主要内容为:平田整地 24700 公顷,斗农渠工程 7966.5 公里,建筑物 47461 座,农田道路 908 公里,农家水窖 21365 个,人畜饮水供水管道 43.1 公里,植树造林 4411.2 公顷,培训农民技术员 1520 人次。总计劳动工日 3085 万个,共援助粮食 10.03 万吨,价值 1867.57 万美元,国内配套资金 6781.69 万美元。

山东省李家岸引黄灌区签订向济阳县西部乡镇供水协议

5 月 9 日　山东省济阳县水利局与德州地区李家岸灌区管理处签订了区划调整后李家岸引黄灌区向济阳县西部 3 个乡镇供水问题的协议。

青海省 WFP2708 项目现场终期检查合格

5 月上旬　世界粮食计划署无偿援助的青海省 WFP2708 项目经过 4

年实施,经该署官员现场终期检查,确定各项计划已按原来签订的协议完成,工程质量良好,并开始发挥效益。

乔石视察三盛公水利枢纽工程

5月18日　中共中央政治局常委乔石,在内蒙古自治区领导和盟市领导陪同下,视察了三盛公水利枢纽工程。

沿黄地区综合开发学术研讨会在郑州召开

5月24~26日　国家科委、国家计委组织全国著名专家在郑州召开了沿黄(河)地区综合开发学术讨论会。会议围绕开发黄河问题进行学术研讨,交流了沿黄地区综合开发和区域发展研究成果。专家们建议把这一地区的综合开发治理研究列入国家"八五"科技攻关项目。之后国家计委把沿黄地区列入国家重点开发的一级轴线。

水利部批准宁夏沙坡头水利枢纽工程可行性研究报告

5月　水利部以水规[1990]25号文批准了宁夏沙坡头水利枢纽工程可行性研究报告。沙坡头水利枢纽位于黑山峡出口处中卫县境内,是以灌溉、发电为主要目的的低水头水利枢纽。该工程的实现可使卫宁灌区变无坝取水为有坝取水,使灌溉保证率由50%提高到80%以上,除改善现有灌溉66万亩农田外,还可扩灌59万亩。电站设计水头8.9米,年平均发电量6.71亿千瓦时,可为扬水新灌区提供廉价电力。

陕西省洛惠渠灌溉工程更新改造规划技术经济论证会召开

6月7~9日　陕西省洛惠渠灌溉工程更新改造规划技术经济论证会在大荔县召开,到会的专家、教授和水利部、省、地领导近百人。会前陕西省副省长王双锡、水利厅厅长刘枢机看望与会人员。渭南行署副专员张宗良主持会议,地委书记李天文到会讲话。会议一致认为,洛惠渠更新改造刻不容缓。

山东省召开韩墩灌区节水技术改造项目座谈会

6月13日　山东省水利厅在滨州市韩墩引黄灌溉局就实施水利部关于韩墩引黄灌区节水技术改造项目的有关问题进行了座谈。参加会议的有副厅长白永年、农水处处长牛家顺、惠民行署副专员胡安夫、水利局副局长厉复昌及韩墩引黄灌区负责人等。会议形成《关于实施韩墩引黄灌区节水技术改造工程项目的座谈纪要》。

河南省10个引黄灌区获省先进灌区管理单位称号

6月25日~7月7日　河南省进行先进灌区管理单位评选。引黄灌区中，人民胜利渠灌区获一等奖，引沁灌区、伊东渠灌区、韩董庄灌区、杨桥灌区获二等奖，洛南灌区、大功灌区、柳园口灌区、渠村灌区、邢庙灌区获三等奖。在12月召开的全省农田水利工程管理工作会议上，副厅长冯长海对获奖单位进行通报表扬和授奖。

陕西省举行东雷抽黄续建工程开工典礼

7月22日　陕西省水利水土保持厅和渭南地区行署在大荔县汉村隧洞举行东雷抽黄续建工程开工典礼，省长白清才、副省长王双锡、省人大副主任刘力贞等党政领导出席大会并剪彩。国家计委农经司、水利部计划司、农水司、黄委会等部门负责人应邀出席。东雷抽黄续建工程是陕西利用世界银行贷款建设的农业综合开发项目的第一个子工程，从黄河小北干流合阳县太里湾引水，设计引水流量40立方米每秒。设计灌溉大荔、蒲城、富平、渭南4县（市）农田126万亩。其中，扩大灌溉面积85万亩，补充灌溉面积41万亩。解决30万人口的饮水困难。总投资5亿元。

1997年7月3日，陕西省省委、省政府在蒲城县下寨三级抽水站隆重举行东雷抽黄续建工程试通水暨泾惠渠渠首加坝加闸竣工、"引冯济羊"全线贯通庆典大会。大会由省委副书记蔡竹林主持，省委书记安启元、省长程安东等领导参加并讲话，水利部部长钮茂生出席了大会。

山东省张辛引黄灌区工程规划转报黄委会

8月1日　山东省水利厅向黄委会转报《济南市济阳县张辛引黄灌区工程规划》，将已运行30多年的张辛和小街两处虹吸工程拆除，合建张辛引黄闸。1991年3月4日至5月30日完成总干渠渠首工程，3~6月完成张辛引黄闸的修建，冬季完成总干渠工程。

2000年，灌区设计灌溉面积15.4万亩，有效灌溉面积12.1万亩，当年实灌面积11.7万亩，设计流量15立方米每秒。灌区有总干渠1条，长3.5公里；干渠5条，长47.9公里；支渠47条，总长63公里；斗渠120条，长92公里；斗渠以上建筑物254座。排水干沟3条，长33.7公里；支沟51条，长

97.5 公里;斗沟 120 条,长 95 公里。斗沟以上建筑物 153 座。灌区灌溉水利用系数 0.35。

河南省濮阳市引黄供水工程完工

8 月 11 日　河南省濮阳市引黄供水工程完工。该工程 1987 年 4 月 1 日动工兴建,从濮阳县渠村引黄闸引水,供水能力为每日 6 万吨,用以保证中原化肥厂生产及市区居民生活用水需要。

内蒙古河套灌区总排干工程开工

9 月 10 日　内蒙古河套灌区总排干工程监理处发出开工令,要求承包商 10 月 10 日正式开工。10 月 17 日,水电部十三工程局联合体河套灌区总排干工程指挥部在主营地举行总排干工程开工典礼,总排干及其建筑物正式破土动工。

中国近代水利史学术讨论会在泾惠渠管理局召开

9 月 11~15 日　中国近代水利史学术讨论会在陕西省泾惠渠管理局召开,全国 25 个省(市、自治区)100 多名专家、学者以及水利部副总工程师徐乾清,中国水利史研究会名誉会长姚汉源,中国水利史研究会会长周魁一,新疆维吾尔自治区原水利厅副厅长王鹤亭,陕西省水利厅厅长刘枢机、副厅长任三成出席了会议,日本"中国水利史研究会"代表爱媛大学副教授藤田胜久和兵库教育大学专务讲师松田吉郎也应邀出席会议,进行学术交流。陕西省副省长王双锡代表省政府到会祝贺并讲话。会议期间共收到学术论文 110 篇,有 50 多人在大会上发言,进行学术交流。会议深入探讨李仪祉先生及近代水利建设的重要成就和历史地位。

江泽民视察三盛公水利枢纽工程

9 月 27 日　中共中央总书记江泽民视察了黄河三盛公水利枢纽工程。总书记江泽民走在拦河闸上,望着奔腾的黄河水,关心地询问枢纽工程建成以来作用发挥得怎么样,管理局领导汇报了枢纽工程效益情况。当江泽民总书记听到枢纽工程已经发挥巨大效益时,说:"有水就有生命,有水就有绿洲。过去说,'黄河百害,唯富一套'。看来,我们只有把水驯服,才能把河套地区建设成真正的塞上江南。"总书记江泽民还视察了河套灌区临河市黄杨木头乡广联村果园。

宁夏惠农县燕子墩乡上宝闸暗管排水示范区建成

9 月　经水利部立项的宁夏惠农县燕子墩乡上宝闸暗管排水示范区建成,总面积 1907 亩,其中开荒新增灌排面积 1100 亩,改造 807 亩。投资 45 万元,经运行,效果显著,1991 年 8 月通过验收,为宁夏改造低产洼盐碱地探索了新路子。

甘肃省景泰川电灌二期工程总干渠全线通水

10 月 15 日　坐落在腾格里沙漠南缘的甘肃省景泰川电灌二期工程经过 6 年建设,实现了总干渠全线通水。二期工程共建成设计流量 18 立方米每秒,加大流量 21 立方米每秒的总干渠 1 条,大型泵站 13 座,安装电机水泵 204 台,装机容量 17.5 万千瓦,安装直径 1.7 米输水管道 12.4 公里,兴建渡槽、隧洞等建筑物 800 余座,建成 110 千伏安以上变电所 13 座,架设高压输电线路 203 公里。

苏联中亚灌溉技术研究所派员到洛惠渠灌区参观考察

11 月 6 日　苏联中亚灌溉技术研究所 A·卡得罗夫、M·拉西莫夫、B·斯克雷尔宁科夫、R·穆哈梅多夫到陕西省洛惠渠灌区参观考察。

陕西省羊毛湾水库除险加固工程竣工验收会召开

11 月 6~8 日　由陕西省水利水土保持厅主持在咸阳市召开羊毛湾水库除险加固工程竣工验收会。参加会议的有国家防汛指挥部、水利部、黄委会、水利部大坝安全监测中心、黄河中游治理局和陕西省地县有关部门等 41 个单位的领导、专家。验收会一致通过了《羊毛湾水库除险加固工程竣工验收鉴定书》,认为除险加固工程设计合理,施工质量符合要求,可以摘掉病险水库的帽子。

除险加固工程从 1989 年 9 月开始施工,工程包括输水洞和泄水底洞改建安装、溢洪道改建加固、大坝原型观测设施布设、10 千伏输电线路架设和漏水部位水下封堵等工程,1989 年 11 月全部竣工。

山西省审议通过水利工程管理条例

11 月 16 日　山西省第七届人民代表大会常务委员会第十九次会议审议通过了《山西省水利工程管理条例》(简称《条例》),自 1991 年 1 月 1 日起实施。《条例》共分 6 章 24 条,对适用范围、管理机构、管理职责、安全保护、奖励与处罚都作了明确的规定。

河南省人民胜利渠灌区远方监控系统鉴定会召开

11 月　河南省人民胜利渠灌区多微机分布式远方监控系统鉴定会召开。1987 年国家科委、水利部、河南省水利厅确定实施此项目,经过科技人员 3 年协同攻关,在百里总干渠内建成远方监控系统,可对放水、停水、流量调节、定时控制、报警显示、数据处理等实现自动管理。

山东省调整打渔张引黄灌区管理体制

12 月 5 日　山东省人民政府对打渔张引黄灌区体制问题进行了批复,决定打渔张引黄灌区不再由省统一管理。将原打渔张引黄灌区的渠首工程(含洛车李分水闸)、二干渠及三干渠博兴段的渠系移交给山东省引黄济青工程管理局管理;将原打渔张引黄灌区的四干渠、五干渠和三干渠东营区划内的渠系交给东营市管理。原打渔张二干渠及三干渠博兴段仍由打渔张引黄闸供水;四干渠、五干渠及三干渠东营市区划内的渠系由麻湾、曹店两引黄闸供水。相应渠段的管理机构和人员分别由东营市、引黄济青管理局接管。打渔张引黄灌区的名称由引黄济青管理局保留。

陕西省港口抽黄灌溉工程进行竣工验收

12 月 14 日　陕西省与渭南地区水利部门联合组织,对 1975 年 11 月全面开工的港口抽黄灌溉工程进行竣工验收。该工程由陕西省、地、县投资 2442.88 万元,群众投劳 300 万个,建成高扬程、大流量的多级抽水泵站,可灌溉潼关、华阴 9.8 万亩农田,解决 5 万人饮水困难。

2000 年,灌区设计灌溉面积 20.3 万亩,有效灌溉面积 12 万亩,当年实灌面积 4.4 万亩,设计流量 7.15 立方米每秒。灌区有总干渠 1 条,长 1.98 公里;干渠 4 条,长 15.4 公里;支渠 9 条,长 50 公里;斗农渠 77 条,长 65 公里。灌区灌溉水利用系数 0.43。

陕西省洛惠渠《计算机在灌区用水管理中的应用技术研究》通过水利部组织的鉴定

12 月 27 日　《计算机在灌区用水管理中的应用技术研究》科研项目在陕西省大荔县通过水利部组织的鉴定。这一项目是由水利部农水司委托,陕西省水利厅农水处主管,洛惠渠管理局和西北农业大学水利系承担,历时4年完成。专家评审该项目为国内首创,居国内领先并接近国际先进水平。

联合建设万家寨工程意向书在北京签字

12月29日 《关于联合建设万家寨水利枢纽和引黄入晋工程的意向书》签字仪式在北京举行。水利部计划司、内蒙古自治区计委、山西省计委负责人分别代表水利部、内蒙古自治区和山西省政府在意向书上签字。

山东省麻湾引黄灌区建成开灌

是年 山东省麻湾灌区建成开灌。该灌区控制范围为打渔张灌区原二、三、四干渠灌溉面积。

2000年灌区设计灌溉面积74万亩,有效灌溉面积60万亩,当年实灌面积50万亩,设计流量60立方米每秒。灌区有总干渠1条,长32公里(衬砌5.2公里);干渠3条;支渠210条,长425公里;斗渠2100条,长约2100公里。斗渠以上建筑物260座。排水系统有排水总干沟6条,长20公里;干沟3条,长90公里。斗沟以上建筑物2200座。灌区灌溉水利用系数0.55。

1991 年

河南省陆浑灌区一期工程进行竣工验收

1月15～18日　河南省陆浑灌区一期工程进行竣工验收。参加验收的有省水利厅副厅长舒嘉明、冯长海,省大型项目办公室副主任魏翊生,省计经委副总工程师姚文武,省建设银行副处长刘树森,郑州市副秘书长王国贤等。

陆浑灌区水源来自1965年已建成的陆浑水库。灌区工程1970年2月开始兴建,1988年基本建成。由于种种原因,除铁窑河、口孜渡槽进行过单项工程验收外,其余工程没有进行过单项验收和阶段验收。本次验收认为,该工程项目已经完成,基本达到近期建设目标,为充分发挥灌溉效益,同意交付使用。工程总投资27085.2万元。

陕西省通过水资源管理条例

1月29日　陕西省第七届人民代表大会常务委员会第十九次会议通过《陕西省水资源管理条例》,标志着陕西省水资源管理工作进入依法管理的新阶段。

《陕西省水资源管理条例》共7章45条,对管理机构与职能、开发利用、用水管理、水资源保护、奖励与处罚均作了明确规定。

青海省大红岭灌区开工

1月　青海省平安县大红岭灌区列入第一期农业综合开发项目,当月开工。于1993年6月份竣工,扩大灌溉面积1.36万亩。

2006年,大红岭灌区设计灌溉面积1.6万亩,有效灌溉面积1.06万亩,当年实灌面积1.00万亩,设计流量0.3立方米每秒。灌区内有干渠2条,长24.8公里;支渠4条,长30.8公里;斗渠37条,长59公里。灌区灌溉水利用系数0.44。

内蒙古河套灌区四排域配套工程招标会议召开

2月1日　内蒙古河套灌区四排域配套工程招标会议在临河召开。3月3～13日通过评标小组认真评议,并经盟招标委员会审定和世界银行同意,工程由黑龙江省农垦管理总局水利工程局中标,工程总承包金额3161万元,工期3年。4月20日签订承包合同,5月24日河套灌区管理总局发出开工令。

山东省济南引黄保泉二期工程动工

3月5日　山东省济南市引黄保泉二期工程正式破土动工。该工程是为了确保济南城市供水需要,保持泉城特色而兴建的。一期工程于1987年底建成投产,日供水量为20万吨。二期工程设计日供水量40万吨。

陕西省颁布水利工程水费计收管理办法

3月18日　陕西省人民政府颁布《陕西省水利工程水费计收管理办法》,共5章28条,对适用范围、水费计收标准、水费计收办法、水费的使用和管理均作了明确规定。

顾金池视察引大入秦工程

3月20日　甘肃省委书记顾金池由兰州市委书记李虎林、省委秘书长仲兆隆陪同到秦王川灌区视察了已建成的2万亩示范田和田间配套工程。在省引大入秦工程指挥部听取了指挥部常务副指挥华镇关于工程建设情况的汇报后,顾金池书记为引大入秦工程建设者挥毫题词:"建设引大工程,创千秋伟业。"

翌日,顾金池书记一行视察了盘道岭隧洞、30A隧洞,分别会见了日本熊谷组负责人前田恭利和意大利CMC公司工程负责人法布瑞秋,并对工程建设作了指示。

钱正英先后到陕西省5个市(地区)进行视察

4月6~19日　全国政协副主席钱正英先后到西安、宝鸡、咸阳、榆林、渭南等5个市(地区)进行视察,重点了解西安市缺水和供水工程、关中灌区、神府煤田开发区和榆林风沙滩区井灌工程情况,并提出"抢救西安、抓住关中、开发陕北"的意见。4月16日专程视察了东雷抽黄灌溉工程。

全国泵站工程学术研讨会在大禹渡灌区召开

4月25日　中国水利学会农田水利委员会在山西省大禹渡灌区召开泵站工程学术讨论会。有来自全国20余个省市120位代表参加会议,会议期间代表们参观了大禹渡泵站及灌区工程。

万家寨工程列入国家"八五"开工建设项目

4月 七届全国人民代表大会四次会议批准的《国民经济和社会发展十年规划和第八个五年计划纲要》中,万家寨水利枢纽工程和引黄入晋工程被列入国家"八五"开工建设项目。

钱正英在山东考察有关引黄工程

5月17~23日 全国政协副主席钱正英在山东省水利厅厅长林廷生陪同下,考察了淄博市黄家铺乡供水中心、恒台县吨粮田、淄博市引黄供水工程,引黄济青工程的渠道引水闸、沉沙池、宋庄泵站、王耨泵站等工程,寿光县海水侵染区,莱州市海水侵染区以及龙口市、石岛县、威海市等地。考察中听取了山东省水资源状况及解决缺水的总体规划情况汇报,以及沿途地方政府的工作情况汇报,并与当地有关领导进行了座谈。

甘肃省景泰川电力提灌二期工程暴雨成灾

6月8日 甘肃省景泰川电力提灌工程二期工程边外滩灌区及总干渠7泵站至13泵站区间,骤降特大暴雨,引起山洪暴发,致使总干渠8泵站、13泵站,边支1泵站被淹;总干渠,边支1、2分支渠,总3、总4支渠严重毁坏,被迫全线停机,使正常运行的景泰川电力提灌二期工程处于瘫痪状况。受到洪水威胁的各泵站、水管所和参加抢险的检修队、维修队等单位,密切协作,奋战3天4夜,终于使停机86小时的总干渠于6月12日12时恢复运行。

江泽民视察宁夏河套灌区

6月 中共中央总书记、国家主席、中央军委主席江泽民视察宁夏河套灌区,并以"塞上江南,再放异彩"题词。

世界粮食计划署对兴堡子川电力提灌工程被援助项目进行考察评估

7月7日 世界粮食计划署水利部门评估团团长菲利普·特沃先生、WFP驻华代表处执行主任乔勃先生、高级项目官员王歆、项目监评官员赵地华女士、WFP驻北京代表处项目官员3人,对甘肃省兴堡子川电力提灌工程被援助的WFP2639项目进行实地考察。参加考察评估的各方面专家还有灌溉专家弗朗希斯、农经专家莫可可、环境保护专家杰克逊、农学专家戴维斯、社会学家万达等。当天评估团听取了 WFP2639 项目实施情况汇报;8 日和 9 日,实地评估了兴堡子川灌区、总分水闸、董事庙渡槽、2 泵站、6 泵站等工程建设和灌区效益。评估团回联合国总部后向粮援委第 34 届会议(1992 年 11 月 3～6 日于罗马)汇报了考察评估情况,最终结论是项目实施情况良好。

甘肃省领导为景泰川电力提灌工程通水 20 周年题词

8 月 3 日　甘肃省省委书记顾金池为景泰川电力提灌工程通水 20 周年题词:"祝贺景泰川电灌一期工程上水二十年,希望认真总结景电一期工程经验,促进甘肃水利事业发展。"

在此之前,省长贾志杰同志于 6 月份题词:"依靠科学管理,提高工程效益。"7 月份省顾问委员会主任李子奇同志题词:"搞好沿黄提灌工程,改变中部干旱面貌。"

宁夏召开沟道塌坡治理课题鉴定会

8 月下旬　宁夏水利厅在石嘴山市召开了沟道塌坡治理课题鉴定会。参加会议的有引黄灌区各市县水利局局长及工程技术人员 60 人,并邀请了中国水科院水利所、中国水利学会农田水利专业委员会排水学组以及甘肃、新疆、内蒙古、河北等省区专家 20 人。会议对宁夏进行的柳桩草土护坡、柳桩框架固坡、干砌石固坡、土工布、砂柱桩固坡等沟道塌坡治理课题进行了专家鉴定,对排水沟防塌技术进行了交流,并对水利部立项的惠农县上宝闸暗管排水试验项目进行了专家验收。

钱正英率组考察甘肃省景泰川电力提灌二期工程

9 月 9～11 日　全国政协副主席钱正英率全国政协考察组,考察了甘肃省景泰川电力提灌二期工程一泵站、明沙嘴暗渠、治沙工程,走访了灌区新井、高岭等村移民。她指出,二期工程质量好,特别是工程配套、平田整地都及时跟上,这是过去少有的,二期工程创造了很好的经验。

1994 年 9 月,为祝贺二期工程竣工,钱正英同志题词:"扬黄灌溉,大有可为。"

内蒙古乱井滩扬水灌溉工程开工

9月10日　内蒙古阿拉善盟乱井滩扬水灌溉工程开工兴建。该工程位于阿盟阿左旗境内，从宁夏中卫县引黄北干渠引水，引水流量 5～6 立方米每秒，四级泵站总扬程 237 米，净扬程 208 米，灌溉面积 17.2 万亩，是自治区最大的高扬程提灌工程，总投资 11814.45 万元。1993 年 11 月主体工程基本建成。

青海省平安灌区改造工程开工

9月中旬　青海省平安县平安灌区改造工程开工，干渠衬砌 12.8 公里，改建建筑物 78 座，1994 年 8 月竣工，灌溉面积达到 1.6 万亩，其中：自流灌溉 1.0 万亩，提灌 0.6 万亩，该灌区是平安县粮食生产的主要基地。

内蒙古河套灌区红圪卜排水站扩建工程竣工

9月28日　内蒙古河套灌区总排干沟红圪卜排水站扩建工程竣工。水利部副部长严克强、自治区政府副主席阿拉坦敖其尔参加了竣工庆典。这项工程是河套灌区排水系统的"咽喉工程"，规模大，技术和设备复杂。

甘肃省引大入秦工程总干渠 26 号隧洞变更承包商

10月3日　中国铁道部十五工程局、二十工程局和中国大千技术进出口公司联合体，以施工质量不能达到合同规定的技术规范要求和无能力在期限内竣工，正式向业主提交"无条件退出国际第一组标 26 号隧洞工程的报告"。经双方商谈并征得世界银行同意，业主于当月 5 日同意将引大入秦工程总干渠 26 号隧洞从国际招标第一组合中分割出来，另行招标。后经公开竞争招标，1992 年 4 月 17 日中国铁道部十八工程局中标承建，并于 4 月 28 日签订工程承包合同。该洞全长 5405.8 米，已开挖段长 1691.7 米，未开挖段长 3714.1 米，签订合同价 3288.3266 万元，6 月 25 日，甘肃省引大入秦工程建设指挥部向承包商发出开工令。

全国 20 个大中型灌区和泵站评为部一级管理单位

10月15日　经水利部企业管理领导小组第八次会议对全国 5225 个万亩以上灌区的工作进行综合考评，最后研究审定，全国 20 个大中型灌区和泵站为部一级管理单位。河南省人民胜利渠管理局、陕西省泾惠渠、洛惠渠、交口抽渭管理局等一批引黄灌区管理单位被列为部一级管理单位。

山西省转发已建成水利工程划定管理范围和保护范围的意见

10月24日　山西省政府办公厅以晋政办发〔1991〕166号转发山西省水利厅、山西省土地管理局《关于已建成水利工程划定管理范围和保护范围的意见的通知》。

甘肃省景泰川电力提灌工程调整水价

11月1日　经甘肃省物价委、水利厅指示,景泰川电力提灌一期工程农业用水价由原来的每立方米0.04元调整为0.06元;二期工程农业用水由原来的每立方米0.05元调整为0.08元;每亩固定水费仍按1.00元执行。

大柳树灌区规划审查会在北京召开

11月8～23日　水利部水利水电规划设计总院邀请有关方面专家、教授和代表共54人,在北京对黄委会勘测规划设计院编制完成的《黄河大柳树灌区规划研究报告》进行了审查。水利部总工程师何璟参加了会议。与会专家一致认为,该报告基础资料可靠,论证充分,规划研究成果可以作为研究大柳树灌区规划方案比选和决策的依据。

山东省召开打渔张灌区管理工作会议

11月15日　山东省打渔张灌区管理工作会议在滨州市召开,参加会议的有省引黄济青管理局,惠民、东营两地市专员、市长,博兴、广饶两县县长和地市水利系统有关负责人。会议主要讨论如何加强对打渔张灌区的管理,恢复和发挥工程效益问题,以便使打渔张灌区更好地为博兴、广饶两县工农业生产发展服务,为进一步发展国民经济和开发黄河三角洲作出贡献。会议决定:①成立灌区领导小组。由省水利厅副厅长王守福、惠民行署副专员胡安夫、东营市副市长张万湖和省引黄济青管理局局长张孝绪组成。②成立打渔张灌区管理委员会,由引黄济青管理局处长王蓥鹏,惠民地区水利局局长姜之述,东营市水利局局长刘炜,博兴、广饶两县副县长和水利局局长等组成。另外,还对供水和水费计收、灌区管理以及灌区清淤等问题作了明确规定。11月23日,引黄济青管理局颁布了《打渔张引黄灌区水费计收和管理实施细则》。1992年2月12日,省水利厅印发《山东省打渔张灌区管理办法(试行)》。

山西省禹门口提水灌区工程开工

11 月　山西省禹门口提水灌区工程开工。禹门口提水工程由枢纽和灌区两大部分组成,枢纽工程包括一级站、沉沙池、一级干渠、二级站及河津龙门电灌站改建五大项。灌区工程是山西省计委 1991 年以晋计投字[1991]972 号文批复兴建的,总投资 1.97 亿元。设计灌溉河津、新绛、稷山 3 县市 50 万亩农田。该灌区工程由 72.265 公里的二级干渠和总长 225.2公里的 31 条 U 形支渠及沿山 7 座扬水站 3 部分组成。干渠以南自流灌溉面积 35 万亩,干渠以北灌溉面积 15 万亩。修建 7 座扬水站,其中河津县 2座,稷山县 2 座,新绛县 3 座。2006 年,设计灌溉面积 50 万亩,有效灌溉面积 25.21 万亩,当年实灌面积 7 万亩,设计流量 26 立方米每秒。总干渠长1.5 公里;干渠长 52.4 公里;支渠 14 条,总长 73.6 公里;斗农渠 238 条,总长 750 公里。灌区灌溉水利用系数 0.4。

甘肃省引大入秦工程指挥部组团与日本承包商谈判

12 月 6~27 日　应日本熊谷组社长熊谷太一郎先生的邀请,受甘肃省政府委托,省引大入秦工程指挥韩正卿率领由省直有关部门领导共 7 人组成的谈判团,赴日本与熊谷组就盘道岭隧洞工程在原合同价之外给予补偿的问题进行谈判。

10~12 日谈判期间,针对盘道岭隧洞地质条件比原设计差,熊谷组已比原设计投入了数量较多的原材料和设备的实际情况,谈判团同意为其增加材料补偿 6000 万元人民币。日方还要求对外汇汇率变动损失的 1.9 亿人民币补偿 9000 万元,谈判团未予同意。

19~23 日,谈判易地香港,谈判团与熊谷组(香港)有限公司总经理兼副董事主席于元平先生会谈,因谈判团坚持原意见,谈判未果。

水利部批准山东省《引黄入卫工程可行性研究报告》

12 月 12 日　水利部批准山东省水利勘测设计院编写的《引黄入卫工程可行性研究报告》。该工程自位山灌区引黄闸开始,经位山灌区三干渠到临清市入卫运河,全长 130 公里,设计流量 80 立方米每秒,年引黄水量6.2 亿立方米,向河北省年送水量 5 亿立方米。总投资 1.84 亿元。工程1992 年 11 月开工,1994 年 11 月 10 日建成通水。

1992 年

山东省引黄济淄(博)一期工程通水

1月6日 山东省引黄济淄(博)一期工程开始通水。该工程是山东省继引黄济青工程后又一大型引黄工程。设计日供水量50万立方米,年引水量2亿~3亿立方米。完成的一期工程首先解决齐鲁石化公司的工业用水问题。

甘肃省引大入秦工程盘道岭隧洞全线贯通

1月12日 甘肃省引大入秦工程盘道岭隧洞于下午4时零6分全线贯通。当天中共中央政治局常委宋平就隧洞全线贯通给甘肃省委书记顾金池、省长贾志杰发出亲笔贺信;日本熊谷组代表取缔役社长熊谷太一郎1月13日给甘肃省省长贾志杰、甘肃省引大入秦工程建设指挥部和韩正卿指挥、华镇副指挥发出贺电;发出贺信、贺电的还有世界银行官员约瑟夫·戈德博格、国家财政部、水利部。10月5~6日,盘道岭隧洞通过竣工(中间)验收,同意熊谷组合同工程交工,并为其颁发施工质量合格证书。工程在维护期满1年后,于翌年10月12日进行了正式交工验收,并签发合格证书。

甘肃省引大入秦工程30A隧洞全线贯通

1月20日 由意大利CMC公司承建的甘肃省引大入秦工程总干渠30A隧洞贯通。30A隧洞总长11.649公里,是引大入秦工程总干渠第二条长隧洞。1990年12月5日开机掘进以来,平均月进尺863米,比合同期提前1年贯通。同日,甘肃省委、省政府在现场为30A隧洞贯通举行庆典。22日,意大利CMC公司为30A隧洞贯通在兰州市举行了盛大庆祝活动。

山东省引黄灌溉管理工作暨学术研讨会召开

2月25~27日 山东省水利厅在德州地区禹城县召开全省引黄灌溉管理工作暨学术研讨会。参加会议的有沿黄9市(地)水利局分管引黄工作的局长、科长、灌溉局(处)长、试点灌区负责人、省引黄济青管理局、省水科所等单位的同志,共100余人。会议共收到灌区管理工作总结22篇,学术论文44篇,有20位同志发言。会议对"七五"以来全省引黄灌溉管理工作作了基本评价:山东引黄灌溉效益是显著的,管理机构不断增强,管理水平逐渐提高;引黄在节水、泥沙处理、科研推广等方面都取得显著的成绩。对"八五"期间全省引黄工作提出了四条意见:一是理顺管理关系,健全专管体系;二是坚持不懈地抓好水费改革;三是继续搞好分级计量供水、节水灌溉;四是积极妥善地处理好泥沙问题。

河南省成立引黄灌溉指挥部

3月18日 河南省政府以豫政[1992]47号文批准成立河南省引黄灌溉指挥部,由省政协副主席刘玉洁任指挥长,办公室设在省水利厅。

河南、山西两省签订沁河拴驴泉水电站与引沁灌区用水管理办法

3月20日 黄委会组织河南、山西两省签订沁河拴驴泉水电站与引沁灌区用水管理办法,该办法从本日签字生效。送水工程于4月23日通水,将水电站尾水送至引沁济蟒渠。至此,沁河拴驴泉水电站河段水事纠纷基本解决。在此之前,黄委会于1月在山西省晋城召开河南、山西两省水利厅负责人协调会,就沁河拴驴泉水电站与引沁灌区用水管理问题达成了协议。会后根据协调会纪要精神,黄委会水政部门同两省用水管理首席代表认真交换意见,经反复协商,建立了用水共管小组。

钱正英视察杨桥、柳园口引黄灌区

4月7日 全国政协副主席钱正英一行30余人视察河南省杨桥引黄灌区万亩引黄高产开发区、柳园口灌区配套工程建设及灌溉情况,对灌区的工程建设和工程质量给予了较好评价,对灌区引黄灌溉取得的成绩进行了肯定。

内蒙古麻地壕灌区毛不拉扬水站二期改扩建工程开工

4月 内蒙古麻地壕扬水灌区毛不拉扬水站二期改扩建工程开工建设。工程内容改建一级站为固定站,扩建二、三级站。抽水能力从原来的1立方米每秒提高到3.5立方米每秒,灌溉面积由原来的2万亩增加到8万亩。工程至同年12月3日竣工。

山东省陈垓灌区进一步改革水费计收管理办法

春 山东省陈垓引黄灌区管理处进一步改革水费计收管理办法,规定

每年的 7 月 10~25 日为各乡镇交水费时间;灌区管理处水费收缴后,统一支出,应返回乡镇的部分,由各乡镇报支出(管理、维修养护、建设)计划,由管理处审批后下拨,做到专款专用。本年只用了 5 天时间完成任务,水费收缴率 100%。

山东省杨集引黄灌区分水闸正式动工

5 月 15 日 山东省杨集引黄灌区分水闸正式动工,同年 10 月 15 日竣工。该分水闸位于引黄闸下游 400 米处,向南输沙渠分水流量为 20 立方米每秒,向东输沙渠分水流量为 10 立方米每秒。11 月 15 日,开始开挖杨集引黄灌区南、东输沙渠。1993 年 1 月 1 日,灌区建筑物建设全面开工,完成投资 255.44 万元(不含引黄闸投资)。引黄闸亦于 1992 年 10 月竣工。设计流量 30 立方米每秒,灌区设计灌溉面积 41.62 万亩。1994 年,灌区建成开灌。

2000 年,杨集灌区设计灌溉面积 41.62 万亩,有效灌溉面积 30.4 万亩,当年实灌面积 35 万亩,设计流量 30 立方米每秒。灌区有总干渠 1 条,长 0.4 公里;干渠 2 条,长 28.19 公里;支渠 12 条,长 68.29 公里。斗渠 96 条,长 76.8 公里。斗渠以上建筑物 439 座。排水系统有排水总干沟 4 条,长 141.6 公里;干沟 6 条,长 30.8 公里;支沟 11 条,长 68.5 公里;斗沟 110 条,长 88 公里。斗沟以上建筑物 422 座。灌区灌溉水利用系数 0.40。

钱正英一行考察陕西省黑河引水工程等

5 月 18 日 全国政协副主席钱正英一行在陕西省副省长王双锡、陕西省水利水土保持厅厅长刘枢机陪同下,视察了陕西省沙棘食品实验厂,并为该厂题写厂名。下午,视察西安黑河引水工程,指出兴建黑河水库还有一个较长的过程,西安近 10 年供水要靠石头河水库,建议石头河水库西安供水工程的引水渠断面加大,年引水量按 0.9 亿立方米以上考虑。

纪念李仪祉诞辰 110 周年暨泾惠渠建成通水 60 周年活动隆重举行

5 月 19 日 由中国水利学会、陕西省水利水土保持厅和陕西省水利学会共同发起的纪念李仪祉诞辰 110 周年暨泾惠渠建成通水 60 周年活动在三原县隆重举行。全国政协副主席钱正英,陕西省省长白清才,水利部副部长严克强,陕西省有关方面领导周雅光、梁琦、李焕政、王双锡、余明、沈晋及咸阳市、三原、泾阳、高陵、蒲城县的领导,部分省、自治区水利厅(局)和流域机构的负责人,中国灌区协会、有关大型灌区、水利院校的代表,以及各界代表群众万余人欢聚同庆。副省长王双锡主持开幕式,省水利水土保持厅厅长刘枢机致开幕词,钱正英、严克强等讲话祝贺。钱正英、白清才为李仪祉雕像揭幕。

山东省批复潘庄引黄灌区向华鲁发电厂引黄供水水价

6月6日 山东省水利厅、省物价局批复《关于德州地区潘庄引黄灌区向华鲁发电厂引黄供水水价》。暂定以华鲁发电厂水库进水闸为计量点,每立方米0.32元。同时,采取基本水费与计量水费相结合的办法,即本年度供水量在1700万立方米以内时,交纳基本水费544万元;供水量超过1700万立方米,不足5700万立方米时,其超过水量按每立方米0.32元计收水费,当供水量超过5700万立方米时,超过部分按每立方米0.416元计收水费。电厂占用农业灌溉水源的补偿问题,待国家颁布规定后另行批复。

水利部主持召开解决引大入秦工程渠首河段水事纠纷的协商会议

6月26日~7月3日 遵照国务院办公厅、国家计委和水利部领导的指示,应甘肃省和青海省的要求,由水利部水政司副司长李泽冰主持,在西宁市召开了以"尊重历史,面对现实,着眼未来,实事求是,公平合理,依法解决"为宗旨和"友谊为重,团结治水,从长计议,共同发展"为原则的协商会议。在此之前,4月22日两省就引大入秦工程有关问题举行会议,青海省互助县提出了一些要求,但会议未达成协议;4月28日引大入秦工程渠首工程停止施工;5月14~16日和6月4~7日两省又进行了两次协商,但均未达成协议。本次会议经两省协商,达成了《关于协商引大入秦工程水事纠纷协议书》,并决定3天后恢复渠首工程施工。事后,青海省省委书记尹克升和副省长马元彪于9月15日参观了引大入秦工程。

青海省合什家水库开始兴建

6月 青海省化隆县甘都提黄灌区内合什家水库开始兴建,1995年10月建成。坝型为堆石坝,最大坝高23.5米,设计库容187万立方米,设计扩大灌溉面积0.4万亩,改善灌溉面积0.4万亩。

山东省向黄委会报送《小开河引黄灌区扩大治理工程规划》

7月27日 山东省水利厅向黄委会转报滨州地区《小开河引黄灌区扩

大治理工程规划》。该灌区兴建于1971年4月,仅灌溉滨州市农田32万亩。本次灌区扩建工程,地处黄河三角州,是国家重点开发的八大片之一。灌区位于滨州地区无棣、阳信、沾化、滨州4县(市)的21个乡镇,是山东省重要的粮棉生产和草场畜牧基地,也是海运业和海盐、盐化工的生产基地,工农业生产都有较大的发展潜力。但当地水资源严重缺乏,地下水因矿化度高,亦难采用。近百万亩农田常受旱灾威胁,并有30余万人吃水严重困难。鉴于本工程效益显著,对开发黄河三角洲意义重大,山东省水利厅同意扩建完善小开河引黄灌区,灌溉面积扩大到110万亩,开发畜牧草场29万亩以及灌区范围内的工副业供水和人畜吃水工程。同意渠首引黄闸规划的引水规模,由原来的25立方米每秒增加到85立方米每秒,即再建60立方米每秒的新闸一座。

1993年2月4日,水利部对灌区引水规模进行了批复,同意扩建引水规模为60立方米每秒的小开河引黄闸,资金由地方自筹解决,闸建成后由山东河务局管理,分配引水指标统一调度。5月5日,山东省计委以(93)鲁计农(基)第330号文下达《关于小开河引黄灌区扩大治理工程可行性研究投资的批复》核定总投资6500万元。

一期工程于1993年11月动工,1998年11月28日建成通水,完成总投资15681.17万元,12月28日通过验收。二期工程于1999年10月28日开工,至2000年,共完成投资3741.7万元。

甘肃省引大入秦工程总干渠38号隧洞贯通

8月24日 甘肃省引大入秦工程总干渠38号隧洞贯通。38号隧洞长5173米,是总干渠上第4座长隧洞。工程自本年4月6日开始掘进,提前8个月竣工。9月1日,意大利CMC公司举行了庆典,甘肃省省委书记顾金池代表省委、省政府到会祝贺。

世界银行检查内蒙古河套灌区配套工程项目进展情况

9月16～20日 世界银行检查团在水利部外事司邵雪民、内蒙古项目办副主任韦仁民、巴彦淖尔盟项目办副主任刘义等同志陪同下,对内蒙古河套灌区配套工程项目进行了检查。检查团听取了河套灌区项目的情况汇报,实地考察了红圪卜排水站、东海支沟、王满水库、八排扬水站、八排干沟、总排干沟、义通及五原暗管排水和农业项目、临河田间工程、头道桥农业项目等。检查团对项目进展情况表示满意。

甘肃省西岔电力提灌工程调整水价

10月1日　甘肃省西岔电力提灌工程农田灌溉水价由原来的每立方米0.055元调高到0.075元。考虑到用水户的接受能力等因素，从1992年10月1日起先提高0.011元，从1993年1月1日起再提高0.009元。

甘肃省召开景泰川电力提灌工程向民勤县调水专题会议

11月7日　甘肃省省长贾志杰主持召开了景泰川电力提灌工程向民勤县调水专题办公会议。贾省长指出：向民勤县调水势在必行，调水问题不解决，总感觉有愧甘肃人民，不解决是块心病。政府决策是第二方案，要尽快作前期工作。这届政府立项，下届政府干完。这关系到能否战胜沙漠的侵袭、生死存亡的问题，争取尽快立项。二期人马不要散，接着往下干。

河南省新三义寨引黄灌溉工程开工

11月14日　河南省新三义寨引黄灌溉工程开工，该工程属于河南省重点引黄骨干工程，1994年4月9日工程建成试通水，省长李长春等领导及数千名群众参加总干渠通水典礼，当年共引水1.4亿立方米，其中商丘地区送水1.2亿立方米，灌溉面积68万亩，补源面积127万亩。

河南省新大功引黄灌区一期工程开工

11月14日　河南省新大功引黄灌区一期工程开工，该工程属于河南省重点引黄骨干工程，1994年7月开始向滑县送水，当年共送水4000万立方米，补源面积30万亩。

水利部农水司转发《全国灌区微机技术应用调研纪要》

11月21日　水利部农水司转发《全国灌区微机技术应用调研纪要》（简称《纪要》）。《纪要》指出：在灌区管理工作中推广和应用微机技术，是提高管理水平的重要手段，是灌区管理现代化的需要。要求各厅（局）领导及业务主管部门切实重视和支持这项工作。万亩以上灌区中有条件使用微机的单位应尽早配置，并加强技术推广和人员培训工作。

山东省刘庄灌区闸前防沙橡胶坝工程开工修建

11月26日　山东省菏泽市刘庄引黄灌区引黄闸前防沙橡胶坝工程开

工修建,1993 年 8 月 25 日完成,经过 1993 年、1994 年、1995 年连续 3 年的闸前水沙动态观测,由山东省水利厅、济南水文局、武汉水利电力大学等单位共同完成了《黄河下游山东引黄灌区新型渠首防沙、渠系减淤工程试验研究报告》。

山东省批复《陈垓引黄灌区配套工程初步设计》

12 月 2 日 山东省水利厅批复济宁市《陈垓引黄灌区配套工程初步设计》。同意本灌区设计灌溉面积 42.2 万亩,其中自流灌区 26.5 万亩,提水灌区 15.7 万亩。主要工程内容包括北总干渠 7.9 公里衬砌工程,干渠(沟)新建及改建建筑物 149 座。核定基建工程总投资 988 万元,其中省补助 490 万元,其余由市、县筹集解决。

田纪云视察引大入秦工程

12 月 4 日 国务院副总理田纪云在省委书记顾金池、省长贾志杰和省委常委、省引大入秦工程指挥韩正卿等的陪同下视察甘肃省引大入秦工程,重点视察了盘道岭隧洞等。

青海省高寨后山开发渠开工

是年 青海省互助县高寨后山开发渠开工,建成南北干渠 2 条,长 29.5 公里;提灌站 3 座,装机容量为 1054 千瓦;建筑物 122 座。灌溉面积 1.2 万亩。

青海省红崖子沟东山灌区开工

是年 青海省互助县红崖子沟东山灌区开工,建成马家河水库 1 座,坝高 46 米,总库容 136 万立方米;引水枢纽 1 座;干渠 1 条,长 25.6 公里。灌区灌溉面积 1.4 万亩,其中农田灌溉面积 1.1 万亩,林地灌溉面积 0.3 万亩。

2006 年,红崖子沟东山灌区设计灌溉面积 1.5 万亩,有效灌溉面积 0.86 万亩,当年实灌面积 0.32 万亩,设计流量 1.04 立方米每秒。灌区内有干渠 1 条,长 25.8 公里;支渠 4 条,总长 20 公里;斗渠 26 条,长 50 公里。灌区灌溉水利用系数 0.44。

山东省 8 个引黄灌区开始应用微机进行灌区管理

是年 山东省继位山、陈垓、打渔张、韩墩、刘春家等 5 灌区后,邢家渡、胜利、曹店 3 灌区也开始应用微机进行灌区管理。微机主要应用于灌区水沙资料整编,建立灌区管理数据库、自动化测流及调水配水。位山灌区在 1991 年完成"调水配水"模型的基础上,1992 年正式投入使用,每周出 1 次"引黄灌溉情况",总结本周内的调水配水、灌溉情况,对下一步调水配水提出合理方案。曹店、胜利、陈垓灌区购置了部分灌区管理软件,并对一些管理软件进行了开发。东营市引黄灌溉局开发了《引黄灌溉数据信息库》,储存了市属 5 个灌区每日引水流量和引水量、灌溉面积、水库蓄水、黄河水情等数据,基本实现引黄灌区资料微机化管理。

1993 年

山东省政府同意引黄济青供水价格逐步调整到位

2 月 12 日　山东省政府以鲁政办发(1993)11 号文,同意引黄济青供水价格逐步调整到位。1993 年暂定每立方米 0.64 元,年基本水量保持 3700 万立方米,年基本水费调为 3840 万元,基本水费在送水年度分三次收缴,10 月份交 1000 万元,年底交 1500 万元,次年 3 月底前交 1340 万元。沿线水价按泵站级数分段计算,博兴一干渠每立方米 0.05 元,宋庄泵站以上每立方米 0.105 元,王耨泵站以上每立方米 0.121 元,亭口泵站以上每立方米 0.151 元,入库泵站以上每立方米 0.183 元。

水利部万家寨工程建设管理局成立

2 月 13 日　水利部以水人劳字[1993]86 号文批准成立水利部万家寨工程建设管理局。该局为部直属企业,实行局长负责制,全面负责万家寨工程建设和建成后的运行管理工作。原万家寨水利枢纽工程建设筹备组同时撤销。1996 年后,万家寨水利枢纽工程建设按现代企业制度要求进行改制,于 1996 年 7 月 19 日正式成立黄河万家寨水利枢纽有限公司和董事会,董事长王文珂,总经理腾玉军。

2 月 22 日,经国务院批准,国家计委以计农经[1993]250 号文批准黄河万家寨水利枢纽工程立项。此后又以计投资[1993]2109 号文将万家寨水利枢纽工程列为 1994 年开工的大中型项目。

4 月 25 日,万家寨水利枢纽工程初步设计通过审查。

1994 年 11 月 3 日,万家寨水利枢纽工程正式开工。

河南省推广陆浑灌区管理局综合经营经验

3 月 16~17 日　河南省水利系统综合经营现场会在巩义举行。会议学习推广陆浑灌区管理局综合经营、创办经济实体的经验,部署 1993 年水利系统综合经营工作。省委书记李长春给会议发来贺信。会议提出 1993 年全省水利综合经营销售收入计划突破 10 亿元大关,实现税利 1 亿元。

甘肃省引大入秦工程总干渠8号隧洞贯通

3月22日 甘肃省引大入秦工程总干渠8号隧洞于12时30分贯通。至此,由铁道部二十工程局承建的总长14.32公里的7座隧洞,经过4年多的艰苦奋斗全部贯通。

青海省南山灌区列入第二期农业综合开发项目

3月 青海省湟源县南山灌区列入第二期农业综合开发项目,灌区位于湟水南岸,建成干渠1条,长63公里,支渠7条,总长82公里,建筑物206座,配套灌溉面积2.94万亩,于1995年10月竣工。1999年9月25日~12月26日,对5.549公里渠道进行了改建,完成投资244万元。

2006年,南山灌区设计灌溉面积6.58万亩,有效灌溉面积4.94万亩,当年实灌面积3.4万亩,设计流量3.3立方米每秒。灌区内有干渠1条,长63公里;支渠12条,总长130公里;斗渠359条,总长152公里。灌区灌溉水利用系数0.48。

内蒙古麻地壕灌区东片配套工程开工

4月1日 内蒙古麻地壕灌区东片配套工程开工。该工程是利用WFP3924粮援项目兴建的。共用工873万个,粮援2.83万吨。建成灌溉农田24万亩,灌溉草场2.7万亩,农田防护林1.875万亩。骨干建筑物64座,新开和清挖灌排渠道1302公里,衬砌渠道49公里,渠系建筑物77座,改善灌溉面积26.7万亩。

青海省李家水库列入第二期农业综合开发项目

4月 青海省乐都县李家水库列入第二期农业综合开发项目,水库位于湟水北岸二阶台地,建成土石混合坝,最大坝高32米,总库容235万立方米,有效库容166万立方米,防洪库容53.8万立方米,干支渠4条55.5公里,开发灌溉面积2.65万亩,于1996年10月竣工。

2006年,李家水库灌区设计灌溉面积3.07万亩,有效灌溉面积3.07万亩,当年实灌面积0.16万亩,设计流量1.3立方米每秒。灌区内有干渠1条,长15.6公里;支渠7条,总长43公里;斗渠145条,总长276公里。灌区灌溉水利用系数0.42。

山东省位山灌区加强春灌用水管理

春 为适应大面积干旱、用水集中的特点,山东省位山灌区春季加大流量引水两次,基本上满足引黄灌区内农业生产用水,扩大了灌溉效益,同时减少了上下游渠道淤积。在管理方面主要采取了以下措施:①利用微机及时提供已配水量和下步配水方案,为领导决策提供科学依据;②严格用水签票制度,凭水票供水;③收回了闸门启闭权,严格按调控程序和调度室的指令进行调度;④严格执行用水计划,按照渠系和渠段灌溉面积,合理调配水量,均衡受益。

甘肃省景泰川电力提灌工程遭沙尘暴破坏

5月5日 甘肃省景泰地区于17时40分到19时发生沙尘暴,景泰川电力提灌工程遭到了严重破坏,主要损坏通信电缆2.3公里,损坏户外排架电缆200米,损坏7500千伏安户外变压器排架继电保护电缆400米,损坏西二泵站户外6千伏高压架空母线两处,损坏高压线路混凝土杆26根,总干渠二泵站输水混凝土管道由于狂风造成突然跳闸停电而爆破7节。以上直接损失总计13.71万元。沙尘暴破坏致使景泰川电力提灌二期工程被迫停机,中断运行24小时。

5月28日,甘肃省委书记顾金池带领省政府有关部门负责同志,视察了景泰川电力提灌二期工程抗风救灾工作,并作了重要指示。

盐环定扬黄共用工程1~8泵站及8干渠上段通水

5月5日 盐环定扬黄共用工程1~8泵站及8干渠上段通水。盐环定扬黄工程3省(区)共用工程共有11座泵站,经过5年多的施工,1~8泵站已基本建成,并开机上水,1~7干渠及8干渠上段也全部贯通。

山西省万家寨引黄入晋工程奠基仪式举行

5月22日 山西省万家寨引黄入晋工程奠基仪式在大梁水库工地举行。国务院副总理邹家华、全国政协副主席钱正英为工程奠基,黄委会主任亢崇仁参加了奠基仪式。该工程建成后,每年可向太原、朔州、大同等地供水12亿立方米。

甘肃省靖会灌区提高水费征收标准

6月22日　甘肃省靖会灌区管理处以靖会处发[1993]068号文转发了白银市政府《关于提高靖会灌区水费征收标准的批复》的通知,水费提高到每立方米0.10元。

山东省批复刘庄引黄灌区初步设计

6月30日　山东省水利厅批复《关于菏泽地区刘庄引黄灌区初步设计》,在原灌区设计面积的基础上进行扩建、续建,设计灌溉面积60万亩,其中自流灌区面积由23万亩调整为30万亩,扬水站灌区由16万亩调整为11.85万亩,深沟远引提水灌溉面积由21万亩调整为18.15万亩。抗旱补源面积在全地区水利规划中统筹确定。本次设计初步概算核定为6075.2万元,其中基建概算2837.4万元。

甘肃省景泰川电力提灌二期工程遭水毁

7月20~21日　甘肃省景泰、古浪两县连降大雨,冲毁景泰川电力提灌二期工程总干渠6~8泵站间部分渠道和边外支渠、北1支渠、北2支渠等支渠及部分建筑物。经工程指挥部及时组织抢修,于8月2日恢复通水。

甘肃省引大入秦工程总干渠22号隧洞贯通

7月29日　甘肃省引大入秦工程总干渠22号隧洞于12时40分贯通,至此,由铁道部十五工程局承建的总长10.34公里的6座隧洞全部贯通。

联合国专家对景泰川电力提灌工程进行咨询

8月17~22日　世界粮食计划署聘请的联合国粮农组织田间工程专家齐尔斯特拉先生对甘肃省景泰川电力提灌工程实施的WFP3355项目进行了技术咨询,认为项目非常成功,同时也提出了存在的问题和建议。在此之前,5月6~10日WFP驻京代表处官员乌巴达亚先生和王歆先生对WFP3355项目进行了年度检查,6月16~24日WFP派水资源专家福里斯先生对WFP3355项目中的水利灌溉等进行技术审查,均提出了具体意见和建议。

青海省沟后水库垮坝

8月27日 位于青海省共和县境内的沟后水库于当晚10时许突然垮坝,洪水直扑下游恰卜恰镇,造成288人死亡,40人失踪,330余人受伤,冲毁房屋2932间,直接经济损失1.53亿元。

甘肃省景泰川电力提灌二期工程遭洪水破坏

8月28~29日 甘肃省古浪县突降暴雨,洪水冲毁景泰川电力提灌二期工程渠道5.2公里,干支渠道路2.1公里,淹没在建泵站3座及水泵、电机6台(套),共造成经济损失27.6万元,经古浪指挥部及时组织抗洪抢险,确保了工程进度。

宋平视察引大入秦工程

8月30日 原中共中央政治局常委宋平,在省长阎海旺、省委副书记孙英、省引大入秦工程建设指挥部指挥韩正卿陪同下,视察了甘肃省引大入秦工程总干渠38号隧洞、盘道岭隧洞,以及大沙沟渡槽等工程。

宋平视察景泰川电力提灌二期工程

9月7~8日 中共中央政治局原常委宋平,在省长阎海旺、省委书记杨正杰等陪同下,视察了甘肃省景泰川电力提灌工程二期工程,并走访了灌区移民户,详细了解他们的生产、生活等情况,还视察了南4支龙岗学校,看望了师生。宋平同志边看边谈,勉励大家搞好工程建设。晚上回到景泰川电力提灌工程宾馆,不辞辛苦,挥毫题词:"建设景电,为民造福。"

水利部下达继续执行《黄河下游引黄渠首工程水费收缴和管理办法(试行)》的通知

9月29日 水利部向河南、山东两省及黄委会下达关于继续执行《黄河下游引黄渠首工程水费收缴和管理办法(试行)》的通知。

山东省向黄委会报送彭楼引黄金堤北灌区复灌规划

10月25日 山东省水利厅向黄委会转报《山东省聊城地区彭楼引黄金堤北灌区复灌规划》的报告,并指出:聊城地区西部莘县、冠县地势高亢贫水,现有的山东省引黄灌区又无条件解决该地区缺水问题,致使水资源严重匮乏,地下水已形成 3700 平方公里的漏斗区,生态环境恶化,生产条件极差,群众生产生活非常差,至今仍未解决温饱问题,已成为山东省最穷的贫困区。为从根本上解决脱贫问题,唯一途径只能由彭楼灌区引黄入鲁,扩建彭楼灌区工程。同时,建议彭楼引黄闸流量加大到 100 立方米每秒,引黄水量指标在国家分配给山东省 70 亿立方米的指标内解决。

陕西省石头河水库西安供水工程正式开工

11 月 22 日　陕西省西安引水工程的西线工程石头河水库西安供水工程正式开工。陕西省水利厅负责建设西起石头河水库分水闸,东至黑河引水工程输水暗渠黑峪口,全长 57.3 公里,设计最大日供水量 52 万吨。1996 年 5 月 30 日建成通水,6 月 28 日在眉县汤峪镇举行竣工通水典礼。国务委员陈俊生、水利部部长钮茂生和陕西省省委书记安启元、省长程安东等领导出席竣工通水典礼。建设期间省长程安东曾于 1995 年 5 月 30 日到工地视察。

黄委会派工作组到引大入秦工程检查

11 月 26 ~28 日　黄委会派出 3 人工作组,深入到甘肃省引大入秦工程施工现场,重点检查了部分隧洞、渡槽、明渠和渠系建筑物的施工情况及秦王川灌区的平田整地工作。

1994 年

钮茂生视察镫口扬水灌区及河套灌区

2月25日　水利部部长钮茂生到内蒙古镫口扬水灌区视察工作,并指示灌溉供水水价一定要按成本价格收取,随后钮部长又到巴彦淖尔盟河套灌区视察。

陕西省发出水利产业化的若干政策问题的通知

4月5日　陕西省人民政府发出《关于推行水利产业化的若干政策问题的通知》(简称《通知》)。《通知》分为7大部分,共25条,7大部分分别为:调整水利产业结构,增强全面服务功能;放活水利产业所有制形式;建立多元化的投入机制;调整水电价格,加强依法收费;积极发展水利综合经营;加强水利服务队伍建设;建设完善的水利法制体系。

内蒙古河套灌区无线通信网工程进行中间验收

4月25日　内蒙古河套灌区无线通信网工程进行中间验收,被评为优良工程。无线通信网工程属于1989年4月20日开工的河套灌区配套工程的组成部分。

陕西省交口抽渭管理局开始试行合同供水新办法

春　陕西省交口抽渭管理局开始试行合同供水新办法。即以合同的形式,确定站乡(镇)、村双方供、用水的责、权、利,做到合同到组,开票到户,5方(站、段、斗、组、户)对口,按季公布,乡镇监督。

水利部启用全国统一取水许可证

5月6日　水利部发出通知,根据国务院颁布的《取水许可证实施办法》的有关规定,从7月1日起,启用全国统一取水许可证。"中华人民共和国取水许可证"是单位、个人从江河湖泊或地下取水唯一合法、有效的证件,由各级水行政主管部门负责发放。从启用之日起,审批新建、改建、扩建项目的取水,一律发放取水许可证。从1995年1月1日起,原由地方各级水行政主管部门以及其他有关部门印发的各种取水许可证一律作废。

甘肃省修建引大入秦工程纪念碑

6月7日 甘肃省省委、省政府决定修建引大入秦工程纪念碑。是日，省引大入秦工程建设指挥部与工艺美术厂特种工艺分厂签订制作合同。整个工程有中国碑和国际碑各一座，分别建在大沙沟渡槽进口和出口两端。中国碑为四方体塔式结构，碑正面为省委、省政府碑文，记述了引大入秦工程建设的艰苦历程，背面记载1976～1994年参加工程建设的领导和工程技术负责人，左面是宋平"千秋伟业　造福万代"的题词，右面是李子奇"千秋功业　惠及子孙"的题词。国际碑为三棱体塔式结构，三面分别用日文、英文和中文记载着日本、意大利和澳大利亚3国工程施工、咨询记事和参加现场施工及管理的主要人员名单。

宁夏引黄灌区调整水价

6月15日 宁夏引黄灌区调整水价，自流灌区每立方米水由2厘调整到6厘，扬水灌区每立方米水由3分调整到6分。每1亩半地征1个工的折款由2.1元调整到3.75元，折合亩均2.5元。

甘肃省引大入秦工程总干渠26号隧洞贯通

6月26日 甘肃省引大入秦工程总干渠26号隧洞贯通，隧洞全长5411.64米，由铁道部十八工程局承建。至此，总干渠总长75.14公里的33座隧洞全部贯通。

7月5日，甘肃省委、省政府在施工现场举行引大入秦工程总干渠26号隧洞暨总干渠隧洞全线贯通庆祝大会。

山东省东营市引黄灌区远距离输沙成效显著

年中 山东省东营市对远距离输沙效果进行分析。引黄灌区实行干渠远距离输沙，变渠首沉沙为渠尾沉沙，综合利用水沙改良荒碱地，生态效益和社会效益显著，在引黄泥沙处理中闯出了一条新路。具体办法：在干渠建站扬水，加大干渠流速，将泥沙输送到渠尾沉沙池。如曹店灌区年平均引水量2.4亿立方米，运用此方法，8年总引水20亿立方米，引进泥沙2100万立方米，干渠基本未清淤。其中40%左右的泥沙进入支渠和田间，其余全部送至离渠首50公里的下游沉沙区淤地。麻湾灌区经过几年的探索，利用供水调控将泥沙分散到各支渠，总干已连续3年不用清淤。干渠远距离输沙，下游沉沙淤地,是改良滨海荒碱地的一项有力措施。

宁夏卫宁灌区跃进渠决口

8月5日　宁夏卫宁灌区中宁县境内的麻黄沟山洪进入跃进渠,导致渠道决口,200亩农田受淹,包兰铁路路基滑坡,火车营运中断9小时。

河南省窄口灌区续建一期工程全线贯通

8月13日　河南省灵宝县窄口灌区函谷关隧洞(长9153米)全线贯通。9月16日,函谷关隧洞举行了通水典礼。11月1日,灌区总干渠下段花花沟至东峪试水圆满成功。1995年9月19日,窄口灌区二干渠工程试水一次成功。至此,窄口灌区续建一期工程经过6年奋战,终于全线贯通,圆满完成工程建设任务。

甘肃省调整景泰川电力提灌工程供水价格

8月15日　根据甘肃省物价委员会通知,景泰川一期、二期提灌工程供水价格进行调整,农业用水计量水价每立方米0.10元,基本水价仍按每亩每年1.00元标准执行。

李瑞环听取引大入秦工程建设情况汇报

8月20日　中共中央政治局常委、全国政协主席李瑞环在兰州宁卧庄宾馆听取了甘肃省委、省政府关于引大入秦工程建设情况的专题汇报,并观看了工程录像。他充分肯定了这项工程取得的伟大成绩,称赞引大入秦工程是先进科学技术与人的力量结合的伟大成果,是造福子孙万代的喜事。引大入秦工程的意义,不仅仅限于80多万亩水浇地本身,而更重要的在于给人们一个重大的启示和希望。中国的未来在大西北,要解决好西北水的问题,有了引大入秦工程的经验,重新安排西北和甘肃的水源已成为可能。

钮茂生视察引大入秦工程

8月24日　水利部部长钮茂生及司长郭学恩、刘松深、何文垣等,在甘肃省委常委仲兆隆、省政协副主席韩正卿、省长助理员小苏、水利厅厅长薛映承等陪同下,视察了引大入秦工程东二干渠庄浪河渡槽、总干渠大沙沟渡槽、30A隧洞和水磨沟倒虹吸工程。钮部长说:"看了引大入秦工程,深感长了中国人民的志气,真正体现了社会主义的优越性。甘肃是后发达地区,是勒紧裤腰带、咬紧牙关干的,精神十分可贵。整个工程设计是合理的,技术是先进的,功效是高的,质量是很好的。建设中的好多经验值得总结,要争取国优,有些成果要及时申报。希望参加工程建设的全体人员继续努力,创造一流的设计、一流的质量、一流的管理、一流的效益。"

山西省成立万家寨引黄工程管理局

8月26日 山西省政府办公厅晋政办函〔1994〕72号文通知,成立山西省万家寨引黄工程管理局。原山西省万家寨引黄工程总指挥部建制划转为引黄工程管理局,仍保留总指挥部牌子。该局与引黄工程总公司系两块牌子一套机构,为正厅级事业单位,郑友三任局长兼总经理。

钱正英率全国政协考察组考察景泰川及兴堡子川电力提灌工程

9月9~11日 由全国政协副主席钱正英率领的全国政协考察组,考察了甘肃省景泰川电力提灌二期工程,并作了重要讲话。她说,景泰川电力提灌二期工程不仅按时完成,而且质量很好,这在过去的灌溉工程中是少有的。接着她又提出了两个问题,一是作为一个高扬程灌溉工程,应当提出更高的要求,强调对工程效益要高标准;二是工程如何进入一个良性的运营状态,这是今后工程发挥好效益的关键。

9月12日,考察组考察了甘肃省兴堡子川电力提灌工程。钱正英说:"地下水侵蚀到这个程度,用花岗岩衬砌是对的,投资省上解决,可以不算二期。"同时问:"你们对兴电二期是怎么考虑的,搞不搞?"当汇报到灌区粮食作物多,经济作物少,种植结构不合理,效益低,水费成本高时,钱正英说:"高扬程灌区,你们水费太低,要提高水费。"

甘肃省引大入秦工程总干渠开闸放水

9月25日 上午8时,甘肃省引大入秦工程总干渠开闸放水,经过25小时48分的运行,于26日上午9时48分流经87公里渠道(其中33座隧洞总长75公里),顺利通水到总分水闸,提前实现了省委、省政府提出的10月1日总干渠通水的目标。10月10日,省委、省政府在总干渠盘道岭隧洞前隆重举行总干渠全线通水庆祝大会。截至11月底,12万亩新平整的土地浇上了冬灌水。

甘肃省西岔电力提灌工程提高水价

10月1日 甘肃省西岔电力提灌工程灌区水价由原来的每立方米0.09元提高到0.10元。

山东省批复《德州地区乐(陵)南供水工程初步设计》

10月14日 山东省水利厅批复《德州地区乐(陵)南供水工程初步设计》,由于行政区划变动,原属邢家渡灌区的40万亩耕地划归李家岸灌区范围,同意兴建乐南供水工程,改由李家岸引黄渠首供水灌溉。工程实施后,将扩大灌溉面积13万亩,改善灌溉面积17万亩。核定工程总投资1300万元。

陕西省石头河水库枢纽工程进行竣工验收

10月20日 由陕西省计划委员会主持,对石头河水库枢纽工程进行竣工验收,同时交付管理单位运用。

石头河水库位于眉县斜峪关以上1.5公里处,1974年1月水电部批准列入国家基本建设项目,1976年正式开工,1980年主体工程基本建成。主坝坝高114米,为黏土心墙土石混合坝,总库容1.47亿立方米,有效库容1.2亿立方米。规划灌溉面积128万亩(包括给宝鸡峡补水灌溉面积),兼有发电、防洪、城镇供水功能,1987年9月成立石头河水库管理局。工程由陕西省水电工程局承担施工任务,采用综合机械化施工方法。1978年10月,水电部在工地召开水利施工综合机械化经验交流会,同年土石坝综合机械化施工荣获全国科学大会奖。陕西省委第一书记李瑞山曾于1971年7月15日现场察看水库坝址。向西安市供水工程于1993年动工,1996年建成通水,年供水量达1.0亿立方米至1.5亿立方米。

石头河灌区范围内曾是古代孔公堰、胡公渠、庞公渠、梅公渠及民国时期梅惠渠所在地。1995年,灌区设计灌溉面积37万亩,有效灌溉面积22万亩。灌区内有总干渠1条,长0.76公里,设计流量70立方米每秒;干渠3条,其中东干渠长29.73公里,设计流量11.5立方米每秒;西干渠和北干渠为原梅惠渠两条干渠,西干渠长6.48公里,设计流量5立方米每秒;北干渠长15公里,设计流量6立方米每秒;支渠11条,总长112.6公里;斗渠222条,总长414公里。各级渠道共有建筑物744座。

陕西省调整经济作物和果园水费标准

10 月 25 日　陕西省物价局、陕西省水利厅联合发出《关于调整经济作物和果园水费标准的通知》,规定蔬菜、西瓜、花生、辣椒等用水每立方米收费 0.10 元,药材、苗圃及未成林果园等每立方米收费 0.15 元,成林果园每立方米收费 0.30 元。

陕西省调整宝鸡峡等灌区水利工程水费标准

10 月 26 日　陕西省计划委员会、陕西省水利厅联合发出《关于调整宝鸡峡等灌区水利工程水费标准的通知》,决定自 1995 年冬灌开始对宝鸡峡、泾惠渠、交口抽渭等灌区水费作适当调整,实行斗口计量按时收费办法。综合平均水费:宝鸡峡为每立方米 0.088 元,泾惠渠每立方米 0.073 元,交口抽渭灌区每立方米 0.087 元。抽水电费另价实收。

甘肃省举行兴堡子川电力提灌工程通水十周年庆祝大会

11 月 9 日　甘肃省兴堡子川电力提灌工程竣工初验暨通水十周年庆祝大会,在灌区中心——五合乡所在地贾寨柯举行。

卢克俭视察景泰川电力提灌工程

11 月 12 日　甘肃省人大主任卢克俭在省水利厅领导的陪同下,视察了景泰川电力提灌工程,并对一期工程老化维修改造问题作了重要指示。

水利部颁发《黄河下游引黄灌溉管理规定》的通知

12 月 1 日　水利部向黄委和山东、河南两省水利厅下达关于颁发《黄河下游引黄灌溉管理规定》(简称《规定》)的通知。《规定》分为总则、灌区管理机构、灌区建设与工程管理、灌区用水管理、灌区试验研究与监测、灌区经营管理、附则共 7 章 48 条,自 1995 年 1 月 1 日起执行。《规定》还明确了黄委负责宏观指导和协调灌区发展及管理工作,负责黄河水资源分配和黄河大堤上引黄涵闸的具体管理工作。

内蒙古河套灌区管理总局将提高水费标准的意见报水利厅

12 月 7 日　内蒙古河套灌区管理总局以内河总发[1994]163 号文,将《关于工程供水成本测算及提高水费计收标准的意见》报自治区水利厅。

提出将计量水费的计收标准提高到现在成本的 60%，即以斗口计量，每立方米水 2.28 分，基本水费以灌溉面积计收，每亩 2 元，力争在 3～5 年内做到按成本收费。

陕西省东雷抽黄工程段家塬系统试水成功

12 月 23 日 陕西省东雷二期抽黄工程段家塬系统试水成功。同日黄河朝邑滩灌排工程开工。

甘肃省景泰川电力提灌二期工程建成

是年 甘肃省景泰川电力提灌二期工程总干渠、干渠、支渠及设计提水泵站 33 座已全部建成。二期工程设计提水流量 18 立方米每秒，加大流量 21 立方米每秒，已达到设计提水能力；完成平整土地、田间配套面积各 48.8 万亩，占设计计划面积的 97.6%；完成投资 48020 万元，占设计总概算的 98.4%。至此，景泰川电力提灌二期工程建成，开始全面发挥效益。

河南省韩董庄引黄灌区干支渠改造工程竣工

是年 河南省韩董庄引黄灌区干支渠改造工程竣工。该工程是利用国家引黄贷款项目，总投资 700 万元。1992 年动工，共完成干支渠衬砌 45.26 公里，新建、改造、维修桥、涵、闸 37 座，新修斗门 172 座。

山东省加大机械化清淤力度

是年 据统计，山东省万亩以上引黄灌区 71 处，近几年引黄水量 80 亿立方米左右，引沙 7000 万～8000 万立方米，干渠及干渠以上清淤量在 3000 万～4000 万立方米，干渠以下清淤量在 3500 万立方米左右。本年干渠以上清淤量达 3908 万立方米，干渠以下渠系清淤量 2762 万立方米。用于清淤补贴的费用达 4992 万元。往年一般采取人工清淤，调动民工多，组织困难，工期长，质量也较低。本年，各地采取因地制宜，宜人则人，宜机则机，人机结合，清淤机械化在各市地都已轰轰烈烈地开展起来。德州地区引黄灌区干渠以上清淤全部实现机械化，完成土方 780.3 万立方米，清淤工程共调动泥浆泵 500 台（套），铲运机 100 台，挖泥船 2 只，挖掘机 4 部，发电机组 160 台。菏泽地区要求地办工程以机械为主，逐步抓紧筹建，争取 3 年左右时间全部实现机械化。聊城地区位山灌区，全年组织机械清淤 4 次，总土方量为 950 万立方米，其中机械完成的工程量占 85% 左右。东营市清淤土方

498 万立方米,清淤量大于往年,其中市属 5 个灌区 175 万立方米,共上清淤机械 142 台。

山东省加强沉沙池覆淤还耕工作

是年 山东省继续进行沉沙池覆淤还耕技术研究和示范推广,对潘庄、位山灌区拟定了还耕治理研究大纲。根据大纲要求,充实了技术力量,完善了试验设施,已取得了一些研究成果。位山、陶城铺灌区制定了池区高地还耕规划。位山灌区已完成了 4087 亩沉沙池,以挖待沉高地的还耕治理任务。陶城铺灌区有 1100 多亩高地也在着手进行治理。菏泽地区对 6 个已使用完的沉沙池进行了放淤还耕,面积达 1.7 万亩。

1995 年

姜春云视察引大入秦工程

1月10日 中共中央政治局委员、书记处书记姜春云在省委书记阎海旺、省长张吾乐等陪同下,视察了甘肃省引大入秦工程盘道岭隧洞,穿行了30A隧洞,观看了水磨沟倒虹吸。姜春云连连称赞:"在崇山峻岭中建设引大入秦工程,艰苦非凡,不亲眼看很难相信,可以说这是人间奇迹。它表明在中国共产党领导下,人民群众可以干出惊天动地的事业。引大工程是甘肃人民认识自然、改造自然,由必然王国向自由王国转化的巨大飞跃,也是甘肃人民愚公移山精神的伟大创举,它让我们看到甘肃人民改造自然的信心和决心,看到甘肃乃至大西北地区的发展前景。"

甘肃省调整水价

1月16日 甘肃省人民政府批转省水利厅、省物价委员会《关于加快我省水费改革有关问题的请示》。明确了调整水价的审批程序及权限,并要求在3年内达到按成本收费。根据文件精神,4月1日,兴堡子川电力提灌工程水费由每立方米0.10元调整为0.13元;4月10日,西岔电力提灌工程由每立方米0.10元调整为0.12元;4月20日,景泰川电力提灌工程由每立方米0.10元调整为0.12元,基本水价按每亩每年2.00元收取;靖会电力提灌工程由每立方米0.10元调整为0.13元。

9月20日,引大入秦工程指挥部向水利厅上报了《关于引大入秦灌溉工程核定水费标准的报告》。提出引大入秦工程建设期间,农田灌溉用水、工业生产用水、水产养殖用水、城镇生活用水按成本每立方米分别为0.267元、0.50元、0.30元及0.40元。1996年4月9日,省水利厅转发省物价局《关于引大入秦工程供水价格的通知》,确定自1996年4月1日起,工程计量水价不分用途,每立方米0.10元,农业基本水价每亩1.50元。

河南省陆浑水库灌区伊河渡槽复建工程验收

1月17~19日 由河南省水利厅组织对陆浑水库灌区伊河渡槽复建工程进行了竣工验收,验收结果工程质量优良。该工程位于陆浑水库下游8公里的伊川、嵩县2县交界的伊河河段上,是西干渠的咽喉工程,担负着自右岸(东岸)陆浑总干渠分水闸引水,跨越伊河向左岸(西岸)西干渠输水的重要任务,工程始建于1977年,后因压缩基建而停建。1991年4月复建,1994年12月底完工,工程按五十年一遇设计,百年一遇洪水校核,设计流量为10.5立方米每秒,加大流量12立方米每秒,设计流速2.3米每秒。共计完成投资1370万元,完成土方8.57万立方米,混凝土1.15万立方米,砌石方0.24万立方米,钢筋制作及安装1054吨。

山东省簸箕李等灌区早引多蓄黄河水

2月 山东省滨州地区大部分灌区将以往2月中下旬开始引水,提前到2月上旬引水。至3月4日黄河首次断流时,全地区已引水2.4亿立方米,截止到6月底,虽然黄河断流80天,但全区仍引水8.4亿立方米,比1994年同期多引1亿立方米,加之当年引黄灌区内新打机井300眼,新增开采地下水0.5亿立方米,争取到抗旱主动权,为全年粮食增产提供了保障。

山东省大王庙灌区引黄闸开工

3月1日 山东省大王庙灌区引黄闸开工。由于受行政区划调整影响,再加上大王庙虹吸引黄工程年久失修,老化严重,成为黄河险工,1994年11月4日,黄委以黄河务[1994]61号文《关于废除大王庙虹吸改建为引黄闸的批复》同意废除大王庙虹吸改建引黄闸。10月20日全面竣工,于1996年1月3日通过山东黄河河务局组织的竣工验收,正式交付使用。引黄闸设计引黄流量15立方米每秒,灌溉面积18万亩。灌区从1995年10月1日动工改建,1996年6月17日,山东省水利厅批复同意灌区配套工程定项为国家商品粮基地水利工程建设项目。至1996年底,共完成干渠1条,长14公里;分干渠3条,总长20.5公里;各类建筑物108座。总计完成土石方38.64万立方米,投资632万元。

2000年,灌区设计灌溉面积18万亩,有效灌溉面积7.3万亩,当年实灌面积7.3万亩,设计流量15立方米每秒。灌区有总干渠1条,长14公里(衬砌0.8公里);干渠2条,长13.7公里;支渠22条,长79公里;斗渠68条,长220公里。斗渠以上建筑物108座。排水系统有排水总干沟2条,长23公里;干沟12条,长54公里。斗沟以上建筑物201座。灌区灌溉水利用系数0.54。

陕西省人民政府转发有关水利方面的 5 个文件

3 月 28 日　陕西省人民政府转发省水利厅提出的《陕西省水利投资体系建设实施意见》、《陕西省水利资产经营管理体系实施意见》、《陕西省水利价格和收费体系建设实施意见》、《陕西省水利法制体系建设实施意见》及《陕西省水利服务体系建设实施意见》。要求各地、市、县人民政府,省人民政府各部门,各直属机构遵照执行。

大通河水资源利用规划通过审查

4 月 17 日　黄委勘测规划设计研究院完成的大通河水资源利用规划成果经水利部水利水电规划设计总院在北京组织的会议审查通过。

内蒙古河套灌区调整水费标准

4 月 28 日　内蒙古巴彦淖尔盟行署下发《关于调整水费标准的宣传提纲》。调整后的河套灌区水费标准为斗口计量每立方米水 13 厘,另加还世界银行贷款每立方米水 4 厘。

5 月 11 日,河套灌区管理总局以内河总发(95)48 号文将《关于执行新水费标准有关问题的通知》下发各管理局,从 1995 年夏灌开始执行每立方米水 17 厘,夏灌及秋灌分时段计价;9 月 30 日以前每立方米水 16.5 厘,10 月以后每立方米水 21 厘。以上水费均以斗口计量为准。

甘肃省景泰川电力提灌工程实施的 WFP3355 项目全面完成

4 月 30 日　甘肃省景泰川电力提灌工程实施的 WFP3355 项目全面完成了中国政府与 WFP 所签订的实施计划中规定的项目建设任务。该项目 1996 年 7 月 6~15 日通过 WFP 驻京代表处验收。

陕西省宝鸡峡灌区抗旱播种机获专利权

5 月 11 日　经中华人民共和国专利局审查,陕西省水利厅与宝鸡峡引渭灌溉管理局研制的抗旱播种机获专利权,发给《实用新型专利证书》。该机设有播种、供水和电子监测系统,从开沟下种、灌溉到覆土一次完成,能按照土壤缺水程度调节灌水定额大小,保证种子周围 30 厘米直径范围内土壤含水率在 18%~20%。

李岚清考察宁夏扶贫扬黄工程

5月22～25日　国务院副总理李岚清会同水利部副部长张春园等有关领导,对宁夏扶贫扬黄灌溉工程进行了考察。其间张春园和黄委副主任庄景林等又到固海扬水四泵站、固海灌区和红寺堡进行了实地考察。

宁夏扶贫扬黄灌溉工程的灌区位于自治区中部干旱地带,年降水量由南向北300～400毫米,年蒸发量由南向北2200～1800毫米,干燥度大于2,是没有灌溉便没有农业的纯灌溉农业区。

陕西省宝鸡峡、泾惠渠、交口抽渭3灌区更新改造工程竣工验收

5月26～30日　由陕西省人民政府农业发展办公室负责,陕西省人民政府办公厅、财政厅、计委、审计厅、水利厅、农业厅、陕西省水利工程质量监督中心参加,对宝鸡峡、泾惠渠、交口抽渭3灌区更新改造工程进行竣工验收。

山西省领导到汾西灌区视察并现场办公

5月27日　山西省委书记胡富国、省长孙文盛和省有关领导到汾西灌区视察,并在灌区召开省委办公会进行现场办公,将汾西灌区改扩建工程列入全省重点水源改造工程。

1996年,山西省计委以晋计投农字[1996]41号文对汾西灌区改扩建工程可行性研究报告进行批复,总投资1.8亿元。工程分两期实施:一期工程控制投资9000万元,一期工程完成后再进行二期工程建设。

温家宝视察引大入秦工程

6月9～10日　中共中央政治局候补委员、书记处书记温家宝一行,在省委书记阎海旺等陪同下,视察了甘肃省引大入秦工程。在听取了有关汇报后,温家宝说:"引大入秦工程是一个雄伟的工程,是中国水利工程史上一个奇迹。这项工程的建成,是在党的领导下,充分发挥社会主义制度优越性的结果,是全省广大人民群众艰苦奋斗的结果,是改革开放的结果。它不仅具有巨大的经济效益、生态效益和社会效益,而且积累了治水、工程建设的宝贵经验。工程建设还培养了一大批领导、施工、管理的人才,更重要的是,通过工程建设,增强了全省人民搞好水利建设,改变生产、生活条件,脱贫致富的信心,找到了一条路子。它的意义是深远的,它所创造的经验对激

发干部、群众的精神,对坚定人们的信心,将长期起到鼓舞作用。"之后,温家宝一行视察了引大入秦东二干渠庄浪河渡槽和总干渠盘道岭隧洞、30A隧洞、大沙沟渡槽等,并访问了永登县通远乡的农户。

温家宝同志视察甘肃省景泰川电力提灌二期工程

6月10~11日　中共中央政治局候补委员、书记处书记温家宝在甘肃省省委书记阎海旺等领导陪同下,视察了甘肃省景泰川电力提灌二期工程一泵站、景泰县八道泉乡王庄村农户和农作物生长情况。

温家宝同志在听取了景泰川电力提灌工程指挥部和景泰县的汇报后,他指出:景泰川电力提灌工程是甘肃省又一个大水利工程,这个工程历时20多年,在省委、省政府领导下,经过广大技术人员、广大群众锲而不舍的努力奋斗,工程基本建成,已经显示出很大的经济效益、社会效益和生态效益;提高灌区综合效益,必须采取综合措施,使我们的农业由比较粗放经营转变到规模经营的轨道上来,达到高产、优质、高效的目的。

内蒙古调整河套灌区水利工程供水价格

7月1日　内蒙古物价局下发《关于调整巴盟河套灌区水利工程供水价格的通知》,对灌区基本水费、计量水费、水源工程的供水价格都作了较大幅度的调整。灌区基本水费由现行的每亩每年0.5元调整为每亩每年1.5元,计量水费调整为每立方米20厘;水源工程的供水价格由现行的每立方米0.74厘调整为每立方米1.1厘。

甘肃省实施"121"雨水集流工程

7月12日　甘肃省委、省政府召开了全省捐助"121"雨水集流工程动员大会,到年底共收到捐款5643万元,解决了26.73万户131.07万人118.77万头大牲畜的引水困难,为旱作农业区开展节水灌溉、实现脱贫致富开创了一条新路,是甘肃省1995年水利工作中的一个重大措施,曾受到江泽民总书记的高度赞扬。

1995年甘肃省遭到特大干旱,不仅给农业生产带来严重影响,而且使300万人200多万头大牲畜发生水荒。中共甘肃省委、省政府决定动员全社会力量,实施"121"雨水集流工程。计划在1995年和1996年两年时间内,一次性重点解决25万户120万人的引水困难,实现每户修100平方米左右的水泥面集流场、挖两口水窖、发展一处庭院经济,取名"121"工程。

李岚清在陕西强调节水灌溉

7月20~24日　国务院副总理李岚清到陕西省视察工作。24日专门召开水利、农机、农业、科研院校等单位领导、专家、教授座谈会，会上他不但强调发展节水灌溉，而且特将他设计的行走式滴灌机械图及说明发给大家，供进一步研究。

李鹏视察引大入秦工程

7月26日　国务院总理李鹏带领水利部部长钮茂生等领导，在省委书记阎海旺、省长张吾乐等陪同下，视察了甘肃省引大入秦工程盘道岭隧洞、大沙沟渡槽、引大入秦工程纪念碑等工程，并详细询问了工程设计、施工等情况。

视察结束后，李鹏总理作了重要讲话。他说："引大入秦工程是一项很重要的工程。我代表党中央、国务院向全体工程建设者表示亲切慰问。工程已基本建成，发挥了效益。我们不仅要建设好这项工程，而且要管理好这项工程，使其最大限度地发挥效益。"

之后，李鹏总理到7月22日发生地震的永登县七山乡看望了灾区群众，并详细询问了地震情况。他说："甘肃在大旱之年又发生了地震，给农业生产和群众生活带来困难，国务院已及时采取各项救灾措施，帮助甘肃人民渡过难关。我代表江泽民总书记，代表党中央、国务院，向震区群众，向战斗在抗震、抗旱第一线的干部群众，表示亲切的慰问。"

7月27日，刚回到北京的李鹏总理就挥毫给引大入秦工程题词"引来大通水，润泽秦王川"。

山东省引黄入卫工程基本完成

7月　山东省引黄入卫工程基本完成，该工程1992年开工，本年11月1日通过竣工验收，同日举行了通水典礼。引黄入卫工程是为解决河北省东南部严重缺水状况而兴建的一项跨省、跨流域大型调水工程，是在原位山灌区三干渠输水系统基础上扩建而成的，属国家农业综合开发办公室、水利部的重点项目。渠首年引水6.22亿立方米，年入卫水量5亿立方米，国家总投资1.97亿元。引黄入卫主要利用位山灌区冬季4个月（自11月至翌年2月），从位山引黄闸引水，经两输沙渠、西沉沙池，沿总干渠、三干渠和三干渠入卫段、立交穿卫枢纽进入河北省，输水线路全长105公里。

本着边建设、边运行、边发挥效益的原则,在工程建设期间完成了向河北省3次供水(2次临时供水和1次正式送水)任务。第一次临时送水是在1993年1月30日至2月23日,渠首引水1.05亿立方米,入卫3162万立方米,卫运河和平闸接水3000万立方米;第二次临时送水是在1994年1月5~24日,渠首引水量1.1亿立方米,入卫7016万立方米;正式送水是在1994年11月10日至1995年1月21日,渠首引水5.1亿立方米,入卫4.07亿立方米,入卫最大流量65.4立方米每秒。

甘肃省引大入秦工程东二干渠庄浪河渡槽合龙

8月28日 由甘肃省水电设计院设计,铁道部一工程局桥梁处第四工程公司承建的空腹拱式桁架渡槽——引大入秦工程东二干渠庄浪河渡槽正式合龙。渡槽全长2194.8米,桥墩最大高度43米(空心墩),最大跨度40米,横跨庄浪河、兰新铁路、甘新铁路、汉代长城、明代长城。它是引大入秦工程最为宏伟、壮观的一座水工建筑物,也是东二干渠的关键工程,它的建成确保了东二干渠通水。东二干渠于10月1日上午9时15分从总分水闸引水,10月2日下午6时顺利通过54.3公里渠道(其中隧洞30座,长27.4公里;渡槽20座,长7.3公里)到达渠尾甘露池流入灌区,试通水成功。

冀朝铸考察万家寨引黄工程

8月28日 联合国副秘书长冀朝铸在山西省政协主席、万家寨引黄工程总指挥郭裕怀的陪同下,考察了万家寨引黄工程。

青海省引大济湟工程规划报告通过省级评审

8月30日~9月3日 青海省引大济湟工程规划报告评审会在西宁召开。参加评审的有国家计委、水利部水利水电规划总院及省内有关单位的70余位专家。专家们一致认为,该报告基础资料充分,引用数据翔实准确,内容比较全面,对湟水和大通河水资源的分析计算成果可靠,经过大量分析比选所提出的总体调水方案可行,予以通过。

甘肃省景泰川电力提灌工程指挥部上报向民勤调水工程初步设计

9月6日 甘肃省景泰川电力提灌工程指挥部向省建委上报《甘肃省景电二期工程延伸向民勤调水工程初步设计报告》。在此之前的8月17日,甘肃省计委以甘计农[1995]382号文向武威地区计委批复了可行性研究报告,同意建设单位为景泰川电力提灌工程指挥部,力争年内开工。10月30日省建委对初步设计给予批复:建设工期为4年(1996年至1999年),工程建设概算总投资24672.32万元。该工程1995年11月8日举行开工典礼。

甘肃省引大入秦工程总干渠22号隧洞等工程通过竣工验收

9月12~14日 甘肃省水利厅和省引大入秦工程建设指挥部共同主持,组成验收领导小组和验收专家组,对铁十五局承建的引大入秦工程总干渠国际招标一组工程(即22号、23号、24号隧洞及其连接段工程、先明峡倒虹吸土建工程),华水公司承建的国际招标二组工程(即水磨沟倒虹吸、39号隧洞和30A隧洞出口连接段),铁十五局承建的国内招标二组工程(即15号、16号、17号隧洞及其连接段),水电部十局承建的国内招标三组三标工程,兰州石油化工机器厂加工制作的水磨沟倒虹吸钢管,盘道岭隧洞遗留工程一组四标、二组四标裂缝处理工程和甘肃省水电设计院第二总队、北京市电科水电高新技术工程公司联营体施工的二组三标隧洞回填灌浆工程进行竣工验收。通过现场察看,听取设计、施工单位和有关工区、处、站的汇报,对照验收资料进行审查,专家一致认为,以上工程均已具备竣工验收条件,同意通过竣工验收。

宁夏成立灌溉管理局

9月15日 宁夏机构编制委员会批准成立了水利厅灌溉管理局,同时赋予灌溉管理方面的行政职能。灌溉管理局由水利厅原水利管理处与水利厅水利中心调度所合并组成。

山西省发布《关于大力发展节水农业的决定》

9月15日 山西省人民政府发布《关于大力发展节水农业的决定》(简称《决定》),共15条。《决定》提出的目标是3~5年内使全省的节水农业建设有一个大的发展,到20世纪末,全省达标节水面积累计达到1100万~1250万亩。为此《决定》中指出了发展节水农业的指导思想和原则;要求各级政府加强领导,制定经济政策和社会发展规划时优先考虑节水农业建设;明确了筹集发展节水农业资金的渠道;强调了注重科技质量和建立、完善水利建设激励机制。

国务院召开全国农田水利基本建设工作会议

9月16~19日　国务院在山西省太原市召开全国农田水利基本建设工作会议。江泽民总书记、李鹏总理对会议作了重要指示,姜春云副总理、陈俊生国务委员出席会议。姜春云作了题为《总结经验,统一认识,努力开创我国农田水利基本建设新局面》的讲话,陈俊生作会议总结。

陕西省灌区协会成立

9月22日　陕西省灌区协会成立。协会以"服务、研究、交流、提高和协作"为宗旨,与有关部门密切协作,组织开展灌区建设的调查研究、咨询服务、技术培训等工作。

陕西省引冯济羊工程正式开工

10月15日　陕西省引冯济羊工程正式开工建设。工程从冯家山水库北干渠设闸,通过10.1公里的引水渠道、隧洞和渡槽,把冯家山水库之水引入羊毛湾水库,设计引水流量5立方米每秒,加大流量7立方米每秒,总投资3000多万元。由咸阳市负责组织施工,建成后每年可向羊毛湾水库调水3000万~4000万立方米,扩大有效灌溉面积8.5万亩,改善灌溉面积23万亩。

钮茂生为引大入秦工程题词

10月　水利部部长钮茂生为甘肃省引大入秦工程题词:"引大入秦,是西北地区水利建设史上的壮举和里程碑,体现了甘肃省人民战天斗地、改造自然的英雄气概。这项工程,功在当代,利在千秋。希望精心管理、科学管理,让它充分发挥基础设施和基础产业的巨大效益和威力。"

程安东视察东雷抽黄、泾惠渠、羊毛湾、冯家山、宝鸡峡等水利工程

10月~12月中旬　陕西省省长程安东先后视察了东雷抽黄、泾惠渠、东庄水库坝址、羊毛湾、冯家山、宝鸡峡等水利工程。强调陕西基础设施建设的重点是水、路、电,要把水放在第一位。

埃塞俄比亚联邦民主共和国总理参观考察人民胜利渠灌区

11月1日　埃塞俄比亚联邦民主共和国总理梅电莱斯·泽纳维率领

的代表团,在河南省副省长俞家华和水利厅副厅长李日旭的陪同下,到人民胜利渠灌区参观考察。非洲客人参观后,对该灌区的运行和管理给予了很高评价。

山东省刘庄灌区李庄分水枢纽工程开工

11月1日　山东省菏泽市刘庄灌区李庄分水枢纽工程开工修建,1996年5月30日竣工。该工程位于东总干渠桩号6+900处,枢纽包括东总干渠节制闸及高贾干渠分水闸各3孔,李庄北干渠分水闸2孔,闸前渠道衬砌180米,总投资166万元。工程的修建提高了干渠分水能力,改善灌溉面积5万亩,年减少灌区清淤土方量20万立方米,工程效益显著,1997年被山东省水利厅和菏泽地区水利局分别评为优质水利工程。

山东省举行引黄入卫工程竣工验收暨通水典礼

11月1日　引黄入卫工程验收暨通水典礼在山东省位山引黄闸隆重举行。国务院副总理姜春云、国务委员陈俊生、山东省省长李春亭等分别向引黄入卫工程指挥部发来贺信。

引黄入卫工程是为缓解华北平原水资源严重缺乏状况而兴建的一项大型跨省际、跨流域调水工程。该工程依托位山引黄灌区的输沙渠、西沉沙池、总干渠、三干渠和运河入卫段,经过改建、扩建和配套而成。整个工程线路上起山东省东阿县位山引黄闸,下到临清南入卫河,全长105公里,新建大中小型建筑物291座,建起了现代化的水情自动化测报系统和工程管理通信网络。

甘肃省东乡南阳渠灌溉工程开工

11月18日　甘肃省东乡南阳渠灌溉工程开工。该工程是为了从根本上改变东乡族自治县干旱缺水的自然条件,帮助东乡族同胞脱贫致富的跨流域调水工程。工程总投资5.91亿元,设计流量4立方米每秒。工程主要包括牙塘水库、总干渠、干支渠、田间配套工程、泵站等。广通河上游兴建的牙塘水库库容1920万立方米,总干渠长56.7公里。其中,输水隧洞13座,总长28公里;干渠4条,长39.7公里;支渠14条,长158.6公里。一级泵站、二级泵站总装机容量3950千瓦。工程建成后,可使东乡、和政、临夏3县新增灌溉面积12.2万亩,改善灌溉面积0.7万亩,同时可解决东乡县18个乡镇133个自然村13.35万人及26万头大牲畜的饮水困难和工业用水问题。

宁夏扶贫扬黄灌溉工程立项

12月13日 经国务院批准,宁夏扶贫扬黄灌溉工程正式立项。此前水利部副部长张春园一行6人于8月份专程赴宁对扶贫扬黄灌溉工程的前期工作进行了重要指示。宁夏扶贫扬黄灌区规划总面积200万亩,工程静态总投资32.89亿元。工程将分期实施,一期工程已于1995年11月16日启动,一期工程建设内容为新建扩建骨干扬水站21座,修建引水干渠283公里,一期工程结束后可新增灌溉面积130万亩。静态投资23.35亿元,动态投资26.67亿元。12月14日,国务院副总理李岚清打电话给自治区主席白立忱,就这一工程的建设问题提出具体要求:①国务院批准宁夏扶贫扬黄灌溉工程立项,并作为重点工程列入国家"九五"计划,宁夏一定要全力抓好;②这是一项水利工程,一定要节约用水,发展节水灌溉;③抓紧抓好工程的前期工作和设计、施工准备;④这是一项扶贫的重大工程,一定要勤俭节约,艰苦奋斗,把人民群众企盼的这项工程搞好。2000年,扶贫扬黄灌溉工程设计灌溉面积130万亩,有效灌溉面积80万亩,当年实灌面积48.8万亩,设计流量37.7立方米每秒。有干渠17条,总长256公里;支渠10条,总长51公里。

山东省沾化县引黄过徒工程竣工

12月17日 山东省沾化县长达25公里的引黄过徒(骇河)工程竣工。该工程1993年开始实施,第一期投资2000万元,挖沟筑坝15余公里,在徒骇河底建成了过水流量25立方米每秒、长387米的倒虹吸工程;1995年10月二期工程继续施工,完成39座建筑物,砌石2250立方米,混凝土及钢筋混凝土1628立方米和44.15万立方米土方工程,又开挖干渠8.5公里,将黄河水引到沾化西部的付家河,全县西部9个乡镇20余万人饮水,40万亩耕地灌溉用水得以解决。

1996 年

甘肃省引大入秦工程国内外招标的 4 组工程通过中间验收

2月6~9日　由甘肃省水利厅和省引大入秦工程建设指挥部主持组成验收领导小组和验收专家组,对甘肃省引大入秦工程总干渠国际招标一组(铁道部二十工程局部分),国内招标一组、二组(铁道部二十工程局、省水电工程局部分)、三组二标工程进行中间验收。

钮茂生视察盐环定扬黄工程

2月24日　水利部部长钮茂生、总工程师朱尔明等,在陕西、甘肃、宁夏 3 省(区)主管领导陪同下,实地察看了盐环定扬黄工程 1 ~ 8 干渠和 1 ~ 8 泵站。主持召开了陕西、甘肃、宁夏 3 省(区)政府主要领导参加的陕甘宁盐环定扬黄工程建设协调领导小组会议。

甘肃省景泰川电力提灌工程调整水价

2月　经省水利厅、省物价局批准,甘肃省景泰川电力提灌一期工程水价调整为每立方米 0.16 元,二期工程水价调整为每立方米 0.15 元。1997年 6 月 5 日,经省物价局批准,一期工程水价调整为每立方米 0.20 元,二期工程水价调整为每立方米 0.19 元,自 1997 年 4 月 1 日起执行。

山东省沟阳引黄灌区引黄闸开工

3月19日　山东省济南市沟阳引黄灌区废除虹吸改建引黄闸开工,设计流量 15 立方米每秒,当年建成投入使用。同时,灌区渠系作相应调整,原邢家渡引黄灌区二分干渠双柳至小杨村段改为沟阳灌区南干渠,原二分干渠小杨村至 220 线段改为沟阳灌区北干渠,并相应配套分水闸、节制闸等建筑物。调整后,扩大灌溉面积 1.5 万亩,每次灌水时间缩短 3 ~ 5 天。沟阳引黄灌区建成于 1957 年 11 月。

2000 年,灌区设计灌溉面积 10.1 万亩,有效灌溉面积 8 万亩,当年实灌面积 7.7 万亩,设计流量 15 立方米每秒。灌区有干渠 4 条,长 25 公里;支渠 16 条,长 54 公里;斗渠 90 条,长 101 公里。斗渠以上建筑物 304 座。排水系统有排水干沟 4 条,长 26 公里;支沟 24 条,长 48 公里;斗沟 90 条,长 60 公里。斗沟以上建筑物 105 座。灌区渠系水利用系数 0.55。

甘肃省兴堡子川电力提灌工程调整水价

4 月 1 日　经甘肃省白银市物价局批准,兴堡子川电力提灌工程供水水价由每立方米 0.13 元调整为 0.17 元。10 月 10 日,经白银市物价局批准,由每立方米 0.17 元调整为 0.20 元。1999 年,经白银市物价局批准,分春、夏、秋、冬实行季节水价,春秋灌溉每立方米 0.20 元,夏灌每立方米 0.26 元,冬灌每立方米 0.24 元。

山东省马扎子引黄供水工程立项

4 月 16 日　水利部以水规计[1996]90 号文批准山东省淄博市高青县马扎子引黄供水工程立项。该项工程引黄供水沉沙区长 11 公里,宽 1.05 公里,面积 11.55 平方公里,静态投资 1.06 亿元,水利部安排 2000 万元贷款予以支持,一期工程其余投资由地方负责筹措。该工程向淄博市供水规模为:近期日供水量 30 万立方米,年引水量 1.5 亿立方米;远期日供水量 50 万立方米,年引水量 2.5 亿立方米。

内蒙古河套灌区调整水费

4 月　内蒙古巴彦淖尔盟行署决定,1996 年灌区水费上调 3 厘,执行斗口计量每立方米 20 厘标准。1997 年 3 月 21 日行署常务委员会决定,1997 年灌区水费再上调 3 厘,执行斗口计量每立方米 23 厘标准。

甘肃省西岔电力提灌工程调整水价

5 月 1 日　甘肃省西岔电力提灌工程农业灌溉水价由每立方米 0.12 元调整为 0.15 元,供给县自来水公司的水价由每立方米 0.20 元调整为 0.25 元,工业用水由每立方米 0.25 元调整为 0.30 元。1997 年 4 月 25 日农业灌溉水价由每立方米 0.15 元调整为 0.17 元,同年 6 月 25 日又调整为 0.20 元。1999 年 4 月 20 日,农业灌溉水价由原来的每立方米 0.20 元提高到 0.22 元。

宁夏扶贫扬黄灌溉工程奠基

5 月 11 日　宁夏扶贫扬黄灌溉工程奠基仪式在中宁县红山口的红寺堡一泵站站址隆重举行。国务院副总理邹家华、全国政协副主席杨汝岱、国家计委副主任陈耀邦、水利部副部长张春园等有关领导及自治区党政军领导出席了奠基典礼,出席奠基仪式的自治区领导有黄璜、白立忱、马思忠、刘国范等。

世界粮食计划署对兴堡子川电力提灌工程进行后评估

5月22~26日　世界粮食计划署评估团对甘肃省兴堡子川电力提灌工程实施的 WFP2639 项目进行后评估,前来评估的有:评估团团长菲利普·特沃(法国)、社会学家米朗哲得(女)(加拿大)、农艺专家巴尔廷(意大利)、灌排专家卡瑟琳(女)(荷兰)。评估团参观了泵站、灌区,走访了农户。在评估会上,专家一致认为 WFP2639 项目很成功,工程效益显著。

甘肃省靖会电力提水灌区调整水价

5月28日　甘肃省白银市物价局以市价工字(1996)54 号文通知,靖会灌区水费征收标准按每立方米 0.20 元计收。1998 年 9 月 30 日,白银市物价局以市价工字(1998)156 号文批复靖会电力提水灌区水价按每立方米 0.23 元收取。

甘肃省政府关于景泰川电力提灌工程会议纪要

6月11日　甘肃省政府办公厅发出会议纪要:一、关于景电一期更新改建问题,由省水利厅负责提出规划设计,按基建程序办,本年度安排 1000 万元。二、其他问题:(1)景电二期的决算及验收、遗留问题和涉及资金,报省政府确定。(2)民勤调水工程当年所需资金 6000 万元,由省计委调济拨款。(3)景电管理局事业费差额补贴问题,由财政厅、水利厅尽快解决。(4)景泰川电力提灌工程水价按成本价力争 3 年到位,当年原则上按每立方米 0.16 元调整,按程序报批。

甘肃省引大入秦工程调整灌区范围

6月14日　甘肃省政府以甘政函(1996)36 号文批复省水利厅《关于〈引大入秦灌溉工程灌区范围及灌溉面积调整报告〉初审意见的报告》。同意调整引大入秦灌溉工程灌区范围和灌溉面积,即总干渠沿线调减灌溉面积 3.00 万亩,东二干渠新增皋兰县黑石川灌区和白银区武川灌区,发展自流灌溉面积 6.60 万亩。调整后引大入秦工程灌区灌溉面积仍为 86 万亩,其中总干渠沿线 2.65 万亩,东一干渠 30.00 万亩,东二干渠 53.35 万亩。

朱镕基视察引大入秦工程

7月1日　中共中央政治局常委、国务院副总理朱镕基,带领中央及国务院有关部、委、办的负责同志,在甘肃省省委书记阎海旺和副书记孙英等领导陪同下,视察引大入秦工程。察看了工程的干渠和支渠,在盘道岭隧洞望着引来的大通河水说:"好! 你们把大通河水引到秦王川,实现几辈人梦寐以求的愿望。这个愿望只有到了新中国,只有到了改革开放的新时期才能变成现实。"朱副总理还说:"只有兴修水利,才能不断改善农业生产条件,才能从根本上解决甘肃省的粮食生产和农业发展问题。要继续抓好引大的配套工程,早日使更多的人脱贫致富。"

乔石视察引大入秦工程

8月16日　中共中央政治局常委、全国人大常务委员会委员长乔石,在省委书记阎海旺、代省长孙英、省人大主任卢克俭等领导陪同下,视察了甘肃省引大入秦工程东二干渠庄浪河渡槽和总干渠盘道岭隧洞、大沙沟渡槽等重点工程。委员长乔石说:"这说明甘肃省各级领导和广大人民群众很注意强化农业基础建设。你们在这样困难的情况下,艰苦奋斗、战天斗地,我相信,只要扎扎实实地长期抓下去,不断有所进步,就一定可以逐步改变农业靠天吃饭的状况。"

回北京后,委员长乔石为引大入秦工程题词:"引大入秦改造自然,千秋功业造福人民。"

山东省旧城灌区列入商品粮基地建设项目

8月　根据国家计委计农经[1996]2536号文,山东省鄄城县旧城引黄灌区列入商品粮基地建设项目,主要搞灌区的引黄配套和节水工程,计划配套面积15万亩,投资327万元,其中自筹187万元。1998年4月,三干沟、四干渠商品粮基地建设配套工程开工,完成土方30万立方米,砌石1100立方米,混凝土46立方米,配套建筑物9座,效益面积4.5万亩,投资102.12万元,投工12万工日。1999年5月,四干沟、五干渠商品粮基地建设配套工程开工,完成土方20万立方米,砌石1004立方米,钢筋混凝土28立方米,配套建筑物7座,效益面积3.0万亩,投资80万元,投工8万工日。

青海省黑泉水库动工兴建

9 月 12 日　青海省黑泉水库动工兴建,水利部部长钮茂生等领导出席了开工仪式。黑泉水库位于大通县境内湟水支流北川河上游宝库河上,是一座以灌溉和城市供水为主的大(Ⅱ)型水利工程,总库容 1.82 亿立方米,大坝为混凝土面板砂砾石坝,最大坝高 123.5 米。工程建成后,可新增有效灌溉面积 33 万亩,改善灌溉面积 30 万亩,年可供水量 2.7 亿立方米。

盐环定扬黄共用工程竣工

9 月 19 日　陕甘宁盐环定扬黄共用工程竣工典礼仪式隆重举行。国务院总理李鹏为该工程题写碑名,国务委员彭佩云、水利部副部长朱登铨及陕、甘、宁 3 省(区)党政军领导参加了竣工典礼。

陕甘宁盐环定扬黄工程是以解决宁夏盐池、同心,甘肃环县,陕西定边 4 县部分地区人畜饮水为主结合发展灌溉的大型电力扬水工程。该工程于 1988 年 7 月正式开工兴建,经过 3 省(区)广大建设者 8 年艰苦奋战,于本年 9 月 10~15 日正式通过了水利部及黄委主持的竣工初验。工程总投资计 30343 万元。

甘肃省景泰川电力提灌管理局成立

10 月 11 日　甘肃省景泰川电力提灌管理局成立。该局是 1994 年 7 月 9 日经甘肃省省委第十四次常务委员会决定成立的,为正厅级全民所有制事业单位。

河南省窄口灌区续建二期工程举行开工典礼

10 月 22 日　河南省灵宝县窄口灌区续建二期工程举行开工典礼。该项工程于是年 5 月 31 日经豫计农经[1996]653 号文批复续建工程可行性研究报告,8 月 2 日豫水计字[1996]113 号文批复续建工程初步设计。1998 年 12 月 10 日,窄口灌区二期工程总干、三干渠通水。2000 年 8 月 12~13 日,窄口灌区二期工程四干渠试水一次成功,8 月 24 日,四干渠程村 4 号隧洞全线贯通,标志着窄口灌区二期工程的主体工程全面竣工。

黄委向全国政协汇报黄河流域大型灌区情况

11 月 21~22 日　为解决全国大型灌区工程老化失修等问题,全国政协要求水利部就此作一次专题汇报,并特别提出要听黄河灌区情况汇报。根据水利部指示,黄委准备了黄河流域大型灌区情况的汇报材料,并派专人参加了 11 月 21～22 日由全国政协举办的大中型灌区情况座谈会。出席会议的有全国政协副主席钱正英及在北京的有关全国政协委员,水利部副部长张春园及水利部有关司局领导和国家计委、财政部、农业部等有关部门负责人。

科威特向宁夏扶贫扬黄工程贷款签字仪式在北京举行

11 月 25 日　科威特向宁夏扶贫扬黄工程贷款 3330 万美元签字仪式在北京举行。国务院副总理李岚清出席了签字仪式,并会见了科威特客人。这是科威特对我国支持的第一个扶贫项目,后续资金将随着工程进展逐步到位。

山西省批复浪店水源工程初步设计

11 月　山西省计委批复浪店水源工程初步设计,批复总投资 19638 万元。浪店水源工程位于黄河小北干流左岸临猗县、永济县境内,主要任务是解决夹马口、尊村、小樊 3 大泵站因黄河脱流,引水困难的水源问题。工程采用多口取水,1 条干渠向各站输水的布置方案。在吴王至浪店长约 4.3公里河段上设 3 处取水口,同时保留 3 站原有进水口,以提高取水的可靠性。

浪店水源工程主要由泵站、护岸引渠、输水干渠、淤灌沉沙条渠及 110千伏输变电系统组成。泵站为吴王、池沟 2 座露天式泵站,总提水流量42.9 立方米每秒;护堤引水渠从吴王至浪店长 3.956 公里,引渠右堤为护岸,铅丝笼石和干砌石护坡,顶宽 9 米,引水渠设计流量 42.9 立方米每秒;输水干渠从浪店至尊村,长 11.912 公里;沉沙池共有浪店、小樊、舜帝湾 3处。设计年提水 5.6 亿立方米,平均年提水 4.3 亿立方米。

山西省批复汾西灌区改扩建一期工程初步设计

是年　山西省计委以晋计投字(1996)553 号文批复汾西灌区改扩建一期工程初步设计,批复总投资 7881 万元,其中国家投资 6000 万元,地方自筹 1881 万元。改扩建的主要工程项目是:

(1)跃进渠改扩建工程。包括渠道防渗配套 25.7 公里,过水涵洞 1座,长 900 米,大型过水渡槽 460 米,建提水站 1 处,装机容量 400 千瓦,修建渠堤道路40公里,各种建筑物配套150座。改善灌溉面积3.2万亩,新增水浇地1.5万亩,每年向七一水库输水4800万立方米。

（2）七一水库改造工程。包括:新建两个进水塔及工作桥,七一沟涵洞改造及维修,南贾沟涵洞改建及维修,625米长大坝高喷防渗墙。工程完成后使七一水库的蓄水能力由2000万立方米提高到5800万立方米,改善灌溉面积10万亩,发展灌溉面积20万亩,同时为侯马冶炼厂供水工程提供保障。

一期改扩建工程于1998年竣工。

1997 年

山西省引黄入晋南干线、连接段工程立项

1 月 9 日　国务院批准山西省引黄入晋南干线、连接段工程立项。至此,万家寨引黄工程枢纽、总干线、南干线、连接段都已被列为国家重点工程建设项目。

钱正英率全国政协大中型灌区调查组考察黄河下游引黄灌溉情况

4 月 17 ~ 25 日　全国政协副主席钱正英率领全国政协大中型灌区调查组,对山东、河南两省 7 个灌区的引黄灌溉情况进行了考察,并就如何解决当前引黄灌区存在的工程老化、泥沙处理、水资源紧缺、水价不到位等问题与有关部门进行了座谈。

钱正英等到青铜峡灌区及河套灌区考察调研

5 月 6 ~ 8 日　全国政协副主席钱正英率领全国政协国有大中型灌区考察组到宁夏青铜峡灌区考察调研,并与宁夏党政领导及水利专家共商灌区改造,发展节水灌溉,推动农业开发。

5 月 10 ~ 15 日,到内蒙古自治区河套灌区进行考察,并于 15 日发表了题为《努力把河套地区建成农业综合开发基地》的讲话。

田纪云视察引大入秦工程

5 月 17 日　中共中央政治局委员、全国人大常务委员会副委员长田纪云,在省委书记阎海旺、省人大常务委员会主任卢克俭、省长孙英等陪同下,视察了甘肃省正在通水运行的引大入秦工程东二干渠庄浪河渡槽和总干渠盘道岭隧洞、大沙沟渡槽和工程纪念碑等。这是田副委员长继 1992 年 12 月 4 日之后的第二次视察。当他了解到工程经受住了 1995 年 7 月 22 日地震考验时,对施工质量表示满意,认为引大入秦工程是甘肃省委、省政府领导甘肃人民艰苦奋斗、顽强拼搏取得的辉煌业绩,是功在当代、造福人民的宏伟工程。

乔石视察万家寨工程

5月31日 中共中央政治局常委、全国人民代表大会常务委员会委员长乔石到山西省黄河万家寨引黄工地,视察施工情况,慰问全体建设者并为引黄工程题词。

宁夏建成引黄灌区防汛水量调度通信网

5月 宁夏引黄灌区防汛水量调度通信网建成并正式投入运行,改善了灌区防汛水量调度通信条件。

邹家华视察引大入秦工程

6月12日 中共中央政治局委员、国务院副总理邹家华及随行人员叶青在甘肃省省委书记阎海旺、省长孙英等陪同下视察了引大入秦工程东二干渠庄浪河渡槽、总干渠盘道岭隧洞、大沙沟渡槽和工程纪念碑。他认为甘肃省应大力加强兴办水利,这是解决贫困、加快农业发展的根本出路。

视察结束后,邹副总理为引大入秦工程题词:"引大入秦,功在千秋。"

孙英视察景泰川电力提灌工程

6月30日 甘肃省省长孙英视察景泰川电力提灌工程。他在视察中指示要下工夫搞节水农业,提高水的利用率,最大限度地发挥工程效益。

陕西省泾惠渠加坝加闸工程竣工

6月 陕西省泾惠渠渠首加坝加闸工程全面竣工,下闸蓄水。工程总投资9200万元,分为渠首加坝加闸蓄水工程和渠首电站工程。加坝加闸工程建成坝高35.7米、库容510万立方米的水库,投资3950万元;电站总装机容量7500千瓦,年均发电量1630万千瓦时,投资5250万元。工程于1993年开工建设。

徐端夫考察河套灌区盐碱地改良和节水灌溉情况

7月3～5日 中国工程院院士徐端夫教授在内蒙古巴彦淖尔盟副盟长、河套灌区管理总局局长韩钢的陪同下,考察河套灌区盐碱地改良和节水灌溉情况,并在河套灌区管理总局作《关于黄河流域可持续发展和后套地区农业现代化问题》的学术报告。

邹家华、罗干到河套灌区视察

7月23日　国务院副总理邹家华、秘书长罗干在内蒙古党政领导的陪同下视察河套灌区。听取了河套灌区情况汇报，并慰问了多年来在巴彦淖尔盟农牧林水利战线作出突出贡献的科技工作者。

宋健视察引大入秦工程

8月20日　国务委员、国家科委主任宋健及随行人员黄齐陶、李定凡一行，在省委书记阎海旺等陪同下，视察甘肃省引大入秦工程30A隧洞、水磨沟倒虹吸、盘道岭隧洞、工程纪念碑、庄浪河渡槽等工程。宋健说："像这样的工程，就应该评选国家科技进步奖，虽然没有奖金，但也有了名。"他还说："引大入秦工程的成功建设，对南水北调西线方案将起到启示作用。引大入秦工程是一项造福子孙的宏伟工程，解决了许多技术难题，引进了许多先进的科学技术和管理技术。希望后续开发建设应注意采取各种方式，充分利用水资源，把引大入秦灌区建成一个高技术农业示范区，积极发展节水农业。"

纳米比亚副总理维持布伊参观考察人民胜利渠

8月23日　纳米比亚副总理维持布伊先生一行14人到河南省人民胜利渠参观考察，河南省副省长俞家骅、省水利厅副厅长马长海等陪同。

内蒙古河套灌区配套工程项目通过总体竣工验收

8月28～30日　内蒙古政府在临河市主持召开河套灌区配套工程项目总体竣工验收会议，会议同意项目通过总体验收。自治区政府副主席张廷武、水利部副部长严克强参加了验收会议。29日在灌区"龙头"三盛公水利枢纽左侧举行了纪念碑揭幕仪式。这项排灌配套工程是河套开发史上最大的一次改造建设项目，是改革开放以来内蒙古水利建设引进外资的第一个建设项目。该项目从1983年至1988年底历时6年完成前期工作，1989年开始实施，到1995年基本完成。工程共投资8.25亿元，其中世界银行贷款6600万美元，国内配套资金2.25亿元，群众投工折款1.09亿元。完成总干渠、总排干沟整治及总排干沟红圪卜扬水站的扩建等13项水利配套工程，使315万亩农田实现了渠、沟、路、林、田五配套，项目区排盐量由32.48万吨提高到66.73万吨，地下水位降低0.21米。累计增改盐碱地达85万亩,农、林、牧得到全面发展,1996年比1986年粮食增产4.3亿公斤,农民人均收入达到1729元。

黄河小浪底水利枢纽工程截流成功

10月28日 小浪底水利枢纽工程截流成功。中共中央政治局常委、国务院总理李鹏,中共中央政治局委员、国务院副总理姜春云,中共中央政治局委员、中共河南省省委书记李长春,全国政协副主席马万祺,水利部部长钮茂生,黄河防汛指挥长、河南省省长马忠臣,中共中央、国务院有关部门和河南、山西两省负责人等参加了截流仪式。黄委主任鄂竟平、勘测规划设计研究院院长席家治等亦到场参加。新华社、《人民日报》、中央电视台等中外新闻机构300多名记者对工程截流作了报道,中央电视台进行了现场直播。

陕西省宝鸡峡渠首加坝加闸工程开工

12月20日 陕西省宝鸡峡灌区渠首加坝加闸工程开工。大坝在原坝体基础上由615米加高到637.6米,坝顶加长到180.8米,坝顶宽为12～17米,加坝后最大坝高49.6米,总库容5000万立方米,有效库容3800万立方米。坝后电站安装发电机组3台。建成后可与王家崖、信邑沟、大北沟、甘河4座水库联合运用,向灌区增加供水1.2亿立方米以上,多灌农田100万亩。

陕西省举行延安市供水工程通水典礼

12月31日 陕西省举行王瑶水库延安市供水工程通水典礼。国务院总理李鹏题写"延安供水工程纪念碑"碑名,水利部部长钮茂生、陕西省省长程安东等领导参加通水庆典并讲话。工程于1996年10月17日开工,总投资1.5614亿元,工程自王瑶水库取水,沿杏子河与延河蜿蜒南行,至延安市北关水厂,全长52公里。日最大供水量5万吨,可解决延安城区20万居民和1.55万头牲畜用水问题。

山西省潇河灌区续建配套工程获得批准

12月 国家计委、水利部批准山西省潇河灌区续建配套工程建设项目,总投资1000万元。

河南省完成赵口灌区二期工程可行性研究报告编制

是年 河南省水利厅安排省水利勘测设计院编制了赵口灌区二期工程可行性研究报告。二期工程建设任务主要是全灌区规划572万亩灌溉补源面积都能正常发挥效益。二期工程规划范围包括开封市东部128万亩正常灌溉灌区配套,使正常灌溉面积达到236万亩;补源灌区包括开封市的杞县、尉氏县,周口地区的扶沟县、太康县、西华县、鹿邑县,许昌市的鄢陵县,7县的补源面积336万亩。

1998 年

内蒙古河套灌区提高水费标准

1 月 2 日　内蒙古巴彦淖尔盟行署常务会议原则同意河套灌区管理总局关于供水成本分 3 年逐步调整到位的意见,决定 1998 年灌区农业水费从每立方米 23 厘调整到 33 厘。1999 年 1 月 29 日,巴彦淖尔盟行署常务会议决定,1999 年河套灌区农业水费再上调 7 厘,执行斗口计量每立方米 40 厘标准。

六集电视系列片《命脉》相继播出

1 月 3 日　第一部全面反映内蒙古河套灌区水利建设的六集电视系列片《命脉》首映式在河套灌区管理总局举行,并相继在巴彦淖尔盟电视台、内蒙古电视台和中央电视台第七套节目中播出。该片集史料性、思辨性、纪实性于一体,较为翔实地记录了河套水利事业的历史与现状。

温家宝考察陕西引黄灌区

2 月 12 ~ 14 日　中共中央政治局委员、书记处书记温家宝一行到陕西省考察,先后在泾阳、三原、礼泉 3 县深入田间了解抗旱和春耕生产情况,察看了三原县西郊水库建设工地及 7 处节水灌溉工程,并对农田水利基本建设、抗旱、节水和生态农业建设作了重要指示。

甘肃省引大入秦工程调整水价

4 月 2 日　甘肃省物价局根据省水利厅转报的省引大入秦工程管理局《关于请求调整引大入秦灌溉工程水费标准的报告》,对水费标准进行了调整,调整后的水费标准为:农田灌溉用水计量水价由每立方米 0.10 元调整为 0.15 元,基本水价仍执行每亩每年 1.50 元。为照顾移民和鼓励开垦,对新开垦的荒地在第一个灌溉年度内,实行优惠政策,按每立方米 0.13 元执行。工业用水、建筑用水和经营用水,暂按成本价每立方米 0.30 元执行。上述价格自 1998 年春灌起执行。

内蒙古河套灌区调整分水分流比例

4月3日 内蒙古河套灌区管理总局以内河总发［1998］57号文下发了《河套灌区分水分流比例调整方案》。方案规定分水比例为：一干12.1%,解放闸26.9%,永济20.4%,义长27.9%,乌拉特12.7%。分流比例总干与一干灌域按90∶10调控;总干中分流比例为夏灌、秋灌两套方案:夏灌中,解放闸30.8%,永济23.0%,义长30.7%,乌拉特15.5%;秋灌中,解放闸28.4%,永济21.0%,义长34.4%,乌拉特16.2%。

钱正英考察田山灌区

4月20日 全国政协副主席钱正英带领华北水利考察团在山东省政协副主席李殿魁陪同下到济南市田山灌区视察。

青海省马汉台引黄提灌灌区管理体制改革见成效

4月21日 青海省马汉台引黄提灌灌区在管理体制改革中,由原该灌区合同工张起洪(共和县曲沟乡农民)承包经营。承包后,往年灌溉拖拉的马汉台引黄提灌灌区干净利索地完成了1.65万亩耕地的灌溉任务。

黄河流域节水策略研究项目在簸箕李引黄灌区开展

4月 由葡萄牙里斯本技术大学、中国水利水电科学研究院、武汉水利电力大学、法国农业和环境工程研究院、荷兰国际水力学和环境工程学院、瑞士联邦理工学院、印度中央盐碱土研究所合作科技合作项目(合同号 ER-BICIBCT970170)"黄河流域节水策略研究"在山东省滨州市簸箕李引黄灌区开展。项目主要研究节水灌溉措施的鉴别和定量,确定与渠道供水、输水、田间灌溉、涝渍和盐碱控制有关的改进水管理战略,开发可用于运行和规划的决策支持系统DSS。

该项目另一个实施灌区为宁夏惠农渠灌区。

山东省邢家渡引黄灌区调整水价

5月28日 山东省济南市邢家渡引黄灌区向济南市水利局上报《关于调整邢家渡引黄灌区供水价格》的报告。7月,济南市水利局、物价局向山东省物价局、水利厅上报《关于调整邢家渡引黄灌区水价的请示》报告,当月,山东省物价局、省水利厅联合下发了《关于济南市邢家渡引黄灌区供水价格的批示》文件,灌区水价由每立方米水 2.8 分调整为 5.5 分。

山东省陈孟圈灌区开灌

5 月　山东省济南市历城区陈孟圈引黄灌区开灌。该灌区是在拆除 6 处虹吸管修建霍家溜引黄闸而形成的灌区,至 2000 年,灌区仍在进行工程续建配套工作。

2000 年,灌区设计灌溉面积 30.7 万亩,有效灌溉面积 1.2 万亩,当年实灌面积 1.2 万亩,设计流量 15 立方米每秒。有总干渠 1 条,长 0.23 公里;干渠 3 条,长 26 公里;支渠 159 条,长 318 公里;斗渠 154 条,长 763 公里。斗渠以上建筑物 207 座。排水系统有排水总干沟 1 条,长 31 公里;干沟 3 条,长 54 公里;支沟 9 条,长 157 公里;斗沟 31 条,长 270 公里。斗沟以上建筑物 813 座。灌区灌溉水利用系数 0.46。

山东省位山灌区列入全国大型灌区节水改造计划

6 月 16 日　山东省位山灌区二干渠周店闸至李海务桥续建配套与节水改造项目经国家计委、水利部批复同意后,列入全国大型灌区节水改造计划。10 月 10 日开工建设,12 月 16 日主体工程竣工,经山东省水利厅组织的专家验收,工程质量达到优良等级。

孙英等到引大入秦灌区调查研究

6 月 22～23 日　甘肃省省委书记孙英,省委常委、兰州市市委书记陆浩等负责同志,深入到引大入秦灌区调查研究。在听取永登县经济发展和引大入秦灌区开发情况的汇报后,孙英指出:今后灌区的建设不能走传统的老路,要打破常规,本着高标准、严要求的原则,把灌区建成高科技、高效益的现代农业示范区。

10 月 23 日,孙英和陆浩两位领导再次到引大入秦灌区视察何家梁及石门沟村节水灌溉示范基地。

山东省批复部分引黄灌区水价标准

年中　山东省物价局、省水利厅联合批复位山、邢家渡、簸箕李、韩墩、道旭、小开河等引黄灌区水价标准,同意由现行的每立方米水收取水费 2.8 分分别调整为 4.3 分、5.6 分、5.6 分、5.6 分、5.6 分。

山东省菏泽地区南部引黄灌区水利骨干工程项目获得批复

7月8日 国家农业综合开发办公室和水利部以国农综字〔1998〕13号批复山东省菏泽地区南部引黄灌区水利骨干工程项目。1998年12月2日,省农业开发办公室、水利厅、财政厅以鲁农开办字〔1998〕23号下达菏泽地区南部引黄灌区水利骨干工程项目实施计划。

内蒙古镫口扬水灌区骨干配套工程开工

7月 内蒙古土默川农业综合开发镫口扬水灌区骨干配套工程开工。该工程在国家规定的引黄水量内改善灌溉面积45万亩,扩大灌溉面积30.4万亩,规划水平年增产粮食8589万公斤。工程包括:①改建电力扬水站1座,设计流量20立方米每秒,完成土方1.76万立方米,混凝土1753立方米,浆砌石1423立方米,安装4台1400ZLB–100型轴流泵,总装机容量2000千瓦,完成投资1227万元。②重建支渠进水闸50座,重建支渠节制闸5座,重建和维修支渠生产桥16座,完成土方5.4万立方米,混凝土1839立方米,完成投资294万元。③干渠扩建52.114公里,完成土方139.9万立方米,投资293万元。④建设防洪交叉工程,完成土方8616立方米,浆砌石1027立方米,投资97.45万元。以上工程共完成投资1911万元。

河南省第三濮清南引黄灌溉补源工程开工

7月 河南省濮阳市第三濮清南引黄灌溉补源工程开工,该工程从渠村引黄闸引水,与第一濮清南共用沉沙池和18.90公里的输水渠,设计过水流量25立方米每秒,干渠纵跨濮阳、清丰、南乐3县和濮阳市郊区的西部,全长108.60公里,计划总投资2亿多元,土方量580万立方米,工期预计为3年。

小浪底水库枢纽南岸引水口工程开工

8月20日 小浪底水库枢纽南岸引水口工程开工。南岸引水口工程是为解决孟津县、洛阳市北郊、偃师市北部农业灌溉和洛阳市城市供水而修建的大型引水工程,工程概算投资1.07亿元,施工总工期31个月。该工程主要由进水塔、引水隧洞、出水口分水枢纽3部分组成。工程全长3355米,设计引水流量28.6立方米每秒,年总引水量4.2亿立方米。主体工程于1999年8月1日正式开工,引水隧洞于2000年6月30日贯通。1998年河南省向国家计委项目储备库呈报了南岸和北岸灌区。

内蒙古呼和浩特市引黄供水工程开工

8月28日　内蒙古呼和浩特市引黄供水工程开工。该工程总投资18.2亿元,其中利用日本海外协力基金贷款4.54亿元。工程分两期建设:一期工程规模为日供水量20万立方米,建设工期4年;二期建设规模日供水量20万立方米,建设工期2年。

宁夏扶贫扬黄灌溉工程开工

9月16日　宁夏扶贫扬黄灌溉工程开工,国务院副总理邹家华和自治区领导出席开工典礼。宁夏扶贫扬黄灌溉工程是继固海扬水工程、陕甘宁盐环定扬黄工程之后的又一大型扬水工程,是国家"九五"重点建设项目。该工程简称"1236"工程,其中"1"代表100万亩耕地,"2"代表200万移民,"3"代表30亿元投资,"6"代表6年工期。它北起中宁县古城风塘沟,经同心县至海原县李旺乡海家湾,总长103公里,由7座泵站和7条干渠组成,引水流量为12.7立方米每秒,总扬程274米。

陕西省马栏河引水工程建成通水

9月28日　二十项兴陕工程之一的马栏河引水工程建成通水。该工程从泾河支流马栏河引水至石川河支流沮河而入桃曲坡水库,是向铜川市供水的水源调水工程,由引水枢纽、老爷岭隧洞及渠道3部分组成。工程建成后,除向铜川市年供水1200万～1500万吨外,还可补给农业灌溉水量2524万立方米,使桃曲坡水库灌区灌溉保证率由46%提高到73%。工程概算总投资1.205亿元。1997年12月24日,长11.49公里的老爷岭隧洞全线贯通。

山东省济南鹊山引黄调蓄水库开工

10月5日　山东省济南市鹊山引黄调蓄水库开工。该水库位于黄河北岸,由国家计委批准立项,占地1.4万亩,总库容4600万立方米,总投资5.6亿元,日供水量40万立方米。主体工程于1999年底完工并开始蓄水,2000年4月24日正式向市区供水。

内蒙古河套灌区隆胜节水示范区工程开工

10月20日　内蒙古河套灌区隆胜节水示范区工程开工。示范区位于河套灌区中部的临河市隆胜乡永刚分干渠灌域,包括西济支渠和东济支渠,控制面积9.5万亩,规划设计灌溉面积7.3万亩,其中西济支渠4.3万亩,东济支渠3.0万亩,总投资2581万元。节水主要措施是对支斗农3级渠道全部防渗衬砌,同时采取井灌、喷灌、管灌、平整土地等综合措施。

山东省雪野水库应急加固工程通过竣工验收

10月22日　山东省大汶河流域雪野水库应急加固工程通过竣工验收。该水库位于大汶河支流瀛汶河的上游——雪野乡冬暖村,控制流域面积444平方公里,总库容2.21亿立方米,兴利库容1.112亿立方米,是一座以防洪、灌溉为主,兼顾发电、水产养殖、工业供水等综合利用的大(Ⅱ)型水库。由于坝体质量差,坝顶曾多次出现裂缝,山东省计委以鲁计重点字[1997]339号文对雪野水库应急加固工程进行了批复,总投资2188万元,其中山东省投资1312万元,地方自筹876万元。于1996年12月12日正式开工,到1998年9月,完成土方42.06万立方米,石方5.25万立方米,完成投资2188万元。

陕西省黑河水利枢纽工程成功截流

10月29日　陕西省黑河水利枢纽工程成功截流。该工程是以城市供水为主,兼顾农业灌溉、防洪、发电等综合效益的大型水利工程。工程建成后,每年可向西安市供水3.05亿立方米,日供水能力110万立方米,可基本上满足近期西安市用水需要。整个工程计划于2001年建成。

青海省湟水北干渠扶贫灌溉工程总体规划报告通过审查

11月9~10日　青海省湟水北干渠扶贫灌溉工程总体规划报告在北京通过部级技术审查。该工程以农业灌溉和人畜引水为主,兼顾城镇工业、生活用水,由1条总干渠、3条分干渠、松多反调节水库及支斗渠等田间配套工程共同组成,灌区最终规模为104.42万亩。其中,新增自流灌溉面积56.22万亩,新增提水灌溉面积11万亩,改善自流灌溉面积37.2万亩。规划范围为湟水北岸大通、互助、乐都3县部分地区,总面积2810平方公里。该工程是引大济湟配套工程,环境评价大纲于12月10日在西宁通过评审,参加评审的有国家有关部局院及青海省有关厅局领导和专家。

河南省陆浑灌区西干渠一期工程试通水成功

11月14日　河南省陆浑灌区西干渠一期工程试通水成功。西干渠是陆浑灌区总体规划中的干渠之一,全长64.74公里,设计流量12立方米每秒,灌溉面积16.77万亩。涉及嵩县、伊川县7个乡(镇)100个行政村。1994年以来伊川、嵩县人民自力更生、大干苦干,完成了第一期工程建设任务。

吴官正视察小开河工程

11月23日　中共中央政治局委员、山东省省委书记吴官正视察小开河工程,称赞"为老百姓办了一件好事、实事",并指示要继续搞好配套工程,全面发挥效益。

温家宝视察广利灌区

11月24日　国务院副总理温家宝在河南省省长李克强、副省长李成玉的陪同下视察河南省焦作市广利灌区灌溉工程,同南王村农民用水协会主席张奎发同志亲切交谈,并就水利工程的建设、渠系配套、工程管护、节水灌溉、农业生产、农民用水协会的运行与发展等问题进行了调研。

河南省世界银行水利项目通过竣工验收

11月25～26日　世界银行水利项目河南省新乡市祥符朱、石头庄灌区授援工程通过省水利厅组织的竣工验收,工程质量均被评定为优良等级。

12月3～11日,世界银行水利项目河南省商丘东沙河治理工程、开封赵口引黄西灌区工程通过省水利厅组织的竣工验收,工程质量均被评定为优良等级。

青海省西河灌区改造开工

是年　青海省开始对贵德县西河灌区进行改造。2000年,灌区设计灌溉面积2.05万亩,有效灌溉面积2.05万亩,当年实灌面积1.7万亩,设计流量2.5立方米每秒。灌区有干渠1条,长17公里;支渠4条,总长8公里;斗渠43条,总长60公里。渠系建筑物1523座。灌区灌溉水利用系数0.49。

宁夏引黄灌区列入大型灌区续建配套项目

是年 经国家计委、水利部批准,宁夏引黄灌区列入大型灌区续建配套项目,项目建设的主要内容是,以节水为中心的骨干工程的除险保安、续建配套、更新改造和必要的管理设施建设。项目建设的目标是,使工程达到设计能力,提高灌溉保证率和水的有效利用率,扩大和改善有效灌溉面积,提高农业综合生产能力。

1999 年

河南省召开新三义寨引黄工程效益论证会

4 月 2~4 日　河南省商丘市召开新三义寨引黄工程效益论证会。中国农业科学院研究员贾大林、水利部农业发展办公室季仁保、省水利厅副厅长冯长海应邀参加。专家们通过实地考察和多方论证,一致认为新三义寨引黄供水工程对商丘市农业乃至整个国民经济的发展发挥了巨大的经济效益、生态效益和社会效益。

宁夏自流引黄灌区干渠全部实现水情监测

4 月 20 日　宁夏自流引黄灌区干渠全部实施水情远距离遥测、遥控,实现了各大干渠引水口、渠段各交接水点、各分水点等重点渠段的水情实时监测。

山西省禹门口提水工程转入边建设边运行阶段

春　山西省禹门口提水工程自 1996 年以来,根据工程建设进展情况,相继组织了 3 次枢纽、灌区联合试运行,在此基础上于本年春正式上水运行,工程转入边建设边运行阶段。

江泽民视察人民胜利渠渠首工程

6 月 20 日　中共中央总书记江泽民视察河南省人民胜利渠渠首工程,亲手摇起毛主席当年摇过的闸门,并以"江泽民一九九九年六月二十日于人民胜利渠渠首闸"题词留念。

河南省引沁灌区加固改善工程竣工

6 月　河南省引沁灌区加固改善工程竣工。该工程规划 1990 年 1 月由焦作市水利局勘测设计室主持编制完成,1990 年 8 月河南省计经委以豫计农经[1990]1055 号文予以批复,同年 9 月开工。工程共完成险工 2 处,滑坡 6 处,土坝加固 15 座,明渠整修 33.7 公里,建筑物加固 289 处,总投资 991 万元,工程通过河南省水利厅全面验收,并被评为优良工程。

黄委引黄灌溉局归属黄河水利科学研究院管理

8月4日　水利部黄委以黄人劳〔1999〕26号文,将引黄灌溉局划归黄河水利科学研究院管理。2000年10月13日,水利部黄委以黄人劳〔2000〕56号文,批复黄河水利科学研究院以黄科研人劳〔2000〕22号文《关于黄委会引黄灌溉局更名的请示》,同意黄委引黄灌溉局更名为黄河水利科学研究院水资源利用及节水工程技术研究所。

自归属黄河水利科学研究院以后,单位成为名副其实的科研单位,在科研业务发展、科研设备配置、科研人员素质提高等方面都迈出了新的一步。

杨振怀、张春园到宁夏及内蒙古考察大型灌区节水改造

10月8~10日　全国人大农业与环境资源保护委员会副主任杨振怀、水利部副部长张春园到宁夏考察大型灌区节水改造。10月10~14日,赴内蒙古河套灌区考察调研,具体指导河套灌区节水改造工程的立项实施工作,并召开专家座谈会,对河套灌区节水改造工程建设进行了深入、广泛的讨论,对工程立项实施提出了指导意见。

山东省位山等7处引黄灌区列入水利部大型灌区节水续建配套项目

11月2日　山东省计委、山东省水利厅以鲁计投资字〔1999〕1058号文发出《关于转发国家安排山东省1999年大型灌区节水续建配套项目中央财政预算内专项资金投资计划的通知》,其中有李家岸、位山、韩墩、陈垓、陈孟圈、王庄、田山等7处引黄灌区列入节水续建配套项目。

甘肃省景泰川电力提灌二期工程通过竣工验收

11月8日　甘肃省景泰川电力提灌二期工程通过省建委组织的竣工验收。验收结果认为,二期工程已按批准的设计规模和内容,基本完成了建设任务,项目立项准确,规划设计合理,建设管理规范,概算执行控制严格,工程质量优良,科技成果丰硕,运行安全可靠,效益全面发挥,达到设计能力,同意通过竣工验收,交付使用。

山东省举行无棣、沾化两县群众引黄吃水工程送水典礼

11月29日　山东省无棣、沾化两县群众引黄吃水工程送水典礼在无棣县三角洼水库举行。无棣、沾化两县是滨州地区的两个沿海县,地下无浅

层淡水,深层水高氟高碘,80 万群众吃水极度困难。1998 年 7 月,中华环保世纪行记者团来此采访考察,立即向中央领导和社会各省界进行了反映。全国人大常务委员会副委员长邹家华在记者团的简报上作了重要批示。山东省委、省政府领导对此十分重视,专门拨出 2000 万元补助吃水工程。滨州地区先后投资 1.9 亿元,利用引黄灌溉系统建成引黄配套水库 7 座,建设水厂 7 处,铺设输水管道 1351 公里,基本上实现了村村通自来水。

陕西省关中灌区改造项目开始实施

12 月 1 日 利用世界银行贷款对老灌区进行更新改造的关中灌区改造项目开始实施。项目涉及陕西省关中地区 5 个市 25 个县(区)9 大灌区,总投资 16.6 亿元,其中利用世界银行贷款 1 亿美元,计划用 5 年时间对关中灌区 7 大类 155 个项目进行改造。工程完成后,可新增灌溉面积 74 万亩,改善灌溉面积 270 万亩。

内蒙古镫口扬水灌区年水费收入首次突破一千万元

年末 内蒙古镫口扬水灌区全局水费收入首次突破一千万元,达到 1258 万元。

山西省大禹渡电灌站建成大口径 U 形渠

是年 山西省大禹渡电灌站建成口宽 3.9 米、深 1.9 米的大口径 U 形渠。

2000 年

内蒙古河套灌区续建配套与节水改造工程规划报告通过水利部审查

1 月 23～27 日　水利部水规总院在北京召开《黄河内蒙古河套灌区续建配套与节水改造工程规划报告》审查会议,全国政协副主席钱正英,全国人大农业与农村委员会副主任杨振怀,水利部副部长张春园、张基尧,内蒙古自治区副主席傅守正等领导和专家参加了会议。该报告原则通过水利部审查。

4 月 20～23 日,又原则通过了河套灌区续建配套与节水改造工程环境影响报告书。2001 年 3 月,水利部批复了一期工程水土保持方案报告。2002 年 1 月,水利部河北水利水电勘测设计院和内蒙古水利勘测设计院完成了 2001 年实施方案,并报送内蒙古自治区水利厅,2 月 26 日内蒙古自治区水利厅批复了 2001 年实施方案,总投资 9141 万元,其中中央投资 6100 万元,地方匹配 3041 万元。6 月完成了永济干渠 7＋600～15＋500 段、杨家河干渠 49＋000～58＋000 段渠道衬砌工程;9 月完成了义和干渠 19＋787～25＋787 段渠道衬砌工程。

河南省人民胜利渠灌区实施总干渠防渗工程

2 月 14 日　河南省计委、水利厅联合批复了人民胜利渠灌区节水续建配套项目 1999 年度实施方案,该方案主要工程是总干渠二号枢纽至亢村西桥(16＋490～22＋790)共 6.3 公里渠段的现浇混凝土全断面防渗衬砌,3 月 23 日正式开工,5 月 18 日竣工,总投资 1201.15 万元,其中中央财政预算内专项资金 600 万元,地方自筹 601.15 万元。

青海省湟水北干渠扶贫灌溉一期工程(黑泉水库灌区)通过国家评估

2 月 26 日～3 月 4 日　青海省湟水北干渠扶贫灌溉一期工程(黑泉水库灌区)通过国家评估,这标志着青海省各族人民企盼已久的引大济湟工程在实施方面又向前迈进了一大步。

山东省引黄灌区取水量及年度分配方案出台

3 月 20 日　山东省水利厅以鲁水资字[2000]2 号文下达《关于引黄灌

区取水量及年度分配方案》,对全省各引黄灌区的取水量及年度分配方案进行了核定审批,换发了取水许可证。

内蒙古麻地壕灌区毛不拉扬水站扩建工程开工

3月　内蒙古麻地壕灌区毛不拉扬水站扩建工程开工。一级提水,扬程74米,压力管道长800多米,安装机泵3台(套),装机容量3750千瓦,抽水能力3立方米每秒,灌溉面积7万亩。

宁夏引黄灌区执行新水价

4月1日　经自治区政府批准,宁夏引黄灌区调整水价,这是新中国成立以来宁夏第五次调整水价,调整幅度达100%,是历史上最大的一次。引黄自流灌区农业用水价格由每立方米0.6分调整为每立方米1.2分,固海扬水农业用水由每立方米5分调整为每立方米8分,盐环定扬水农业用水由每立方米5分调整为每立方米10分,水产养殖由每立方米7分调整为每立方米15分,城镇及工矿企业由干渠供水,按供水成本加百分之五的利润计收。农业用水,无论自流或扬水灌区,每亩征工折款均由现行的2.5元调整为4.0元。调整水价后,节水效果明显,在四、五月份用水高峰期,节约黄河水近1.5亿立方米,农民因节水减少水费等农业生产支出180多万元。截至11月22日,2000年宁夏引黄灌区全年共引黄河水79.52亿立方米,比1999年少引9.1亿立方米。

河南省杨桥灌区被列为大型引黄灌区

4月5日　河南省杨桥引黄灌区骨干工程配套通过国家农业综合开发办、水利部组织的项目评估。4月20日,杨桥灌区通过国家大型灌区评审,被列为大型引黄灌区。

宁夏第一家农民用水协会成立

4月8日　宁夏第一家农民用水协会在灵武市新华桥镇正式挂牌成立。随后又有利通区、青铜峡市及惠农县在一些支渠和农村成立农民用水协会,鼓励农民用水户直接参与灌区灌溉用水的管理,推动用水管理再上新台阶。

山西省出台《夹马口泵站灌区综合改革实施方案》

4月10日　山西省临猗县夹马口电灌站出台了《夹马口泵站灌区综合改革实施方案》，临猗县人民政府以临政发[2000]7号文进行转发。该方案提出了对夹马口泵站灌区产权制度、管理制度、经营制度、投入制度、灌溉水价、人事及分配制度共6个方面的改革措施。

7月24日，水利部副部长翟浩辉与农水司司长冯广志等到夹马口泵站灌区视察抗旱情况时，翟副部长对夹马口泵站灌区在管理改革上的做法和探索给予了充分的肯定。

12月28日，夹马口电灌站出台了《斗渠管理体制改革试点工作提纲》。

青海省同德县团结灌区改建工程开工

4月　青海省同德县团结灌区改建工程开工，工程包括衬砌干渠7.2公里，维修陡坡1.41公里，维修铅丝笼防洪堤710米，改建引水枢纽1座，建筑物19座，干渠设计流量由1.5立方米每秒提高到2.5立方米每秒，改善农田灌溉面积2.64万亩，改善林灌面积1.11万亩。

山东省刘庄灌区续建配套和节水改造规划上报水利部

5月　山东省刘庄灌区续建配套和节水改造规划上报水利部。根据水利部《关于开展大型灌区续建配套与节水改造规划编制工作的通知》要求，1999年山东省菏泽市刘庄引黄灌区委托菏泽地区水利勘测设计院，在灌区1993年规划设计的基础上，对灌区进行了以节水为中心的续建配套和技术改造规划。该规划以节水为中心，设计灌溉面积60万亩，包括渠道防渗、畦灌、喷灌和管灌3种节水灌溉方式。

内蒙古麻地壕扬水灌区续建项目开工

7月　内蒙古麻地壕扬水灌区续建配套节水改造项目开工。工程包括：西一分十渠衬砌9公里，西二分干渠衬砌6.3公里，节水灌溉示范面积300亩。更新4座扬水站设备，总投资900万元。

河南省韩董庄引黄灌区发生大内涝

7月　河南省韩董庄引黄灌区发生大内涝，灌区内连续降特大暴雨500毫米以上。东西排水渠水位暴涨漫溢，原阳城区积水1米多深，大街小巷一片泽国,大片农田被水淹没,村庄被水围困,直接经济损失超过亿元。

陕西省洛惠渠 5 号隧洞扩大改造工程贯通

8 月 6 日　陕西省洛惠渠 5 号隧洞扩大改造工程贯通。隧洞长 3467 米,是由渠首向大荔县 50 万亩农田输水的咽喉工程。扩大改造前,由于原引水隧洞老化,过水能力由 15 立方米每秒减少到 9.8 立方米每秒,严重制约着灌区的发展。工程于 1994 年开工。

山东省位山灌区管理办法出台

8 月 28 日　山东省聊城市人民政府根据《中华人民共和国水法》、《山东省灌区管理办法》等有关法律法规,结合灌区实际制定出台了《聊城市位山灌区管理办法》。该办法明确规定了灌区工程、用水、经营等管理原则、要求和保障措施,具有较强的针对性和操作性。

山东省批复双河灌区续建配套与节水改造规划

8 月 28 日　山东省水利厅以鲁水规计字[2000]110 号文对东营市双河灌区续建配套与节水改造规划进行了批复。规划投资估算 46920 万元,其中水源工程投资 41560 万元,田间工程投资 4860 万元。规划实施后,可发展节水灌溉面积 54 万亩,年节水量为 0.815 亿立方米,新增灌溉面积 39 万亩。

双河灌区控制范围为打渔张灌区原七干渠和八干渠灌溉区域,建成于 1988 年。

2000 年,灌区设计灌溉面积 32 万亩,有效灌溉面积 8 万亩,当年实灌面积 6.5 万亩,设计流量 100 立方米每秒(实际引水流量 30 立方米每秒)。灌区有总干渠 1 条,长 32.5 公里(衬砌 2.5 公里);干渠 6 条,长 51 公里;支渠 28 条,长 74 公里;斗渠 112 条,长 134 公里。斗渠以上建筑物 501 座。排水系统有排水总干沟 3 条,长 102 公里;干沟 2 条,长 47.4 公里;支沟 35 条,长 151 公里;斗沟 112 条,长 134 公里。斗沟以上建筑物 366 座。灌区灌溉水利用系数 0.34。

山西省引黄入晋工程总干线全线贯通

9 月 2 日　山西省引黄入晋工程总干线输水隧洞最后一段——支总(03)号隧洞贯通。至此,全长 44.5 公里的引黄总干线全线贯通。

　　引黄入晋工程是山西省有史以来最大的水利工程项目,输水线路总长452.68公里,引水流量48立方米每秒,年引水总量12亿立方米。

山东省十八户引黄闸提闸放水

　　9月11日　山东省垦利县十八户引黄闸正式放水。该闸设计引水流量20立方米每秒,8月25日通过初步验收。该闸的建成通水,将解决垦利县东片地区12万亩耕地、4.3万人口饮用水和胜利油田部分工业用水问题,并为下镇地区利用日元贷款进行的56万亩荒碱地综合开发项目提供水源。

内蒙古河套灌区隆胜节水示范区工程竣工

　　9月30日　内蒙古河套灌区隆胜节水示范区工程竣工。共衬砌支斗农渠126条,长157公里;新建、重建、维修各类建筑物1876座;建立井灌区1100亩(其中喷灌、管灌460亩),打机电井14眼,埋设低压管道3.5公里;完成平地缩块面积48670亩,共做各类土方104万立方米。经初步运行,节水效益明显,支斗农渠3级渠道渠道水利用系数分别由原来的0.84、0.85、0.86提高到0.967、0.972、0.980,亩均用水量由479立方米下降到375立方米。

温家宝视察位山灌区

　　10月13日　中共中央政治局委员、国务院副总理温家宝、水利部部长汪恕诚,在山东省副省长陈延明、山东省水利厅厅长宋继峰等领导的陪同下莅临位山灌区视察,对担负引黄济津送水任务的位山灌区西输水渠、三干渠输水线路进行了察看,对灌区的送水准备工作表示满意,并高度评价聊城人民的"龙江风格"。

　　是日15时05分,温家宝在位山引黄闸启动按钮,引黄济津工程开闸放水。解决天津市生活严重缺水的引黄济津应急调水方案是2000年9月中旬国务院正式批准实施的,计划自山东省位山引黄闸调引黄河水,经山东、河北,从卫运河、南运河送至天津。位山渠首闸从本日开启闸门放水,至2001年2月2日10时关闭闸门,历时112天,累计放水量8.66亿立方米,天津市九宣闸收到4.01亿立方米水。这是自20世纪70年代以来黄河第6次向天津送水。

全国大型灌区续建配套与节水改造研讨班举办

10月 山东省水利厅配合水利部科技推广中心在山东省泰安市举办了全国大型灌区续建配套与节水改造研讨班。

甘肃省景泰川电力提灌二期向民勤调水工程通过阶段验收

11月6~8日 甘肃省景泰川电力提灌二期延伸向民勤调水工程通过阶段验收。该工程是利用已建成的景泰川电力提灌二期工程的灌溉间隙向民勤县调水,解决民勤县近期水资源紧缺问题的应急措施。工程东起景泰县五佛寺黄河边,西到民勤县红崖山水库,途经景泰、古浪、武威、民勤4县(市)。新建渠道设计流量6立方米每秒,设计年调水量6100万立方米,流程全长近260公里,其中利用景泰川电力提灌二期工程总干渠99.62公里,新建输水渠道99.04公里(其中穿越腾格里沙漠84.9公里),利用洪水河天然河道59公里,将水送到民勤县红崖山水库临时调蓄后利用。该工程属跨流域调水工程,开创了沙漠腹地修建输水工程的先河。1995年11月动工,2000年9月进行通水试验。

国家计委调整黄河下游渠首供水价格

12月1日 黄河下游引黄渠首工程供水价格开始执行国家计委计价格[2000]2055号文通知的新标准。这是自1989年以来第一次按供水成本调整引黄渠首供水价格,取消了以粮折价的定价方式。具体水价为农业用水价格:4~6月每立方米1.2分,其他月份每立方米1分;工业及城市生活用水价格:4~6月每立方米4.6分,其他月份每立方米3.9分。

河南省人民胜利渠灌区实施总干渠3.9公里防渗工程

12月21日 河南省人民胜利渠灌区管理局向省水利厅呈报了节水续建配套项目2000年度实施方案,计划对总干渠(22+800~26+700)长3.9公里渠段进行混凝土全断面复合防渗衬砌,需完成土方11.8万立方米,砌体608立方米,混凝土1.35万立方米,投资817.25万元。2001年3月6日,河南省水利厅以豫水农字[2001]3号文批复了该实施方案,2001年10月正式开工。

宁夏沙坡头水利枢纽工程开工

12月26日 黄河沙坡头水利枢纽工程奠基开工。该工程位于宁夏中卫县境内的黄河干流上,其上游12.1公里处为拟建的大柳树水利枢纽,下游122公里处是已建的青铜峡水利枢纽,是黄河治理开发规划纲要中确定的梯级水利枢纽工程之一,被国家列为支持西部大开发2000年开工建设的十大工程之一。水库最大坝高37.8米,坝顶长370米,副坝长1000米,总库容2600万立方米,总装机容量15.05万千瓦(一期为12.15万千瓦)。总投资13.45亿元,建设总工期45个月。枢纽建成后可改卫宁灌区无坝引水为有坝引水,提高引水保证率,灌区年净耗黄河水由6.44亿立方米降到4.78亿立方米,而灌溉面积则由107万亩增至134.5万亩,年发电6.06亿千瓦时。

彭楼引黄入鲁灌溉工程开闸送水

12月26日 是日10时35分彭楼引黄入鲁灌溉工程开闸送水。引黄入鲁灌溉工程利用已建成的河南省彭楼引黄闸取水,并将原濮西干渠扩建为总干渠(全长17.52公里),向山东省莘县和冠县输水灌溉农田。1994年11月,水利部对可行性研究报告进行了审查。1995年,国家农业综合开发办公室以国农综经字[1995]4号文对《彭楼引黄入鲁工程可行性研究报告》及水利部审查意见进行了批复。1995年10月31日山东省水利厅批复《彭楼引黄入鲁金堤北灌溉工程初步设计》,灌区总规模200万亩,其中新增金堤北灌溉面积63万亩,引黄补源灌区面积137万亩,引黄入鲁设计流量30立方米每秒,年引水量3亿~4亿立方米,其中4~6月份1.28亿立方米。1995年12月由黄委金堤河管理局组织开工建设。5年共完成穿北金堤涵闸及跨金堤河倒虹吸工程各1座。跨渠桥梁26座,渠道衬砌15公里,累计完成投资5310万元。

后　记

　　本书由黄河志编纂委员会于 1998 年 11 月下达编纂任务，当时确定的书名为《黄河流域引黄灌溉大事记》，列入《黄河志》丛书之一单独出版，由黄委会引黄灌溉局承担。1998 年 12 月，组成以陈上明为主编，康望周等为副主编，荆新爱、吴秀英等参与的编纂组，并由陈上明起草编纂工作提要，其他人员以单位现有资料及黄河志总编室提供的资料进行整理。1999 年 4 月黄委会引黄灌溉局划归黄委会黄河水利科学研究院，同年 8 月，黄河水利科学研究院院长李文学主持召开编纂工作专家咨询会，参加咨询会的专家有林观海（专家组组长）、刘照渊（专家组副组长）、袁仲翔、徐福林、夏帮杰、张汝翼、杨国顺、苏铁、邓忠效、杨文生、成刚、赵文林、刘展翼；黄河水利科学研究院参加会议的有田玉青、陈上明等。会议对拟定的编纂工作提要进行审查讨论后，认为编纂工作提要基本可行，并建议书名改为《黄河灌溉大事记》，时间下限由 1997 年延长至 1999 年。1999 年 10 月至 2000 年年底陈上明、荆新爱、吴秀英分赴沿黄各省区、有关科研单位及黄委系统收集资料。1999 年康望周调任黄河水利科学研究院副院长，由钟思励接任副主编工作。2001 年就资料的收集情况及编写思路向黄河志总编室汇报，总编室主任栗志要求时间下限延长至 2000 年。2007 年完成初稿，征求黄河志总编室和各省区水利厅意见并修改后，2009 年完成送审稿，根据黄河志总编室和各省区水利厅提出的审查意见修改后，2010 年 4 月黄河水利科学研究院科技处召开专家评稿会，参加会议的专家有胡一三（专家组组长）、胡志扬、杨国顺、王梅枝、铁艳、龚华、肖素君、高航、汪自力，参加会议的工作人员有陈上明、姜丙洲等。会议一致认为送审稿基本达到成书要求，书名定为《黄河引黄灌溉大事记》，同时提出一些修改意见。会后由陈上明、姜丙洲根据专家意见再次进行修改后，2011 年定稿。全书由陈上明统稿。

　　本书编纂工作始终是在黄河志总编室的大力支持和帮助下进行的。袁仲翔、林观海、张汝翼在编纂框架思路和总体安排方面给予了重要的指导；王梅枝、铁艳不仅在整个编纂过程中给予技术方面的指导，并在与各省区水利厅沟通方面做了大量工作，同时对全书进行了审稿。本书在编写过程中，得到了青海、甘肃、宁夏、内蒙古、山西、陕西、河南、山东八省区水利厅及有

464

关灌区的通力合作,并提供了大量资料,还得到了黄委系统内有关单位的大力支持。编纂过程中参加过工作的有王自英、张霞、陈家汉、许登霞、冯跃华、郑利民、曹惠提、胡亚伟。

　　黄河引黄灌溉事业历史悠久,地域范围辽阔,史籍浩瀚。限于编者的水平与经验,遗漏及错误在所难免,恳请各位领导、专家、学者和读者予以指正。